JN441417

식품기계학

조문구 저

머리말

식품산업은 최근 급속하게 발전하는 사회의 산업화, 정보화와 함께 인구 사회적 변화에 따라서 규모와 분야가 복합화 되면서 점차 대규모 공정산업의 성격으로 전환되고 있다. 따라서 대부분의 식품공장은 대규모 설비를 이용한 가공공정을 운영하면서 다양한 제조공정에 따른 기계장치의 구조, 기본적인 작동원리, 기능 및 조작방법 등에 대한 이해가 부족하면 식품제조 공정과 현장 적응능력이 떨어지게 된다.

따라서 식품산업이 필요로 하는 인력은 기계장비, 공정 및 식품에 대한 이해를 바탕으로 현장 적응능력과 빠르게 변화되는 식품산업을 주도할 수 있는 제품 개발능력을 갖춘 기술 인력을 요구하고 있다. 식품기계학은 식품생물공학 전공 학부생들에게 기초 전문 과목으로서 두 가지를 중점적으로 제공하기 위하여 준비하였다.

첫째, 식품제조기계와 관련된 식품기계의 기초이론, 구성요소, 단위조작의 이해와 식품제조 공정에 적용하는 기본적인 식품기계의 종류, 구조와 작동방법을 소개하여 식품제조 현장의 적응능력을 획득하고, 두 번째는 식품제조 공정과 관련된 제품개발, 상품화, 공정설계와 경제성 평가와 관련된 기초지식을 획득하여 변화되는 환경에서 제품개발 능력과 공장의 운영능력을 갖춘 전문 인력의 양성이 목적이다.

이러한 목적을 달성하기 위하여 책의 구성은 1부에서 식품제조 공정과 이에 수반되는 기계장치, 2부는 식품공정 개발과 사업평가로 구성하였다.

개인적으로 지난 몇 년 동안 과분한 정부과제를 수행하면서 힘든 시간이었으나, 이제 새로운 기분으로 학생들의 교육에 더욱 충실하고자 하는 의미에서 미루어 두었던 자료를 정리하여 이 책을 발간하게 되었다. 아무쪼록 식품생물공학 분야의 학생들과 관련 분야의 여러분에게 조금이라도 도움이 되기를 기원하며, 부족한 내용에 대해서는 모두 저자인 본인의 잘못임을 밝힌다. 책의 출판에 도움을 주신 유한문화사의 임직원에게 감사드린다.

2019. 8

삼례에서 저자 씀

차 례

제 2 장 식품원료 처리기계 / 65

제 3 장 전환작업의 기계와 장치 / 93

제 7 장 식품공장의 설계와 시공 / 243

제2부 식품공정 개발과 사업평가 / 293

제 1 장 식품 및 공정개발 / 295

제 2 장 식품산업의 새로운 가치와 도전 / 307

제 3 장 식품공정 설계 / 317

제 4 장 기계장치의 선정 / 331

제 5 장 공장배치 / 343

제 6 장 에너지 및 유틸리티 수지, 인력 / 359

제 7 장 비용계산 / 373

제 8 장 경제성 분석 / 389

부 록 / 397

서 론

– 제품개발, 시제품 제작 및 상품화 –

상품은 생물의 생애주기와 같이 유도기, 성장기, 성숙기와 쇠퇴기로 이어지는 상품의 수명주기가 있다. 결국 어떤 상품도 기술의 진보, 소비자의 선호도가 변화되면서 언젠가는 선택을 받지 못하게 되고 시장에서 소멸되는 시기가 나타난다. 상품의 매출과 이익이 감소하고 부분적으로 개량된 상품으로 교체되면서 상품성을 겨우 지속하다가 소멸된다. 이러한 현상은 각각의 상품에만 한정되는 것이 아니라 사진촬영용 필름이나 음반, 플로피 디스크, 녹음용 테이프와 같이 모든 산업분야에서도 발생할 수 있다.

상품의 수명주기(壽命週期, life-cycle)를 시간과 시장의 수요에 따른 관계로 정리하면 그림 1과 같다. 유도기는 새로운 상품이 시장에 출시하여 지명도를 높이고, 일정한 규모로 매출과 이익이 발생하기 시작하는 육성단계이다. 따라서 광고, 선전 또는 체험용 상품제공 등 소비자의 인지도와 필요성을 높이기 위한 전략이 필요하다. 이에 대한 선행투자와 설비에 대한 지출이 필요하지만 매출과 수익률이 낮아서 적자가 발생한다.

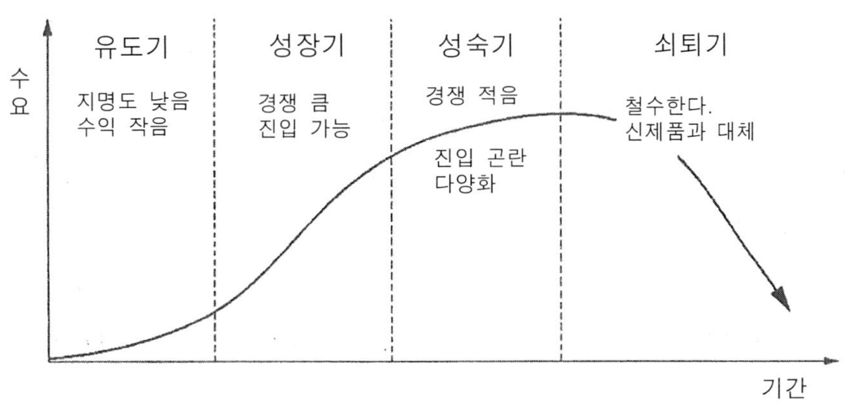

그림 1. 시장 수요와 시간에 따른 상품의 수명주기

상품에 대한 인지도가 높아지면 소비자가 필요성을 인식하면서 매출과 수익성이 함께 증가하는 시기가 성장기이다. 한편, 새로운 시장의 개척 등 상품성이 최대로 발전하는 단계이지만 시장의 확대나 점유비율이 확대되면서 후발 기업이 참여하여 시장획득을 위한 치열한 경쟁이 집중된다.

성숙기는 시장의 수요확대 경향이 감소되면서 서서히 정체되는 단계이므로 매출규모보다 수익의 확보에 집중해야 한다. 시장의 점유비율이 안정되어 있으며, 새로운 기업의 참여는 더 이상 나타나지 않는다. 그러나 성숙기의 후반부에 도달되면 일부 기업의 과점화(寡占化) 현상이 나타난다. 따라서 성숙기를 연장시키려면 제품의 다양화, 개량을 통한 매출확보, 생산 및 판매의 합리화(재고 및 손실의 축소)를 통하여 수익확보가 필요하다.

쇠퇴기는 수요가 축소되고 다른 상품으로 교체되는 시기이며, 시장에서 철수하는 기업이 나타난다. 본격적으로 또는 급속하게 진행되는 경우는 어떤 대책도 대응이 어려워 새로운 제품으로 대체가 필요하다.

상품의 수명주기는 위와 같이 정리되므로 기업은 상품의 시장수요가 정체하거나 감소하기 시작하면 적절한 대응수단을 마련하여 상품의 수명주기를 연장하거나, 대체할 새로운 제품을 개발하지 않는 이상 기업의 활동이 쇠퇴하거나 정지하게 된다. 특히 기술혁신과 소비자의 요구가 빠른 속도로 급변하는 경우는 상품의 수명주기에도 심각한 변화가 나타나면서 급속하게 쇠퇴기로 진입하는 경우도 있다. 한국의 유명한 mp3 제조업체가 거의 전 세계시장을 주도하였으나 스마트폰의 등장으로 시장이 본격적인 성숙단계 이전에 소멸된 휴대음향기기가 대표적인 사례라고 할 수 있다.

따라서 기업은 장기적으로 사업을 유지하고 적절한 수준의 수익을 지속하기 위하여 항상 신제품의 개발에 노력해야 한다. 신제품의 개발은 시장 및 기업의 상황에 따라 다양한 방법으로 집행되지만, 어떤 방법이 가장 효과적인 가는 거의 전적으로 시장의 상황과 기업의 능력에 의해서 결정되기 때문에 소비자의 요구, 시장의 변화와 함께 기술혁신을 항상 수행해야 한다.

1. 제품개발

1.1 기 업

(1) 재무조건

① 수익의 확보

② 매출의 증가

기업이 새로운 제품의 개발을 시도하는 가장 큰 이유는 수익과 매출이 정체되기 때문이다. 이러한 이유는 사업 자체이거나 특정한 제품의 문제 때문이다. 따라서 제품이나 사업이 성숙기에 도달하여 포화상태에 도달하거나, 또는 강력한 경쟁제품이 시장에 나타나는 경우는 주력상품이 교체되는 현상이 나타난다.

기업이 사업을 수행하는 과정에서 예상실적이 미달되는 것은 대단히 중요한 문제이며, 동시에 성장계획과 실적이 만족스럽지 못한 것도 같은 문제이다. 이러한 문제를 해결하려면 제품의 개선이나 신제품 개발이 필요하다.

(2) 잉여자원 활용

기업의 생산자원은 원료, 기술, 설비, 근로자로 구성되며, 생산자원의 여유가 있는 경우는 이를 이용하여 신제품이나 새로운 사업을 준비한다. 제품의 판매측면에서도 기존의 유통망을 이용하여 제품개발을 수행하는 경우도 있다.

1.2 환경조건

(1) 경쟁(시장 점유비율)

시장 점유비율이 어느 정도인가는 대단히 중요한 환경조건이다. 성숙기에 도달한 상품은 최상급의 상품들이 잔류되고, 유행과 관계없이 일정한 수요가 확보되는 상품화 현상이 나타난다. 특히 시장 점유비율이 40%를 초과하면 거의 독점체계가 형성된 것으로 평가한다.

따라서 시장의 획득과 방어, 고객확보를 위한 신제품개발이 필요하며, 다른 기업에서 강력한 신제품이 출시되는 경우는 제품 수명주기의 붕괴를 차단하기 위한 신제품 개발이 반드시 이루어져야 한다.

(2) 과학기술

새로운 기술의 출현은 제품 수명주기의 단축이나 급격한 쇠퇴요인의 하나이며, 특히 첨단기술을 포함한 제품분야에서는 기술경쟁에서 벗어나면 바로 기존 상품이 쇠퇴하면서 시장점유율을 변화시켜 기업의 운명이 결정된다.

식품은 일반적인 산업과 달리 원료에 대한 의존성이 대단히 높기 때문에 혁신적인 과학기술로 인한 급격한 변화는 대단히 드물지만 그럼에도 불구하고 장기적인 관점에서 획기적이라고 평가할만한 기술들이 출현하고 있다. 동결건조, 무균포장, 진공 또는 가스충진포장 같은 기술들이 식품산업의 혁신적인 발전과 시장규모를 확대하는데 크게 기여한 기술혁신으로 분석한다.

혁신적인 기술의 진보는 상품의 기능과 비용을 변화시켜 제품의 교체를 초래하여 기업의 생존을 위협한다.

(3) 원 료

식품은 기본적으로 농수축산물을 원료로 사용하기 때문에 1차산업 제품에 대한 의존도가 매우 높다. 지역, 기후, 환경오염, 분쟁, 산업 경쟁 등의 영향으로 수확량의 변동이 발생하면 원료가격이 변동하여 제조가 어려운 경우가 많다. 또한 식재료의 자급비율이 낮은 나라일수록 국내외의 가격차이가 크게 나타난다. 따라서 가공용 원료를 외국에 의존하는 경우는 수출국가의 사정에 의해서 수급균형이 어렵기 때문에 원료생산 국가를 다변화시키는 노력이 필요하다.

원료 생산을 다변화하는 노력의 일환으로 생산에 적합한 국가나 지역을 선발하고, 원료 재배기술과 1차적인 가공기술을 제공하는 것이 일반적이다. 이러한 방식을 이용하면 원료의 안정적인 공급, 원료의 품질유지와 비용절감 등이 가능하다. 특히 원료재배지역이 상대적으로 낙후된 국가인 경우는 지역개발 및 자원을 이용하는 국가가 기술 및 경제개발을 원조하는 개념이므로 아직도 세계적인 관점에서 원료의 확보를 검토한다면 제품개발의 기회는 상당히 낙관적이다. 어떤 산업 분야에서도 원료의 안정적 공급과 확보, 적절한 품질수준의 유지, 비용문제는 대단히 중요한 과제이다.

(4) 규 제

식품산업에서 최근 우리나라에서도 친환경 식품의 인증과 표시제도, 건강기능식품제도의 정비 등이 이루어졌다. 식품이 가장 우선적으로 지켜야하는 제1의 가치는 안전성이다. 따라서 법적 규제 이상으로 사회적 수용성 측면인 소비자의 선택도 적극적으로 반영되어야 한다. 가장 흔하게는 화학적 식품첨가물과 GMO(Genetically Modified Organisms, 유전자변형 농산물) 문제 등이 대표적이며, 이외에도 원산지와 유통기한 등도 민감한 사항이다. 즉 사회적 수용성에 의해서도 제품의 판매가 중단되거나 새로운 상품의 출현이 결정되는 경우도 있다.

결국 법률에 의한 규제는 반드시 준수해야 하고 가장 기본적인 준수사항이지만, 이것을 넘어서는 기업 자체의 품질관리와 상품관리가 이루어져야 상품에 대한 신뢰를 기반으로 소비자의 선택을 유지할 수 있다.

(5) 소비자 문화

상품의 수명주기는 소비자의 문화에 따라서도 크게 영향을 받는다. 한국의 식생활은 일본의 식민지시대, 한국전쟁 및 산업화를 거치면서 경제수준의 향상, 도시화 및 서구식 생활, 핵가족화에 이어 1인가구와 고령화로 이어지면서 식생활에 엄청난 변화를 경험하였다. 그러나 앞으로도 식생활은 지속적으로 크게 변화될 것이 분명하며 많은 신제품이 개발될 것이다.

결국 단기적인 경기변동으로 일부 상품의 판매부진 등은 나타날 수 있지만, 장기적인 관점에서 소비자의 문화가 변화됨에 따라서 이에 대응하는 기업의 노력은 가장 중요한 항목이다.

(6) 인 구

인구의 세대분포나 거주지역이 변화되면 당연히 식생활도 변화가 나타나고, 이러한 결과로 상품의 수요가 변화된다. 현재 시점에서 인구 측면에서 변화요인은 핵가족화-1인가구와 고령화로 정리된다. 지금까지 상품개발은 일반적으로 인구의 다수를 차지하는 젊은 층을 대상으로 이루어져 왔으며, 이들은 유행에 민감하고, 강한 호기심은 물론 신제품에 대한 수용성과 함께 변화를 주도한다. 그러나 인구구조가 고령화로 변화되고, 1인가구라는 변화를 고려한다면 상품의 주요 소비자층이 반드시 젊은 층으로 고정하는 것과 함께 고연령층을 포함해야 한다.

(7) 소비자의 요구(prosumer)

과거의 상품개발 과정과 달리 소비자들의 요구를 반영하여 설계하고 기획하는 특정제품의 상품화도 점차 확산되고 있다. 특히 조리과정에서 다양한 원료를 혼합하고 복잡한 과정을 거쳐 만들어야 하는 소스류를 특성에 따라 상품화하거나, 소용량 제품의 일반화 및 간편식 등이 대표적인 사례에 속한다.

대도시를 중심으로 주택가격이 급등하면서 좁은 면적의 주택 활용도를 높이기 위해 주방의 면적을 줄여나가는 추세가 이어지고, 귀찮은 분리수거 등을 고려한다면 재료를 구입하여 처음부터 집에서 직접 조리해서 소비하는 식품(집밥)보다 냉동식 또는 간편식의 시장 확대 등과 관련된 변화를 면밀하게 분석할 필요가 있다.

(8) 기존 상품의 판매촉진

성숙기에 도달한 상품은 소비자에 대한 자극이 감소되기 때문에 기존의 상품을 활성화시키는 방법으로 상표 변경이나 다양화 등을 포함하는 제품개발이 필요하다. 우리가 일상적으로 마주하는 – 골드, – 프리미엄, – 양파, – 갈릭 등은 모두 이러한 사례에 속한다.

2. 제품개발 전략

2.1 선행전략과 대항전략

제품개발의 기본 전략은 선행전략과 대항전략으로 나누어진다(그림 2).

선행전략		대항전략
• 연구개발 • 마케팅 • 창 업 • M&A	⟺	• 방 어 • 모 방 • 추격개발 • 수요대응

그림 2. 제품개발 전략

1) 선행전략

시장동향을 예측하고 시장진입에 적합한 기회를 포착하여 다른 기업보다 먼저 상품화를 수행하는 전략을 말한다. 새로운 시장을 개발할 필요가 있고 초기투자(사람, 원료, 자금)의 규모가 커서 위험성은 크지만 수익도 크고, 시장을 선점할 가능성도 큰 것이 선행전략이다. 문제는 다른 기업이 추격할 가능성이 어느 정도인가가 평가되어야 하지만 쉽게 추격이 어려운 경우에 효과적으로 적용할 수 있다. 성공한다면 기업의 자존심과 가치에 크게 기여한다. 동아제약의 박카스, 오리온의 초코파이, 해태제과의 허니버터칩 등이 대표적인 사례에 속한다.

모든 단계의 상품에 이러한 접근방식이 최선은 아니지만, 특히 성숙기 단계의 식품분야에서는 선행전략이 대단히 중요한 의미를 갖는다.

(1) 연구개발 전략 :

기능이 중심인 소재형 제품은 연구개발에 주력하여 기술적으로 우월한 제품을 개발하는 것이 성공 가능성이 높다.

(2) 마케팅 전략 :

시장의 요구를 발견하여 틈새시장의 점유를 목표로 최우선적으로 만족시키는 제품개발이 중심이다. 식품분야는 식품이란 특성 때문에 대부분이 해당된다.

(3) 창업전략 :

시장의 요구를 선제적으로 아이디어화 하여 제품화하는 방법으로 시장의 요구를 정확하게 반영하여 상품화하는 것이 성공의 조건이다.

(4) M&A 전략 :

현재 시점에서 시장규모는 작지만 미래전망이 예상되는 분야의 초기기업을 구매하여 시장의 육성과 선점으로 지배력을 강화하는 방법이다. 기업의 여유자원이나 잠재능력은 부족하지만 충분한 자금능력이 있는 경우에 장기적인 기업전략으로 가능하다.

2) 대항전략

다른 기업의 움직임을 관찰하면서 행동하는 방어적이고 수동적인 전략이다. 제품개발의 대부분이 이 부류에 속하며, 국내 및 외국기업의 인기상품을 따라하는 관행이 반복되고 있다. 이러한 관행적 전략은 위험성이 작지만 수익이 작고, 경제수준이 고도 성장기나 개발도상국가에서는 효과적이지만, 성숙기에는 상대적으로 선행기업 또는 대기업의 독과점이나 새로운 기업의 진출을 차단하는 공정성이 결여된 기업행위이다.

(1) 방어전략 :

경쟁이 예상되는 신제품에 대응하여 자사의 기존제품을 개선하여 경쟁제품의 영향력을 축소시켜 경쟁에서 탈락하는 것을 방지하는 전략이다.

(2) 모방전략 :

경쟁제품이 상품화되기 이전에 유사제품을 먼저 상품화하여 다른 기업의 시장진입을 차단하는 전략이다. 경쟁기업에 대한 정보에 정통해야 하며, 일부에서는 핵심 인력이나 기술을 빼돌리는 방법이 적용되기도 한다.

(3) 재개량 전략(renewal) :

신제품의 특성을 분석하여 개량이나 차별화를 통해 시장의 지배력을 유지하는 전략이며, 브랜드 파워나 판매능력이 월등한 경우에 효과적인 전략이다.

(4) 수요 대응전략 :

적극적으로 소비자의 요구를 반영하여 신제품을 개발하는 전략이다. 위험성이 낮은 것으로 오판할 수도 있으며, 소비자의 요구를 정확하게 분석하지 못하면 의도와 다르게 위험이 나타나는 경우도 있으므로 성공 여부는 전적으로 기업이 판단해야 한다. 상품개발 전략으로 어떤 방법을 선택해야 하는가는 시장의 상황과 기업의 사정에 따라 다르기 때문에 한 가지 정답은 없지만, 결국은 기업의 자세내지는 능력이 중요하다.

경쟁이 심해질수록 제품개발은 기업의 자체 판단이나 단순한 모방만으로는 성공하기 어렵다. 신제품 개발은 투자와 위험성을 동반하기 때문에 소비자와 시장의 동향을 정확하게 분석하고 치밀한 전략에 따라 추진하는 경우에 성공확률을 높일 수 있다. 현재 식품업계는 전반적으로 성숙기에 있고 상표(브랜드) 파워가 정착되어 가고 있으므로 성공가능성은 더욱 낮아지고 있다.

따라서 기업의 성장을 위해서는 안이한 모방전략으로 광범위한 상품개발을 하고 유통망을 압박하는 관행적 전략보다는 가장 핵심적인 기업의 역량을 발휘할 수 있는 분야에 집중하고 기업의 잠재능력을 집중하여 브랜드파워의 향상과 소비자의 만족도를 높이는 방식으로 기업의 전략이 마련되어야 한다. 기업의 환경, 즉 자신의 강점과 약점을 냉정하게 분석하고 강점은 더욱 강조하고 약점을 극복할 수 있는 전략의 수립과 집행이 필요하다.

기업의 선행전략을 위한 일반적인 조건은 다음과 같다.

① 신제품과 새로운 기술을 추구한다.
② 연구개발 능력과 마케팅 기술을 확보한다.
③ 개발에 필요한 자원과 시간을 확보한다.
④ 단시간에 시장진입이 가능한 홍보와 판매 능력을 확보한다.
⑤ 신제품은 높은 매출과 수익의 가능성이 높다.
⑥ 신제품의 특허 취득이 가능하다.
⑦ 후발기업의 모방이 어려운 혁신적인 기술을 확보한다.

3. 시제품 제작과 상품화 과정

시제품 제작 및 상품화는 개발계획(서)에 따라 시제품을 실제 상품이나 물건으로 구현하고 제조사양(서)를 완성하는 단계이다. 기존 제품을 개량하여 새로운 상품을 개발로 다양화하는 경우는 상품의 개념작성이 필요가 없으므로 연구 개발부서는 기획부서에서 개발 의뢰를 받아 수행하며, 의뢰절차는 기업 내부의 의사결정 과정을 거쳐 결정된다.

시제품 제작 및 상품화 과정은 그림 3과 같이 시제품 제작 연구단계, 개발연구(상품화 검토) 단계, 상품화(양산) 단계로 구분한다. 시제품 제작과정은 평가과정이라고도 할 수 있으므로 각 단계마다 적절한 평가와 분석이 필요하다.

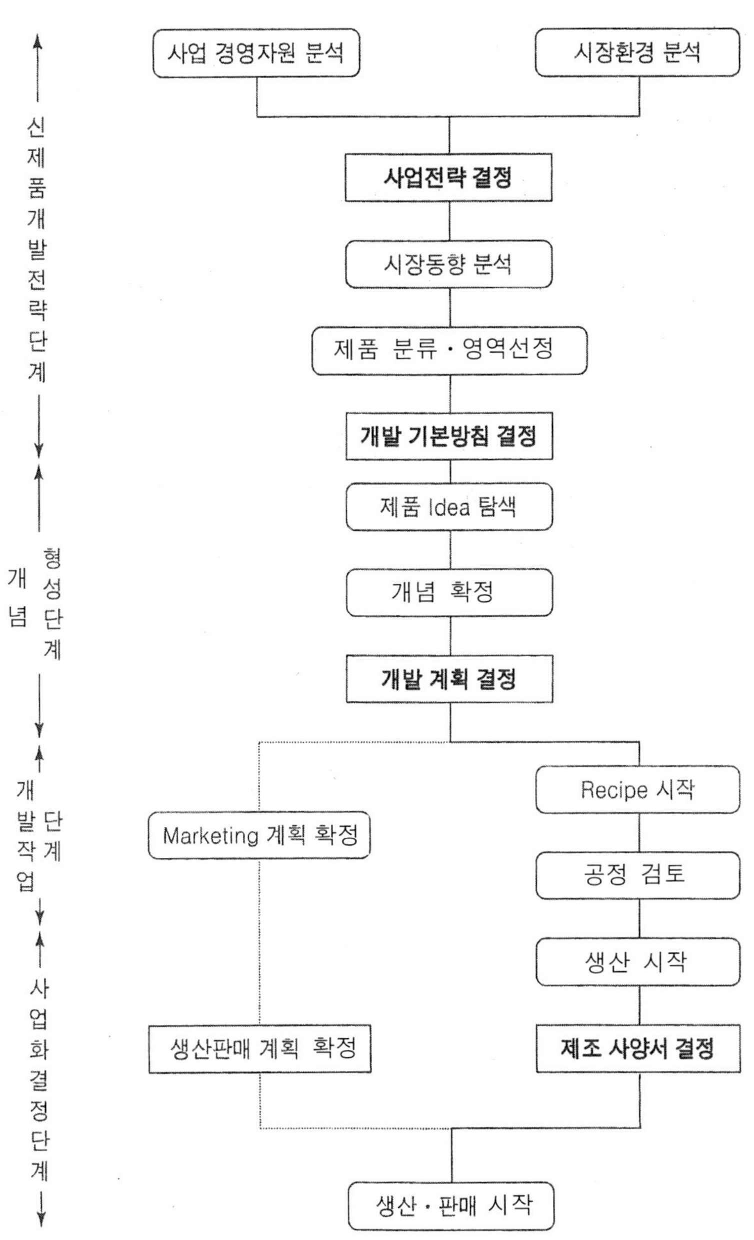

그림 3. 시제품 제작과 상품화 과정

시제품 제작과 상품화는 심리적으로 다음과 같은 준비가 필요하다. 첫째, 제품은 자신의 작품이라는 긍지를 갖고 소비자에게 행복을 주거나 편리함을 제공하려는 노력이고, 둘째, 시제품 개발은 제품 고유의 제조기술은 물론 공학기술, 포장기술, 보존기술, 품질관리 기술이 함께 투입되어야 하므로 각각의 업무담당 부서와 협업이 필요하고, 셋째는 상품 개발의 시점이 중요하기 때문에 전체 업무의 시간 및 일정관리가 이루어져야 한다.

첫 번째는 정신적인 문제이므로 다른 방법이 적용되어야 하지만, 두 번째와 세 번째는 일정표(사업추진 로드맵)을 작성하여 점검해야 한다. 기본적으로 개발의뢰(서)를 접수한 단계는 개략적인 업무처리도 문제가 없지만, 개발방향 결정단계부터는 분야별 검토와 수정을 반영하여 가급적이면 정확하게 업무를 추진해야 한다. 따라서 전담부서의 작업일정과 기타 협업부서의 분담업무를 동시에 항목에 따라 그림으로 요약하여 전체 사업의 분석과 검토가 일상적으로 이루어지도록 하고, 업무담당자와 부서들은 반드시 추진내용에 대한 공유가 되어야 한다. 업무내용을 그림으로 전환하는 작업은 주로 gantt chart나 arrow diagram을 이용한다.

업무추진 로드맵을 작성한 다음에 일부 항목은 필요에 따라 시행시기를 변경하는 것도 효과적이다. 신제품의 개념을 확정하는 단계에서 원료의 조달문제를 검토하거나, 아이디어 수렴과정에서 제품의 모델링을 추진하기도 한다. 그러나 반드시 해야만 하는 일은 연기하지 말고 계획대로 시행해야 한다.

4. 모 델

4.1 모델의 작성

시제품 연구단계에서 처음 하는 일은 최종 제품의 이미지가 전달할 대상을 결정하는 것이고, 이러한 대상을 모델(model)이라고 한다. 상품에 대한 개념(컨셉)은 추상적인 문자이기 때문에 상품의 의미를 구체적인 실체로 구현하지 않으면 실질적인 평가가 어렵기 때문에 기본적인 개념을 정리하여 제품의 특성, 소비자에 대한 이익이나 매력 등을 표현하여 상품의 기획개념이 정확하게 포함되었는가를 확인하고 분석해야 한다. 서류상으로 설명한 것과 실체를 직접 눈으로 보고 만지는 등의 감각적 분석과정이 전혀 다를 수 있기 때문에 물체로 구현하기 위하여 모델을 제작해야 한다.

따라서 모델을 제작할 경우는 원료, 제조방법, 비용에 관계없이 기본적인 개념에 부합하는 최고의 수준으로 시험제작이 되도록 수행해야 한다. 기본 설계와 개념단계이므로 사소한 조건을 고려하지 말고 소비자가 쉽게 수용할 수 있는 새로운 제품을 만드는 것을 목표로 해야 한다. 개발작업은 개발자가 미래의 시장을 예상하고 자신의 이미지를 바탕으로 가장 이상적인 제품을 실체화시키는 작업이다.

생산단계에서 원료의 구입 가능성, 설비와 공정을 포함한 제조기술, 비용 등에서 문제가 예상되는 경우라도 일단 작업을 완료하고 이어지는 시제품 제작과정에서 어떻게 기술적으로 또한 합리적으로 실행할 것인가를 검토하는 것이 프로젝트의 완료에 보다 합리적이다. 따라서 프로토타입(proto-type, 기본형, 원형, 시제품)을 개발하는 과정에서 일반 소비자 평가(단)의 평가 결과가 만족할 수 없는 결과가 나온다면 제조방법의 개량이 필요하다. 평가를 토대로 개량을 하는 경우는 평가 결과에서 시작하기 보다는 기본 모델을 원점에서부터 개량하는 것이 바람직하다.

모델과 관련된 아이디어와 힌트는 다음과 같은 것에서 얻을 수 있다.

① 기존 제품이나 축적된 기술
② 전문가의 시제품과 제조방법 정보, 시장조사
③ 문헌과 인터넷 정보
④ 유사제품이나 다른 부류의 상품

대부분의 식품은 출발점이 요리에서 출발했기 때문에 즉석식품이나 조리제품은 특히 전문가를 활용한 시험 제작이 효과적이다. 여러 개의 품목을 개발하는 경우도 당연히 품목마다 모델을 제작해야 한다.

4.2 모델의 평가

개념 단계에서 각 분야의 담당자가 상상한 내용이 시작품에 구현되었는가를 확인하고 평가하여 이 과정을 효과적으로 진행하기 위하여 평가를 위한 시제품의 개요(profile)와 주요 평가요소를 작성하는 것이 효과적이다. 이를 바탕으로 제품의 개념이 시제품에 적절하게 구현되었는가를 평가하여 모델로 결정한다. 평가결과가 낮거나 일치되는 것이 없으면 모델을 다시 제작해야 한다. 그러나 기술적으로 구현이 어렵거나 불가능한 경우는 개념단계부터 다시 수정을 해야 한다.

평가의 주요 사항은 다음과 같다.

① 외관, 식미(食味)의 유형과 특징, 식미(향, 풍미, 맛)의 정도 등. 식미는 제품의 중요한 기준이며, 글로 표현이 제한적인 부분이다. 실제 제작한 모델을 대상으로 식미의 특징을 분석해야 한다.
② 기본 개념을 충분히 포함하고 있는가의 여부, 제품의 속성과 장점을 소비자가 인식할 수 있는지를 확인한다.

③ Positioning이 있는가? 구매 욕구를 유발하는 측면에서 기존 제품과 차별성이 있는지를 확인한다.

개발하려는 품목이 여러 개인 경우는 이 과정에서 품목의 구성(낱개 판매, 세트 판매, 시리즈 판매 등)을 검토하고, 후보 품목의 범위를 추려낸다. 일반적으로 이 과정은 제조기술 측면에서 제품화(양산)이 어려운 것도 포함되기 때문에 후보 품목은 개발하려는 예정 품목보다 3개 이내로 가급적 많이 준비하는 것이 효과적이다.

5. 제조방법(recipe)의 개발 방향

개념(컨셉, 상품설계)와 모델의 특성에 기초하여 개발방향을 결정하고, 각 업무의 담당부서와 담당자 및 일정계획을 결정하여 시작계획서를 작성한다. 계획서를 효과적으로 집행하려면 단순하게 차례대로 집행하는 것보다 중요한 과제부터 집행하는 것이 바람직하며, 결과가 일관성을 나타내지 않는 경우는 소급하여 다시 집행하는 것이 실수를 극복하는 방법이다. 생산체계(생산 장소와 기술제휴 등)는 개발계획을 작성하는 단계에서 검토하는 것이 일반적이지만, 수정이 필요한 경우가 대부분이다. 따라서 제조방법의 개발방향을 결정하는 순서는 다음과 같다.

(1) 생산 장소 선정

① 자가 공장인지 아니면 위탁의 결정
② 자가 공장은 생산시설의 증설, 신설 또는 기존 시설의 이용여부 결정
③ 위탁은 별도의 공정, 또는 신설공정인지의 확인

이상의 사항은 즉시 결정이 어렵다면 결정시한을 명시하고 분명하게 처리해야 상품의 출시일정을 확보할 수 있다. 생산시설을 증설하는 경우는 건물 내에서 공간의 재배치 또는 신규건설이나 임대를 검토해야 한다.

(2) 기술제휴를 선택한 경우는 제휴업체의 역할을 명확하게 규정한다.

(3) 제조설비는 기존 설비 이용과 증설을 결정한다.

(4) 가공공정은 다음 중에서 어떤 방식인지를 결정한다.

① 원료배합(가공원료의 혼합 위주)
② 가공공정(1차 산물에서 가공 및 제조)
③ 혼합(일부를 1차 산물에서 가공 및 제조)

(5) 원료와 가공수준의 선택

제품개념의 제한, 가공공정, 공정의 구성에 따라 연관성 등을 고려하여 가공정도를 결정한다.

(6) 원가분석

내용물의 원료비용 및 원산지 범위를 결정한다.

(7) 기술적 과제해결에 대한 구체적인 대책수립

제품의 개념을 만족시키기 위한 기술적 과제를 명확하게 결정한다. 특성 요인도(要因圖)를 미리 작성하여 문제점과 검토사항을 명확하게 문서로 작성하여 공정과 작업인원을 사전에 교육해야 한다. 과제의 난이도에 따라 제조방법 개발과 별도로 추진하는 것이 바람직하다. 특성 요인도는 제조공정에서 불량감소 및 능률향상 등 공정관리와 개선을 목적으로 품질관리에 사용하는 그림으로, 신제품 개발에서도 계획단계부터 예상되는 위험의 대응과 과제를 명확하게 규정하기 위해 이용한다.

(8) 일정표(로드맵, schedule road-map)의 수정과 확인

개발계획의 일정대로 집행이 어려운 경우는 개발일정의 수정이 불가피하지만, 가급적이면 부분적인 수정으로 문제를 해결해야 전체 일정에 영향을 주지 않는다.

6. 시제품(Proto-type) 개발

프로토 타입은 실험실 수준에서 제작한 시작품의 최종 결정판을 말하며, 프로토 타입을 제작하는 이유는 실험실규모에서 제품의 제조방법을 완성하기 위해서이다. 따라서 프로토 타입의 제작은 상품설계에 근거하여 제조방법 개발방향의 결정에서 결정한 방향에 따라 모델을 생산 가능한 형태로 조정하고 원료, 배합, 제조방법을 명확하게 정리한다.

프로토 타입은 상품설계에서 정한 다음 사항을 만족시켜야 한다.

① 품목의 수
② 품 질
③ 기 능
④ 내용물 형태
⑤ 질량(1인분의 질량이나 첨가량)
⑥ 보존기간
⑦ 내용물의 원료비용

6.1 시제품 제조방법의 작성

다음 사항을 고려하여 시제품의 제조방법을 작성한다.

① 원료와 제조공정에 관련된 규제와 법률의 유무를 확인하고, 준수한다.

② 원료의 선택과 배합은 상품설계의 조건과 관련이 있으므로 모델의 식미 재현을 중심으로 포괄적으로 분석한다.

③ 식미 이외에 보존기간(유통기간)은 과거에 공인시험의 결과를 적용하였으나, 법규의 변경으로 제조업체에서 자율적으로 자가시험의 결과를 토대로 결정한다.

보존기간의 결정은 다음 조건을 고려하여 결정한다.

(1) 공정 및 유통과정에서 발생 가능한 화학적, 물리적, 효소적, 미생물적 위험과 변화여부를 확인한다.

① 화학적 변화

- 유지산화
- 아미노-카르보닐반응에 의한 갈변
- 엽록소의 변색 및 퇴색 등

② 물리적 변화

- 흡습에 의한 고결과 용융
- 에멀션의 파괴(상 분리)
- 전분의 노화(액화 및 점성의 변화)

③ 미생물적 변화

- 부 패
- 외관 손상(곰팡이, 효모 등)

④ 효소적 변화

- 핵산계 조미료(nucleotide)의 분해
- 이취 발생(주로 채소류)
- 전분분해(점도 변화) 등

제품의 보존기간은 사용원료, 시제품의 수분, 수분활성도(Aw), 직접 환원당량 등의 분석결과와 가속보존실험으로 평가하는 것이 일반적이다.

(2) 위해 및 변화의 발생(변패)의 발생이 예상되는 경우는 원료배합의 변경, 첨가물의 사용, 제조공정의 조정, 포장사양 등 종합적인 대응방법을 결정해야 한다.

6.2 시제품 제조공정(서) 작성

제조공정(서)를 작성할 때 주의할 사항은 다음과 같다.

① 시험제작 계획서에 근거하여 실제 생산에 적용되는 제조공정을 가정하여 결정한다.

② 실험실 수준의 시제품은 수작업으로 진행되므로 세밀한 작업이 가능하지만, 실제 생산공정은 기계화 및 대량 생산을 전제로 하므로 가급적이면 가공공정을 단순화해야 한다.

③ 각각의 공정에서 물질수지, 온도와 같은 공정조건을 명확하게 결정한다. 공정시간(처리시간)은 제조규모와 기계장비의 특성을 반영하여 결정한다.

④ 각각의 공정에서 발생하는 중간 제품과 각 단계별 제품의 성상(외관, 관능적, 화학적, 물리적, 미생물적)을 명확하게 결정한다.

6.3 원료 조사

프로토 타입의 시험제작과 동시에 구매부분에서 사용할 원료의 선택과 공급방법을 결정한다. 기술적으로 원료에 대한 평가는 원료의 품질 적성과 제조원이나 공급원에서 품질보증서와 규격인증서 등을 입수하고 다음과 같은 사항을 확인해야 한다.

(1) 법규에 대한 적합성 : 식품위생법에 근거한 잔류농약, 동물약품 및 기타 미량 화학물질의 함유량, 건강기능식품 및 친환경식품 등 특수식품인 경우는 인증서 및 기타 공인 성분분석이나 시험성적서를 근거한 적합성

(2) 품질의 안전성 : 발암성 및 독성에 대한 공인인증서나 시험성적서

(3) 제조 적합성 : 제조에 사용하는 원료, 제조공정 및 설비의 공인인증시설 획득 여부와 작업인원의 건강상태 확인

(4) 품 질 : 제조관리업체의 품질규격 범위

(5) 보존성 : 제품포장의 개봉 전후 보관조건의 확인과 유통기한의 점검

6.4 시제품 결정

실험실에서 시험제작이 진행되고, 결과가 만족할 수준에 도달되면 프로토 타입을 시험 제작하여 상품의 품질 특성을 평가한다. 평가항목은 표 1과 같다.

표 1. Proto-type의 평가 항목

항 목	내 용
식미 평가	외관, 향, 맛, 식감의 기호에 대한 내부 평가 인원의 관능검사 등
사용성 평가	사용설명서(manual)의 타당성, 간편성, 사용성
보존성 평가	화학적, 물리적, 미생물적 보존성의 촉진시험
원료 평가	입수성, 적법성, 안전성, 품질 안정성, 보존성
제조공정 평가	기계화, 자동화, 작업성, 기존 설비의 이용성, 설비투자 분석
비용 평가	내용물 원료비용 분석

단, proto-type의 포장은 보존성 평가를 위하여 완전한 포장을 하지 않고, 상품 자체에 대한 개별 포장만으로도 평가할 수 있다. 포장재료 및 방법에 대해서는 아직 검토할 단계가 아니므로 일반적으로 차단성이 높은 재료와 방법을 적용하여 포장을 거쳐 보존성 평가를 실시한다.

평가 결과에 만족하거나 일반적인 허용수준 이내인 경우는 예상 소비자를 대상으로 제품의 개념에 대한 수용성과 함께 자가사용시험(Home use test)이나 베타시험(beta test)를 적용하는 것이 바람직하다. 이것의 수행이 어려운 경우는 대상 소비자와 가장 유사한 성격을 갖고 있는 사내 임직원을 활용하여 평가를 진행한다.

자가사용시험이란 검사요원(panel)의 가정이나 주 생활공간에서 제품을 일주일 정도 소지하면서 일상적으로 사용한 결과를 의미하며, 일반적으로 식미, 사용성, 사용의향, 구매의향 등의 항목으로 평가하여 결과를 도출하는 시험검사 방법이다. 업무용 상품인 경우는 거래관계나 동종 업계에서 영향력이 있는 특화된 사용자를 대상으로 시제품을 대상으로 제한적인 평가를 실시하는 것도 효과적이나, 이 경우는 일반 소비자의 성향을 반영하는 것이 어렵다.

자가사용시험이나 베타시험을 포함한 프로토 타입의 평가는 신제품 개발과정에서 상품개념의 평가와 거의 대등한 정도의 중요성을 갖고 있다. 따라서 이상의 평가결과가 만족할 수준이라면 시제품을 프로토 타입으로 결정할 수 있다. 이상의 결정 내용을 정리하여 마케팅부서와 협의하여 결정하고 다음 단계로 이관한다. 그러나 이 과정에서 제기된 문제점이나 보완사항 등이 나타나면 상품설계를 포함하여 전면적인 재검토를 실시해야 한다. 재검토 과정에서도 만족스럽지 않거나 해결될 가능성이 없다면 상품개념부터 다시 검토하거나 개발중지를 해야 한다.

7. 기본적인 제조방법의 개발

프로토 타입의 제조방법 및 제조공정에 근거하여 상품화(공업화, scale-up)을 검토하고, 이에 필요한 제조기술과 포장기술을 결정한다. 기본 제조방법(recipe)이란 제품 생산에 기본이 되는 제조방법을 말한다. 상품화에 대한 검토는 내용물의 제조와 포장으로 나누어 검토한다.

7.1 제조장비 검토

(1) 프로토 타입의 제조공정에 근거하여 각각의 공정에 사용하는 기기를 결정한다. 기기의 기능, 생산능력, 내구성, 판매 및 사용실적, 가격 등을 결정 기준으로 활용한다.

(2) 각각의 기능에 대한 사용 적성을 분석한다. 기기의 기능과 능력 이외에 식품제조용으로 적합성(재질의 안전성, 내구성, 세척 및 관리의 용이성), 작업자의 안전 등을 평가한다.

(3) 각각의 기기를 조합하여 공정라인을 검토하고 필요한 설비 및 기기일람표(machine list 기기명칭, 기종, 제조업체, 능력 등을 기입)와 공정흐름표(SFD, Simple flow diagram 기기를 기호화한 약호를 사용)를 작성한다.

(4) 기기의 능력(capacity)은 다음 공정에 적합하도록 약간의 여유를 반영하는 것이 일반적이다.

(5) 제조공정은 직접 제조와 관련된 기기 이외에 유틸리티 설비, 수송기기, 저장탱크, 체, 밸브, 파이프, 계측기 등이 필요하다. 제조공간을 고려하여 시설배치도(lay-out)을 결정하고 문서 및 그림으로 정리한다.

(6) 마지막으로 단위조작 조건의 검토에서 기본적인 제조방법을 최종 결정하고, 이를 근거로 신규설비 계획안과 시설공사 계획안을 작성한다.

7.2 제품제조를 위한 단위조작 조건 검토

앞의 제품 제조기기 검토에서 결정한 기기를 이용하여 공정에서 기기의 운전조건을 검토하고 제품의 형상, 식미, 외관 등을 토대로 기기의 적성을 반영하여 최적 운전조건을 결정한다.

(1) 생산설비(commercial plant, CP)가 5~10톤 이내인 경우는 소형 시험설비(bench plant, BP) 0.1~1톤에서 검토한다.

(2) 운전조건의 기본 요소는 시간, 온도, 압력, 속도이다.
(3) 물질수지(material balance, 원료 투입량, 부산물 발생량, 제품 생산량)를 계산한다.
(4) 원료배합을 수정하거나 기기의 추가 여부를 결정한다.

상품화 시작품을 프로토 타입과 비교하여 차이점을 분석 평가한다. 가장 중요한 평가항목은 식미와 보존성이다. 변경된 원료가 포함된 경우는 변경된 원료를 단독 또는 변경된 원료가 포함된 전체 원료를 평가한다. 평가결과에서 문제가 나타나면 기기와 운전조건을 재검토하여 수정(feedback)한다. 만족할 만한 결과가 얻어지면 이상을 기본 제조방법으로 결정하고 문서로 작성한 다음, 다음 단계로 이관한다.

공정관리 기준(안)을 다음과 같이 작성한다.

(1) 다음 공정으로 이행 여부의 판정 기준 : 신속하게 결과 평가가 가능한 항목으로 결정하며, 예로서 pH, Brix, 색도, 외관, 관능평가 등.
(2) 다음 생산 공정에 참고할 지표(특징, 표적) 결정 : 완성도의 지표로 사용할 항목을 결정하며, 예로서 미생물 수, 효소활성도, 물성값 등.
(3) 관리범위는 제품의 목표 품질을 만족하는 범위 이내로 설정(가규격 값)하고, 이 범위는 관리 한계범위(±3δ, 표준편차)와 일치해야 한다. 또한 공정능력지수(Cp 값) 개념을 도입하여 문제가 발생할 가능성이 있다면 제조방법 및 검사방법을 재평가하여 반영해야 한다.

공정능력 지수(Cp 값)이란 제조공정의 편차를 나타내는 관리 한계선과 규격값의 관계를 나타내는 지수를 말하며, 다음과 같이 계산한다.

Cp 값 = (상한 규격값 Su − 하한 규격값 SI) / 6δ <공식 1>

표 2. 공정능력 지수를 활용한 공정관리 및 대응

공정능력 지수(Cp 값)	공정평가	대 응
Cp ≥ 1.67	공정능력이 대단함	공정관리 간소화 가능
1.67 ≥ Cp ≥ 1.33	공정능력이 충분함	적정상태 유지
1.33 ≥ Cp ≥ 1.00	공정능력이 평균임	필요에 따라 관리방법 및 공정개선
1.00 ≥ Cp	공정능력이 부족함	불량품 발생 차단을 위해 공정개선 필요

(1) 체류 허용시간 또는 cut point 결정 : 익일 이후에 다음 공정으로 이행하기 위하여 1일간 또는 하룻밤 보관하는 공정을 결정한다.
(2) 기기의 고장 발생에 대비한 조치방법과 평상시 유지관리 방법을 결정한다.
(3) 불량품의 처리방법을 결정한다.
(4) 원료보관 및 사용, 중간제품, 제품 로트와 제조이력 추적이 가능한 방법을 결정한다(로트 관리).

7.3 규격 및 품질관리 기준

(1) 앞에서 내용물 또는 제품 제조의 단위조작 조건을 검토한 결과에 근거하여 원료 및 제품의 내용물 규격(안)을 작성한다.
(2) 규격 항목은 내용물의 성상, 식미, 안전성에 대한 항목으로 구성하며 관능평가, 이화학적 특성 값(pH, 식염농도 등 제품의 이화학적 검사 결과 값), 미생물 특성 값(미생물 수, 예로서 대장균 수, 생균수, 총균수 등) 등으로 작성한다.
(3) 규격 항목은 원칙적으로 제품을 출고하기 전까지 자가검사를 완료할 수 있는 항목으로 제한해야 한다. 품질 개선과 안전성의 재확인을 위해 실시하는 항목은 분석항목으로 분류하여 규격과 별도로 관리한다.
(4) 규격 값은 Cp값에 근거하여 관리 범위를 명확하게 결정해야 한다. 수치화가 불가능한 것은 검사에 사용할 표준시료는 물론 가능하다면 합격한계를 나타내는 합계시료를 결정한다.
(5) 관리범위의 수치화는 생산을 원활하게 유지하기 위하여 과거에는 관행적으로 평균값의 ±3δ(표준편차), 즉 합격률 99.7%를 일반적인 기준으로 적용하였으나, 최근에는 고객만족의 개념에서 품질편차의 범위를 더 높게 결정하고 집행하는 것이 바람직하다.
(6) 관능검사 항목의 관리범위는 기준을 명확하게 제한해야 한다. 기준값은 일반적으로 5점 평점방법으로 적용할 수 있지만, 점수가 의미하는 것을 명확하게 정의하고 적용해야 한다. 예를 들어 '관능검사(n=20위)에서 5% 위험률에서 유의적 차이가 없는 것' 등으로 제한할 필요가 있으며, 이 단계에서는 추정하여 가설정할 수 있다.
(7) 검사기준과 분석기준은 검사 로트, 검사빈도, 시료채취 방법, 검사항목, 합격 및 불합격 판정기준으로 구성한다. 분석항목은 별도로 항목을 설정하여 관리한다.

8. 포장개발

8.1 포 장

(1) 포장은 공업적 기능과 사회적 기능, 상업적 기능이 각각 필요하다.

(2) 포장설계는 상품설계 개념에 따라서 포장 재료와 포장기술을 검토하고 포장사양을 결정한다. 포장 디자인과 표시사항에 대해서도 동시에 검토하는 것이 바람직하다.

(3) 포장설계는 식품의 내용물과 유통조건에 의해서 영향을 받으므로 마케팅, 제조 및 포장담당 부서와 충분한 협의가 필요하다.

8.2 포장재료 검토

포장 재료의 종류와 조건은 다음과 같이 요약할 수 있다.

(1) 포장 재료는 상품설계의 조건을 만족시킬 수 있어야 하며, 포장기술도 함께 결정한다.

(2) 내용물과 직접 접촉하는 포장 재료나 단위포장은 내용물을 충진하고, 내용물의 보호, 내용물의 살균처리를 거치면서 포장 재료의 변질 등을 분석한다.

(3) 보존실험을 거쳐 내용물 및 포장 재료의 품질저하 여부를 확인한다. 문제가 발생하는 경우는 포장 재료의 변경이나 내용물의 변경을 검토한다. 보존시험은 유통조건, 촉진온도, 광조사시험 등이 있으며, (2)와 (3)과 관련된 포장재료의 평가항목은 표 3과 같으며, 내용물의 평가는 프로토 타입의 개발에서 설명하였다.

(4) 내부포장과 외부포장은 진동과 외부의 충격으로부터 단위포장을 보호하는 기능을 해야 한다. 또한 단위포장의 표면보호와 제품 사이의 접촉방지 기능도 있

표 3. 단위포장의 평가

항 목	내 용
외관 관찰	변형, 변색, 박리, pin hole, 정전기에 의한 오염물질 부착(오손)
강도시험	낙하시험, 압축시험, 수송(진동)시험
차단성 시험	흡습, 산소투과, 광선투과, 보향(내용물 향의 누설 및 감소)
관능시험	내용물의 착향
사용성 시험	개봉성, 중량감

다. 한편 (3)항목의 결과에 따라서 완충재, 방습재, 칸막이 및 각각의 적용여부를 결정하여 포장 자체의 안정성과 내용물에 대한 보호성을 평가해야 한다. 단위포장과 내부포장을 하고 낙하, 수송, 적재, 보존시험을 실시하여 포장에 대한 평가를 실시한다(표 4).

(5) 포장사양서 작성 : (1)~(4)의 결과에 따라서 포장사양(단위포장, 내부포장, 외부포장)을 결정한다. 포장사양은 표 5와 같은 방식으로 결정하며, 디자인은 포장사양을 결정한 다음에 추가하는 것이 일반적이다.

표 4. 내부포장 및 외부포장의 평가

시험항목	평가내용
보존시험	변형, 변색, 박리, 대전(정전기)
낙하시험	파손, 변형, 단위포장의 손상
수송시험	파손, 변형, 단위포장의 손상
적재시험	파손, 변형, 단위포장의 손상

표 5. 포장사양서

분류	항목	내 용
단위포장	명칭 및 형식	예) 평 pouch
	포장재료	재질, 형상, 치수
	인쇄 및 label	유효기간, 소비기한, 제조일자 표시형식, 인쇄위치, label 위치
내부포장	명칭 및 형식	예) 중간상자
	포장재료	재질, 형상, 치수
	인쇄 및 label	유효기간, 소비기한, 제조일자 표시형식, 인쇄위치, label 위치
외부포장	명칭 및 형식	예) 골판지 상자
	포장재료	재질, 형상, 치수
	포장방법	봉입개수, 넣는 방법, 구분 칸막이, wrapping 등
	인쇄 및 label	유효기간, 소비기한, 제조일자 표시형식, 인쇄위치, label 위치

8.3 포장방법 검토

다음과 같은 항목을 검토한다.

(1) 생산공정에 사용할 기종(단위포장용, 내부 포장용, 외부 포장용)을 결정한다.

(2) 단위포장용 포장 재료는 제품 내용물이나 모조품을 사용하여 충진시험을 실시하고, 표 6의 항목을 적용하여 충진 및 포장조건을 결정한다. 포장 재료의 기계적 적성에 문제가 나타나면 포장 재료나 포장기기의 규격을 변경해야 한다.

(3) 내부포장 및 외부 포장용 포장 재료의 기계적 적성은 모조품이나 모형을 사용하여 포장 재료나 포장기기의 규격을 변경해야 한다.

(4) 각각의 기기를 조립하여 공정배치도에 따라 작업라인을 점검하고, 기기일람표(machine list)와 공정흐름도(simple flow diagram, SFD)을 작성한다. 이 과정에 직접 포장과 관련된 기기 이외에 수송기기, 저장조, 체(sieve), 파이프 및 밸브, 계측기기 등을 점검한다.

(5) 제조장소(공간)을 점검하고 부설배치도(lay-out)를 결정한다.

(6) 이상의 검토 결과를 정리하여 설비투자 계획(안)을 작성한다.

(7) 공정관리 기준(안)의 작성 : 단위 포장용 포장재료, 내부포장 및 외부 포장용 포장 재료의 결정에 따라서 기종, 충진 및 포장조건을 결정하면 공정관리기준(안)을 작성한다. 공정관리 기준은 다음 공정으로 이행여부를 판정하는 항목과, 다음 회차의 생산에 참고할 지표나 특징 항목을 포함해야 한다. 다음 공정으로 이행여부 결과에 적용하는 판정 항목은 육안관찰, 계량, 낙하시험 등이며, 다음 회차의 생산에 도움이 되는 참고 항목은 봉합강도 등이다.

표 6. 포장방법의 평가

항 목	내 용
기계적 합성	매끄러움, 구부림성, 접힘성, 하자(결점) 등
봉함성	봉함강도, 봉함 폭, 봉함상태(canning, bottling) 등
충진성	중량편차, 충진상태, 불량비율 및 이유
작업성	충진속도, 문제발생 빈도
인쇄적 합성	인쇄상태, 인쇄위치의 정렬정도, 인쇄얼룩 등

8.4 규격 및 품질관리 기준

규격 및 검사기준은 다음과 같이 작성한다.

(1) 단위 포장용 포장재료, 내부포장 및 외부 포장용 포장 재료의 결정에 따라서 제품의 포장규격(안)을 작성한다.

(2) 규격항목은 포장사양, 내용물 사양, 내용물 질량, 외관, 강도 등 표시와 관련된 항목으로 구성하며, 육안 관찰과 이화학적 특성 값으로 표시한다.

(3) 규격 값은 출하 이전에 검사를 완료할 수 있는 항목으로 제한하고, 품질개선과 안전성의 재확인을 위한 항목은 분석항목으로 분류하여 규격에서 제외한다.

(4) 규격 값은 관리범위를 명확하게 한다. 내용물 질량은 우선 계량법에 정한 대로 적용하고, 인쇄상태 등 수치화가 불가능한 것은 검사시점에서 표준시료는 물론 가급적 한계시료를 활용한다.

(5) 포장상태의 확인은 제품의 임의추출 검사방법으로는 안심할 수 없으며, 공정 내에서 검품하는 방법이 효과적이다.

9. 연구개발 과정의 완료

9.1 제조사양서 작성

시제품 제조개발 및 기본적인 제조방법의 검토결과를 근거로 생산설비 공정을 작성하고 제조사양서를 작성한다. 제조사양서는 원료배합, 제조공정, SFD(단순공정 흐름도), 원료 및 포장재료와 제품규격, 공정관리기준, 기술지표(작업요령 등)으로 구성된다. 그러나 신제품을 개발하는 과정에서 양산용 시제품을 필요로 하지 않는 경우는 기술지표로 바꾸어 작업표준을 작성한다.

9.2 제조비용 작성

신제품 개발에서는 판매량과 이익이 가장 중요한 사항이므로 제품생산의 공장도 가격을 계산한다. 일반적으로 가격을 구성하는 항목은 표 7과 같다. 표에서 사용한 항목 이외에 이익과 작업(profit & labor)과 관련된 주요 용어는 다음과 같다.

(1) 한계이익 : 순매출액 - 변동비

(2) 공헌이익 : 한계이익 - 직접 고정비{고정비 - (일반 관리비, 세금, 보험)}

(3) 기타 상품별 이익, 기업 전체 이익 등이 있다.

표 7. 제조원가의 구성항목

분 류	항 목	정 의
변동비 (V)	내용물 원료비	가공조제를 포함한 전체 원료비(loss 포함)
	포장재료비	포장에 사용한 전체 재료비(loss 포함)
	Utility 비	전기, 연료, 수도요금 등
	보관료・운임	영업 창고 임대비와 제조업체가 부담하는 운임
	위탁비	가공・출하 등 위탁하는 경비 (계약 성과급인 경우는 변동비, 정액인 경우는 고정비로 분류)
고정비 (F)	노무비	제조에 직접 참여하는 인원의 임금급여와 복리후생비
	소모품비	기기부품 등 소모품의 비용
	수선비	시설, 기기의 수리비용
	임차료	시설, 기기를 임차한 경우의 비용
	잡비	통신비, 사무용품비 등 위의 항목에 포함되지 않은 비용
	감가상각비	제조에 사용하는 설비 및 기기의 상각비 건물: 35～45년 정액이나, 구조에 따라 다름 설비: 9년 정률상각(년 22.6%) 또는 9년 정액(년 11.1%)
	일반관리비	직접 인원 이외(사무 및 품질관리 등)의 비용
	세금・보험료	고정자산세, 화재보험 등
	연구개발비	제조비용에 포함하는 경우도 있음

비용의 구분은 여러 가지 방법이 있으므로 자사의 경리부서와 협의하여 기업에서 공통적으로 활용할 수 있는 방법을 적용하는 것이 효과적이다.

원가의 계산단위는 원/개, 원/case, 원/kg, 원/년 등이 있다. 원가는 매년 또는 불특정하게 생산수량과 감가상각비가 변동하므로 분기별로 추이를 분석하면 사업실적을 분석하기가 쉽다.

9.3 개발의 검증 및 타당성 확인

개발의 검증과 타당성 확인은 개발계획에 근거하여 실시하는 내용을 확인하기 위하여 실시한다. 제조업체는 기업 내부에서 규칙(어느 단계에서, 누가 심의하고, 승인할 것인지)를 결정하고 공식적인 처리과정을 거쳐 승인을 받고 업무를 추진해야 한다. 개발의 검증은 ① 개발계획서의 요구사항을 만족하는지, ② 원료 및 포장재료, 제조방법, 제조설비, 제품이 법규를 준수하는지, ③ 사회적 수용성을 만족하는지 등을 확인한다.

타당성의 확인은 마케팅부문이나 의뢰자(판매담당자와 고객)에게 견본을 제시하여 상품의 개념이나 제품의 수용성을 만족하는 지를 평가한다. 이 과정에서도 고객(소비자, user)의 수용성을 확인하기 위한 사외 테스트를 실시하는 경우도 있다.

9.4 개발연구 결과의 승인

개발의 검증과 타당성 확인과 같은 형태로 연구개발 결과도 기업이 공식적으로 심사과정을 거쳐 승인하는 절차를 정하는 것이 바람직하다.

제조사양서(안), 제조비용(cost) 원안, 설비투자(안), 개발의 검증 및 타당성 확인 결과, 견본의 확인을 통한 제조상의 문제점, 다음 단계로 진행여부 등을 심사한다. 승인이 완료되면 원재료 및 설비를 발주하여 양산단계로 이관한다.

10. 상품화를 위한 시험생산

양산을 위한 시험제작은 개발을 완료하여 생산할 제품의 품질이 생산 가능한지를 검증하기 위하여 생산설비를 사용하여 제조를 실시하고, 문제가 나타나면 제조사양서를 수정한다.

양산을 위한 시제품 제작은 연구개발 부문이 담당하지만 생산담당(공장 또는 제조위탁기업)이 참가하여 공동으로 실시하는 경우가 일반적이다. 공동으로 참여하여 진행하는 것이 개발과정을 본격적인 생산단계로 인수인계가 보다 원활하다. 품종이 다양한 개발의 경우에 특히 기존제품과 원료배합과 제조공정이 거의 동일한 경우는 양산을 위한 시제품 제작을 생략하는 경우도 있다.

10.1 원료 및 설비 발주

심사를 완료하면 원료 및 설비를 발주하여 양산을 위한 시제품 제작준비를 한다. 대부분의 경우는 설비투자 내용이 승인되면 발주를 하는 것이 일반적인 기업의 절차이지만, 신규 설비인 경우는 납품 소요기간이 상당한 기간이 소요되므로 금액과 사업화 가능성 등을 종합적으로 고려하여 필요한 경우는 승인과정과 동시에 미리 발주를 실시하는 경우도 있다(가발주).

10.2 시설공사, 설치 및 시운전

생산시설의 정비가 완료되고 신규 구입한 기기가 납품되었다면 설치공사를 진행하며, 기기에 대한 시운전을 거쳐 검수를 완료한다.

10.3 양산시험제조(commercial plant test, CP Test)

양산을 위한 시험제조는 다음과 같이 진행한다.

(1) 제조사양서(안)에 결정한 대로 원료, 포장재료, 원료배합, 제조공정, 공정관리 기준, 기술지표에 따라서 시험제조를 실시한다.

① 양산 시험제조 계획을 작성하고, 시험제작 내용, 일정, 담당자를 결정한다. 체크항목도 사전에 작성한다.

② 시험제작에 참여하는 인원은 책임자, 작업자, 자료수집자(공정담당 및 검사/분석담당), 생산담당 책임자로 구성한다.

③ 시험제작량은 회분식(batch) 운전공정은 배치단위 정도로 하고, 연속운전 공정은 1/2일(반나절) 단위 정도가 일반적이다.

④ 양산 시험제작의 주요 점검항목은 BPtest(bench plant test), 제품의 재현, 공정 사이의 연결성, 운전의 연속성, 제조의 안정성 등이다.

⑤ 각 공정의 완성도와 편차를 측정하여 각 기기의 운전조건을 수정하고 결정한다.

⑥ 각 공정의 인원배치, 작업시간, 물질수지(손실)을 확인한다.

⑦ 작업표준(작업 매뉴얼과 관리사항)을 작성한다.

(2) 양상 시험제작 제품은 검사 및 분석기준에 따라 평가한다. 시작품의 완성도와 가장 중요한 사항은 외관, 식미, 물성 등이며, 이들은 실험실 수준에서 작성한 표준 샘플과 비교하여 차이점을 정확하게 평가해야 한다. 보존성에도 확인시험을 진행한다.

(3) 제조사양서(안), 검사분석 기준(안)의 타당서를 검증하여 불량사항은 각각의 수정을 실시하고 공정에 반영한다.

(4) 양산 시험제작의 결과를 생산담당 부문과 종합적인 개선사항과 기술적인 과제를 명확하게 분석한다. 문제가 있다면 해결방법을 마련하여 생산단계 이전에 적용할 사항과 생산단계 이후에 적용할 사항으로 나누어 각각의 일정을 결정한다.

11. 생산준비

11.1 제조사양서 및 관리규정 등 문서작성

양산을 위한 시험결과에 따라서 제조사양서, 검사 및 분석기준을 결정한다. 자료의 부족으로 결정이 어려운 항목은 우선 '잠정'으로 분류한다.

이상의 단계가 완료되면 개발이 완료되고 본격적인 생산단계로 이관되지만, 이 단계에서 추가로 생산담당 부서와 공동으로 생산에 대한 규정 등을 확립한다. 이 과정에서 검토한 내용은 국가표준규격(KS, ISO 등)에서 추천하는 공식적인 표준안에 따라 진행하는 것이 효과적이다. 표 8에 표준적인 규정과 매뉴얼을 정리하였다.

표 8. 신제품 생산에 필요한 문서

분 류	항 목	주 요 사 항
개 발	제조사양서	원료배합, 제조조건 등의 확인과 수정
	작업표준서	작업순서의 문서화, 문제발생에 대한 대응방법 문서화
	공정관리기준	평가기준, 특히 관능항목의 명확화
	제조위탁계약서	책임소재, 제품인도, 기밀유지 명확화
제 조	인원배치도	CP test결과에 근거한 초안작성
	작업시간일정	CP test결과에 근거한 초안작성
	설비・기기보수 관리규정	CP test결과에 근거한 초안작성
	원료・포장재료 관리규정	취급, 보관 관련 매뉴얼 작성
	제품출하 관리규정	취급, 보관, 인도 관련 매뉴얼 작성
	불합격품 처리규정	재이용, 기타 용도로 전환, 폐기관련 매뉴얼 작성
품질관리	원재료・제품규격	검사자료가 부족한 경우는 잠정구격으로 분류
	검사기준	항목, 빈도, 판정기준 등의 확인과 수정
	불합격품 처리기준	기준, 설정근거, 책임소재의 명확화
구 매	구매계약서	책임의 소재, 원재료의 납입방법, 검증권한
	품질보증서	매입처에서 입수(검사기준과 일치성 확인)
	매입처 관리규정	매입의 관리방식, 매입처 평가

11.2 개발의 검증 및 타당성 확인

양산 시험제작의 결과에서 원료, 포장재료, 제조방법, 제품규격에 문제나 변경사항이 나타난 경우는 개발의 검증과 타당성 확인을 반드시 다시 실시한다.

11.3 채산성 검토

제조사양서가 완성되어 직접 및 간접인원, 생산수량, 수율(손실 포함)이 거의 명확하게 정리된 시점에서 최종적으로 원가에 대한 사전계산을 실시하여 채산성(기업이익)을 확인해야 한다.

11.4 인원교육

생산담당 부서는 원료 및 포장 재료의 발주, 제조 및 검사인원의 교육 등 생산개시를 위한 준비를 실시한다. 이 과정에서 개발담당 부서가 협력하는 것이 바람직하다.

12. 생산 안정화 점검

생산이 시작되면 신제품은 연구개발 부서에서 생산담당 부서로 이관되지만, 생산초기에는 일반적으로 여러 가지 문제가 발생하는 경우가 많다. 따라서 연구개발 부서는 생산이 안정화될 때까지 문제의 해결, 공정 등의 개선을 위하여 생산부서를 지원하여 생산이 안정된 이후에 완전하게 이관하는 것이 바람직하다.

한편 규격, 규정 등 양산을 위한 시험제작 과정에서 '잠정'으로 분류한 항목에 대해서는 생산개시 이후 늦어도 6개월 이내에 문제를 해결하여 공정의 완성도를 향상시켜야 한다.

제1부

식품제조 기계

인간이 소비하는 농·수·축산물 등의 식품원료와 천연 및 합성한 식품첨가물은 그대로 섭취하는 것보다 여러 가지 처리공정을 거쳐 다양한 형태와 목적으로 가공된 상태로 소비하고 있다. 가공식품이 공장에서 생산한 식품상품이라면 상업적으로 또한 영양학적으로 소비자의 선택을 받기 위해서 기본적으로 우수한 품질의 식품을 제조해야 하며, 이를 위해서는 원료의 성질과 가공공정 도중에 발생하는 물리, 화학 및 생물학적 전환현상에 대한 정확한 이해가 필요하다. 또한 가공식품의 용도와 생산량에 적합한 기계장치와 설비를 선택하고, 공정을 효율적으로 가동해야 한다.

식품기계, 즉 식품 제조기계는 식품의 원료를 형태나 성분을 변화시켜 목적에 적합한 가공식품의 생산에 적용하는 다양한 가공과정에서 핵심적인 역할을 수행한다.

제 1 장

식품제조 기계

인간이 생존하기 위해서는 다양한 식품을 소비하며, 식품은 원재료 상태로 직접 소비하기도 하지만 거의 대부분은 원료의 형태나 성분을 변화시켜 변질과 부패를 방지하고 안전성과 보존성을 향상시킨 가공식품의 형태로 소비하고 있다. 또한 소득수준의 향상, 생활방식의 변화, 건강에 대한 의식 및 세계화에 따라 맛있고, 가격이 저렴하며, 위생적이고, 영양학적으로도 우수한 다양한 가공식품이 생산되고 있다.

식품원료에 물리적·화학적·생물학적 변화를 발생시켜 성질, 조성 및 형태를 보다 가치 있고 유용한 식품으로 만드는 것을 식품제조 또는 식품가공이라고 한다. 식품제조는 원료의 저장성 증가, 기호 및 영양가치의 향상, 편리성 증가와 제조기업의 경영이익을 추구하기 위하여 다양한 가공식품을 생산한다. 따라서 식품산업은 인류의 생존에 반드시 필요한 기반산업이므로 경기변동의 영향이 거의 없는 핵심 산업이면서 사회의 역사, 문화, 사회현상이 융합된 국가이미지와 관련이 깊다.

1. 식품제조와 제조공정

수많은 가공식품을 제조하려면 근본적으로 원료에 물리적·화학적·생물학적 처리 과정을 거쳐야 한다. 예를 들어 맥주는 원료인 맥주보리를 맥아로 가공한 다음 쌀, 옥수수, 사탕수수, 인삼 등의 부재료와 호프, 양조용수 등을 넣어 살균하여 효모를 넣어 발효시키는 발효공정을 거친다. 양조공정에서 발효된 맥주발효액은 다시 여과, 살균, 포장을 거쳐 상품화된 맥주를 생산한다.

가공식품은 이와 같이 여러 단계의 과정을 거쳐 제조하며, 이렇게 생산이 이루어지는 일련의 과정을 공정(工程, process)이라고 하며, 공업적 생산에 적용하는 공업을 공정공업(工程工業, process industry)이라고 한다. 따라서 식품공업은 원료물질인 농·수·축산물 등을 사용하는 공정공업의 하나이며, 식품공장은 식품원료에 물리적·화학적·생물학적 처리과정을 거쳐 이용가치가 향상된 식품을 생산하는 과정이 식품제조 공정이다.

한편, 원료를 가공하여 가공식품이 만들어지려면 여러 단계의 공정을 거치게 되며, 각각의 공정단계가 어떻게 구성되어 식품이 제조되는 과정을 쉽게 이해하기 위해 전체 공정의 흐름을 그림으로 표현한 것을 제조공정도(製造工程圖, process chart)라고 한다. 제조공정도는 전체 제조공정을 원료가 투입되어 변화되는 순서에 따라 여러 단계로 나누고, 다시 블록(block)으로 나타낸 다음에 원료와 중간 제품의 이동을 블록 사이를 연결하는 화살표로 표시한다.

2. 단위반응과 단위조작

맥주의 제조공정은 그림 1-1과 같이 여러 가지 물리적·화학적·생물학적 처리과정이 포함되어 있다. 맥아의 건조와 분쇄, 발효원료인 맥아와 쌀의 증자, 각 발효액의 여과와 살균 같은 물리적 작업과 대맥의 발아, 전분의 당화, 발효 등의 화학 및 생물학적 작업들이 다양하게 포함되어 있다.

식품제조 과정에서 원료에 화학적 변화를 일으킬 목적으로 처리하는 작업을 단위반응(單位反應, unit reaction)이라고 하며, 물리적 변화를 위해 처리하는 작업을 단

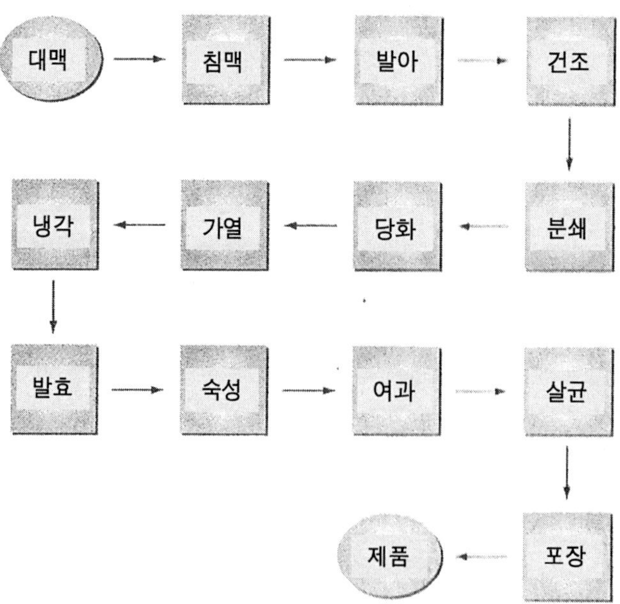

그림 1-1. 맥주의 제조공정도

표 1-1. 식품공업의 주요 단위조작

식 품	전처리		전환작업				보존작업						
	정선	수송	분쇄	교반	여과	추출	가열	증발	증류	살균	냉각	동결	건조
녹 말	○	○	○		●								
포도당	○	○			○			○			○		○
식용유	○	○	○		○	●	○		○		○		
빵		○	●				●				○	○	
커 피	○	○	○	○	○	○		○					●
농축주스	○		○	○	○		○	●		○			
두 부	○	○	○	○	○		○				○		
분 유		○		○	○			○		○			●
버 터		○			○					○	○	○	
햄・소시지		○	○	○	○					○	○	○	
냉동어	○	○										●	
청 주	○	○	○	○	○		○			○			
간 장	○	○	○	○	○		○			○			

위조작(單位操作, unit operation)이라고 한다. 대부분의 식품공정은 단위조작이 차지하고 있으므로 단위조작은 식품제조의 기본적인 작업이며, 대단히 중요한 역할을 한다. 각각의 단위조작은 목적에 따라 전처리, 보존 및 전환작업으로 나누어진다. 여러 가지 식품제조에 사용하는 대표적인 단위조작을 정리하면 표 1-1과 같다.

전처리작업은 식품원료의 불순물을 제거하는 정선작업이나 각 과정 사이에 물질의 수송과 관련된 작업이다. 전환작업은 분쇄, 혼합, 추출 등과 같이 원료나 중간 제품의 형태를 변화시키거나 원료를 균일하게 섞는 작업과 물질의 분리작업 등이다. 보존작업은 가열, 살균, 냉각, 동결, 증발, 증류 및 건조 등과 같이 식품의 변패를 방지하기 위한 열처리작업을 말한다.

3. 식품제조 기계와 장치

식품은 역사 및 문화적으로 과거에는 주로 솜씨가 좋은 장인들이 직접 가내 수공업의 형태로 소규모로 생산되었다. 그러나 인구 증가와 도시화 및 생산지역과 소비지역의 거리 등으로 생산기업들이 집적화되고, 대량 생산체제로 전환되면서 일종의 장치산업의 성격으로 식품산업의 성격이 빠르게 변화되면서 세계적인 매출액 측면에서도 다른 산업과 비교하여 결코 작지 않은 기반산업의 성격을 갖고 있다.

식품공업에서 기계와 장치의 구별은 쉽지 않다. 일반적으로 기계(機械)는 분쇄기, 절단기, 송풍기 등과 같이 자신이 작동하여 물체의 형태나 크기, 위치 등을 변화시키는 설비를 말하며, 장치(裝置)는 내부나 주변의 물질에 온도, 압력, 조성 등의 변화를 일으키는 설비이다. 일반적으로 기기와 장치를 한꺼번에 가리키는 경우는 기기(器機)라고 한다.

3.1 계측기와 제어장치

(1) 식품공업은 공정공업의 하나로서 식품제조 도중에 온도, 압력, 유량 등의 공정변량(工程變量, process variables)을 항상 일정하게 유지해야 하며, 이 과정에서 온도, 압력, 유량 등을 측정하는 작업을 계측(計測)이라고 한다.

(2) 온도, 압력, 유량 등의 값을 일정하게 유지하기 위해서 계측 값이 목표 값과 같도록 조절하는 것을 제어(制御, control)이라고 하며, 계측한 결과를 자동장치를 이용하여 일정하게 조절해서 제어하는 방식을 자동제어라고 한다.

(3) 공정제어는 단위공정을 미리 계산한 목표 값에 맞추어 제어하는 방식을 말하며, 대부분의 식품공장에 자동제어방식이 적용하고 있다. 식품공업의 자동제어는 온도, 유량, 압력 및 액체 높이의 변화를 측정하고 조절하는 등 주로 물리적·화학적 공정을 제어한다.

3.2 식품제조 기계의 중요성

가공식품은 여러 단계의 공정을 거쳐 제조하며, 원하는 품질의 제품생산을 위해서 각각의 공정목적에 적합한 기계와 장치를 사용한다. 따라서 사용하는 기계 및 장치의 종류와 형식, 구조와 성능 및 조작방법 등에 따라 제품의 품질이 달라질 수 있으므로 최적조건에서 운전하여 우수한 품질의 제품을 효율적으로 생산할 수 있도록 노력해야 한다.

또한 식품기계 및 장치는 생산수율(生産收率, product yield)의 재선, 제품의 다양화 및 에너지소비 등에도 갚은 관련이 있어 결과적으로는 생산 비용에도 상당한 영향을 미친다. 생산수율은 원재료 투입에 대한 제품 생산비율을 말한다. 결국 우수한 품질의 식품제조에서 기계 및 장치의 역할은 매우 중요하다.

4. 동력전달용 기계요소

식품제조 기계는 여러 가지 부품들로 조립되어 있으며, 기계를 구성하는 가장 기본적인 부품을 기계요소라고 한다. 기계요소는 용도에 따라 결합용 기계요소, 축용 기계요소, 전동용 기계요소, 완충 및 제동용 기계요소, 관용 기계요소 등으로 구분한다.

4.1 결합용 기계요소

기계부품 중에서 나사, 볼트, 너트, 키, 핀 등과 같이 두 개 이상의 부분을 결합하는 목적으로 사용하는 기계요소이다.

1) 나사

나사(screw)는 부품을 조이거나 힘을 전달하는 목적으로 사용하는 기본적인 기계요소이며 표준규격으로 규정한다. 나사는 원통의 바깥 면에 나사산이 있는 것을 수나사, 원통의 안쪽에 있는 것을 암나사라고 한다. 또한 감기는 방향에 따라서 오른나사와 왼나사로 구별한다. 오른나사는 축 방향을 기준으로 시계방향으로 돌아가면서 전진하는 나사이고, 왼나사는 시계 반대방향으로 돌면서 전진한다.

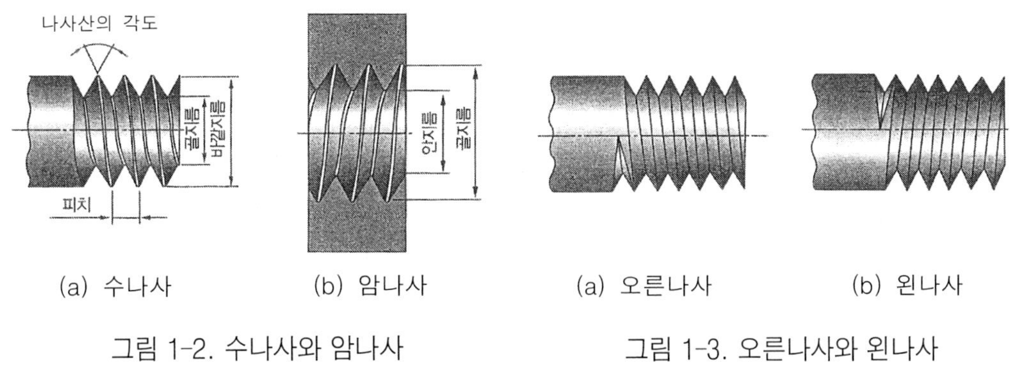

(a) 수나사 (b) 암나사

그림 1-2. 수나사와 암나사

(a) 오른나사 (b) 왼나사

그림 1-3. 오른나사와 왼나사

2) 볼트(bolt)

부품을 고정하는 방법에 따라 관통 볼트, 스터드 볼트, 탭 볼트 등이 있다. 관통 볼트는 조이려는 두 개의 부품에 관통하는 구멍을 뚫고 볼트를 넣어 너트로 조이는 볼

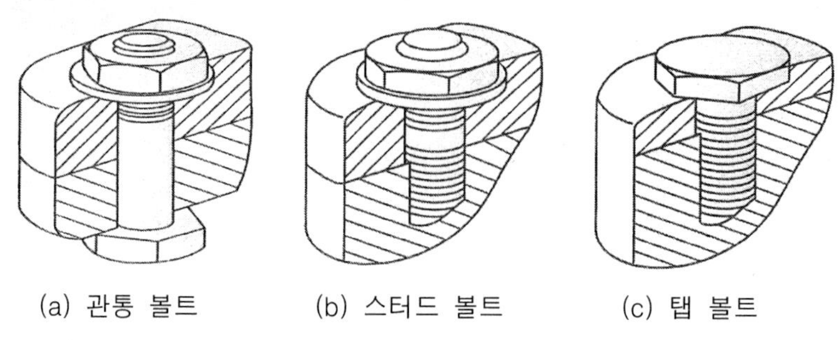

(a) 관통 볼트 (b) 스터드 볼트 (c) 탭 볼트

그림 1-4. 고정방법에 따른 볼트의 종류

트이고, 스터드 볼트는 양쪽 끝에 수나사를 설치하여 부품을 관통하는 구멍을 뚫을 수 없는 경우에 사용하는 볼트이다. 탭 볼트는 조이려는 부분이 두꺼워 관통구멍을 뚫기가 곤란한 경우에 조이려는 두꺼운 부분에 암나사를 만들어 직접 볼트를 조이기 때문에 너트가 필요 없는 볼트이다.

육각 볼트는 일반적으로 가장 많이 사용하는 대표적인 볼트이고, 육각구멍붙이 볼트는 둥근 머리에 육각 홈을 파서 볼트의 머리 부분이 조이려는 부품의 표면에 돌출되지 않아야 하는 위치에 육각렌치를 사용하여 사용하는 볼트이다.

나비 볼트는 머리 부분을 나비의 날개모양으로 만들어 조이거나 해체하는 도구를 사용하지 않고 손으로 직접 사용할 수 있는 볼트이고, 기초 볼트는 기계구조물 등을 바닥에 고정하기 위하여 사용하는 볼트이다. 접시머리 볼트는 볼트의 머리 부분이 표면에 돌출시키지 않아야 하는 위치에 사용하는 볼트이고, 아이 볼트는 볼트의 머리 부분에 고리가 설치되어 있어 로프나 훅을 걸어 무거운 물건이나 기계장비를 들어올리기 편하게 할 목적으로 사용한다.

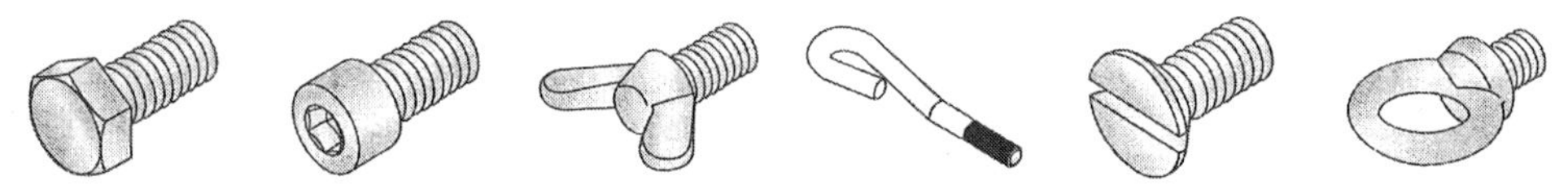

(a) 육각볼트 (b) 육각구멍붙이볼트 (c) 나비볼트 (d) 기초볼트 (e) 접시머리볼트 (f) 아이볼트

그림 1-5. 머리 모양과 용도에 따른 볼트의 종류

3) 너트(nut)

너트는 볼트로 조일 때 사용하는 기계요소이며, 일반적으로 겉모양이 육각형인 육각 너트가 가장 많이 사용되고 있다.

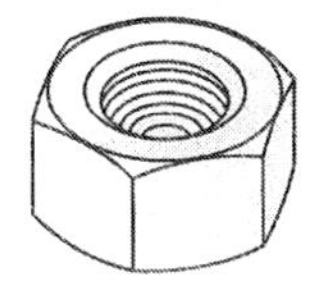
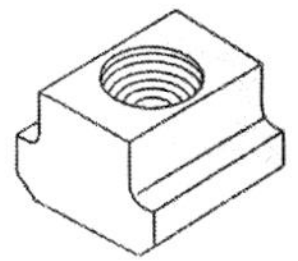
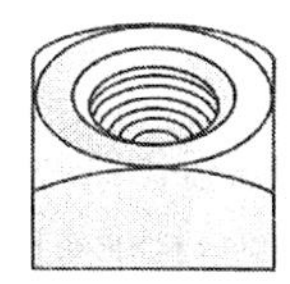
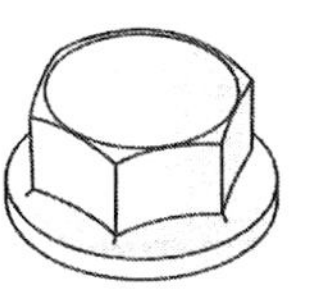
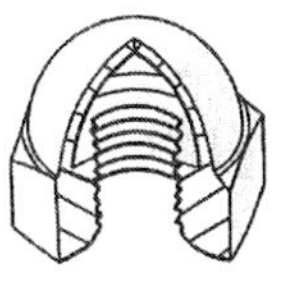

(a) 육각너트 (b) T너트 (c) 사각너트 (d) 플랜자붙이육각너트 (e) 육각캡너트 (f) 나비너트

그림 1-6. 너트의 종류

4) 작은 나사

볼트의 지름이 8mm 이하이고, 머리 부분에 드라이버나 육각렌치로 돌릴 수 있는 홈이 설치된 나사이며, 머리 모양에 따라 냄비머리 작은 나사, 접시머리 작은 나사, 둥근 접시머리 작은 나사 등이 있다.

멈춤 나사는 보스와 축을 고정하는 목적으로 사용하며, 축에 끼운 기어나 풀리의 위치조정 및 키의 대용으로 사용한다. 태핑 나사는 얇은 판에 나사를 조이면 스스로 암나사를 내면서 결합되는 나사로서 나사의 끝 부분에 테이퍼를 주고 재질이 단단한 나사이다.

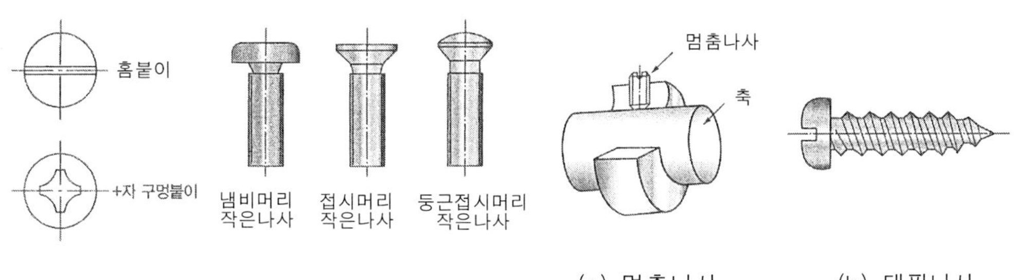

(a) 멈춤나사 (b) 태핑나사

그림 1-7. 작은 나사

그림 1-8. 멈춤 나사와 테핑 나사

5) 와셔(washer)

① 평 와셔 : 볼트구멍이 지름보다 너무 크거나 볼트와 너트의 자리 면이 고르지 않을 때 사용한다.

② 특수 와셔 : 특수한 용도에 맞게 와셔로 너트의 풀림방지에 주로 사용하며, 스프링 와셔, 이붙이 와셔, 접시 스프링 와셔, 혀붙이 와셔 등이 있다.

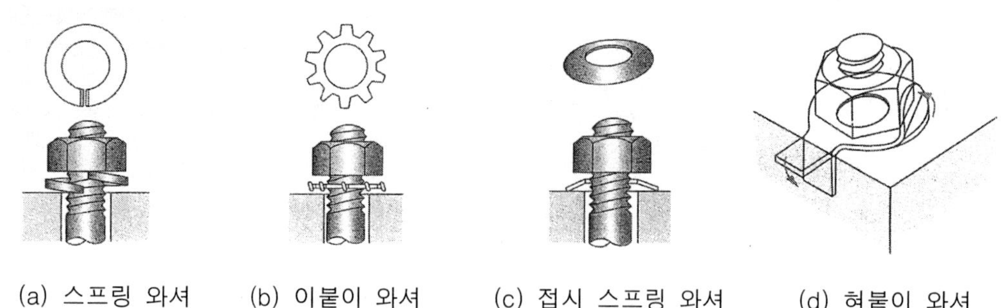

(a) 스프링 와셔 (b) 이붙이 와셔 (c) 접시 스프링 와셔 (d) 혀붙이 와셔

그림 1-9. 특수 와셔의 종류와 사용

6) 핀(pin)

핸들을 축에 고정하거나 부품을 설치, 분해, 조립, 부품의 위치결정 등에 사용하며, 평행 핀, 테이퍼 핀, 분할 핀 등이 있다.

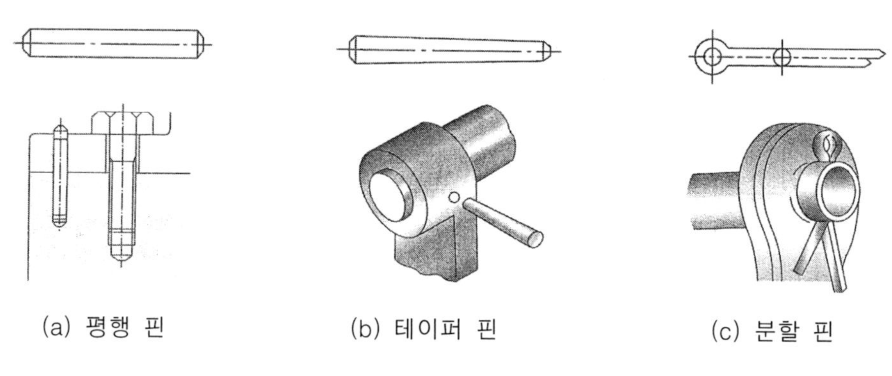

(a) 평행 핀 (b) 테이퍼 핀 (c) 분할 핀

그림 1-10. 핀의 종류와 사용

7) 키

키는 기어, 벨트 풀리, 커플링 등의 회전체를 축에 고정시켜서 미끄럼 없이 회전운동을 전달시키는 기계요소이며, 안장키, 평키, 묻힘키, 반달키, 접선키, 스플라인, 세레이션 등이 있다.

4.2 축용 기계요소

축에 관한 기계요소는 회전력을 전달하고, 원활한 운동을 할 수 있도록 설치하는 기계요소로 사용하며 축, 축이음, 베어링 등이다.

1) 축(axis)

축은 동력을 전달하거나 하중을 지지하는 기능을 하며, 모양에 따라 직선 축, 크랭크 축, 플랙시블 축이 있고, 회전상태에 따라서 회전축과 정지축으로 나누어진다. 직선 축은 일반적으로 사용하는 곧은 축이며, 동력 전달용으로 사용한다. 크랭크 축은 직선운동을 회전운동으로, 또는 회전운동을 직선운동으로 전환하는 목적으로 사용한다. 플랙시블 축은 철사를 코일모양으로 2-3중으로 감아서 만들며, 축의 방향을 임의로 구부릴 수 있는 축이다.

회전축은 철도 차량의 차축과 같이 자체가 회전하는 축이며, 정지축은 자동차의 앞바퀴 축과 같이 바퀴만 회전하고, 축은 회전하지 않는 고정축을 말한다.

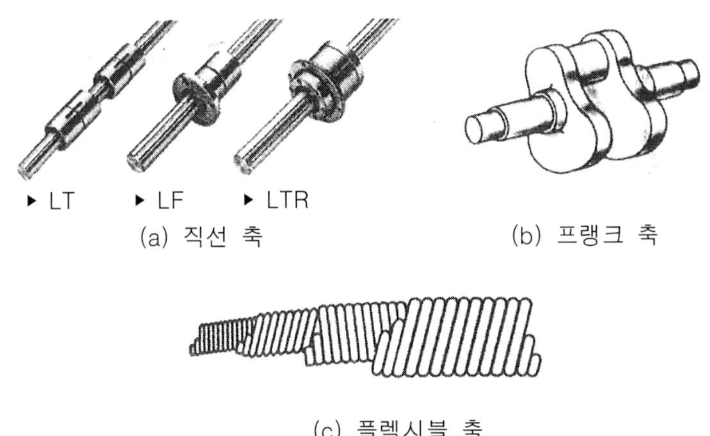

(a) 직선 축 (b) 프랭크 축

(c) 플렉시블 축

그림 1-11. 모양에 따른 축의 종류

2) 축 이음

축 이음은 여러 개의 짧은 축을 서로 연결하여 동력을 전달할 목적으로 사용한다.

(1) 커플링(coupling)

커플링은 작동 도중에 두 축의 연결상태를 풀 수 없게 한 축 이음이며, 플랜지 커플링, 플랙시블 커플링, 유체 커플링, 유니버설 조인트 등이 있다. 플랜지 커플링은 양 축의 끝에 각각 플랜지를 부착하고 볼트로 결합하는 방식이다. 플랙시블 커플링은 두 축의 중심을 정확하게 일치시키기 어려운 경우, 엔진과 공작기계처럼 진동발생이 예상되는 경우에 고무나 가죽 또는 금속판 등 유연성이 있는 재료를 매개로 사용하는

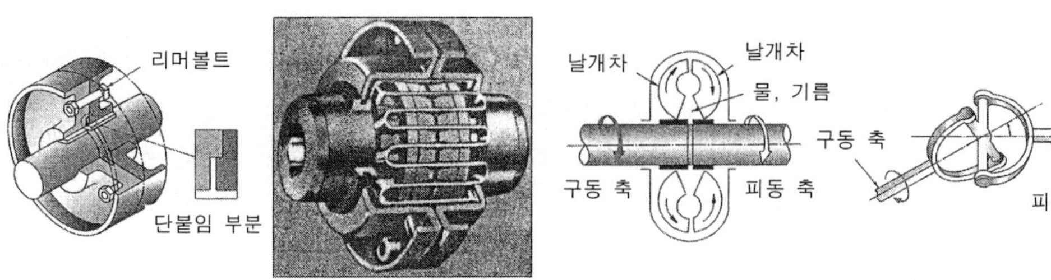

(a) 플랜지 커플링 (b) 플렉시블 커플링 (c) 유체 커플링 (d) 유니버설 조인트

그림 1-12. 축 이음의 종류

유체 커플링은 구동축에 고정된 펌프 날개 차의 회전으로 에너지를 받은 물이나 기름 등의 유체가 상대 축에 고정된 터빈 날개 차에 회전에너지를 전달하여 회전시키는 커플링이다. 유니버설 조인트는 두 축의 만나는 각이 수시로 변하는 경우에 적용하는 커플링 방식으로 공작기계와 자동차의 축 이음 등으로 사용한다.

(2) 클러치(clutch)

클러치는 운전 중에 두 축을 연결하거나 떼어 놓을 수 있는 축 이음으로 맞물림 클러치, 마찰 클러치, 전자 클러치 등이 있다. 맞물림 클러치는 서로 맞물리는 턱을 가진 플랜지를 축의 끈에 끼우고, 피동 축을 축 방향으로 이동할 수 있게 하여 턱이 물리거나 떨어지도록 만든 클러치이다.

마찰클러치는 구동축과 피동 축에 붙어 있는 접촉면을 서로 강하게 접촉시켜 발생하는 마찰력으로 동력을 전달하는 클러치이다. 구동축이 회전하는 상태에서도 충격 없이 피동 축을 구동축에 결합할 수 있다. 전자클러치는 전자력에 의해 작동하며, 각종 기계나 전용 공작기계의 위치와 속도를 제어하는 요소로 사용한다. 예를 들어 전동모터를 부착한 혼합기나 반응장치의 회전속도 조절 등에 이용한다.

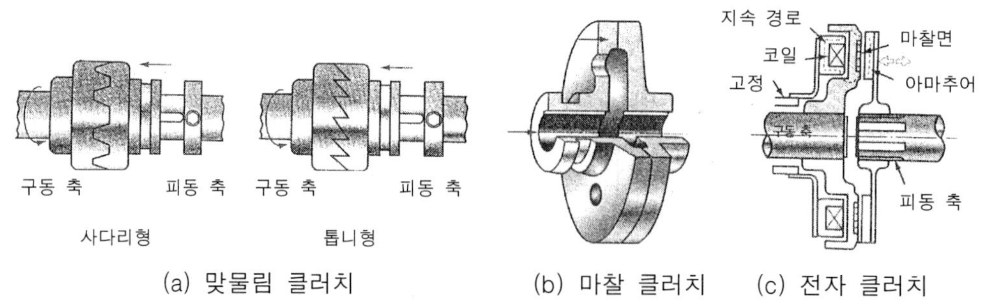

(a) 맞물림 클러치 (b) 마찰 클러치 (c) 전자 클러치

그림 1-13. 클러치의 종류

3) 베어링(bearing)

베어링은 회전축의 마찰저항을 감소시켜 축의 회전을 원활하게 하고, 축에 작용하는 하중을 지지하는 기계요소이며, 베어링과 접축하여 축을 지지하는 부분을 저널(journal)이라고 한다.

베어링은 하중이 작용하는 방향에 따라 하중이 축 방향과 직각을 이루는 레이디얼 베어링, 하중이 축 방향으로 작용하는 스러스트 베어링이 있으며, 접촉면의 작용에 따라서 미끄럼 베어링과 구름 베어링으로 나누어진다. 미끄럼 베어링은 원통형 금속 지지체인 metal bush를 끼워 윤활유와 함께 사용하며, 구름 베어링은 베어링의 바깥쪽 바퀴와 안쪽 바퀴 사이에 구슬이나 롤러 같은 회전체를 넣어 접촉면에서 미끄러지는 대신에 회전작용으로 마찰을 감소시킨다.

4.3 전동용 기계요소

기계부품 중에서 기어, 체인, 벨트, 로프, 캠 등의 기계요소를 전동용 기계요소라고 한다.

1) 기어(gear)

기어는 서로 맞물리는 한 쌍의 마찰차 접촉면에 이(tooth)를 만들어 미끄러지지 않고 연속적으로 구동하면서 동력을 전달하는 기계요소이다.

2) 체인, 벨트 및 로프 구동

구동축의 회전을 피동 축의 회전에 전달할 때 축 사이의 간격이 짧으면 마찰차나 기어를 사용하여 직접 전달하지만, 축간거리(軸間距離)가 먼 경우에 체인, 벨트 및 로프 등을 이용하여 구동한다.

(1) 체인구동 : 체인구동(chain operation)은 체인을 스프로킷 휠에 감아서 체인과 휠의 이가 서로 물려 동력을 전달하는 장치로서 일정한 회전비가 필요하고, 축간거리가 4m 이하인 경우에 적용한다.

(2) 벨트구동 : 벨트구동 장치는 가죽, 직물 및 고무 등으로 만든 벨트로 2개의 바퀴를 감아 마찰로 구동하는 장치이며, 벨트구동용 바퀴를 풀리라고 한다. 평 벨트, V벨트 및 타이밍 벨트구동이 있다. 평 벨트구동은 벨트를 거치하는 방법에 따라 바로걸기와 엇걸기 방법으로 나누어진다. V벨트구동은 V자 모양의 홈이 파인 벨트풀리에 V벨트를 거치하면 벨트와 홈 사이의 쐐기작용으로

마찰력을 증가시켜 동력을 전달하는 장치이다. 타이밍 벨트구동은 이가 만들어진 벨트와 풀리가 맞물려 구동하므로 미끄러짐이 없어 구동효율이 우수하다.

표 1-2. 기어의 분류와 특성

기어의 특성	명 칭	특징과 용도
두 축이 접촉하는 경우	베벨 기어	원뿔에 이를 내고, 원뿔 꼭지점을 향함. 교차전동에 주로 사용
	헬리컬 베벨 기어	이가 원뿔면에 헬리컬 곡선으로 형성. 큰 하중 및 고속 동력전달에 주로 사용
두 축이 평행인 경우	스퍼 기어	이가 축과 나란함, 축의 동력전달에 가장 흔함
	헬리컬 기어	이가 헬리컬 기어로 제작, 이물림이 스퍼기어보다 원활하지만 축 방향 하중 발생. 진동과 소음이 적어 큰 하중과 고속 전동용
	내접 기어	원통 안쪽에 이가 있고, 물리는 기어 외접기어. 내접기어는 축의 회전방향과 같고, 높은 속도비가 필요한 경우
	랙과 피니언	랙은 지름이 무한대인 기어의 일부분이며, 피니언의 회전으로 랙이 직선운동
두 축이 접촉 및 평행하지 않는 경우	하이포이드 기어	헬리컬 베벨기어와 비슷, 축이 엇갈리는 데 사용. 자동차 차동기어장치의 감속기어.
	웜과 웜 기어	웜과 웜기어로 이루어진 한 쌍의 기어. 두 축이 직각이며, 큰 감속비가 필요한 경우

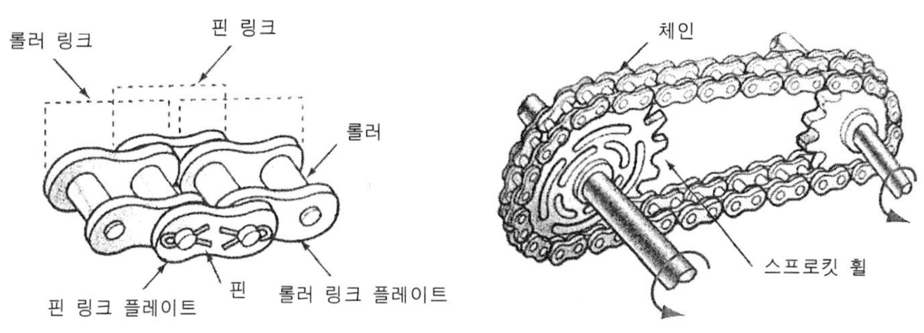

(a) 롤러 체인 (b) 체인 전동

그림 1-14. 롤러 체인과 체인구동

(3) 로프구동 : 로프구동은 섬유나 철선 등으로 만든 로프를 두 개의 바퀴에 감아 동력을 전달하는 장치이며, 거리가 먼 경우는 50～100m까지 비교적 큰 동력의 전달이 가능하다. 광산, 선박, 어업 및 하역기계 등에 주로 사용한다.

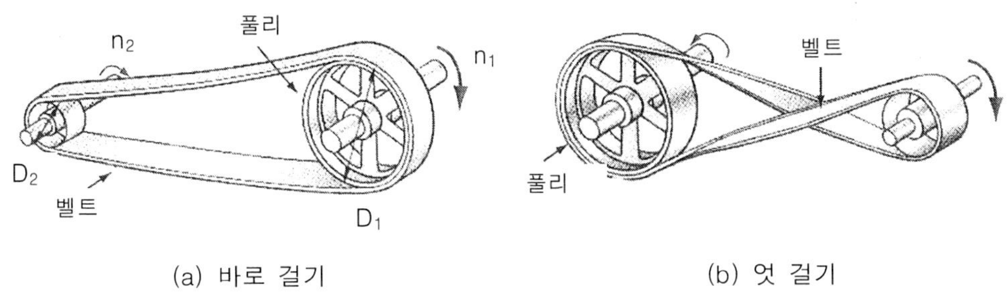

그림 1-15. 평 벨트의 거치방식

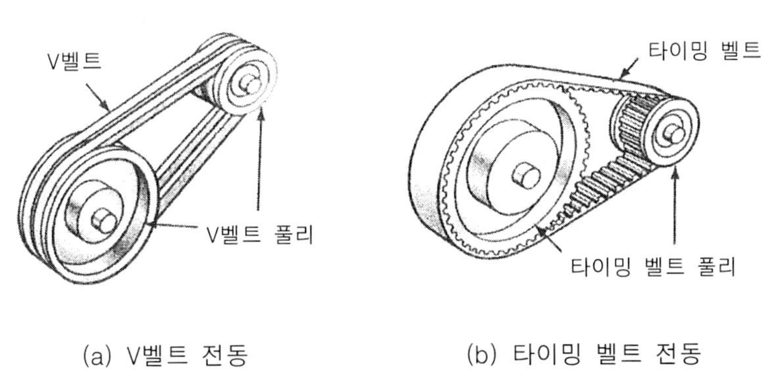

그림 1-16. V벨트와 타이밍벨트

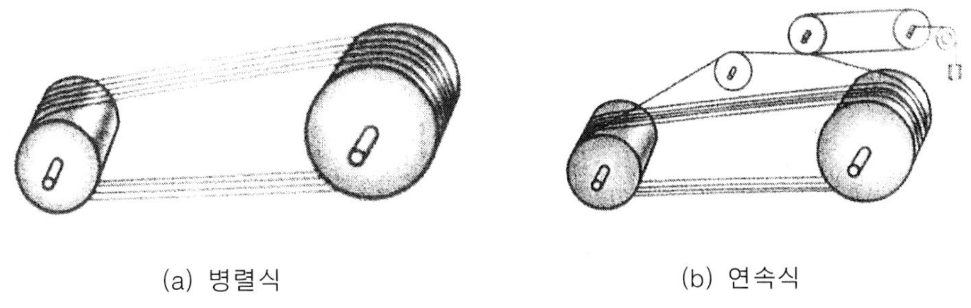

그림 1-17. 로프 거치방식

3) 캠(cam) 장치

다양한 형태의 면이나 홈을 회전이나 왕복운동을 시켜 주기적인 운동을 전달하는 기구를 캠 기구라고 한다. 캠의 종류는 피동측이 평면운동을 하는 평면 캠과 공간운동을 하는 입체 캠으로 나누어진다. 자동차 내연기관인 실린더에 설치된 밸브는 연료흡입과 연소가스를 배출하며 밸브의 개폐를 캠이 한다.

평면 캠은 판 캠, 정면 캠, 직선운동 캠, 삼각 캠 등이 있으며, 입체 캠은 원통 캠, 원뿔 캠, 구형 캠, 빗판 캠 등이 있다.

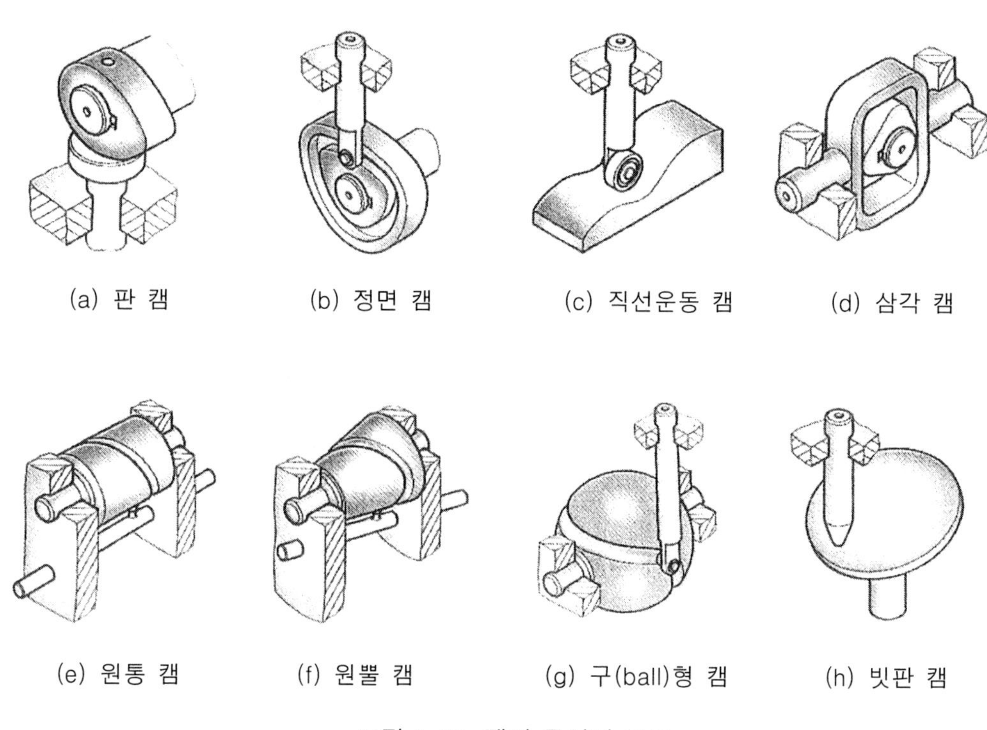

(a) 판 캠 (b) 정면 캠 (c) 직선운동 캠 (d) 삼각 캠

(e) 원통 캠 (f) 원뿔 캠 (g) 구(ball)형 캠 (h) 빗판 캠

그림 1-18. 캠의 특성과 종류

4.4 완충 및 제동용 기계요소

산업용 기계와 공작기계에서 발생하는 진동은 기계의 성능에도 영향을 미치며, 제품의 품질도 저하하고 소음을 발생하므로 작업 안전과도 관련이 있다. 따라서 각종 기계는 완충 및 방진장치를 설치하여 기계의 진동을 감소시키고, 다른 기계장치와 시설에 전파되는 진동을 차단해야 한다.

방진장치(防振裝置)는 부품이나 기계의 진동이 다른 부품이나 기계와 건물 등에 전달되는 것을 방지하기 위하여 설치한 장치를 말한다.

1) 완충장치

스프링(spring) : 스프링은 코일 스프링과 판 스프링으로 나누어지며, 코일 스프링은 단면이 둥글거나 각이 진 봉재(棒材, 막대형 재료)를 코일형태로 감은 것으로 용도에 따라 인장, 압축, 토션(torsion)용으로 분류한다. 판 스프링은 길고 얇은 판으로 하중을 지지하는 것으로, 판을 여러 장 겹친 것을 겹판 스프링이라고 한다.

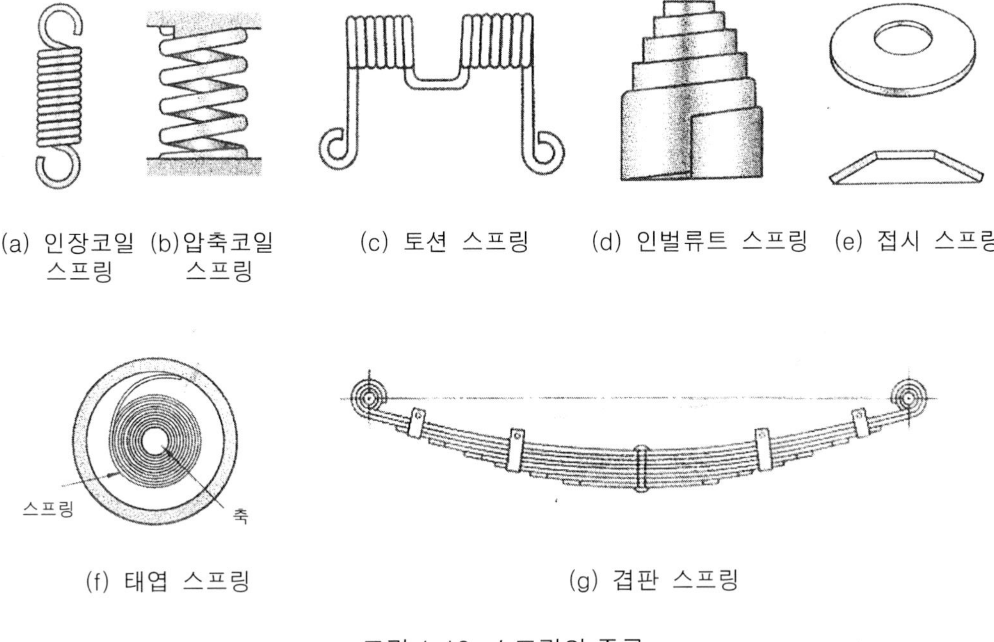

그림 1-19. 스프링의 종류

2) 제동장치

브레이크(brake)는 기계의 운동속도를 감속시키거나 정지시키기 위해서 사용하는 장치이다.

(1) 블록 브레이크 : 회전축에 고정한 브레이크 드럼에 블레이크 블록을 눌러 마찰력으로 제동하는 장치이다.

(2) 밴드 브레이크 : 브레이크 드럼 주위에 강철밴드를 감고 밴드를 당겨 밴드와 드럼사이의 마찰력으로 제동하는 장치이다.

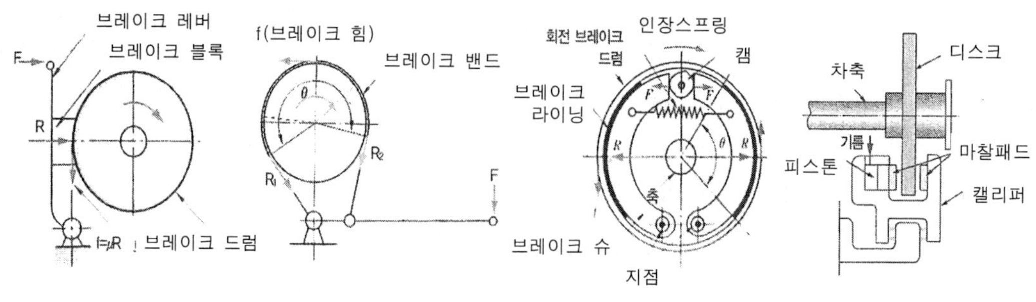

(a) 블록 브레이크 (b) 밴드 브레이크 (c) 드럼 브레이크 (d) 원판 브레이크

그림 1-20. 브레이크의 종류

(3) 드럼 브레이크 : 회전하는 드럼의 안쪽에 설치한 브레이크 슈(brake shoe)를 캠이나 유압실린더로 브레이크 드럼에 밀어붙여 제동하는 장치이다.

(4) 원판 브레이크 : 축과 일체된 회전원판의 한쪽 면이나 양쪽 면을 유압피스톤 등으로 작동시켜 마찰패드(friction pad)로 눌러서 제동하는 장치이다.

5. 보일러(boiler)

1) 보일러의 구조

연료를 연소시켜 발생하는 열로 물을 가열하여 고온 및 고압의 증기를 발생시키는 장치이다. 보일러를 구성하는 주요 부분은 연료를 연소시키는 노(爐, furnace)와 물과 증기를 저장하는 용기인 보일러 본체로 이루어져 있다.

(1) 노(爐) 및 연소장치 : 연료를 연소시키는 노(爐)는 연소장치와 연소실로 이루어져 있다. 연소장치는 보일러의 종류에 따라 화격자(火隔子, fire grate) 연소장치와 버너(burner) 연소장치를 사용한다.

(2) 연소실 : 노(爐)의 중앙부분에 넓은 공간을 차지하며, 가연성 가스나 부유상태의 연료를 충분한 공기와 접촉시켜 연소시키는 공간이다. 연소되어 발생하는 고온의 가스는 보일러 본체의 전열 면을 통해 복사나 접촉방식으로 물을 가열하고(열 교환작용), 연도(flue)와 굴뚝(chimney)을 통해 대기 중으로 방출한다. 최근에는 연소 효율향상과 대기오염의 감소를 목적으로 배기가스를 직접 대기로 방출하지 않고 폐열의 열 교환을 하는 것이 일반적이다.

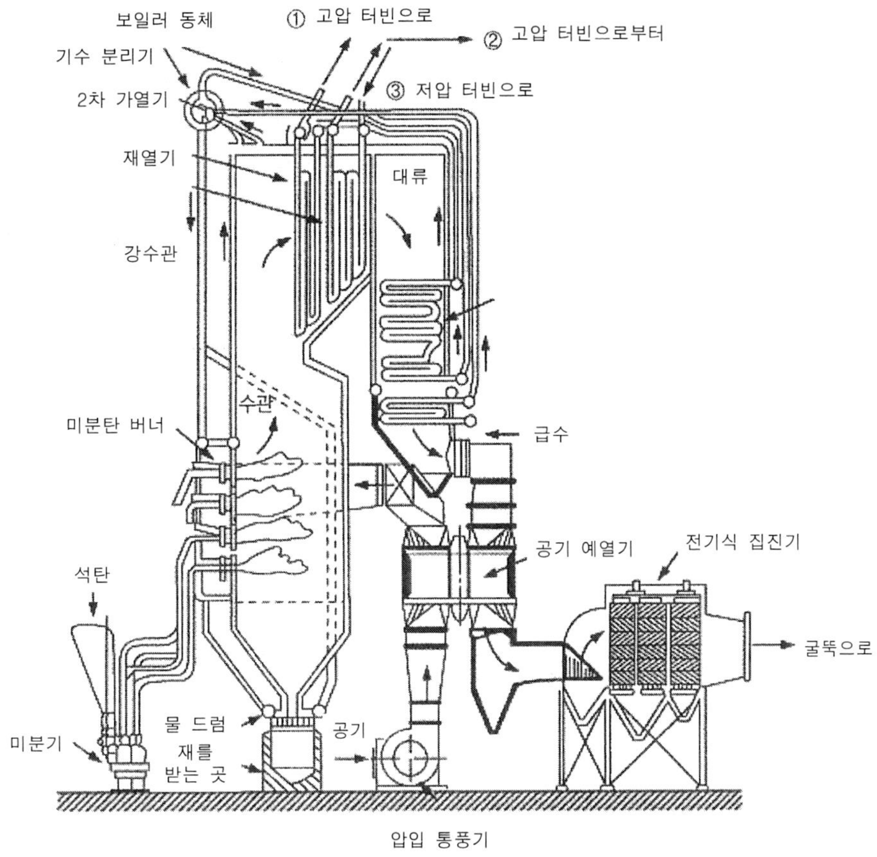

그림 1-21. 수관식 보일러의 구조

노(爐)에서 연료를 연속적으로 연소시키려면 새로운 공기공급과 연소가스의 배출을 위한 통풍장치가 필요하며, 일반적인 통풍장치는 굴뚝과 송풍기를 조합하여 설치한다.

2) 본체(boiler body)

연료의 연소로 발생한 열을 받아 물을 가열 및 증발시키는 압력용기로서 일반적으로 원통형으로 만든 보일러 드럼이나 드럼과 수관(水管, water tube)이나 연관(煙管, smoke tube) 등을 조합한 장치이다.

3) 부속장치

보일러의 부속장치와 부속기기는 증기밸브와 증기관처럼 증기를 수송하는 장치와 안전밸브같이 보일러의 고·저 수위(water level) 경보장치처럼 보일러의 안전운전에 필요한 안전장치 등이다. 이외의 부속기기는 압력계(pressure gauge)와 수면계(water level gauge) 같은 계기 종류와 보일러에 필요한 공기를 공급하고 연소가스를 배출하는 통풍장치, 연소 배출가스에 포함된 그을음과 재 등의 미립자를 모아서 제거하는 집진장치, 폐열을 재활용하기 위한 열 교환기 등이다.

6. 식품산업에서 보일러의 활용

식품공업에서는 증기보일러(steam boiler)를 주로 사용하며, 사용분야는 취사, 세척, 설비 소독과 함께 식품제조 목적으로 두부와 떡 등을 끓이거나 찌는 용도로 활용하며, 증기를 직접 제품 원료에 접촉하는 경우도 있으므로 증기의 품질 관리에도 주의해야 한다. 스팀은 증기 또는 수증기라고 하며, 액체나 고체가 증발이나 승화하여 발생하는 기체를 말한다.

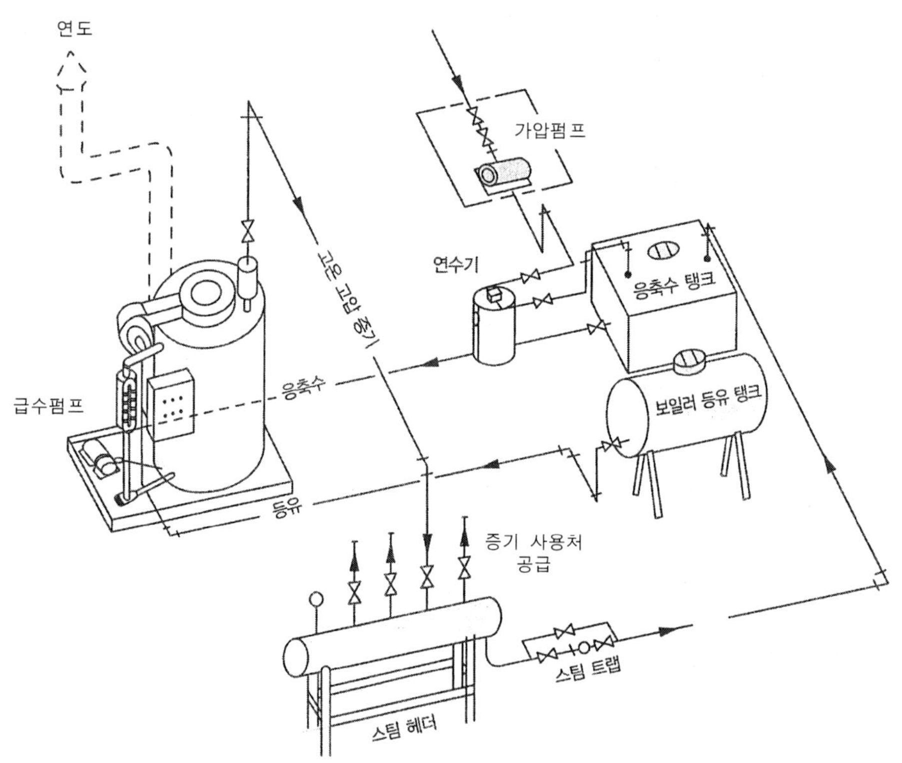

그림 1-22. 보일러 설비의 유체흐름

증기보일러의 특징은 밀폐형이므로 보일러 내부의 압력이 대기압보다 훨씬 높은 압력을 유지하는 재질과 구조로 제작하며, 120℃ 이상의 고압증기와 이하인 저압증기로 나누는 것이 일반적이다. 최근에는 열병합발전이나 산업용으로 150℃ 이상의 초고압증기를 발생하여 공업용이외에 집단난방용으로 사용하는 경우도 있다.

보일러 설비의 유체흐름은 그림 1-22와 같이 급수관 → 가압펌프 → 연수기 → 응축수 탱크 → 보일러 → 스팀헤더 → 스팀사용 → 응축수 관 → 응축수 탱크 → 보일러로 순환하는 방식이다. 응축(凝縮, condensation)은 응결이나 복수라고도 하며, 증기가 액화하는 현상으로 특히 수증기가 응축하는 현상은 복수(復水, condensing water)라고 한다. 급수관은 소모되는 양만큼 물을 보충하며, 가압펌프는 일정한 압력으로 연수기를 통과시켜 증기공급 이후에 회수되는 응축수를 보일러로 다시 공급하는 역할을 한다.

보일러는 증기를 사용하는 방법에 따라 증기를 분출(噴出)하기도 하고, 열만 회수하여 응축수로 만들어 응축수 탱크로 저장하기도 한다. 증기를 사용한 이후에 최종적으로 발생하는 응축수와 과량의 증기는 응축수관을 설치하여 응축수 탱크로 보내 재사용한다.

〈연습문제〉

1. 쌀의 처리공정에 해당하는 것은 무엇인가?

   ① 건조 ② 교반 ③ 증류 ④ 혼합 ⑤ 분쇄

2. 다음 중에서 단위반응에 속하는 것은 어느 것인가?

   ① 건조 ② 여과 ③ 교반 ④ 증류 ⑤ 발효

3. 다음 중에서 전환작업에 해당하는 것은 어느 것인가?

   ① 가열 ② 증발 ③ 살균 ④ 교반 ⑤ 냉각

4. 식품공업에서는 기계와 장치라는 용어를 구별하여 사용한다. 다음 중에서 장치에 속하는 것은 어느 것인가?

   ① 교반기 ② 절단기 ③ 발효기 ④ 분쇄기 ⑤ 체 분리기

5. 식품공업의 산업의 특성상 장치산업이라고 하는 이유는 무엇인가?

6. 나사산의 모양에 따른 나사의 종류에서 기계부품의 체결이나 위치조정에 사용하는 나사는 어느 것인가?

   ① 삼각나사 ② 사각나사 ③ 사다리꼴나사 ④ 톱니나사 ⑤ 볼나사

7. 다음 중에서 기어, 벨트풀리, 커플링 등의 회전체를 축에 고정시켜서 회전운동을 전달하는 기계요소는 어느 것인가?

   ① 와셔 ② 키 ③ 핀 ④ 볼트와 너트 ⑤ 작은 나사

8. 다음 중에서 기어의 종류에서 두 축이 평행하지도 만나지도 않는 경우에 사용하는 기어는 어느 것인가?

   ① 베벨기어 ② 내접기어 ③ 스퍼기어 ④ 하이포이드 기어 ⑤ 헬리컬 기어

9. 보일러의 어떤 요소들로 구성되어 있는가?

10. 식품공업에서 보일러의 용도와 주요 관리사항은 무엇인가?

11. 식품제조 공정도에 대해서 설명하시오.

제 2 장

식품원료 처리기계

현대적인 식품공장은 과거의 식품가공 및 제조와 다르게 다양한 현대식 위생설비를 갖추고 여러 단계의 복잡한 기계적인 처리과정을 거쳐 식품 및 건강기능성 식품 등을 생산하고 있다. 전처리작업(前處理作業)은 식품제조 공정의 첫 번째 공정으로 원료에 포함된 불순물을 제거하고 선별하여 상품가치를 향상시키는 중요한 작업이다.

식품제조 공정을 구성하는 다양한 기계와 장치들 사이에서 서로 이동하고 움직이기 위하여 사용하는 기계를 수송기계라고 하며, 원료, 중간제품, 부산물 및 최종 제품을 다른 공정이나 장소로 이동시켜 생산능률을 향상시키는 중요한 전처리작업의 하나이다.

1. 원료의 전처리 작업과 기계

1.1 원료의 전처리 작업

식품의 원료에는 광물질, 식물질, 화학물질, 미생물과 같은 각종 불순물이 포함되어 있으며, 제품에 유입되면 외관을 떨어뜨리고 상품가치도 낮아진다. 또한 저장과 가공 도중에 식품과 기계에 손상을 줄 수 있고, 살충제나 농약과 비료 등이 혼입되면 건강에 해롭다. 따라서 식품가공 이전에 불순물을 확실하게 제거하기 위하여 전처리작업을 실시한다.

전처리작업은 크게 원료의 처리 및 수송으로 나누어진다. 원료처리 작업은 일반적으로 세척, 선별 및 절단이고, 수송은 원료 및 제품을 운반하는 것으로 수송물의 형태에 따라 기체수송, 액체수송과 고체수송으로 나눈다.

1) 식품의 세척(cleaning)

세척은 원료에 혼입되어 있는 여러 가지 불순물을 제거하는 작업으로 건식세척법과 습식세척법이 있다. 세척은 분리(세척) 효율이 높은 방법을 선택하고, 세척이 완료되면 다시 오염되지 않도록 해야 한다.

2) 식품의 선별(sorting)

동일한 식품원료라도 무게, 크기, 모양, 색깔 등 여러 가지 물리적 특성이 다양하며, 특히 숙성상태나 품질 수준도 원료의 특성에 따라 차이가 심하다. 따라서 전처리에 이어서 진행할 다음 공정의 기계적 작업을 쉽게 하고, 제품을 균일하게 분리하여 소비자의 구매의욕과 상품가치를 향상시키기 위해서는 물리적 및 품질 특성이 비슷한 것을 분류해야 한다.

식품원료를 물리적 특성인 크기, 무게, 모양, 색깔 등을 이용하여 분리하는 작업을 선별(選別)이라고 한다. 선별에 이용하는 기계를 선별기라고 하며, 무게선별, 크기선별, 모양선별, 색깔선별 등이 있으며, 선별을 통해 식품가공에 적합한 등급을 결정하고, 이러한 과정을 등급매기기(분급, 分級)이라고 한다.

3) 식품의 절단(cutting)

절단(切斷)은 원료의 특성이나 가공목적의 크기에 따라 알맞게 자르는 작업으로 회전칼날이나 톱 또는 왕복 톱을 이용하여 준비한 원료를 자른다. 균일한 두께나 크기를 원하는 경우는 절단기를 이용하여 정확한 크기나 무게의 식품가공 재료나 제품을 처리할 수 있고, 짧은 시간에 규격화된 다량의 생산품을 얻을 수 있다.

1.2 원료의 전처리 작업용 기계

체 분리(screening)은 크기가 다른 고체혼합물 원료를 체(篩)로 쳐서 원하는 크기의 물질과 원하지 않는 크기의 물질을 분리하는 기계이고, 원통체(drum screen)와 평면체(flat-bed screen)가 있다.

1) 원통체

곡류와 같이 입자가 비교적 크고 자유롭게 흐르는 물체의 분리에 적합하다. 회전하는 원통형 체의 안쪽으로 원료를 공급하여 이동시키면서 분리하는 장치이다. 그림 2-1은 원통체의 일반적인 형태이며, 내부에 회전하는 비터(beater)와 브러시(brush)가 설치되어 있다.

입구에서 원료를 공급하면 나선모양의 웜(worm)에 의해서 앞으로 밀려 나가면서

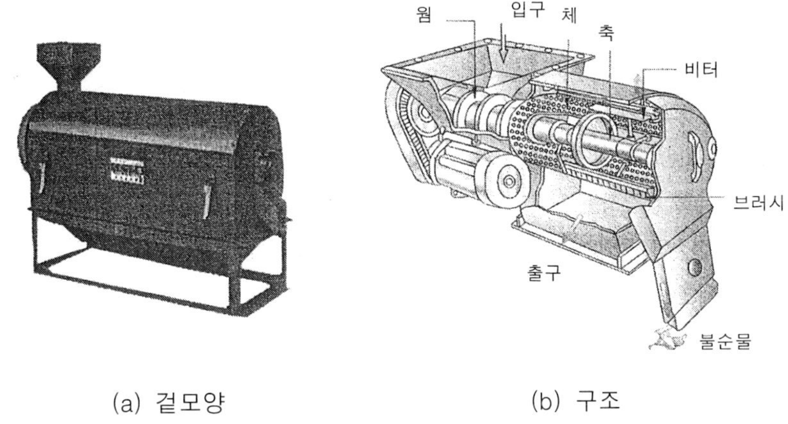

(a) 겉모양 (b) 구조

그림 2-1. 일반적인 원통체

원료는 원통체의 구멍을 통해 빠져 나가고, 원료보다 큰 불순물은 원통체에 잔류하며 배출된다. 비터는 체 안쪽의 원료를 저어주어 분리효율을 높이고, 브러시는 체의 눈이 막히는 것을 방지한다. 원통체에 머무르는 시간은 원통의 기울기와 회전속도로 조절한다.

2) 평면체

평편한 체 위에 원료를 공급하고 진동을 주면 체의 눈보다 큰 것은 체에 잔류하고, 작은 것은 빠져 나가게 하여 분리하는 장치이다. 밀가루, 분말, 향신료와 같이 미세한 분말을 제조할 경우에 사용한다. 체의 운동은 왕복운동, 진동운동, 선회운동 등이 있다.

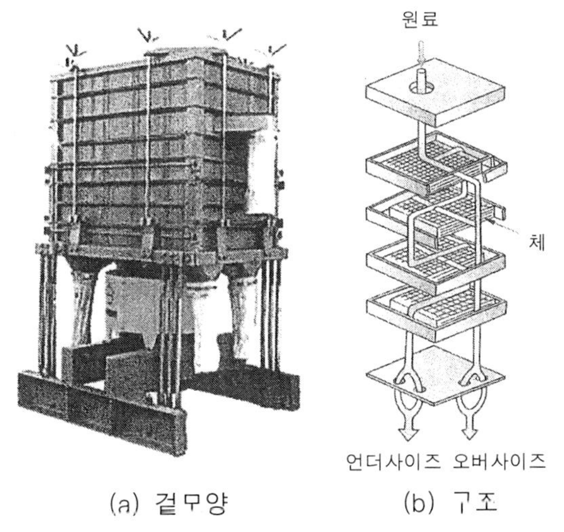

(a) 겉모양 (b) 구조

그림 2-2. 평면체

2. 세척기

2.1 건식세척기

1) 건식세척

건식세척은 물을 사용하지 않고 불순물을 제거하는 작업으로 비용이 적게 들고 편리하지만 다시 오염이 발생할 가능성이 높다. 체 분리기, 마찰세척기, 풍력세척기 및 자석분리기 등이 있다.

2) 건식세척기의 종류

(1) 마찰세척기(frictional washer) : 원료와 원료 사이나 원료와 기계의 작동부분과 마찰에 의해서 원료 표면에 부착된 불순물을 제거하는 장치이다. 스카우러(scourer)가 대표적인 장비이며, 주로 곡류 표면의 불순물제거에 사용한다. 원통안쪽에 300～350 rpm으로 회전하는 비터가 설치되어 있어 처리할 원료가 회전비터와 원통 내부의 표면사이에서 마찰을 받아 표면의 불순물이 제거된다.

(2) 풍력세척기(wind force washer) : 수평이나 수직으로 흐르는 공기 속으로 원료를 투입하여 불순물을 분리하는 장치이다. 수평이나 약간 위쪽으로 흐르는 공기에 원료를 투입하면 원료의 크기나 비중에 따라 날아가는 거리에 차이가 발생하여 불순물을 분리하는 것을 윈노잉(winnowing)이라고 한다. 옛날 밥을 짓기 위하여 곡식을 키에 넣고 바람의 힘으로 이물질을 제거하는 방식을 기계화한 것에 해당한다.

(a) 겉모양

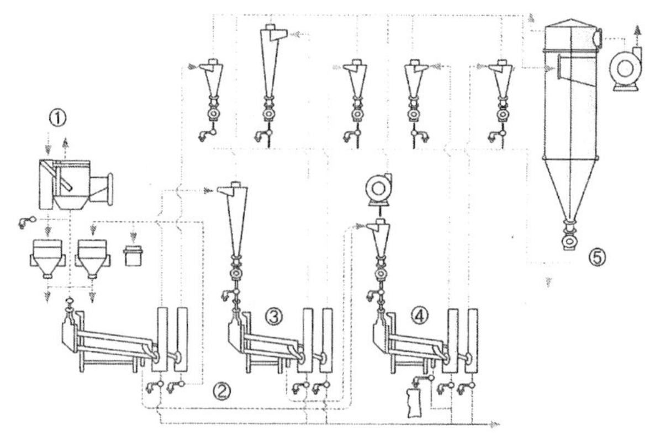

(b) 구조

그림 2-3. 윈노어

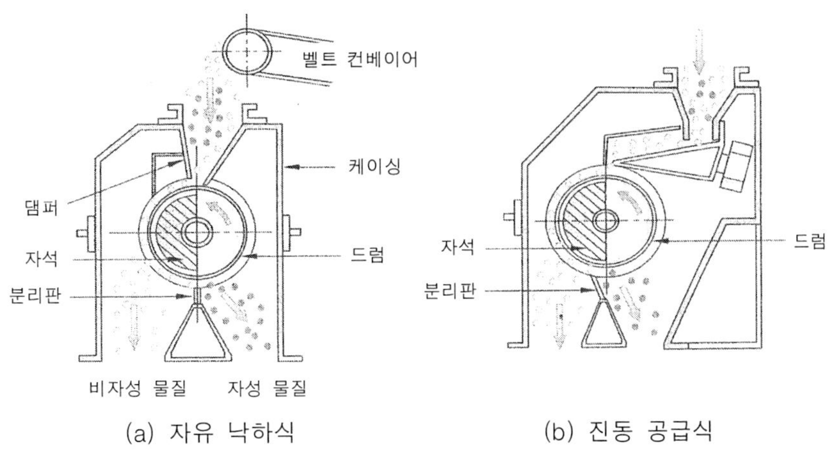

(a) 자유 낙하식 (b) 진동 공급식

그림 2-4. 자석분리기

호퍼(hopper)에 원료를 공급하면서 팬으로 바람을 공급하면 그림 2-3의 ①위치에서 투입되는 원료 혼합물은 ②, ③, ④위치에서 작은 입자크기 순서로 모이게 되고, 먼지와 같은 이물질은 ⑤위치로 배출되어 분리한다.

(3) 자석분리기(magnet separator) : 원료에 포함된 금속 불순물을 제거하는 장치(그림 2-4)이다. 금속 불순물이 혼입된 원료를 벨트위로 투입하면 금속조각은 회전하는 자석의 자력에 의해서 끌어당겨져 벨트에 붙어 이동하고, 자력의 영향이 미치지 않게 되면 밑으로 떨어지게 된다.

2.2 습식세척기

1) 습식세척

건식세척과 달리 물을 사용하여 불순물을 제거하는 방법이다. 담금탱크, 분무세척기, 초음파세척기 등이 사용된다.

2) 습식세척기의 종류

(1) 담금탱크 : 담금(soaking) 작업은 물속에 원료를 담가 세척하는 방법이다. 오염된 식품의 단단한 불순물을 부드럽게 하거나, 다음 공정의 기계를 손상시키는 돌이나 모래 및 금속 파편 등을 제거하는 예비공정으로 이용한다. 세척효과를 높이기 위하여 교반기로 세척수를 교반하거나, 탱크에 담긴 원료를 패들교반기로 서서히 교반시키기도 한다.

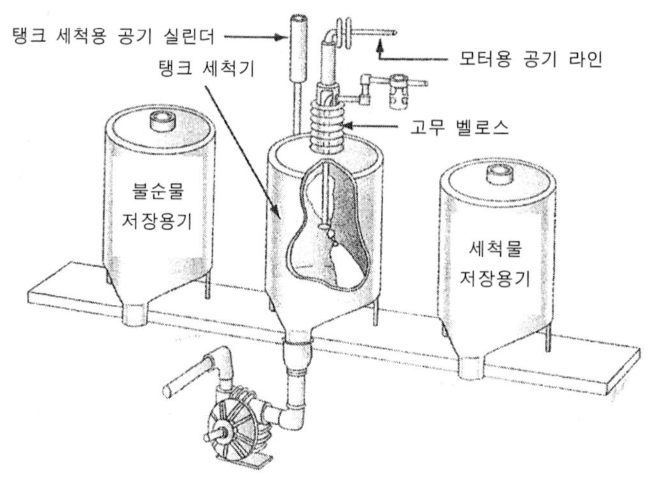

그림 2-5. 담금탱크

특히 농약이나 기름 등으로 오염된 식품이나 식품원료는 세제를 이용하면 세척효과가 더욱 향상되지만, 세제를 사용하는 경우는 세제 잔류물이 식품의 품질에 영향을 줄 수 있으므로 반드시 헹굼작업을 통해 잔류하지 않도록 해야 한다. 교반기(agitator)는 액체와 액체, 액체와 고체 또는 분체 등을 휘저어 섞기 위한 기계로서 형식에 따라 탱크교반기와 유동식교반기가 있다.

(2) 분무세척기(spray washer) : 원료의 표면에 물을 뿌려 세척하는 장치이며, 가장 일반적으로 사용하는 습식세척기이다. 세척효율은 사용하는 수압, 수량, 수온, 식품과 분무기 사이의 거리 등에 의해서 결정된다. 따라서 적은 양의 물로 고압세척이 가장 효과적이지만 조직이 연한 과일과 채소 등은 손상될 수 있으므로 주의해야 한다. 벨트세척기와 원통세척기가 있다.

(3) 벨트세척기(spray belt washer) : 사과와 같이 둥근 모양의 원료를 롤러 컨베이어로 이동시키면서 노즐로 원료 표면에 물을 뿌려 세척한다. 컨베이어의 재료는 주로 부식의 우려가 없는 스테인리스나 합성섬유로 만든 메쉬 벨트(mesh belt)를 주로 이용하며 콩이나 옥수수, 고구마 등은 진동컨베이어를 사용하기도 한다.

(4) 원통세척기(spray drum washer) : 금속망이나 가느다란 금속 및 플라스틱 막대를 엮은 원통을 약간 경사지게 회전시키면서 세척할 원료를 원통내부에 넣고 원통의 중심부나 외부에서 노즐로 물을 뿌려서 세척하는 장치이다.

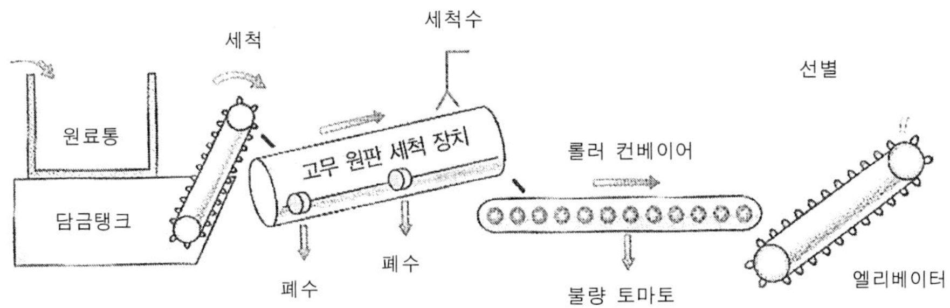

그림 2-6. 회전고무원판과 분무기를 이용한 세척방법

원통의 표면에 합성섬유로 만든 솔을 부착하면 세척효율이 더욱 향상된다. 대부분의 과일, 무, 당근, 감자나 고구마 등 흙이 많이 부착된 원료의 세척에 주로 이용한다. 그림 2-6과 같은 회전원판세척기는 토마토와 같이 흙이 표면에 단단하게 부착된 원료의 세척에 상대적으로 적은 양의 물을 사용하면서 세척효율을 높인 장치이다.

회전고무원판을 이용한 세척방법은 담금탱크에 원료를 미리 담그고 컨베이어로 이동시키면서 회전고무원판이 원료 표면에 부착된 흙을 부드럽게 닦은 다음에 물을 분무하여 잔류된 흙과 이물질을 세척하는 장치이다. 즉, 원료의 표면이 심하게 오염된 경우는 한 가지 세척방법을 적용하는 것보다 여러 가지 방법을 복합적으로 적용하여 상대적으로 적은 물을 사용하면서 세척효율을 향상시키는 방식을 적용하면 폐수 발생량과 작업시간이 줄어드는 장점이 있다.

(5) 초음파세척기(ultrasonics wave washer) : 초음파(ultrasonics wave 또는 super-sound)는 음파주파수가 인간이 들을 수 있는 가청주파수인 20 kHz 보다 커서 인간의 청각으로는 들을 수 없는 주파수대의 음파를 말한다. 20～100 kHz의 초음파를 세척액에 주입하면 압력이 교대로 변하면서 순간적으로 액체에서 기포가 발생한 다음 사라진다.

이러한 과정이 세척액 입자에 격렬한 교반효과를 일으켜 원료 표면에 부착된 불순물이 신속하게 제거된다. 초음파세척기는 초음파를 이용하여 용기내부 벽의 이물질을 제거한 다음, 용기 내부를 압축공기와 혼합한 세척수로 세정한다. 분무세척이나 솔질로 세척이 어려운 유리용기나 식기류, 안경렌즈, 귀금속 등을 빠른 시간에 깨끗하게 세척할 수 있다.

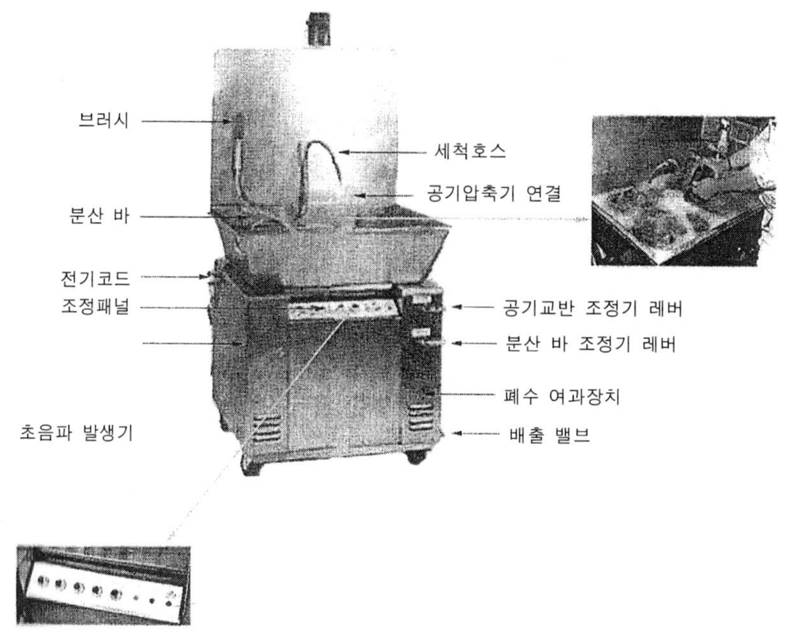

그림 2-7. 초음파 세척기

3. 수송기

3.1 수송기계

수송기계는 식품공장에서 각종 기계와 장치 사이에서 원료와 부산물 및 제품의 운반을 위해서 사용하는 기계를 말한다. 수송기계는 수송물의 형태에 따라서 고체수송기, 액체수송기 및 기체수송기로 나누어진다. 또한 수송목적에 따라서 형식과 구조가 달라지기 때문에 종류가 대단히 많다. 특히 최근에는 공장 자동화와 연속공정의 도입으로 효율적인 물류체계를 위하여 수송수단의 중요성이 더욱 증가하고 있다.

3.2 수송기계의 종류

1) 고체수송기

고체수송기는 고체를 수평, 경사 또는 수직으로 운반하는 기계이며, 일반적인 고체수송기는 컨베이어, 포크리프트(forklift), 호이스트(hoist), 버킷엘리베이터(bucket elevator) 등이다. 분체와 같이 비교적 작거나 가벼운 고체를 연속적으로 운반하는 경우는 주로 컨베이어를 사용하지만, 상대적으로 크고 무거운 고체운반은 포크리프트, 호이스트나 버킷엘리베이터를 사용한다.

(1) 벨트 컨베이어(belt conveyer) : 벨트를 사용하는 고체수송기이고, 그림 2-8과 같이 경사진 받침대의 양쪽 끝에 벨트풀리를 설치하여 벨트를 설치하고, 벨트 위에 운반물을 올려놓고 수송하는 장치이다. 벨트의 단면은 평면이거나 V자 모양이 대부분이다. 수평이나 경사진 지점으로 물체를 수송할 경우에 사용하며, 평벨트는 주로 상자와 포대 등으로 포장한 제품의 수송에 사용하고, V벨트는 곡물과 농산물 등 알갱이나 가루상태의 물체수송에 사용한다.

그림 2-8. 벨트 컨베이어

(2) 스크류 컨베이어(screw conveyer) : U자 모양으로 윗부분이 개방된 금속이나 플라스틱 구조물에서 스크류를 회전시켜 물체를 수송하는 장치로서 주로 곡류, 밀가루, 설탕, 잘게 절단한 육류와 농산물 등 반유동성 재료의 수송에 적합하다. 구조가 간단하여 가격이 적지만 마찰저항이 커서 동력소비가 크고 식품이 완전

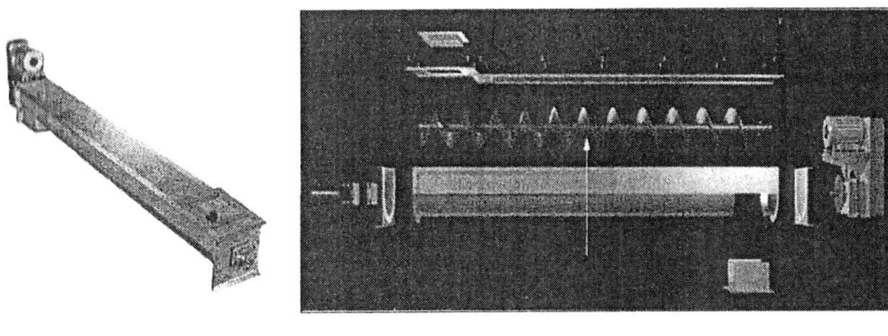

(a) 겉모양 (b) 구조

그림 2-9. 스크류 컨베이어

히 배출되지 않아 청소와 관리가 어려운 것이 단점이다. 수직, 수평 및 경사면의 운반이 가능하며, 단거리 수송과 수송량이 비교적 적은 경우에 적합하다.

(3) 롤러 컨베이어(roller conveyer) : 벨트 대신에 운반할 물체가 컨베이어 위에서 볼베어링을 적용하여 가볍게 회전하도록 롤러를 설치한 수송장치이다. 고대의 이집트에서 피라미드나 무거운 중량물을 운반할 때 나무를 일정한 간격으로 표면에 늘어놓고, 그 위에 중량물을 올려놓은 다음에 굴리면서 운반한 것과 같은 원리이다. 롤러 컨베이어 위에 운반할 물체를 놓고 사람의 힘으로 밀거나 경사를 주어 중력으로 미끄러지게 하는 방식과 동력으로 구동하는 방식이 있다.
롤러의 넓이는 직선 수송인 경우에 운반할 물체보다 50mm 이상 넓어야 하고, 곡선 부분에서는 이보다 더 넓어야 한다. 주로 원료를 창고에 넣거나 제품을 출고할 경우에 사용한다.

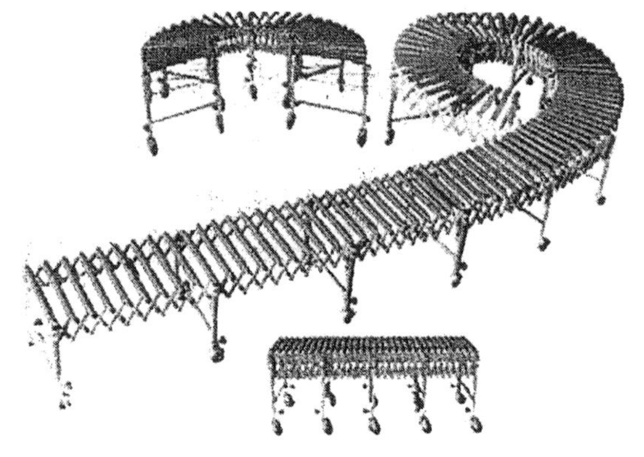

그림 2-10. 롤러 컨베이어

(4) 공기압송식 컨베이어(pneumatic conveyer) : 가루나 알갱이 형태의 원료를 빠르게 흐르는 공기에 부유시켜 밀폐된 관을 따라 수송하는 장치이다. 따라서 운반할 물체는 충분히 건조되어 수송관로에 부착성이 없어야 한다. 일반적인 기계적 수송과 다르게 밀폐된 관의 내부에서 이동하기 때문에 건물의 안과 밖에서 모두 적용할 수 있고, 융통성이 많고 위생적이며, 기계적 작동부위가 없어 관리가 쉬운 것이 장점이다.

(5) 기타 고체수송기 : 상당히 크고 무거운 물체의 운반은 그림 2-12와 같은 포크리프트, 호이스트와 버킷엘리베이터 등을 이용한다.

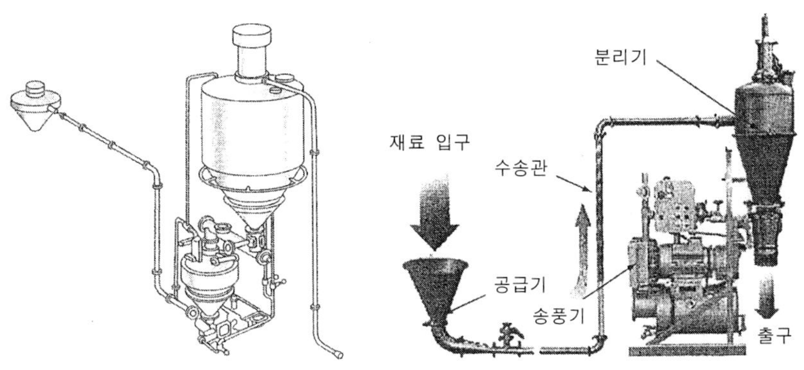

그림 2-11. 공기압송식 컨베이어

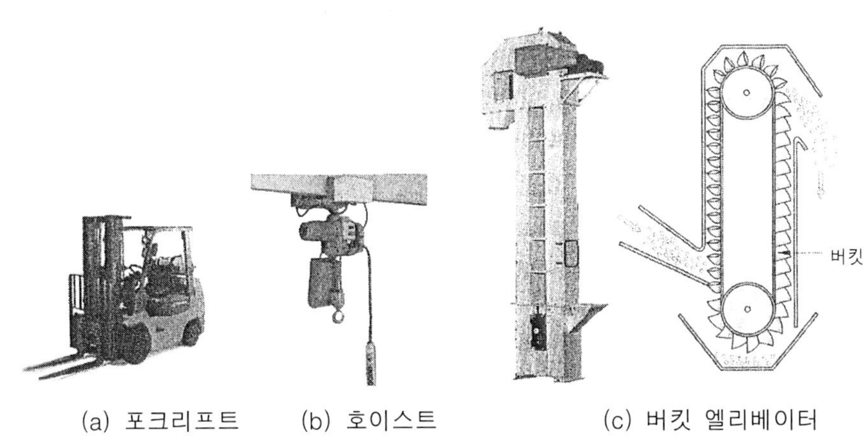

(a) 포크리프트 (b) 호이스트 (c) 버킷 엘리베이터

그림 2-12. 크고 무거운 물체의 수송기계

2) 액체수송기

액체수송기는 압력을 주어 액체를 낮은 지점에서 높은 지점으로 밀어 올리는 기계로서, 일반적으로 펌프(pump)라고 하며, 다양한 형식이 사용된다. 펌프는 크게 나누면 왕복식 펌프, 회전식 펌프, 원심펌프 등이 있으며, 수송할 액체의 성질, 유량, 관의 지름 및 소요동력 등을 고려하여 결정한다.

(1) 왕복식 펌프(reciprocating pump)

실린더 내부의 피스톤이나 플런저(plunger)의 왕복운동 및 이와 동시에 작동하는 밸브기구를 이용하여 피스톤 앞의 액체를 주기적으로 압송(밀어내는) 형식이다.

① 피스톤 펌프 : 피스톤의 왕복운동에 필요한 에너지는 주로 전력으로 공급하며, 효율이 높고 설계가 다양하여 광범위한 작업조건에 사용이 가능하지만 펌프의 크기가 크고, 유지비와 제작비용이 많은 것이 단점이다.

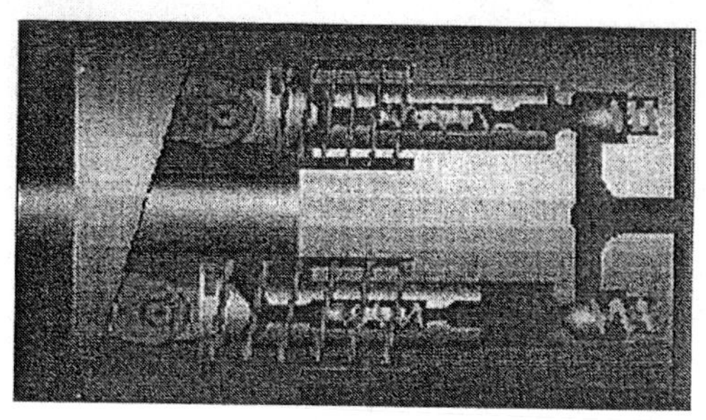

그림 2-13. 피스톤 펌프

② 플런저 펌프(plunger pump) : 피스톤 대신에 원기둥 모양의 길이가 긴 플런저를 사용하며, 주로 고압용으로 사용한다. 한편, 그림 2-15와 같은 격막식 펌프(diaphragm pump)도 일종의 왕복식 펌프이며, 피스톤 앞에 고무나 플라스틱 재료로 만든 격막을 부착하여 격막이 앞뒤로 움직이면서 액체를 흡입 및 배출하는 펌프이다. 흡입부와 배출부에 각각 볼 밸브를 성치하여 산과 알칼리 등 부식성이 높은 화학약품 등의 액체 수송에 사용한다.

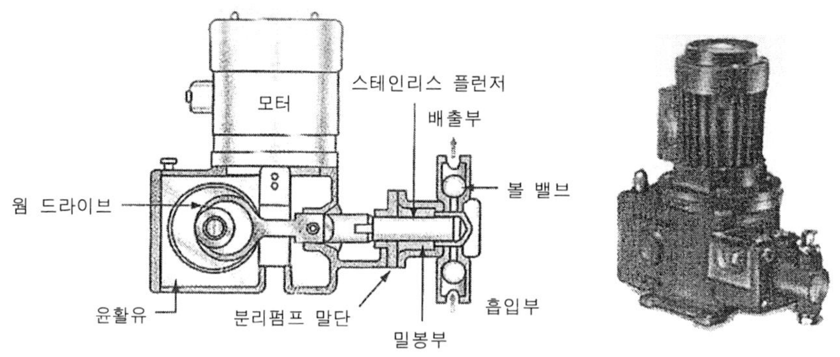

그림 2-14. 플런저 펌프

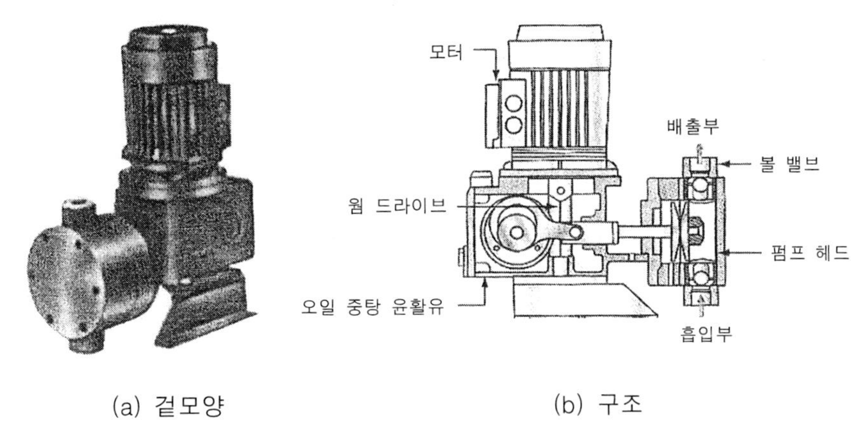

(a) 겉모양 (b) 구조

그림 2-15. 격막식 펌프

(2) 회전식 펌프(rotary pump)

피스톤 대신에 회전자를 이용하여 액체를 수송하는 펌프로서, 일반적으로 케이스에 거의 밀착한 기어와 스크류 등의 회전으로 유체를 밀어낸다. 유체의 배출방향을 전환할 수 있고, 유체의 이동에 따른 윤활작용으로 마모를 감소시키므로 연마성 고형물이 없는 액체나 점성이 높은 유체의 수송에 적합하다. 회전자의 종류에 따라 기어펌프, 스크류 펌프, 로브펌프, 베인 펌프, 연동펌프 등이 있다. 연동펌프란 기계나 장치에서 한 부분을 움직이면 연결되어 있는 다른 부분도 함께 움직이는 방식의 펌프이다.

① 기어펌프(gear pump) : 회전식 펌프 중에서 가장 간단한 형태이고, 한 쌍의 기어회전에 의해서 유체를 수송하며, 기어의 모양이 다양하다. 스퍼기어 펌프와 내부기어 펌프로 나누어진다(그림 2-16).

② 로브펌프(lobe pump)와 베인펌프(vane pump) : 기어펌프와 비슷하지만 회전자의 모양이 다른 종류이다. 로브펌프는 엽편 펌프라고도 하며, 기어 대신에 로브가 회전하면서 유체를 수송한다. 베인 펌프는 회전축에 몇 개의 미끄럼 날개를 갖고 있어 이동하는 액체가 날개 사이로 들어가 배출된다(그림 2-17).

③ 스크류 펌프(screw pump) : 나사 펌프라고도 하며, 스크류가 회전하면서 나사홈과 벽체 사이로 유체를 수송한다. 초콜릿, 그리스(grease), 고추장 및 된장, 농축액과 같이 점성이 아주 큰 액체의 수송에 적합하다(그림 2-18).

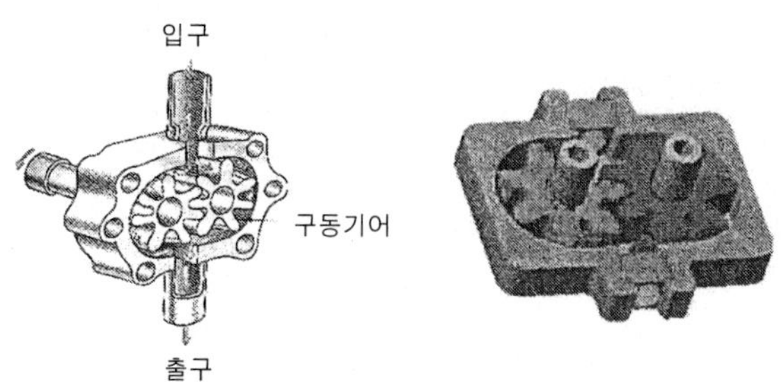

[스퍼 기어 펌프]

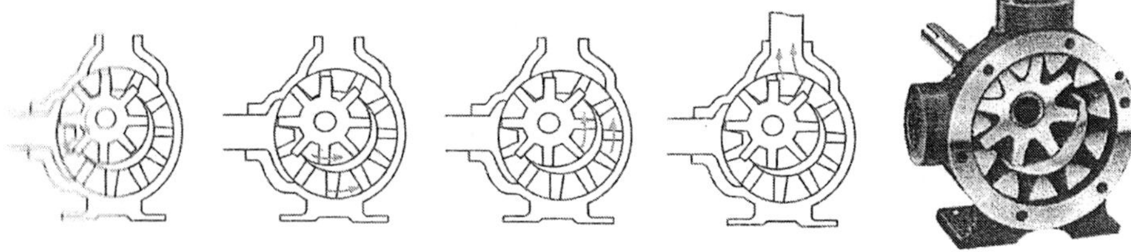

[내부 기어 펌프]

그림 2-16. 기어 펌프

(a) 겉모양 (b) 구조

[로브 펌프]

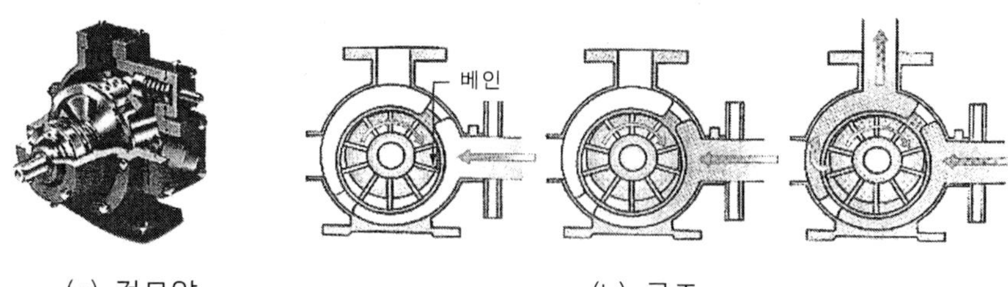

(a) 겉모양 (b) 구조

[베인 펌프]

그림 2-17. 로브 펌프와 베인 펌프

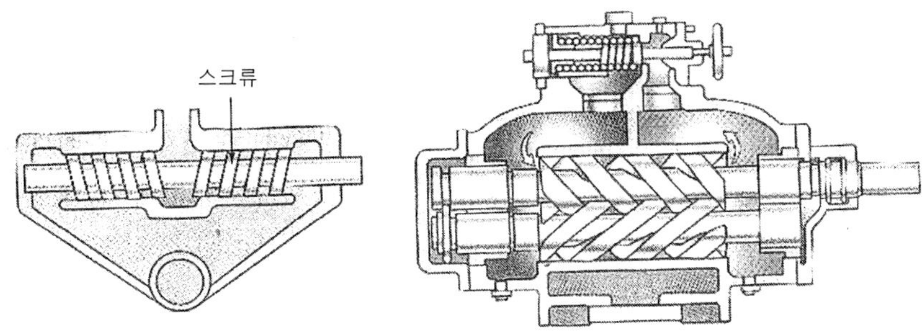

그림 2-18. 스크류 펌프

④ 연동펌프(peristaltic pump) : 회전펌프의 원리를 이용한 특수펌프이며, 실리콘 고무나 타이곤 튜브와 같은 탄력성과 내구성이 있는 튜브를 그림 2-19와 같이 회전자의 롤러가 단계적으로 압축하면서 액체를 밀어준다. 수송할 액체와 튜브가 접촉하며, 회전자의 속도를 조절하면 유량을 정확하게 조절할 수 있으므로 실험실이나 공장에서 부식성 액체나 무균상태의 유지, 농도와 pH의 조정, 교반기에서 거품의 조절을 위해 사용하는 액체약품과 시약을 소량씩 수송하는 목적으로 이용한다.

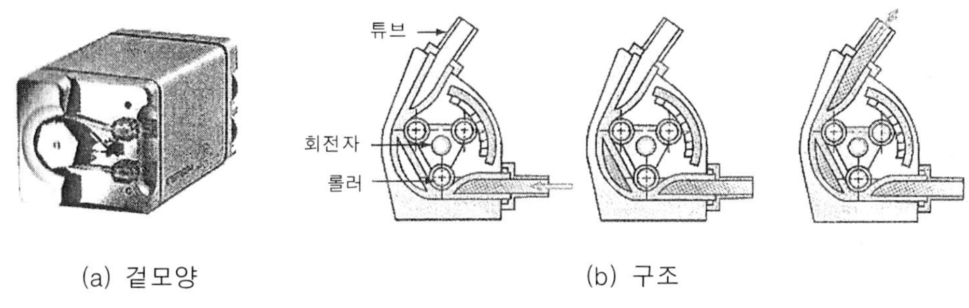

(a) 겉모양 (b) 구조

그림 2-19. 연동펌프의 작동원리

(3) 원심 펌프(centrifugal pump)

액체가 채워진 공간에서 회전날개의 원심력으로 액체에 압력을 발생시켜 압력 및 운동에너지를 발생하여 수송하는 펌프이다. 그림 2-20과 같이 이송할 액체는 회전 임펠러의 중심부분에 설치된 흡입관으로 유입되어 고속으로 회전하는 임펠러에 의해서 발생하는 원심력으로 밖으로 배출된다. 따라서 임펠러가 원심 펌프에서 가장 중요한 부분이며, 임펠러가 하나인 것을 단식 펌프, 여러 개인 것을 다단식 펌프라고 한다. 큰 압력이 필요한 경우는 다단식 펌프를 이용하며, 장치가 간단하고, 설치비와 유지비가 적게 들며, 적용범위가 넓어 많이 사용한다.

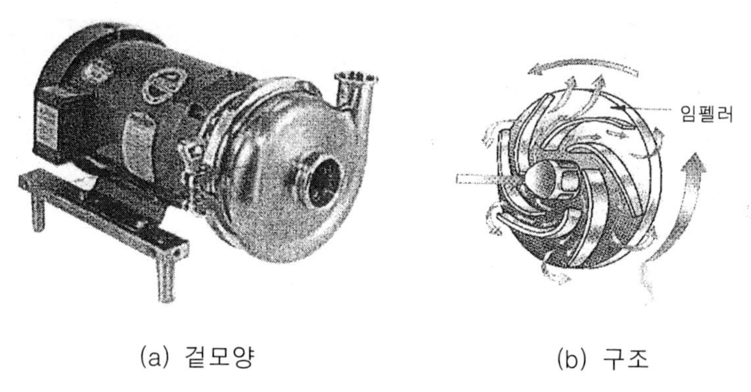

(a) 겉모양 (b) 구조

그림 2-20. 원심 펌프

3) 기체수송기

기체수송기는 토출하는 압력에 따라서 통풍기(fan), 송풍기(blower), 압축기(compressor)로 나누며, 감압을 위한 것은 진공펌프라고 한다. 일반적으로 토출압력이 3기압 정도까지를 송풍기, 이상은 압축기라고 한다. 종류가 대단히 많으므로 기체의 성질, 유량, 풍압 등을 고려하여 수송목적에 적합한 것을 선택해야 한다.

(1) 통풍기(fan)

흡입량과 배출량이 동일한 기체를 단순 이송하는 장치로서 비교적 낮은 풍압(500mm H_2O 이하)에서 작동하며, 작동방식에 따라 원심식과 축류식으로 나누어진다. 원심식 팬은 터보팬, 플레이트 팬, 시로코 팬(sirocco fan) 등이 있다. 터보팬은 구조가 강하여 높은 효율과 고속회전이 가능하므로 많은 풍량의 기체를 효율적으로 송풍 및 배풍할 수 있다. 시로코 팬은 넓이가 좁고 앞 방향으로 경사진 많은 날개로 구성된 임펠러가 회전하는 형식이며, 저압용으로 사용한다.

축류식 팬은 디스크 형과 프로펠러 형이 있다. 프로펠러 형 축류식 팬은 송풍압력이 작고, 풍량이 큰 경우에 적합하다. 고속회전에 적합하며, 지름이 작아서 쉽게 관의 통로에 설치가 가능하다. 공기는 축 방향으로 흐르므로 전체가 원통형이며, 효율이 높아 보일러의 송풍이나 분말의 수송 등에 이용한다.

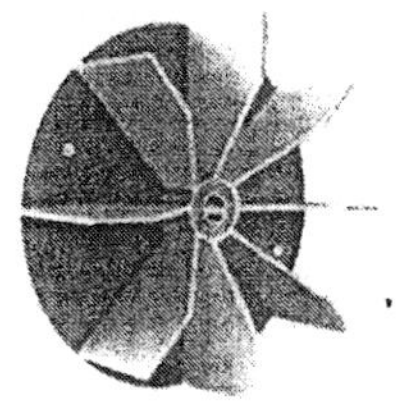

(a) 터보 팬　　(b) 플라이트 팬　　(c) 시로코 팬

그림 2-21. 원심식 팬

(2) 송풍기(blower)

통풍기보다 큰 풍압으로 기체를 수송하는 장치이며, 강제 이송식 송풍기와 흡입 터보 송풍기 등이 있다. 강제 이송식 송풍기는 로브 송풍기와 축류 송풍기가 있다. 임펠러나 로브가 벽에 직접 접촉하지 않고 약간의 틈을 두고 회전하기 때문에 회전자 사이에 윤활유의 공급이 필요 없다. 흡입 터보 송풍기는 원심 펌프와 마찬가지로 임펠러의 화전에 의한 원심력으로 기체를 압송하므로 압력의 상승과 소요 동력은 흡입 기체의 비중에 거의 비례하며, 많은 양의 공기와 가스의 수송에 적합하다. 일반적으로 회전수는 400～500 rpm으로 토출압력이 3기압 이하이다. 날개를 다단식으로 하여 3기압 이상의 압력을 발생하는 것은 터보 압축기라고 한다.

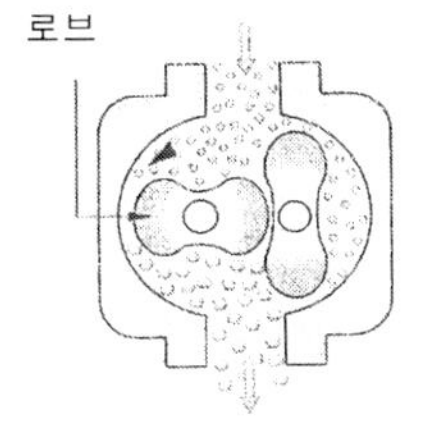

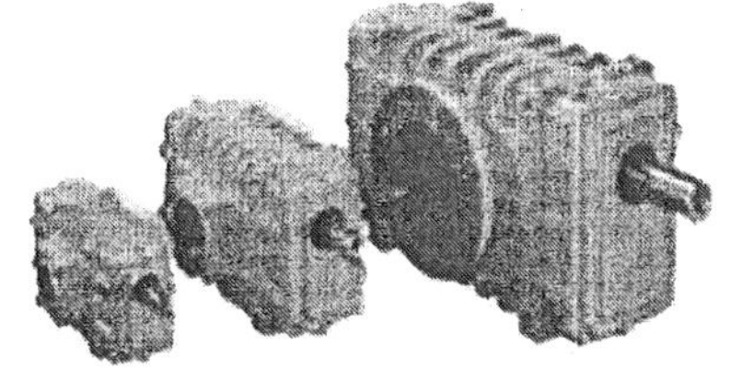

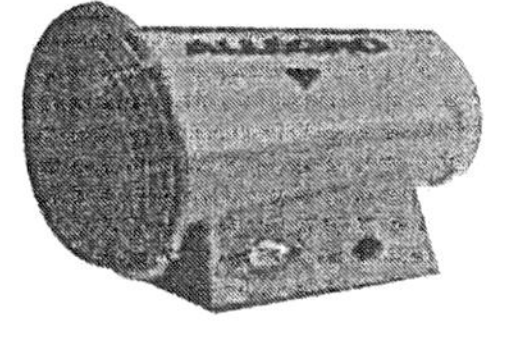

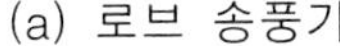

(a) 로브 송풍기　　(b) 축류 송풍기

그림 2-22. 강제 이송식 송풍기

(3) 압축기(compressor)

외부에서 일을 가하여 기체를 연속적으로 수송하고 압력을 높여 주는 기계이며, 작동방식에 따라 부피형과 터보형으로 나누어진다. 한편 기계의 작동방식과 기체의 유동방식 능에 따라 부피형은 왕복식 압축기, 터보형은 원심력식 압축기 등이 있다.

① 왕복식 압축기(reciprocating compressor) : 왕복운동 펌프와 같은 구조로 실린더 내부를 왕복하는 피스톤에 의해서 실린더 안으로 기체를 흡입 및 압축하며, 배출압력을 높이려면 다단 압축을 해야 한다. 압축 기체의 압축열이 실린더에 전달되므로 실린더와 압축 기체를 냉각해야 한다. 압축 기체의 공급량이나 수요량이 변동되는 경우는 부하경감장치를 이용한다. 부하경감장치는 기체의 유량이 줄어 배출압력이 높아지면 자동으로 배출량을 조절하여 압력을 설정값 범위로 유지하여 동력소비를 감소시키는 역할을 한다. 왕복식 압축기는 압력 변화에 따른 풍량 변화가 거의 없는 것이 장점이지만, 기체와 접촉부분이 많아 마찰로 인한 마모와 효율이 낮으므로 많은 양의 처리에는 적합하지 않다.

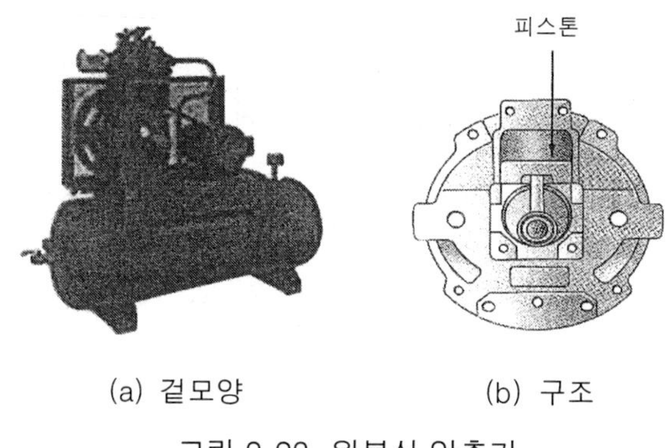

(a) 겉모양 (b) 구조

그림 2-23. 왕복식 압축기

② 회전식 압축기(rotary compressor) : 밀폐 벽과 회전자 사이의 부피를 변화시켜 기체의 흡입과 배출을 한다. 압축기구는 왕복식 압축기와 같으며, 회전운동은 원심력식 압축기와 비슷하기 때문에 두 가지의 장단점을 동시에 갖고 있어 중간 정도의 압력과 용량에 적합하다. 일반적인 특징은 왕복식 압축기에 비하여 가볍고 진동이 작지만, 흡입과 배출의 압력 손실이 큰 것이 단점이다.

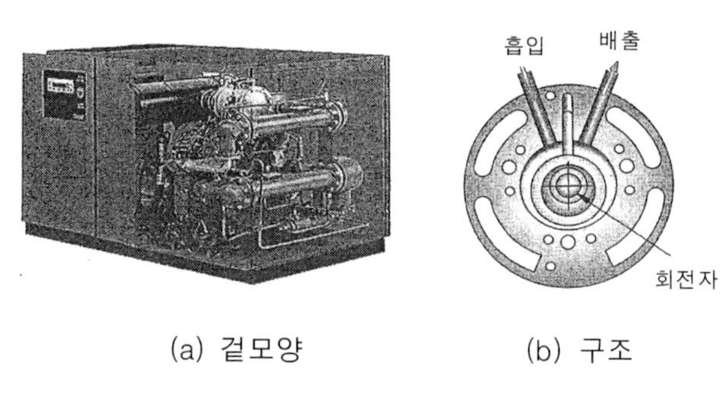

(a) 겉모양 (b) 구조

그림 2-24. 회전식 압축기

(4) 진공장치

증발, 증류, 건조 등의 작업을 대기압보다 낮은 압력인 진공에서 진행하면 대기압보다 낮은 온도에서 작업이 가능하므로 효율을 높일 수 있다. 또한 높은 온도에서 분해되기 쉬운 유기물의 분해 및 산화에 의한 영향을 감소시키는 장점이 있다. 진공을 발생시키는 장치는 실험실에서 사용하는 소형 회전식 진공펌프부터 공장에서 주로 사용하는 수증기 이젝터(steam ejector)까지 다양한 종류가 있다. 진공펌프는 건식 진공펌프와 습식 진공펌프로 나누어진다.

일반적으로 건식 진공펌프는 기체만을 흡입하여 진공을 발생시키며, 회전식 펌프와 왕복식 펌프가 있다. 습식 진공펌프는 기체와 증기의 혼합가스를 흡입하며 왕복식 펌프, 수봉식 펌프와 수분사식 펌프 등이 있다.

① 회전식 진공장치(rotary vacuum pump) : 둥근 모양의 통에서 회전자를 회전시켜 초승달 모양의 공간에 공기를 넣어 압축 및 배출하는 것으로 회전날개형, 캠형, 요동 피스톤형 등이 있다. 회전날개형과 캠형은 0.5마력 이하의 작은 용량에 적합하며, 요동 피스톤형은 공업용으로 주로 사용한다. 습식진공 펌프는 흡입가스와 함께 냉수의 왕복운동으로 빨아들여 공기를 흡입 및 배출하는 방식으로 봉입액의 수온에 따라 차이가 있지만 40mm H_2O까지가 일반적인 작동범위이다.

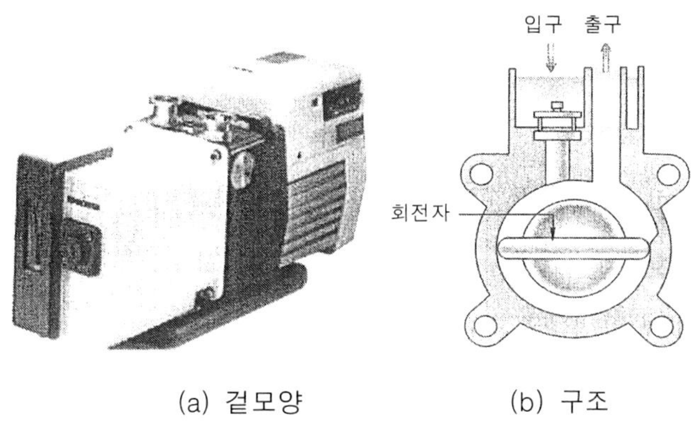

(a) 겉모양 (b) 구조

그림 2-25. 회전식 진공펌프

② 수증기 이젝터(steam ejector) : 작동원리는 고압의 수증기를 노즐에서 배출하여 공기를 흡입하고, 디퓨저(diffuser)를 통해 배출하는 기계이다. 디퓨저는 유체가 갖고 있는 운동에너지를 압력에너지로 변환시키기 위해서 단면적을 단계

적으로 넓힌 유체의 통로(깔때기 모양의 통로)를 말한다. 1단으로 형성되는 진공도는 한계가 있으므로 단수를 높여 큰 용량과 높은 진공을 얻을 수 있다. 부식성 가스의 진공이 가능하지만 보조용 증기보일러와 냉각기가 필요하다.

4. 선별기

4.1 선별기

식품 원료를 무게, 크기, 모양, 색깔 등 여러 가지 물리적 성질의 차이를 이용하여 분리하는 작업을 선별(選別, sorting)이라고 한다. 선별의 목적은 다음 단계의 기계적 작업을 쉽게 하고, 소비자의 구매의욕과 상품가치를 향상시키는 것이다. 선별기는 무게 선별기, 모양 선별기, 색깔 선별기(광학 선별기) 등이 있다.

4.2 선별기의 종류

1) 무게 선별기(weight sorter)

원료의 무게를 추의 무게나 스프링의 장력(張力, tension)과 비교하여 5~8등급으로 나누는 장치이다. 무게를 감지할 수 있는 장치를 컨베이어 밑에 설치하여 원료를 올려놓은 버킷이 이동하면서 측정 레일을 통과한다. 무게감지기를 통과할 때 미리 정해 놓은 무게와 비교하여 물체의 무게가 무거우면 안내 레일을 따라 밑으로 내려와 버킷이 뒤집히면서 물체가 일정한 위치로 배출되는 방식으로 선별이 이루어진다.

무게 선별기는 크기 선별기에 비하여 정확도가 높고, 모양이 균일하지 않아서 크기 선별이 부적합한 원료와 손상받기 쉬운 원료의 선별에 적합하다. 그러나 선별 능률이 낮고 구조가 복잡하여 가격이 비싼 것이 단점이다. 주로 토마토, 복숭아, 양파, 달걀 등의 선별에 이용한다.

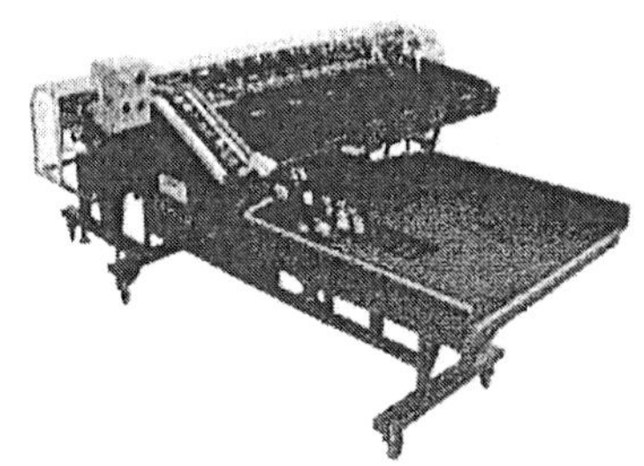

그림 2-26. 무게 선별기

(1) 크기 선별기(size sorter) : 물체를 크기에 따라 분류하는 장치이며, 고정된 크기와 형태의 체가 있고, 간격을 변화시키는 롤러 선별기와 벨트 선별기가 있다.

(2) 체 선별기(sieve sorter) : 일반적으로 평면체나 원통체가 식품원료의 선별에 자주 이용한다. 원통체는 한 개의 원통을 이용하는 경우와 크기가 다른 여러 개의 원통을 동일한 축에 설치하여 다양한 크기를 한 번에 분리하는 것이 가능하지만 가장 작은 크기의 체에 원료를 공급하기 때문에 선별효율이 낮은 것이 단점이다. 그러나 설치가 간단하고 설치 면적도 작은 것이 장점이다(그림 2-27 a). 그림 2-27 b는 설치 면적이 넓고, 크기가 작은 것부터 분리되므로 역시 선별효율이 낮다. 그림 2-27 c는 큰 물체부터 분리하므로 효율은 높지만 설치 면적을 많이 차지하는 것이 단점이다. 따라서 큰 과일의 선별은 둥근 구멍이 뚫린 고무벨트나 플라스틱 통을 회전시키는 방식을 이용한다.

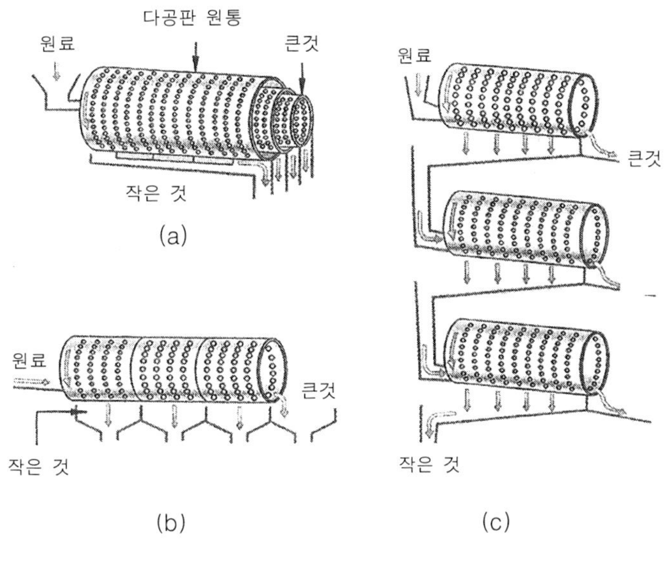

그림 2-27. 원통체의 종류

(3) 롤러 선별기(roller sorter) : 입구에서 출구방향으로 규칙적으로 간격이 넓어지면서 여러 개의 롤러가 일렬로 배치되어 있어 연속적 또는 단계적으로 간격의 조절이 가능하다. 사과, 오렌지, 복숭아 등 구형의 원료는 롤러의 회전에 의해서 출구 쪽으로 이동하며, 물체의 지름보다 간격이 큰 위치에서 아래로 낙하하여 낙하 위치에서 크기가 비슷한 물체의 선별이 가능하다.

(4) 길이 선별기(length sorter) : 오이와 같은 형태를 가진 물체를 진동공급기(vibrating feeder)로 이동시키면 길이가 긴 쪽으로 배열이 이루어진다. 길이가 긴 것은 공급기 앞에 설치한 막대를 넘어 가지만 짧은 것은 막대를 넘지 못하고 아래로 낙하한다. 이와 같이 낙하간격을 단계적으로 변화시켜 반복하여 물체를 통과시키면 길이에 따라 물체의 선별이 가능하다.

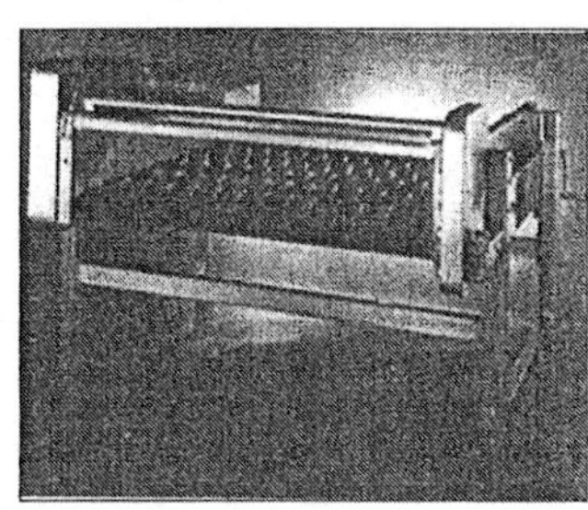
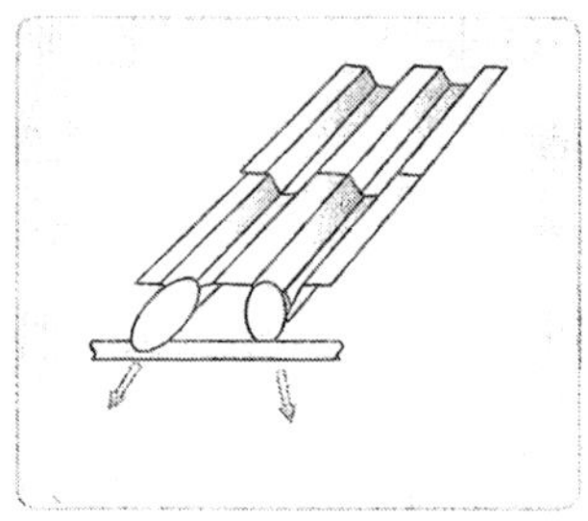

그림 2-28. 길이 선별기

2) 모양 선별기(shape sorter)

식품을 세척하거나 크기 선별 등을 거쳐도 여전히 불순물이 혼합되어 있는 경우가 있다. 예를 들어 곡류에 크기와 무게가 비슷한 다른 곡물이 섞여 있을 가능성이 높다. 이러한 경우에 사용하는 선별기가 모양 선별기이며, 원판형과 원통형으로 나누어진다.

(1) 원판형 분리기(disc separator) : 수평 회전축에 약 10cm 간격으로 여러 장의 원판이 고정되어 있고, 원판의 아래에는 물체와 접촉되어 있다.

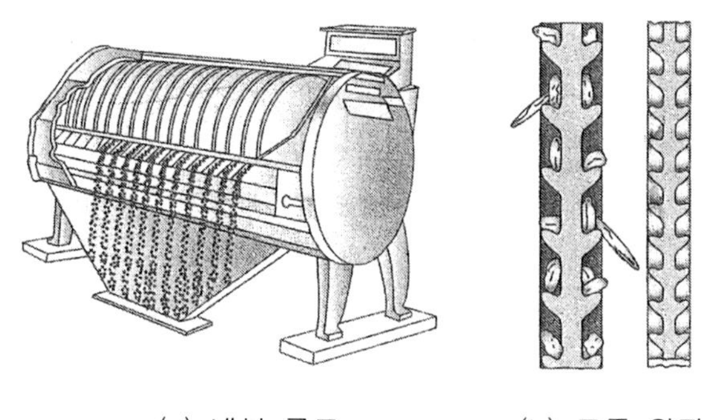

(a) 내부 구조 (b) 표준 원판

그림 2-29. 원판형 분리기

원판의 양쪽 표면은 그림 2-29와 같이 물체의 모양에 적합한 홈이 설치되어 있다. 일정한 모양의 물체는 이 홈에 담겨진 상태로 상승하여 꼭대기 부분에서 아래로 떨어져 원판 사이의 통에 담겨 배출된다. 밀, 보리, 쌀 등의 선별에 사용하며, 제작표준 원판이 있어 교환이 가능하다.

(2) 원통형 분리기(cylindrical separator) : 원판형과 원리는 같지만 회전 원통의 안쪽 표면에 많은 홈이 파여 있고, 원통은 수평보다 약간 기울어져 회전하면서 분리가 이루어지고, 중앙에는 불순물을 배출하는 스크류 컨베이어가 설치되어 있다. 원통형 분리기로 쌀, 보리, 밀 등을 선별하는 경우는 밀보다 작은 알갱이만 원통 안쪽의 홈에 담겨 위쪽으로 올라가 컨베이어로 떨어져 분리되는 형식과 밀 자체가 실려 올라가고 밀보다 큰 것을 남기는 형식으로 나누어진다.

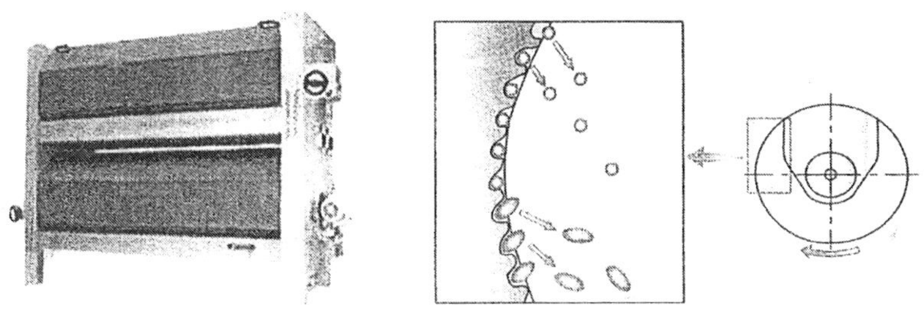

그림 2-30. 원통형 분리기

3) 색깔 선별기(color sorter)

원료를 색깔 차이로 선별하는 경우는 컨베이어로 이동하면서 숙련된 작업자가 표준 물체와 눈으로 비교하여 선별하지만, 사람의 눈으로 선별에 한계가 있어 최근에는 광학 선별기(optical sorter)를 많이 이용한다. 광학 선별기는 원료의 반사도나 투과도를 측정하여 선별하는 장치이며, 반사도는 물체의 숙성 정도, 표면의 흠집, 빵이나 비스킷 등의 공정진행 정도를 나타내는 지표가 된다. 식품의 투과도는 과일의 숙성 정도나 내부 응어리 등 내부상태를 판단하는 목적으로도 이용한다.

(1) 반사 선별기(reflectance sorter) : 물체 표면에 광선을 투사하고 그 반사율에 따라 착색 정도나 표면의 흠집 등을 판정하는 장치이다. 반사된 광선이 기준 색과 맞지 않으면 증폭된 신호가 압축공기의 밸브를 열어 불합격된 물체를 밀어낸다. 곡류와 콩 등의 선별에 이용한다.

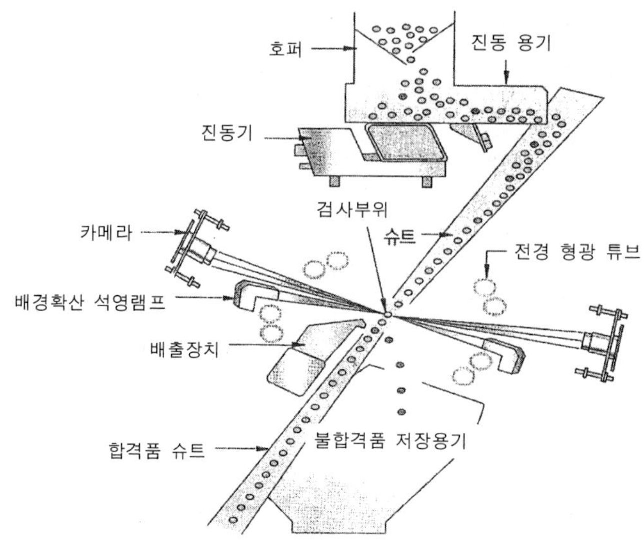

그림 2-31. 광학 선별기의 원리

(2) 투과 선별기(transmittance sorter) : 광선의 투과율에 따라 과일과 채소 등의 내부상태를 판단하는 목적으로 사용한다. 예를 들어 사과에서 투과되어 나오는 녹색 빛은 투과량에 따라 신선도 및 숙성도와 관련이 있으며, 갈색 빛은 내부의 질병과 관련이 있다. 불투명한 액체나 고체식품의 내부조직에 따라 색 변화를 검사하려면 전자파의 투과를 이용하는 것이 효과적이지만, 입사에너지에 비하여 아주 적은 양만이 투과되므로 민감한 감지장치(感知裝置, sensor)가 필요하다.

5. 절 단

1) 절단기(cutter)

재료를 투입하는 투입구와 이동시키는 이동부, 절단하는 절단부로 구성되어 있으며, 원료를 투입하면 절단면의 모양에 따라 다양한 형태의 제품이 만들어진다. 절단부의 칼날이나 톱날이 회전하는 절단기계는 뒤에서 재료를 이송하는 속도에 따라 제품의 두께가 결정된다.

대부분의 식품 절단기의 작동원리는 원료를 이송하면서 회전하는 모터에 절단기를 연결하여 회전력을 이용하거나, 날카로운 칼날을 통과하면서 절단한다. 육류 절단기는 육류를 왕복운동을 시키면서 회전하는 원형칼날에 의해서 절단되며, 채소 절단기는 여러 가지 모양의 칼날을 통과시켜 칼날이나 톱날의 회전이나 수직방향의 힘으로 절단된다.

2) 절단기의 종류

일반적으로 절단기는 절단하려는 내용물과 절단의 목적에 따라 나누어진다. 내용물에 따라서는 육류 절단기와 채소 절단기로 분류되며, 목적에 따라서는 사각 절단기, 수직 절단기, 슬라이서, 깍두기 절단기, 스팸 절단기 등이 있다.

① 사각 절단기(square cutter) : 양파, 당금, 감자 등의 구근과 채소의 사각절단에 사용하며, 칼날의 선택으로 크기를 조절할 수 있다.

② 수직 절단기(vertical cutter) : 엽채류, 맛 김치, 떡, 소시지, 오징어, 곱창 등 다양한 제품을 가로나 세로로 절단하며, 칼날이 위에서 내려오는 힘으로 절단된다.

③ 채소 절단기(vegetable cutter) : 부추, 대파 등의 길이 절단과 구근류인 무, 당근, 양파 등의 슬라이스(slice) 절단 및 채 절단 등을 칼날을 교체하면 다양한 가공이 가능하다.

④ 냉동육 절단기(frozen meat cutter) : 냉동육류에 주로 사용하며, 육류를 밀어주는 속도에 따라 다양한 두께의 육류를 절단할 수 있다.

6. 분 급

1) 등급(grade)의 판정

식품의 차이에 따라 분리하는 작업으로, 선별이 한 가지 성질을 기준으로 분리하는 것에 비하여 등급매기기는 여라 가지 복합적 성질 성질을 종합하여 분리한 것이라고 할 수 있다. 품질을 결정하는 등급의 인자는 크기와 모양, 성숙도, 조직, 가공적성, 향기와 풍미, 불순물의 제거정도, 색깔 등이다.

2) 분급 방법, 장치 및 원리

등급을 매기기 위해서는 식품을 검사대 위에 일렬로 배열해야 한다. 가장 간단한 방법은 크기 선별기 끝에 검사용 벨트를 부착시킨 것으로 통조림용 복숭아의 경우는 그림 2-32와 같은 상지를 이용한다.

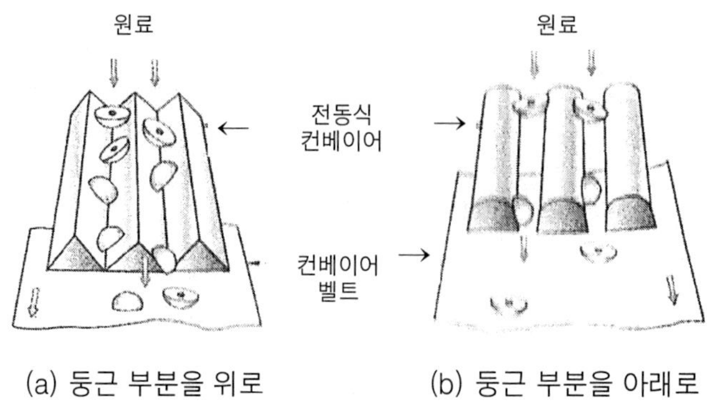

그림 2-32. 절단 과일의 검사장치

절단한 복숭아는 경사진 진동탁자에 공급하여 그림과 같이 처음에는 둥근 부분을 위로 가게 배열하여 검사하고, 다음은 아래 방향으로 배열하여 절단면을 검사한다.

〈연습문제〉

1. 다음 중에서 식품재료의 선별에 이용하지 않는 성질은 어느 것인가?
   ① 길이 ② 감촉 ③ 크기 ④ 무게 ⑤ 색깔
2. 오이를 선별하려고 한다면 어느 선별기가 적합한가?
   ① 색깔 선별기 ② 길이 선별기 ③ 체 분리기 ④ 건식 세척기
   ⑤ 원판형 분리기
3. 다음 중에서 건식세척기에 해당하는 것은 어느 것인가?
   ① 초음파 세척기 ② 담금탱크 ③ 분무 세척기 ④ 원통체 ⑤ 원통 세척기
4. 밀을 분쇄하여 밀가루로 만드는 공장에서 가장 많이 사용하는 기계는 어느 것인가?
   ① 교반기 ② 도정기 ③ 송풍기 ④ 선별기 ⑤ 수송기
5. 다음 중에서 토출압력이 가장 낮은 기체 수송기는 어느 것인가?
   ① 송풍기 ② 통풍기 ③ 압축기 ④ 절단기 ⑤ 컨베이어

6. 매우 크고, 무거운 고체를 운반하는데 적합한 기계는 어느 것인가?

① 벨트 컨베이어 ② 롤러 컨베이어 ③ 버킷 엘리베이터 ④ 압축기
⑤ 체 분리기

7. 식품 선별기의 종류와 특징을 설명하시오.

8. 스크류 컨베이어의 특징은 무엇인가?

9. 식품원료에 포함된 불순물은 어떤 방법으로 분리하는가?

10. 식품가공에서 전처리 작업 또는 정선작업이라고 하는 공정은 어떤 작업인가?

11. 선별과 등급의 차이를 설명하시오.

제 3 장

전환작업의 기계와 장치

현대인들은 많고 다양한 종류의 가공식품을 소비하고 있으며, 가공식품을 생산하려면 여러 가지 공정을 거쳐야 한다. 원료와 중간 제품을 작게 분쇄하거나, 여러 가지 원료들을 혼합하고, 어떤 특정한 물질이나 목적을 달성하기 위하여 여과와 추출 등의 분리작업을 수행하며, 이러한 작업들을 전환작업(conversion process)이라고 한다. 식품제조 과정에서 전환작업과 단위조작(unit operation)의 기본 개념은 대단히 중요하므로 이들의 기본적인 개념과 제조공장에서 사용하는 일반적인 제조기계 및 장치의 원리와 특징을 소개한다.

1. 전환작업과 단위조작

1.1 전환작업

식품공업에서 전환작업은 여러 가지 단위조작을 이용하여 식품 원료를 중간 제품이나 완제품으로 만드는 작업이다. 식품공업에서 원료를 가공하려면 재료를 잘게 부수는 분쇄작업이나, 입자를 크게 만드는 조립작업이 필요하다. 또한 두 가지 이상의 성분을 섞는 교반이나 반죽 등의 혼합조작이 이용된다. 그리고 원료나 중간물질에서 원하는 성분이나 재료를 얻기 위해서 분리작업을 이용하기도 하며, 분리작업은 필터 등을 이용하여 분리하는 일반 여과작업과 강한 속도의 회전으로 발생하는 원심력을 이용한 원심분리가 있다. 그리고 원료에 포함된 특정 성분을 얻기 위하여 추출작업이 이용된다.

필터(filter)는 부유물질이나 콜로이드 상태의 물질을 유체에서 걸러내는 장치를 말하고, 원심력(遠心力, centrifugal force)은 원운동을 하고 있는 물체에서 나타나는 관성력(慣性力)을 말한다. 전환작업은 크게 원료 또는 중간 제품의 크기나 형태를

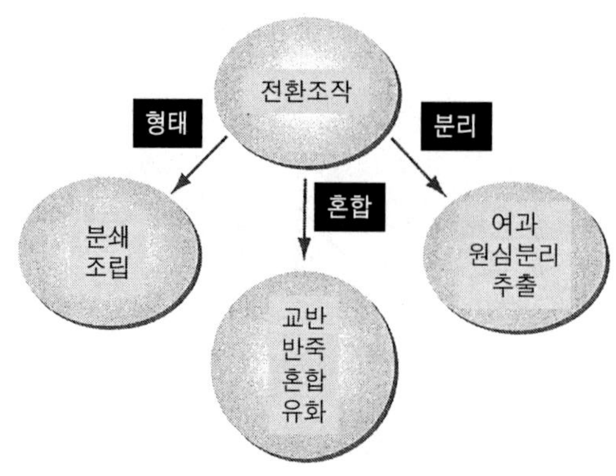

그림 3-1. 전환작업

변화시키는 분쇄(粉碎, grinding) 및 조립조작과, 원료를 고르게 섞는 혼합조작(混合操作), 특정한 물질을 얻기 위한 분리조작(分離操作)으로 나눌 수 있다.

1.2 단위조작

단위조작은 공정에서 발생하는 물리적 변화를 수행하는 작업이며, 식품공업에서는 전환작업을 말한다. 이러한 단위조작은 식품공업은 물론 대부분의 공업에서 광범위하게 이용하고 있다.

1) 분 쇄

오래 전부터 가루나 가루로 만든 먹거리를 만들기 위하여 맷돌, 절구, 디딜방아, 물레방아 등을 이용하여 다양한 원료를 가루로 만들어 사용해 왔다. 분쇄는 기계적인 힘을 이용하여 고체 덩어리를 필요한 크기로 잘게 부수거나 가루와 같은 작은 입자로 만드는 작업이다.

(1) 분쇄의 원리 : 분쇄할 고체물질의 종류에 따라서 여러 가지 힘이 이용되며, 대표적으로 압축력(壓縮力), 절단력(切斷力), 전단력(剪斷力), 충격력(衝擊力) 등이다. 압축력은 치약을 짜는 것과 같은 누르는 힘이고, 절단력은 자르거나 베어서 끊는 힘이다. 전단력은 물체의 한 지점에 반대 방향으로 작용하는 힘이며, 충격력은 망치로 호두를 내리쳐서 깨는 것과 같은 힘을 말한다. 실제로 분쇄조작은 한 가지 힘만으로 이루어지는 경우는 거의 없으며, 두 가지 이상의 힘이 복합적으로 작용하여 물질을 분쇄한다.

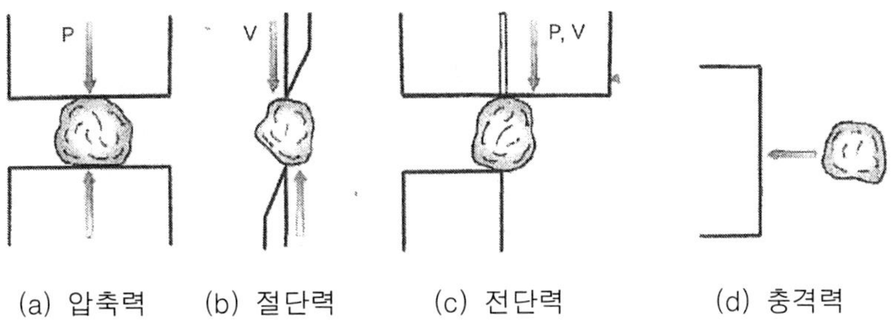

(a) 압축력 (b) 절단력 (c) 전단력 (d) 충격력

그림 3-2. 분쇄에 이용하는 힘의 종류

(2) 분쇄의 목적 : 분쇄는 고체의 표면적을 증가시켜 추출, 흡착, 용해 등의 반응을 촉진시키고, 서로 다른 성분을 보다 균일하게 혼합하기 위한 작업이다. 또한 고체 덩어리 속에 포함되어 있는 유용한 성분을 분리하려고 할 때 효과적이다. 그러나 분쇄를 하면 흡습력이 커지고 입자가 가벼워져서 날리는 등의 단점도 발생한다. 흡착(吸着, adsorption)은 유체와 고체 또는 유체와 유체가 서로 접촉할 경우에 특정한 성분이 경계면에서 다른 쪽으로 이동하여 농도가 변화되는 현상이다. 용해(溶解, dissolution)는 용질이 용매에 녹아 용액을 형성하는 현상이다.

(3) 분쇄의 종류 : 식품공업에서 분쇄작업은 분쇄하여 생성되는 입자의 크기에 따라 거친 분쇄, 중간 분쇄, 고운 분쇄로 나누어진다. 또한 분쇄조건에 따라서 건식분쇄와 습식분쇄로 나누어지고, 작업방식에 따라서는 자유분쇄와 완충분쇄, 개방회로분쇄와 폐쇄회로분쇄 등이 있다.

① 거친 분쇄, 중간 분쇄, 고운 분쇄 : 분쇄 생성물의 크기가 80~140mm인 경우를 말하며, 입자 크기가 10mm 정도인 경우는 중간분쇄라고 한다. 100메쉬(mesh) 이하까지 분쇄한 경우는 고운 분쇄라고 한다. 메쉬는 고체입자의 크기를 표시하는 단위로서 표준 체를 이용하여 측정하며 1 $inch^2$인 체의 눈에 몇 개의 칸이 형성되어 있는 숫자를 말한다. 즉, 100메쉬는 가로×세로가 1인치인 체의 눈에 100개의 칸을 갖고 있는 체를 말한다.

② 건식분쇄와 습식분쇄 : 건식분쇄는 분쇄할 원료를 건조된 상태에서 그대로 분쇄하거나, 젖은 원료를 건조한 다음에 분쇄하는 작업이다. 습식분쇄는 분쇄입자의 수분이 많은 원료에 물을 넣어 분쇄하는 것을 말한다. 감자녹말이나 두부를 제조할 경우에 감자나 콩에 다량의 물과 함께 분쇄하는 작업이 습식분쇄이다. 습

식분쇄는 건식분쇄보다 분쇄기의 마모가 심하게 발생하며, 기계가격이 비싸다는 단점을 갖고 있다.

③ 자유분쇄와 완충분쇄 : 자유분쇄는 분쇄된 재료가 분쇄된 다음에 분쇄기 밖으로 바로 빠져 나오는 방식으로 재료가 분쇄기 내부에 체류하는 시간이 짧아 처리시간이 짧은 것이 장점이다. 완충분쇄는 분쇄된 재료가 분쇄기 내부에 일정한 시간동안 분쇄기 내부에 체류하면서 미세한 가루로 분쇄된 완충물들이 작용하여 분쇄작업을 향상시키는 보조역할을 한다. 일반적으로 연속식 분쇄는 자유분쇄를 사용하고, 회분식 분쇄는 완충분쇄가 적용된다.

④ 개방회로 분쇄와 폐쇄회로 분쇄 : 폐쇄회로 분쇄는 분쇄기를 통과한 분쇄물 중에 거친 입자를 체로 거른 다음에 분쇄기로 다시 투입하는 방식이다. 일반적으로 폐쇄회로 방식은 분쇄 능력이 크고, 소요 동력이 작으므로 큰 용량의 처리에 적합하지만 여러 번 분쇄작업을 반복해야 하는 단점이 있다. 개방회로 분쇄는 한 번 분쇄한 분쇄물을 다시 투입하지 않는 방식을 말한다. 동력소모가 크고, 분쇄물의 크기가 균일하지 않은 단점이 있다.

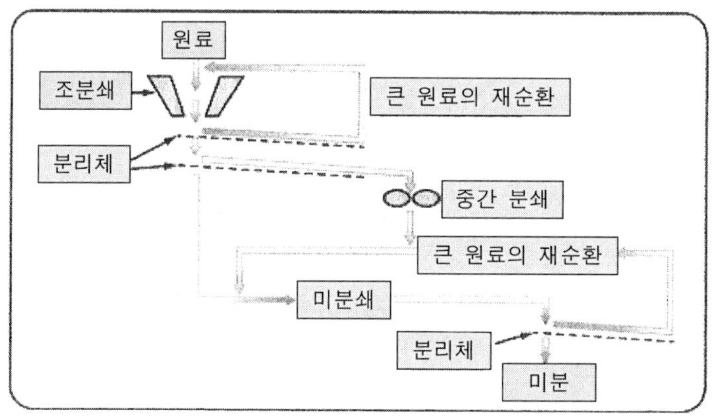

그림 3-3. 폐쇄회로 분쇄

(4) 분쇄재료의 성질 : 효율적으로 분쇄작업을 수행하려면 분쇄할 재료의 특성을 고려하여 작업하는 것이 공정관리와 에너지 측면에서 효과적이다.

① 재료의 경도와 압축강도 : 분쇄할 재료의 경도(硬度, firmness, hardness)와 압축강도(壓縮强度, press strength)는 분쇄기의 구조와 소비동력에 밀접한 관련이 있고, 경도는 분쇄기 재질 및 기기선택의 기준으로 사용한다. 경도는 식품의 단단함을 나타내는 지표이며, 물질을 변형시킬 때 필요한 힘으로 표시한다. 강

도는 재료에 하중이 걸린 경우에 재료가 파괴될 때까지 필요한 힘을 재료의 강도라고 한다.

② 함유 수분(水分, moisture) : 분쇄할 재료의 수분 함유량은 재료의 경도와 압축강도에도 영향을 주어 작업이 쉽다. 예를 들어 밀가루와 같은 분말재료들은 수분함량이 증가하면 압축강도가 낮아져 운전동력이 감소하지만 분쇄물들이 서로 엉겨 붙어 덩어리(반죽상태)를 형성하기 때문에 분쇄가 어렵다.

2) 혼합(mixing)

혼합은 두 가지 이상의 성분을 물리적 방법으로 섞는 작업을 말하며, 원료의 상태에 따라 교반(攪拌, agitation), 반죽(kneading), 고체 혼합, 유화(乳化, emulsification) 등으로 구분한다.

교반은 액체와 액체, 액체와 기체, 액체와 소량의 고체를 섞는 것을 말하며, 반죽은 고체에 약간의 액체를 섞어 혼합하여 고체와 액체의 균일한 분산상태를 말한다. 고체혼합은 고체와 고체를 균일하게 섞는 작업이며, 유화는 물과 기름과 같이 서로 섞이지 않는 액체를 교반하여 한 액체에 다른 액체를 균일하게 분산시키는 작업이다. 따라서 혼합기의 선택은 혼합의 목적, 원료의 비중, 크기, 표면장력(表面張力, surface tension), 성분 등을 충분히 고려하여 결정해야 한다. 마요네즈, 케찹, 초고추장이나 녹말 같은 재료를 혼합하면 유속이 어느 정도까지는 빨라지지만 동력을 증가시켜도 더 이상 가속되지 않고 겉도는 현상이 발생한다.

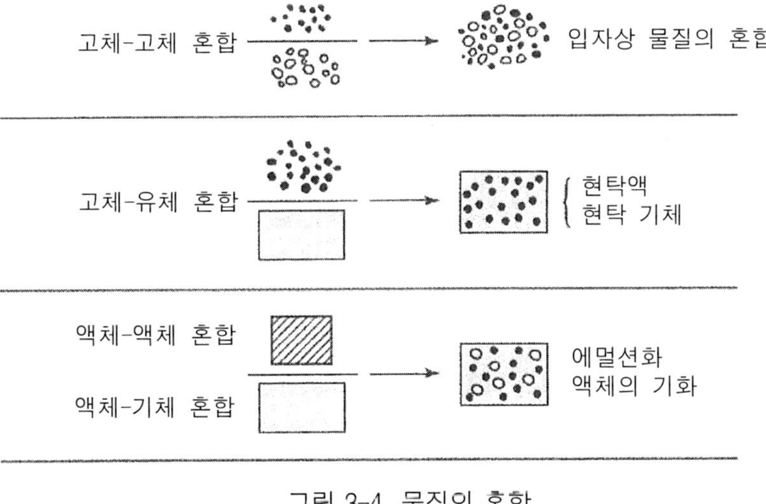

그림 3-4. 물질의 혼합

따라서 고속의 혼합장치보다는 저속이지만 토크(torque)가 강한 혼합장치가 효과적이다. 한편 점도(粘度, viscosity)가 높은 두 개의 액체를 혼합하려면 동력소모가 많으므로 가능하다면 가열하여 점도를 낮추어 혼합에 필요한 동력소비를 감소시키는 필요하다. 점도는 유체의 내부 마찰력을 말하며, 유체가 다른 부분에 대하여 운동할 때 받는 저항력이다.

3) 여과(filtration)

여과는 고체와 액체 혼합물(현탁액, suspension) 또는 고체와 기체 혼합물들을 섬유와 같이 수많은 작은 구멍을 갖고 있는 다공성(多孔性, porous material) 재료를 사용하여 액체나 기체는 통과시키고 고체만을 잔류시켜 고체와 액체, 고체와 기체를 분리하는 작업이다. 현탁액은 액체에 고체의 미립자가 분산되어 있는 것을 말한다. 다공성 재료는 재료 내부에 작은 구멍이 많이 형성된 재료를 말하며, 식빵이나 스펀지, 숯과 같은 구조이다.

여과작업에 사용하는 다공성 재료를 여과매체라고 하며, 여과하려는 고체와 액체의 혼합물을 슬러리(slurry)라고 한다. 여과작업을 거쳐 여과매체를 통과한 액체를 여과액(filtrates)이라고 하며, 여과매체 표면에 잔류하는 고체 찌꺼기나 잔류물을 슬러지 또는 잔사(殘渣, sludge)라고 한다. 식품공업에서 여과작업은 주로 고체와 액체 혼합물을 분리하는 목적으로 이용한다.

음료수와 양조공업 등에서 찌꺼기를 분리하여 고형물이 제거된 맑은 액상제품을 제조하는 목적으로 이용한다. 예를 들어 막걸리를 여과한 청주나 과일류의 착즙을 여과한 과일주스 등이 대표적인 예이다.

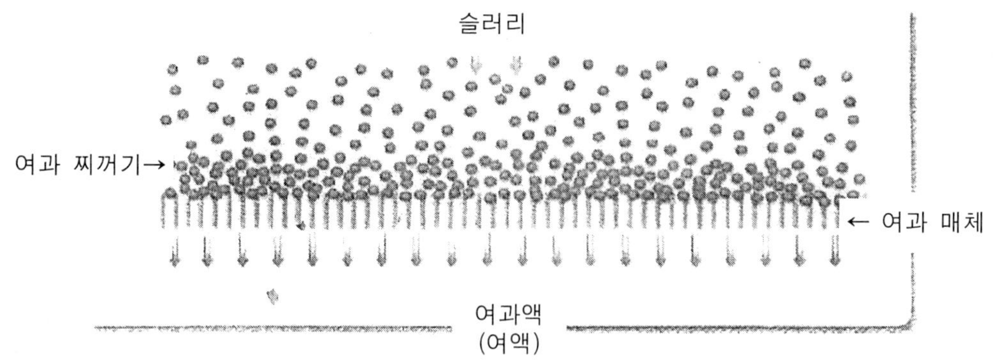

그림 3-5. 여과의 원리

한편 여과기를 선택하려면 공업적으로 다음과 같은 사항을 고려하여 결정한다.

- 슬러리의 처리량과 전후 공정과의 관계
- 슬러리에 포함된 고체의 농도
- 여과목적물(여과찌꺼기 및 여과액)의 특성
- 슬러리 액체의 특성(점도, 밀도, 부식성, 휘발성, 온도 등)
- 슬러니에 포함된 고체의 성질(입자의 크기, 분포상태, 압축성 등)
- 찌꺼기의 세척, 여과액 및 세척액의 필요성

(1) 여과매체 : 여과 매체의 주요 기능은 슬러리에서 고체 찌꺼기를 분리하는 것이므로 여과매체는 분리하려는 고체입자보다 작은 구멍이 형성되어 있거나, 보조재료를 사용하여 여과매체 표면에 여과 보조막을 형성한 다음에 작업을 수행해야 한다. 또한 여과매체는 액체의 흐름에 대한 저항성이 낮아 일정 수준의 여과속도가 확보되어야 한다. 여과매체는 거름종이(filter paper), 여과포(濾過布, filter cloth), 다공성 도기(porous ceramic), 다공성 금속판, 합성수지(synthetic resin) 및 합성섬유(synthetic cloth) 등이 사용된다. 여과매체의 선택은 현탁액의 성질, 여과기의 종류와 가격 등을 고려하여 결정한다.

(2) 여과조제 : 여과하려는 고체와 액체 혼합물에서 고체입자의 크기가 너무 작으면 여과매체가 막히고, 찌꺼기 층이 너무 치밀해져 여과속도가 급격하게 낮아지면서 여과가 더 이상 진행되지 않는다. 이러한 경우는 입자가 약간 굵은 여과조제(filter aid)를 섞거나 여과매체 표면에 얇은 층을 만들어 여과가 잘 되도록 한다. 여과조제를 사용하려면 여과할 원액에 여과조제를 미리 섞어서 고체입자를 여과조제에 흡착시킨 다음에 여과기에 공급하여 여과하는 방식으로 수행한다. 여과조제는 규조토(硅藻土, diatomaceous earth), 분탄(粉炭), 펄프(pulp), 산성 백토, 톱밥 등이 있다. 규조토는 규조류의 사체가 해저에 퇴적하여 생성된 단백석(蛋白石)의 일종이며, 다공질로서 백색이나 회백색을 띠고 있다.

여과조제는 다음과 같은 조건이 필요하다.

- 자신은 비압축성(non-compresable)이면서 찌꺼기를 생성해야 한다.
- 입자는 균일하고 견고해야 한다.
- 다공성이며 표면적이 크고 비중은 여과액과 같아야 한다.
- 여과액과 화학반응을 하지 않아야 한다.

4) 원심분리

물에 미숫가루를 섞은 다음에 가만히 두거나, 식혜를 잔에 따라 두면 내용물이 점점 가라앉는 것을 볼 수 있으며, 이렇게 내용물이 가라앉는 이유는 중력이 용액의 고체입자에 작용하기 때문이다. 즉, 액체와 고체가 혼합되어 있거나 섞이지 않는 두 개의 액체가 혼합되어 있는 경우에 중력과 같은 힘을 가하면 고체와 액체, 섞이지 않는 두 개의 액체를 분리할 수 있다.

원심분리(centrifugal separation)는 중력(gravity) 대신에 고속회전으로 발생하는 원심력을 이용하여 액체와 고체, 섞이지 않는 두 액체를 비중(specific gravity)의 차이를 이용하여 분리하는 작업이다. 고체와 액체의 비중은 4℃의 물을 표준물질로 하고, 물과 같은 부피의 어떤 물질과 무게의 비율을 말한다.

원심분리는 식품공업에서 원료에 포함된 고형물을 회수하거나, 물에 녹지 않는 액체를 분리할 목적으로 이용한다. 또한 원료에서 수분을 제거하거나, 원액에 생성된 결정의 분리에도 사용한다. 원심분리기는 분리작업과 여과작업에 사용하며, 분리작업에 이용하는 원심분리기는 회전속도가 5,000~10,000 rpm의 고속회전으로 비중 차이를 이용하여 미립자(微粒子)와 콜로이드(colloid) 등의 분리에 사용한다. 우유의 탈지 등에도 응용한다.

콜로이드는 보통의 분자나 이온보다는 크고, 지름이 1~100 nm 정도의 미립자가 기체나 액체에 분산된 상태를 말한다. 한편, 여과작업에 사용하는 원심분리기는 원심여과기라고도 하며, 설탕농축액에서 설탕결정의 분리, 주스 등에서 액체를 맑고 깨끗하게 하는 청징(淸澄, clarification) 등의 목적으로 이용한다.

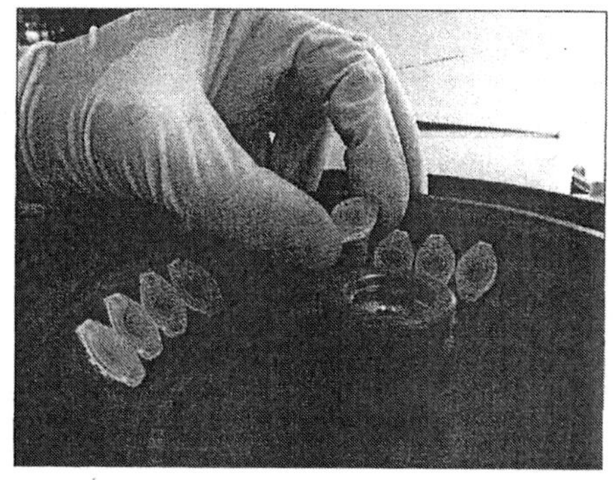

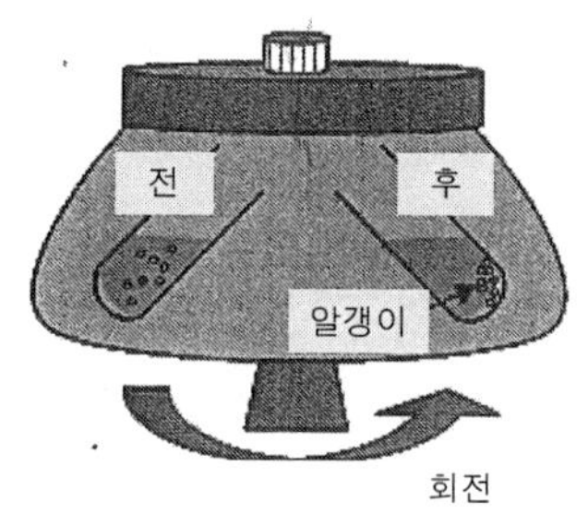

그림 3-6. 원심분리

5) 추출(extraction)

추출은 액체나 고체원료에서 유용한 성분을 용매에 녹여 분리하는 작업이다. 추출에서 유용성분이 녹아 나오는(침출) 원리는 용매가 고체 내부로 침투하여 고체에 포함된 가용성 성분을 녹여서 고체 표면으로 확산되고, 최종적으로 가용성 성분이 용매로 이동하여 추출이 이루어진다.

추출은 액체에 포함된 유용한 성분을 액체용매로 추출하는 액체-액체 추출과 고체에 포함된 유용성분을 액체용매로 추출하는 고체-액체 추출이 있다. 식품공업은 대부분 고체를 원료로 고체-액체 추출이며, 식물의 기름성분을 추출하여 제조하는 식용유, 원두커피와 사탕수수 등이 대표적이다.

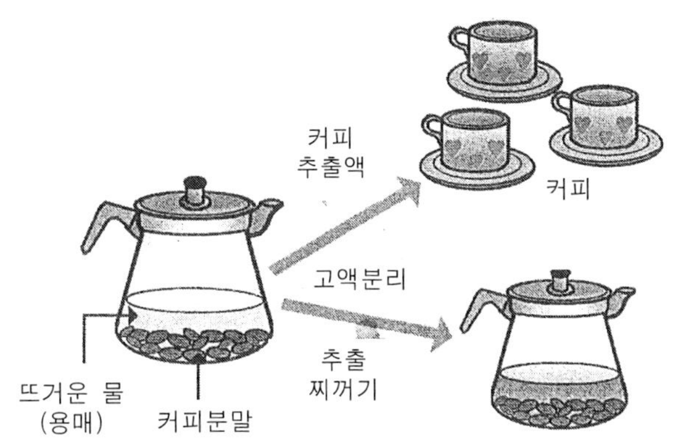

공업적으로 추출은 다양한 분야에 응용되고 있으며, 대표적으로 액체-액체 추출은 중유에서 고급 휘발유의 추출과 식물성 기름의 정제 등이고, 고체-액체 추출은 땅콩 같은 씨앗에서 기름성분을 추출하거나, 꽃에서 향료의 추출과 사탕수수에서 설탕의 추출, 원두커피 등이 대규모 산업으로 확립되어 있다.

6) 조립(granulation)

조립은 분쇄와 반대로 가루나 액체형태의 원료를 균일한 모양과 크기의 고체 입자로 만드는 것을 말한다. 크기는 보통 수 ㎛에서 수십 mm 정도의 입자를 만든다. 조립을 통하여 빠르게 용해시키거나, 휘발을 방지하거나, 흡습성을 감소시키며, 유동성 및 상품가치를 향상시키기 위하여 사용한다. 식품공업에서 조립은 대단히 활용범위가 넓은 작업으로 분유, 커피분말, 분말주스나 화학조미료 같은 과립을 제조하는 목적으로 사용한다. 이외에 입자로 된 중간제품의 제조에도 이용한다.

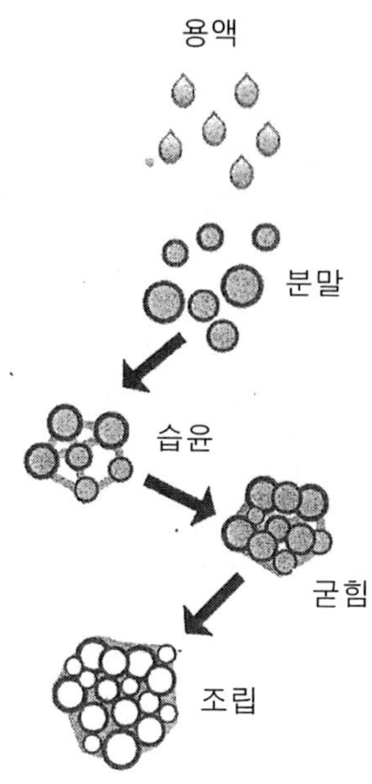

2. 분쇄기

2.1 분쇄기

분쇄작업에서 분쇄기의 선택은 원료물질의 성질과 분쇄 이후에 분쇄입자의 크기에 따라 결정한다. 분쇄기는 분쇄에 필요한 힘에 따라서 압축형, 충격형, 전단형, 충격 전단형, 압축 전단형으로 구분한다. 또한 분쇄한 생성물의 크기에 따라서 거친 분쇄기, 중간 분쇄기, 고운 분쇄기와 아주고운 분쇄기가 있다.

분쇄기는 식품가공 분야에서 가루(분말)를 제조하는 목적으로 사용하며, 소맥제분공정, 옥수수 분쇄공정 등에 사용한다. 한편, 열매의 껍질제거 공정이나 건조공정의 편리를 위해서 땅콩이나 과일 등을 분쇄하는 경우에도 사용한다.

표 3-1. 분쇄에 작용하는 힘을 기준으로 분류한 분쇄기 종류

분쇄기의 종류	분쇄기
충격형	해머 밀(hammer mill), 볼 밀(ball mull), 핀 밀(pin mill)
전단형	디스크 밀(disc mill), 버 밀(buhr mill)
압축 전단형	롤 밀(roll mill)

표 3-2. 분쇄물의 크기에 따른 분쇄기의 분류

분쇄기의 종류	분쇄기	원료의 크기	분쇄물의 크기
거 친	저쇄기(jaw crusher) 선동식(gyratory crusher)	10∼150cm	1∼10cm
중 간	롤 분쇄기(roll crusher) 해머 밀 에지 러너(edge runner)	1∼10cm	0.5∼1cm
고운(미세)	볼 밀 로드 밀(rod mill) 핀 밀	3∼10mm	100 mesh 이하
아주 고운 (초미세)	제트 밀(jet mill) 콜로이드 밀(colloid mill) 원판마찰분쇄기(disc attriction mill)	0.5∼5mm	수 ㎛ 이하

2.2 분쇄기의 종류

1) 거친 분쇄기

원료를 분쇄한 크기가 1∼10cm로 분쇄하는 분쇄기로 조분쇄기라고도 한다. 고체를 원료로 분쇄할 경우에 주로 사용하며, 저쇄기와 선동 분쇄기, 싱글 롤 분쇄기 등이 있다.

(1) 저쇄기 : 저쇄기는 사람이 음식물을 씹는 것과 같은 원리로 제작한 분쇄기이다. 저쇄기는 두 개의 턱(jaw)이 서로 마주 보고 있는 형태이며, 고정턱과 가동턱으로 구분되고, 분쇄 원료의 공급을 위해 두 턱은 20∼30°의 경사를 갖고 있다. 가동턱은 편심축(偏心軸)의 왕복운동으로 분쇄원료를 분쇄하면서 분쇄원료에 진동을 전달하여 분쇄물이 분쇄기를 잘 빠져 나가도록 돕는 역할을 한다.

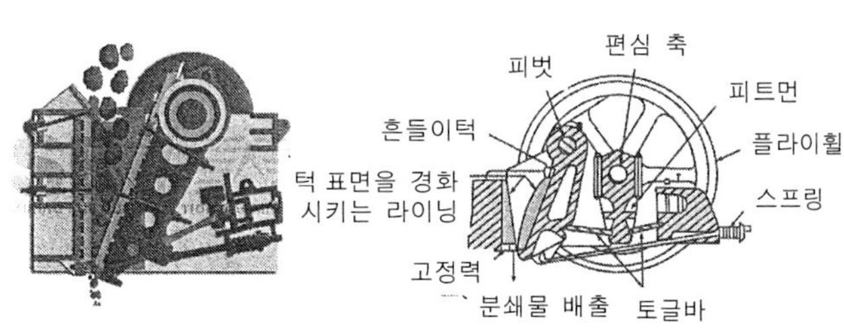

(a) 겉모양 (b) 구조

그림 3-7. 저쇄기

(2) 선동식 분쇄기 : 원통 깔대기 모양의 분쇄망치가 타원운동을 하면서 넓은 부분으로 원료가 투입하면서 원료를 압축과 전단력으로 분쇄하는 기계이다. 원료의 수분함량이 많으면 분쇄기 내부에 분쇄물들이 부착되어 분쇄능력이 낮아지는 단점이 있다.

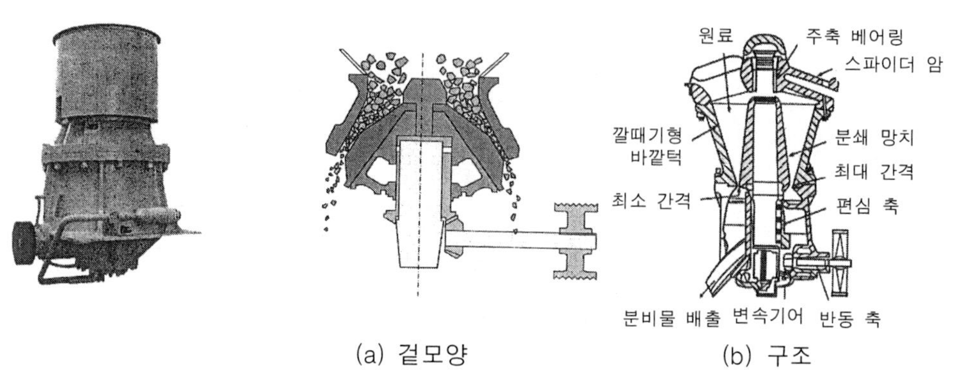

(a) 겉모양 (b) 구조

그림 3-8. 선동식 분쇄기

2) 중간 분쇄기

원료를 분쇄한 크기가 0.5～1cm의 크기로 분쇄하는 분쇄기이며, 식품가공에 많이 사용하는 분쇄기이다. 롤 분쇄기, 해머 밀, 에지 러너 등이 있다.

(1) 롤 분쇄기 : 2개의 원통형 롤이 일정한 간격을 두고 서로 반대방향으로 회전하면서 분쇄하기 때문에 압축 전단형 분쇄기이다. 두 개의 롤리 같은 속도로 회전하면서 압축역과 전단력을 발생하여 분쇄가 이루어진다. 거친 분쇄는 표면에 골(홈)이 있는 롤을 사용하고, 고운 분쇄는 표면이 매끈한 롤을 사용한다.

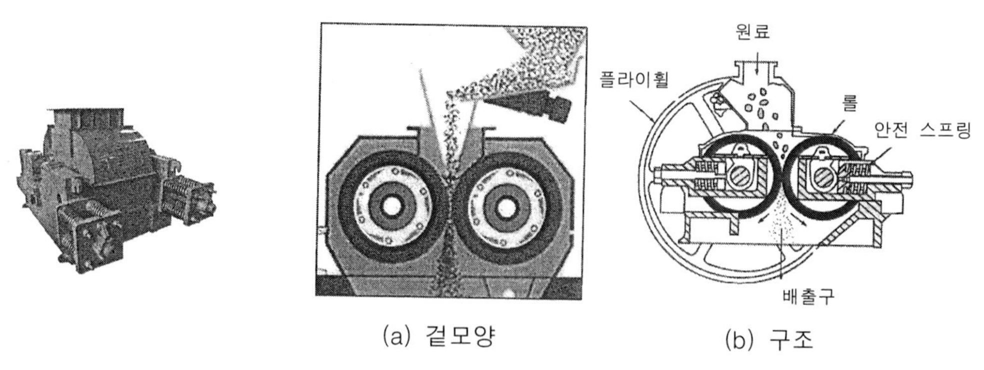

(a) 겉모양 (b) 구조

그림 3-9. 롤 분쇄기

(2) 해머 밀 : 회전하는 원판의 바퀴에 여러 개의 해머가 있어 빠르게 회전하는 해머의 충격력으로 원료를 분쇄한다. 분쇄물은 분쇄기 바깥에 설치한 체를 이용하여 원하는 크기의 분쇄물을 얻을 수 있다. 분쇄물의 크기를 조절하려면 체를 교환하면 되고, 해머의 모양과 크기는 분쇄할 원료의 성질과 분쇄물의 크기에 따라 결정한다. 한편, 해머는 원판에 고정된 고정 해머와 자유롭게 움직이는 스윙 해머(swing hammer)로 나누어진다. 해머 밀은 식품공업에서 결정성 고체나 섬유질 원료 등을 분쇄하는 목적으로 이용한다.

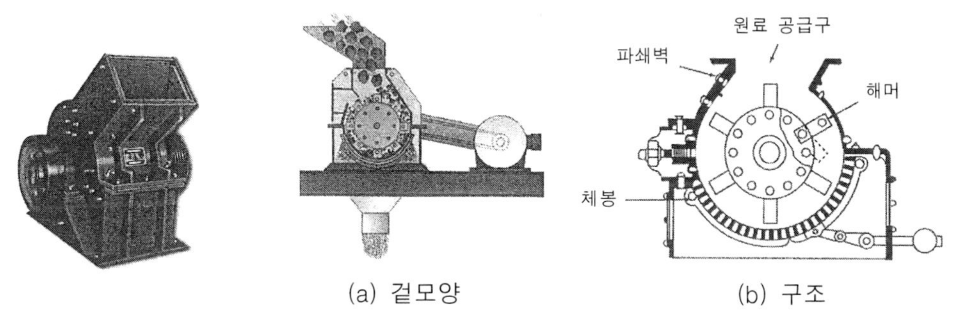

(a) 겉모양 (b) 구조

그림 3-10. 해머 밀의 구조

(3) 에지 러너 : 커다란 롤러가 원판 통 위에서 회전하면서 압축력과 전단력으로 분쇄하는 분쇄기이다. 원판 통 일부에 체가 설치된 통로가 있어 분쇄물이 통과하여 배출된다. 식품공업에서 식염, 조미료 등의 혼합 및 분쇄하는 목적으로 이용한다.

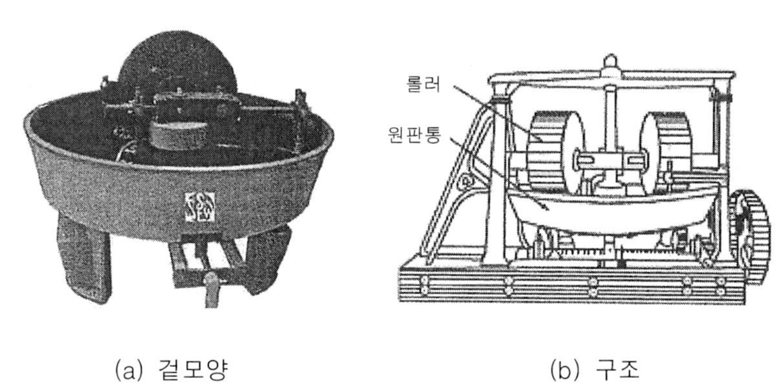

(a) 겉모양 (b) 구조

그림 3-11. 에지 러너의 구조

3) 고운 분쇄기

분쇄물의 크기가 100메쉬 정도로 분쇄하는 분쇄기로서 미분쇄기라고도 한다. 볼 밀, 로드 분쇄기, 핀 밀 등이 있다.

(1) 볼 밀 : 수평 원통 내부에 2~15cm의 강철이나 도자기로 만든 볼을 분쇄할 원료와 함께 넣고 회전시키면 충격력과 전단력으로 분쇄가 이루어진다. 식품공업에서는 곡류나 향신료의 분쇄에 주로 사용한다.

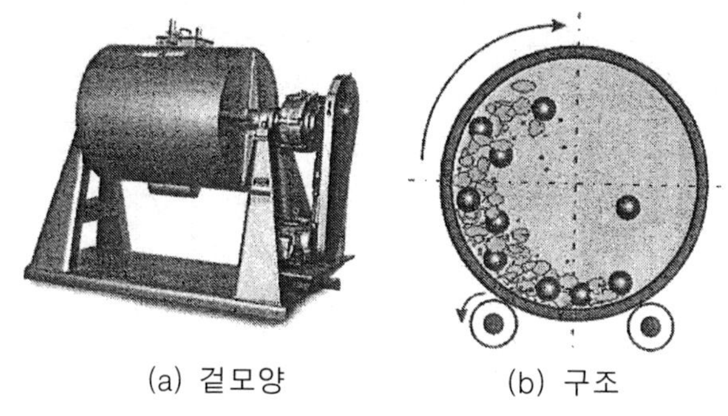

(a) 겉모양 (b) 구조

그림 3-12. 볼 밀의 구조

(2) 로드 밀 : 분쇄기 안에 길이 5~10cm의 강철 막대기를 넣어 원료와 함께 회전시키면 볼 밀과 같은 충격력과 전단력이 발생하여 분쇄가 이루어진다. 양쪽 끝에서 분쇄할 원료를 넣고, 가운데에 설치한 배출구에서 분쇄물을 배출한다.

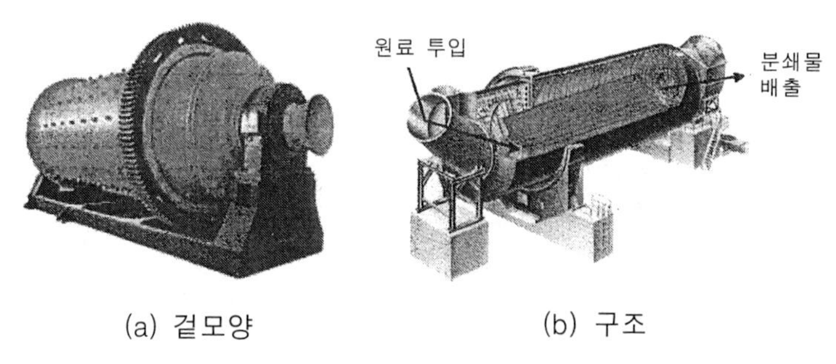

(a) 겉모양 (b) 구조

그림 3-13. 로드 밀의 구조

(3) 핀 밀 : 분쇄기 내부의 회전판에 작은 핀 들이 부착되어 있어 원료와 핀 사이의 충격력과 전단력에 의해서 분쇄가 이루어진다. 핀 밀은 회전판 주위에 고리 모양의 체를 부착하여 분쇄물이 체를 통과하여 배출된다. 건식 및 습식 모두 사

용이 가능하다. 식품공업에서 설탕, 전분, 곡류와 콩 등은 건식분쇄를, 두부의 제조는 습식분쇄를 실시하며, 고구마와 감자에서 전분을 제조하는 과정에서 2차 분쇄에 이용한다.

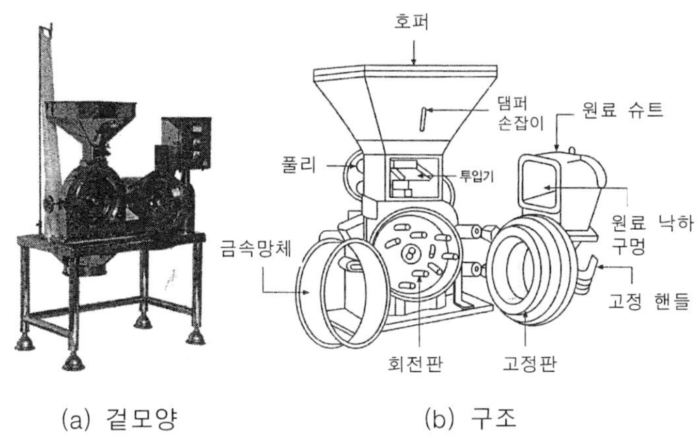

(a) 겉모양 (b) 구조

그림 3-14. 핀 밀의 구조

4) 아주 고운 분쇄기

분쇄물의 크기가 수 ㎛ 이하인 아주 고운 분말로 분쇄하며, 초미세 분쇄기라고도 한다. 제트 밀, 콜로이드 밀, 원판 마찰 분쇄기 등이 있다.

(1) 제트 밀 : 고압의 공기나 증기를 노즐에서 분쇄기 내부로 분사하여 마하(Mach) 2.5 이상의 초음속 기류를 분쇄원료에 투사하면 원료입자끼리 충돌하여 발생하는 충돌력으로 분쇄된다.

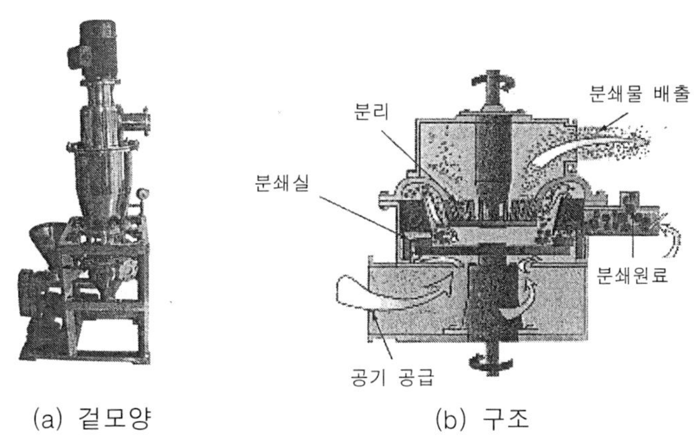

(a) 겉모양 (b) 구조

그림 3-15. 제트 밀의 구조

마하란 유체 속에서 움직이는 물체의 속력을 나타내는 단위이다. 주로 열에 약한 식품의 분쇄에 사용하며, 설탕, 유당(乳糖, lactose), 커피분말, 식품첨가물 등의 분쇄에 사용한다.

(2) 콜로이드 밀 : 분쇄할 원료를 용액과 함께 고속으로 회전하는 회전 원판과 벽의 좁은 간격 사이를 통과할 때 발생하는 전단력을 이용하여 분쇄한다. 1,000～2,000 rpm으로 회전하는 회전 원판과 벽 사이의 좁은 간격으로 원료와 용액이 원심력에 의해서 유입되면 분쇄되어 원심력으로 밖으로 배출된다. 습식과 건식으로 나누어지며, 식품공업에서는 유제품, 케첩, 과즙 등을 생산하는 경우는 습식을, 건조 효모와 코코아 등의 분쇄는 건식을 주로 이용한다.

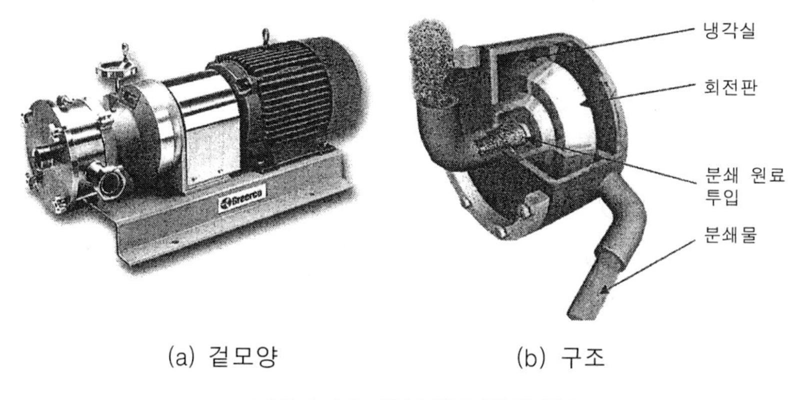

(a) 겉모양 (b) 구조

그림 3-16. 콜로이드 밀의 구조

(3) 원판 마찰 분쇄기 : 플레이트 밀(plate mill)이라고도 하며, 두 개의 회전 마찰 원판 사이에서 발생하는 전단력으로 원료를 분쇄한다.

그림 3-17. 원판 마찰 분쇄기

단식 마찰 원판분쇄기와 복식 마찰 원판분쇄기가 있으며, 단식 마찰 원판분쇄기는 두 개의 마찰 원판 중에서 하나는 고정되어 있고, 나머지 하나가 회전하면서 분쇄가 이루어진다. 복식 마찰 원판분쇄기는 두 개의 마찰 원판이 서로 반대 방향으로 회전하면서 분쇄가 이루어진다. 옥수수의 습식분쇄, 곡류 분말의 제조, 섬유질 재료의 미분쇄 등에 이용한다.

3. 혼합기

3.1 혼합기

혼합기(mixer)는 용기를 회전시켜 내부의 분체나 유체를 혼합하는 회전 용기형과 고정된 용기 내부에 회전날개를 작동시켜 혼합하는 고정 용기형으로 나누어진다. 회전 용기형 혼합기는 원통형 혼합기, 이중 원추형 혼합기, V형 혼합기 등이 있으며, 고정 용기형 혼합기는 수직형 스크류 혼합기, 나우타형 혼합기, 리본형 혼합기 등이 있다.

3.2 혼합기의 종류

1) 원통형 혼합기(cylindrical mixer)

원통 용기를 회전시켜 혼합하며, 수평형과 경사형으로 나누어진다. 수평형 혼합기는 혼합기의 끝 부분의 혼합이 불충분한데 비하여 경사형 혼합기는 고른 혼합이 가능하다. 향신료와 맥아의 혼합에 이용한다.

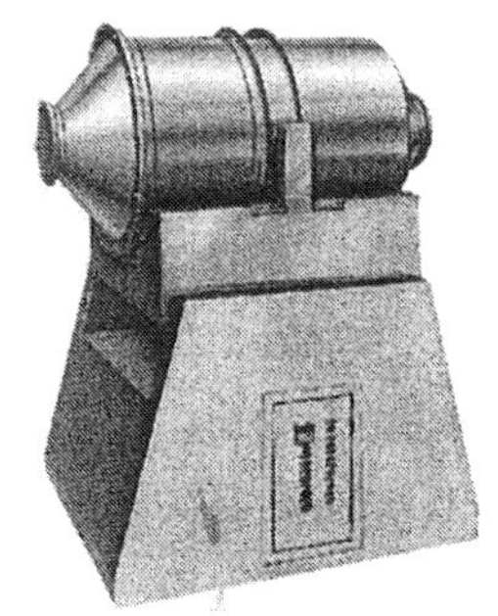

(a) 수평형

(b) 경사형

그림 3-18. 원통형 혼합기

2) 이중 원추형 혼합기(double conical mixer)

두 개의 원추를 마주 붙인 모양으로 한 쪽은 입구이고, 다른 쪽은 출구가 설치되어 있다.

그림 3-19. 이중 원추형 혼합기

3) V형 혼합기(V mixer)

용기의 모양이 V자형인 혼합기이며, 빵가루와 옥수수가루 등의 혼합에 이용한다.

그림 3-20. V형 혼합기

4) 수직형 스크류 혼합기(vertical screw mixer)

고정 용기형 혼합기이며, 용기 안쪽에서 스크류가 회전하면서 혼합이 이루어진다.

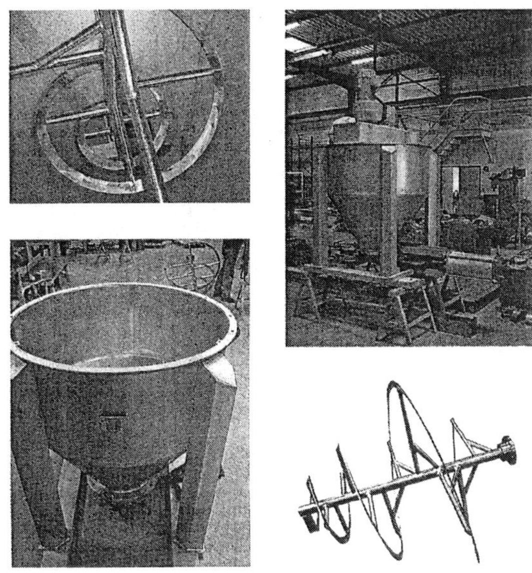

그림 3-21. 수직형 스크류 혼합기

5) 나우타형 혼합기(Nauta type mixer)

원추형 모양이며, 내부에 스크류가 혼합기의 벽면을 따라 회전하면서 혼합이 이루어진다. 분유, 소맥분, 설탕, 카레가루 등의 혼합에 이용한다.

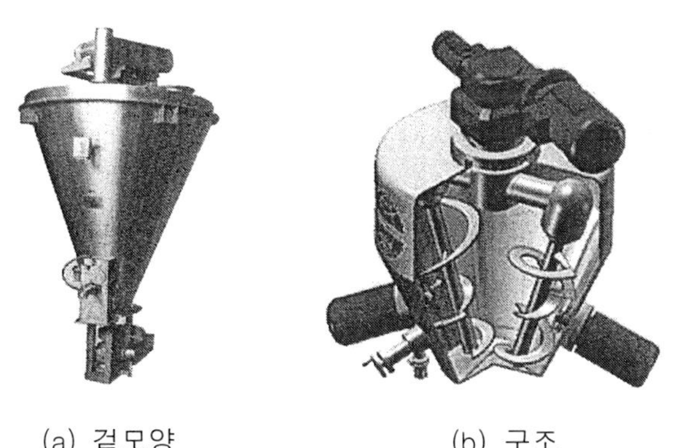

(a) 겉모양 (b) 구조

그림 3-22. 원통형 혼합기의 구조

6) 리본형 혼합기(ribbon mixer)

반원형 단면의 모양이며, 용기 내부에서 리본 모양의 날개가 회전하면서 혼합이 이루어진다.

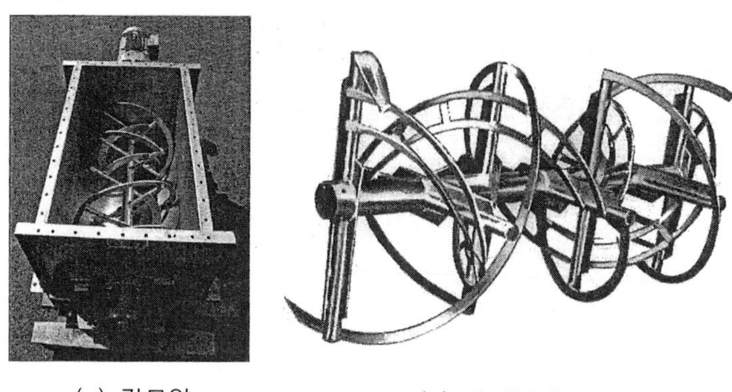

(a) 겉모양 (b) 회전날개

그림 3-23. 리본형 혼합기

3.3 교반기(攪拌機)

교반기는 용기 내부에 임펠러(impeller)가 부착된 회전축이 회전하면서 액체를 혼합하는 장치이며, 임펠러는 패들, 터빈과 프로펠러가 있다. 교반용기 바닥의 모서리를 곡선으로 가공하고, 용기 벽면에 방해판(baffle plate)를 설치하여 균일한 혼합이 이루어지도록 제작한다.

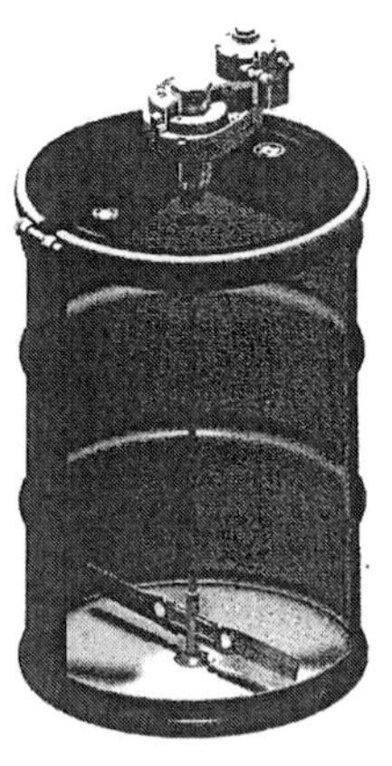

그림 3-24. 교반기

1) 패들 임펠러(paddle impeller)

가장 간단한 형식의 교반기이며, 패들의 모양에 따라 평판 패들, 게이트 패들, 앵커 패들, 역회전형 패들 등이 있다.

평판 패들(plate paddle)은 점도가 낮은 액체의 혼합에 이용하며, 게이트 패들(gate paddle)은 비교적 점도가 높은 액체의 혼합에 이용한다. 앵커 패들(anchor paddle)은 점도가 높은 액체의 혼합을 위해 가열하면서 탱크 벽면에 원료가 부착되는 것을 긁어 주어 열전달 속도를 더욱 향상시킬 수 있다.

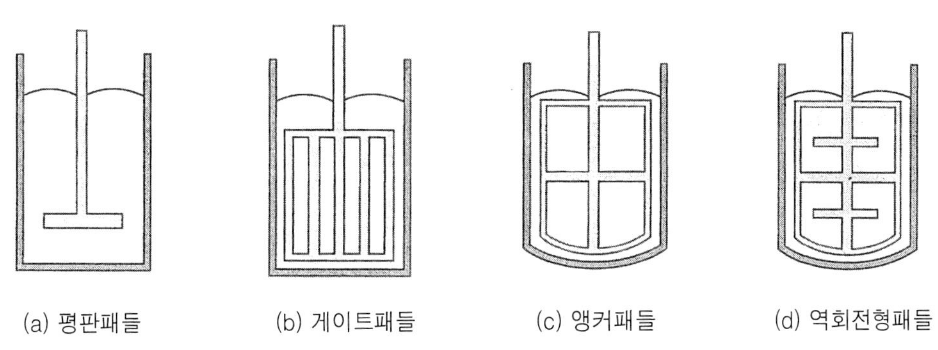

(a) 평판패들 (b) 게이트패들 (c) 앵커패들 (d) 역회전형패들

그림 3-25. 임펠러의 모양

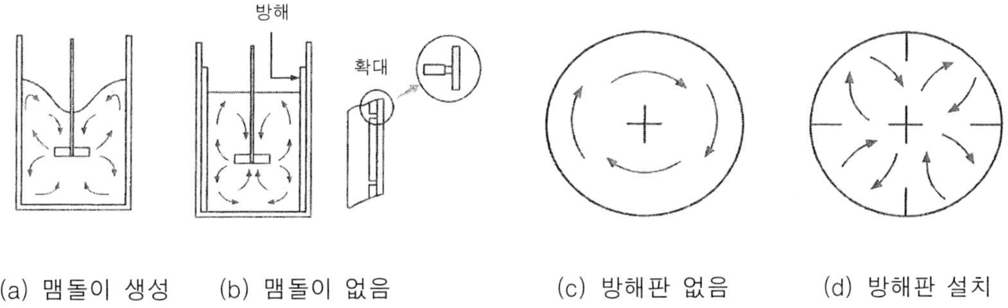

(a) 맴돌이 생성 (b) 맴돌이 없음 (c) 방해판 없음 (d) 방해판 설치

그림 3-26. 방해판과 유동상태

2) 터빈 임펠러(turbine impeller)

원판에 4개 이상의 날개가 붙어 있는 것으로 유체를 효과적으로 분산 및 교반이 가능하다. 식품공업에서는 발효용기의 배양액에 산소공급을 위한 공기공급과 분산에 이용한다.

그림 3-27. 터빈 임펠러

3) 프로펠러 임펠러(propeller impeller)

선박의 스크류나 선풍기나 환풍기 날개와 비슷한 모양으로 점도가 낮은 액체의 혼합에 주로 이용한다. 사용목적에 따라 날개의 수와 각도 등을 결정한다. 프로펠러 임펠러는 회전하면서 공기나 가스가 액체에 용해되는 단점을 갖고 있으므로 가스포화도에 민감한 혼합은 프로펠러를 교반기의 중심에서 약간 벗어나 설치하거나 경사지게 설치하는 것이 바람직하다. 한편, 탱크의 용량이 큰 경우는 탱크의 옆면에 임펠러를 설치하거나 회전축에 용기 직경 간격으로 여러 개의 임펠러를 설치하여 혼합효율을 높여야 한다.

프로펠러 겉모양

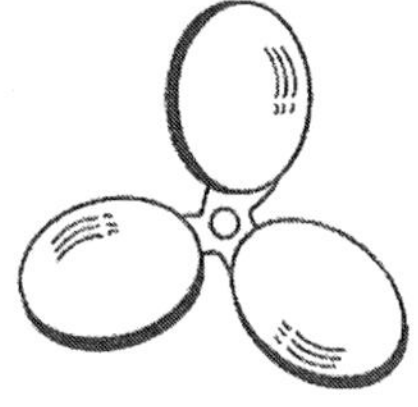

(a) 3매 날개

(b) 2매 날개

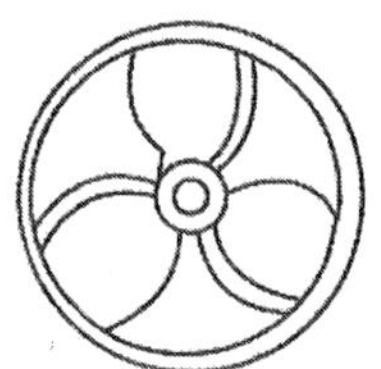

(c) 보호틀 날개

그림 3-28. 프로펠러

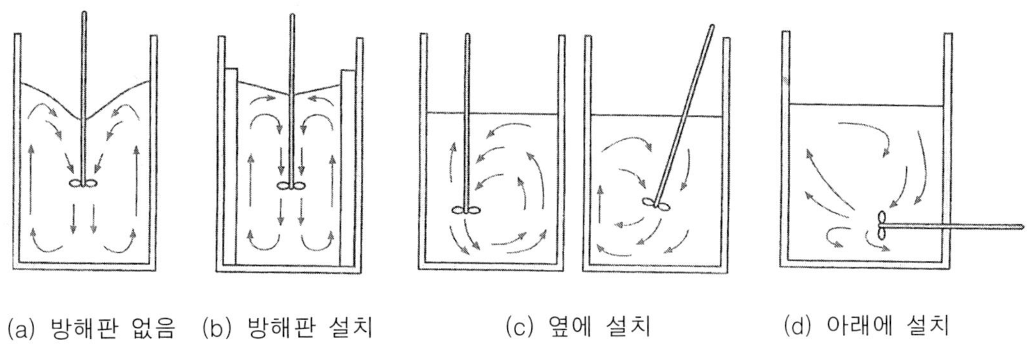

(a) 방해판 없음 (b) 방해판 설치 (c) 옆에 설치 (d) 아래에 설치

그림 3-29. 프로펠러 위치에 따른 유동상태

4. 반죽기

반죽기는 고체분말에 소량의 액체를 혼합하거나 점도가 매우 높은 물체의 혼합에 사용하는 장치이다. 반죽기의 날개와 원료가 직접 접촉하여 늘어나거나, 비틀림 또는 압축력이 연속적으로 작용하여 혼합과 반죽이 이루어진다. 따라서 반죽이 잘 이루어지려면 원료와 반죽기의 날개가 지속적으로 접촉할 수 있어야 한다.

1) 반죽기(kneader)

두 개의 반원통 모양을 W자 모양으로 결합시킨 반죽용기에 두 개의 회전축을 설치하고, 서로 반대 방향으로 각기 다른 속도로 회전하면서 원료를 분산, 혼합, 늘이고, 비틀면서 압축하여 반죽을 완성하는 장치이다. 수분이 적고, 단단한 물체를 반죽하는 것에 적합하며, 빵 반죽, 초콜릿, 추잉 껌, 비스킷, 마카로니 등의 제조에 사용한다.

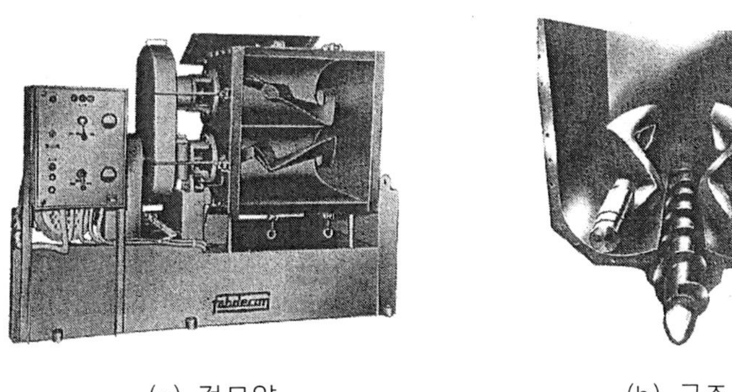

(a) 겉모양 (b) 구조

그림 3-30. 반죽기의 구조

2) 팬 혼합기(pan mixer)

고정식과 회전식 혼합기가 있으며, 고정식은 혼합용기에 해당하는 볼(bowl)이 고정되어 있고, 반죽기 날개가 회전하면서 혼합이 이루어진다. 빵, 케이크, 마요네즈, 케첩 등의 제조에 이용한다. 회전식 혼합기는 반죽기 날개와 볼이 같이 회전하면서 혼합된다.

일반적으로 식품공업에서는 고정식 혼합기의 일종인 믹서를 주로 사용한다. 믹서는 훅(hook)을 설치하여 밀가루 반죽에 사용한다. 여러 가닥의 철사를 고정한 휘퍼(whipper)를 성치하면 달걀 등의 거품이나 크림을 만들 수 있고, 비터(beater)를 설치하면 가루와 액체의 혼합도 가능한 다용도 기계이다.

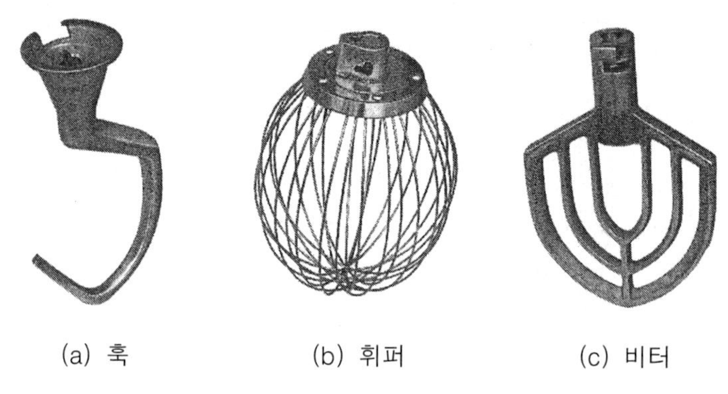

(a) 훅　(b) 휘퍼　(c) 비터

그림 3-31. 믹서용 혼합날개

5. 유화기(乳化機)

물과 기름처럼 섞이지 않는 두 액체를 물리·화학적 방법으로 두 액체 중에서 한 액체를 미립자 상태로 다른 액체에 분산(dispersion)시키는 것을 유화(emulsification)라고 한다. 따라서 물에 기름을 분산시킨 형태와 기름에 물을 분산시킨 형태가 있다. 유화작업에서 분산된 액체가 다시 재결합하여 상이 분리되는 것을 방지하기 위하여 유화제를 사용하기도 한다. 유화기는 교반형과 고압형 균질기가 있다.

1) 교반형 유화기(agitation emulsification device)

교반기와 유사한 구조를 갖고 있으나 터빈의 모양을 회전자와 고정자로 구성하여 고속 회전시켜 유화작업이 가능하도록 만든 장치이다. 회전자가 회전하면서 액체를 위로 끌어올리면 방해판에 충돌하면서 다시 유화기 벽면을 타고 내려오면서 비틀림 및 충격력에 의해서 유화가 이루어진다.

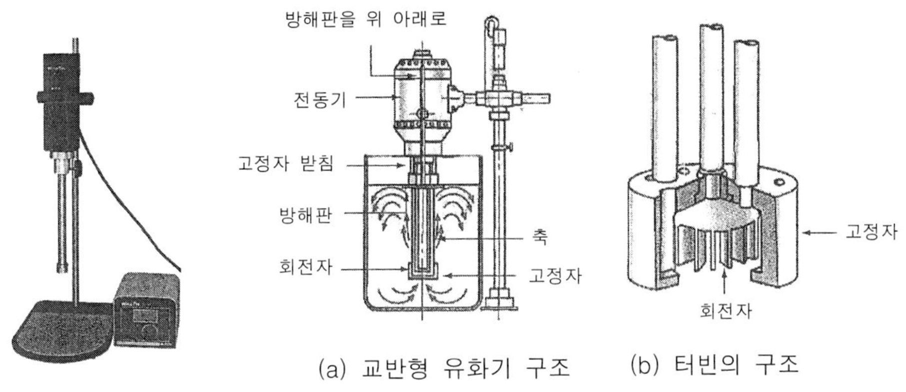

그림 3-32. 교반형 유화기와 터빈의 구조

2) 고압형 균질기(high pressure homogenizer)

혼합액을 높은 압력으로 균질기에 전달하고, 빠른 속도로 좁은 간격을 통과하면서 유화작업이 이루어지는 장치이다. 밸브와 밸브시트 사이의 좁은 공간을 고속으로 통과하면서 입자가 작게 부서지면서 출구 부분에서는 브레이커 링(breaker ring)과 직각으로 만나는 충격력에 의하여 분쇄되고, 압력이 낮아지면서 팽창효과로 인하여 더욱 미세한 입자를 얻을 수 있다.

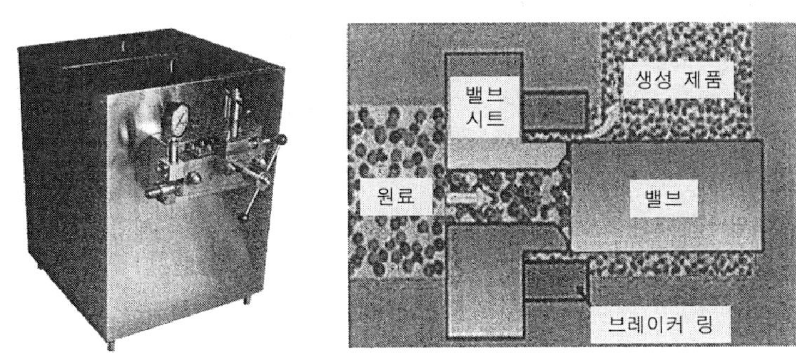

그림 3-33. 고압균질기의 원리

6. 여과기(濾過器, filter)

6.1 여과기

여과기는 여과매체를 지지하는 장치, 원료가 여과매체를 원활하게 통과하는 흐름을 발생하는 장치, 여과찌꺼기를 제거하기 위한 장치 등으로 구성된다. 여과기는 고체와 액체의 혼합물을 분리하기 위하여 중력 여과기, 가압 여과기, 진공 여과기, 원심 여과기 등으로 분류한다.

6.2 여과기의 종류

1) 중력 여과기(gravity filter)

중력의 힘을 이용하여 여과하는 장치이며 가장 단순하다. 용기 바닥에 다공판(多孔板)을 설치하고 위에 모래나 자갈 등의 여과매체를 채워서 원액을 중력을 이용하여 통과시켜 여과작용이 이루어진다. 주로 공업용수의 정수시설로 이용하며, 여과매체의 투과효율이 낮은 것이 단점이다.

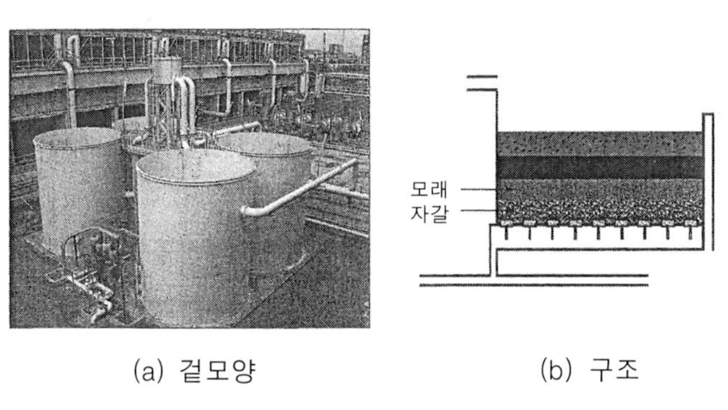

(a) 겉모양 (b) 구조

그림 3-34. 중력 여과기의 구조

2) 가압 여과기(pressure filter)

여과속도를 빠르게 하기 위하여 여과기에 압력을 가하는 방식으로 식품공업에 많이 사용한다. 대표적인 것이 필터 프레스(filter press)이다. 필터 프레스는 사각형의 여과판에 여과포를 덮고, 여과판과 세척판을 교대로 배열하여 만든 여과장치이다. 가압 여과기는 원료가 여과틀 안으로 유입된 다음에 찌꺼기는 잔류하고, 여과포를 통과한 여과액은 여과판의 홈을 따라 여과판 하부에 설치한 출구를 통해 배출된다. 필터 프레스는 구조가 간단하며, 튼튼하며 운전과 관리가 쉽기 때문에 공업적으로 많이 사용한다. 그러나 분해와 조립에 많은 시간이 필요하여 인건비가 크고, 여과포의 소비량이 많은 것이 단점이다.

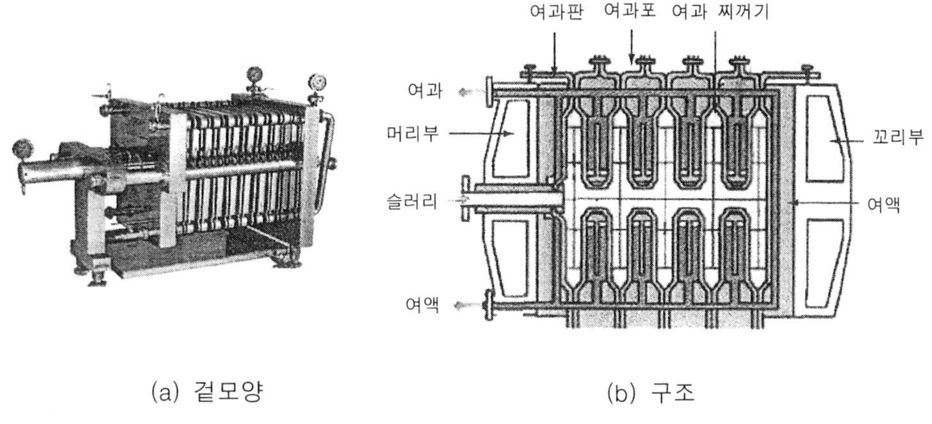

(a) 겉모양 (b) 구조

그림 3-35. 필터 프레스의 구조

3) 진공 여과기(vacuum filter)

진공 여과기는 여과기에 설치한 진공펌프를 이용하여 여과하는 장치이며, 회전원통 진공여과기가 대표적이다.

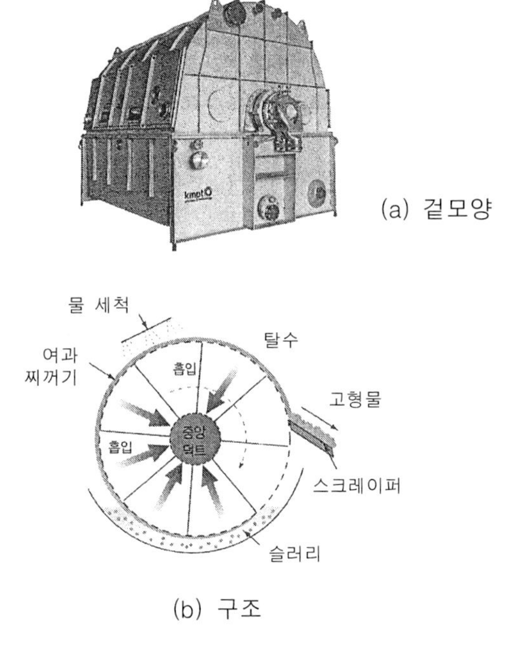

(a) 겉모양

(b) 구조

그림 3-36. 진공 여과기

회전원통 진공여과기는 구멍이 많이 뚫린 원통 표면에 여과포나 금속망을 덮은 형태이며, 원통의 내부는 부채꼴 모양의 여과실로 나누어져 중심축의 자동 회전밸브와 연결되어 여과액을 배출한다. 작동원리는 여과실이 슬러리에 잠기면 자동회전 밸브에 의해서 진공이 발생하면서 슬러리는 여과포 표면에 접촉하고, 여과액은 여과포를 통과하여 빨려 들어가고, 여과 찌꺼기는 여과포 표면에 잔류한다. 여과실이 슬러리 탱크에서 나오면 세척수를 표면에 살포하여 세척한 다음 탈수과정을 거쳐 진공을 제거하고, 스크레이퍼가 여과포 표면에서 찌꺼기를 제거하면서 여과과정이 완성된다. 용량이 크고 여과찌꺼기의 두께를 임의로 조절하는 장점이 있으나, 장치 가격이 비싸고 휘발성이나 고온의 액체는 적합하지 않다.

4) 원심 여과기(centrifugal filter)

원심여과기는 작은 구멍이 많이 뚫린 금속통이나 여과포로 덮은 용기를 회전시키면서 여과할 원료를 공급하여 여과하는 장치이다. 낮은 속도로 회전하는 여과기에 여과할 용액을 주입하고, 회전속도를 높이면 원심력에 의해서 여과매체를 통과하면서 여과가 이루어진다.

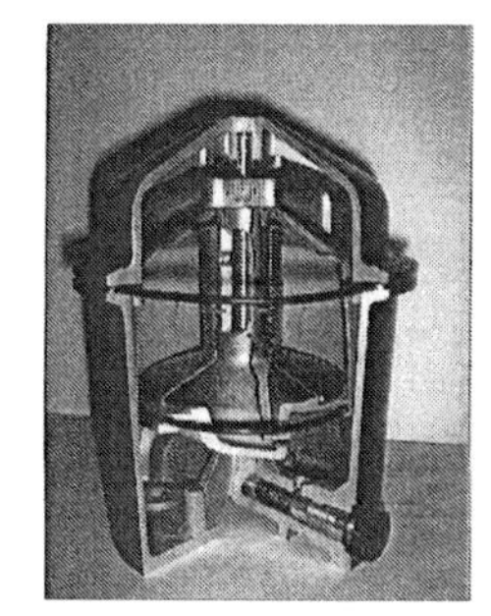

(a) 겉모양

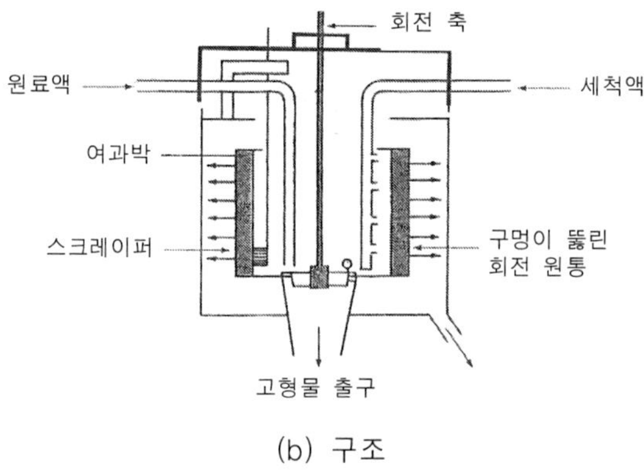

(b) 구조

그림 3-37. 원심 여과기

여과가 완료되면 세척액을 살포하고 고속으로 회전시켜 여과 찌꺼기를 탈수와 건조시킨 다음 회전속도를 감소시켜 스크레이퍼로 긁어내 여과기에서 여과 찌꺼기를 분리한다. 과일과 야채주스의 추출, 설탕결정의 회수와 최근 가정에서 사용이 증가하고 있는 원액기 등에서 사용하고 있다.

7. 원심분리기

7.1 원심분리기(centrifuge)

수직 회전축 주위를 회전하는 용기가 있고, 회전하면서 원심력에 의해서 무거운 액체나 고체는 축의 바깥쪽으로 이동시켜 분리하는 장치이다. 액체-액체 혼합물을 분리하는 원심분리기와 액체-고체 혼합물을 분리하는 원심분리기가 있다.

7.2 액체-액체 원심분리기

1) 원판형 원심분리기(disc bowl centrifuge)

원추형의 용기를 일정한 간격을 두고 중첩 배열하여 고속으로 회전시키면 원심력에 의해서 농도가 낮은 여과액은 용기의 안쪽으로 이동하고, 고농도 여과액은 용기의 바깥쪽으로 이동한다. 즉, 중심 회전축과 용기 벽 근처에 각각의 여과액용 배출구를 설치하면 여과할 용액을 농도에 따라 분리가 가능하다. 대표적인 장치는 드 라발(de laval) 원심분리기이며 우유크림, 과일주스 및 효모분리에 이용한다.

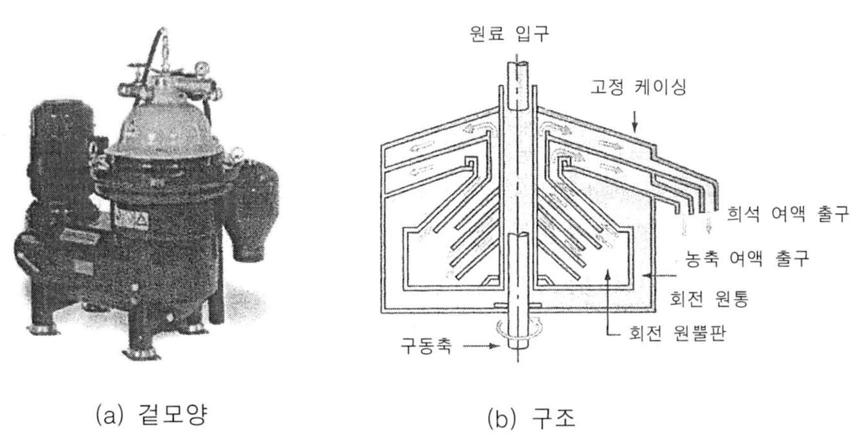

(a) 겉모양　　(b) 구조

그림 3-38. 원판형 원심분리기

2) 관형 원심분리기(tubular bowl centrifuge)

가늘고 긴 원통 튜브모양의 용기가 축에 고정되어 고속으로 회전할 때 발생하는 원심력으로 분리하는 장치이다. 밀도가 다른 액체가 혼합된 원료를 원심분리기의 밑에서 공급하면서 고속으로 회전시키면 상대적으로 무거운 액체는 용기의 바깥쪽으로 이동하고, 가벼운 액체는 회전축 쪽으로 모이므로 각각의 배출구를 이용하여 분리한다. 샤프리스(sharpless) 원심분리기가 대표적이며, 식용유의 탈산 및 탈수, 우유의 지방분리 등에 이용한다.

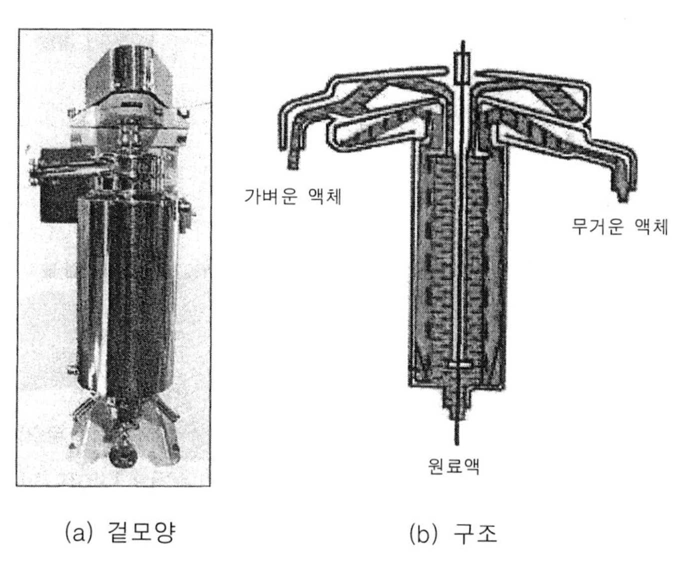

(a) 겉모양 (b) 구조

그림 3-39. 관형 원심분리기

7.3 고체-액체 원심분리기

1) 노즐 배출형 원심분리기(nozzle discharge centrifuge)

관형 원심분리기와 같은 원리로 작동하지만 용기의 지름이 가장 큰 부분에 노즐이 설치되어 원심력으로 분리된 고체물질이 용기의 벽면 쪽으로 이동하면 노즐을 통해 고형물을 배출한다. 고체 입자가 크면 노즐이 막힐 수 있고, 노즐의 직경은 일반적으로 1～3mm 정도이다. 녹말과 단백질의 농축, 효모분리, 고래 기름의 정제 등에 이용한다.

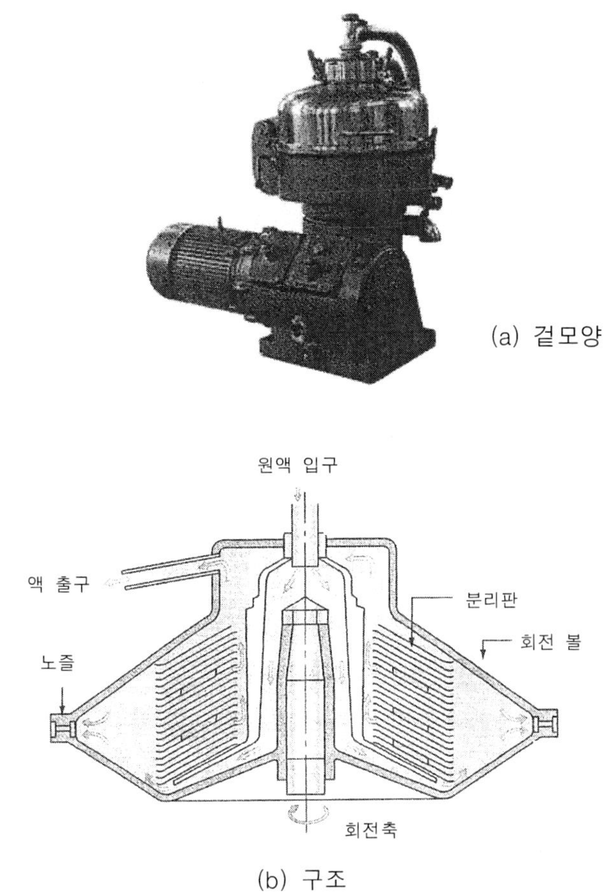

그림 3-40. 노즐 배출형 원심분리기

2) 디캔터형 원심분리기(decanter centrifuge)

원뿔모양의 용기에 스크류 컨베이어를 설치하고, 고속으로 회전시며 분리하는 장치이다. 분리할 원료는 회전축의 중간에서 공급하고, 원심력으로 분리된 벽면의 고형물들은 스크류 컨베이어의 날개로 긁어서 배출한다. 고형물이 제거된 액체는 고형물과 반대방향으로 이동하여 외부로 배출된다.

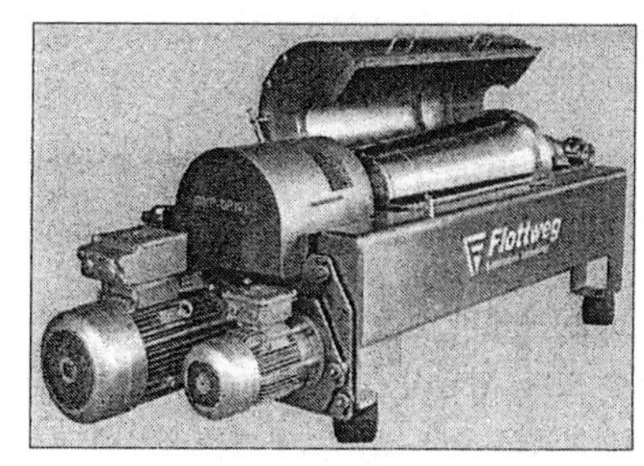

(a) 겉모양

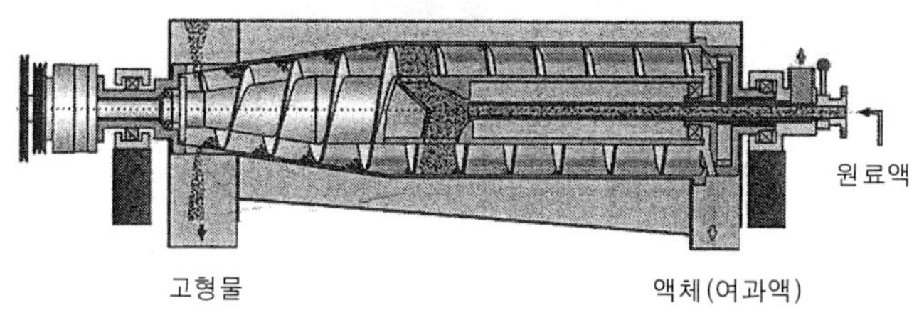

(b) 구조

그림 3-41. 디캔터형 원심분리기

8. 추출장치(extractor)

8.1 추출장치

추출에 이용하는 용매의 접촉방식에 따라 담금식 추출장치와 분무 침투식 추출장치로 나누어진다. 담금식 추출장치는 용매에 원료를 침지하여 용질을 추출하는 방법이고, 분무 침투식 추출장치는 용매를 원료에 분무하여 용매가 원료와 접촉하는 동안에 용질을 녹여 추출하는 장치이다. 조작방법에 따라 회분식 추출기, 반연속식 추출기, 연속식 추출기 등이 있다.

8.2 추출장치의 종류

1) 회분식 추출장치(batch type extractor)

가장 단순한 추출장치이며, 다공판이나 금속망이 고체원료를 지지하고 2중 용기에 용매를 충진한 다음에 일정한 시간동안 추출하는 장치이다. 추출용기의 밑 부분에는 가열기를 설치하여 온도를 조절한다. 회분식 추출기는 용매가 많이 필요하고, 추출액의 농도가 낮아 추출효율이 낮은 것이 단점이다. 콩과 호두에서 유지의 추출, 커피 추출, 차 추출 등에 이용한다.

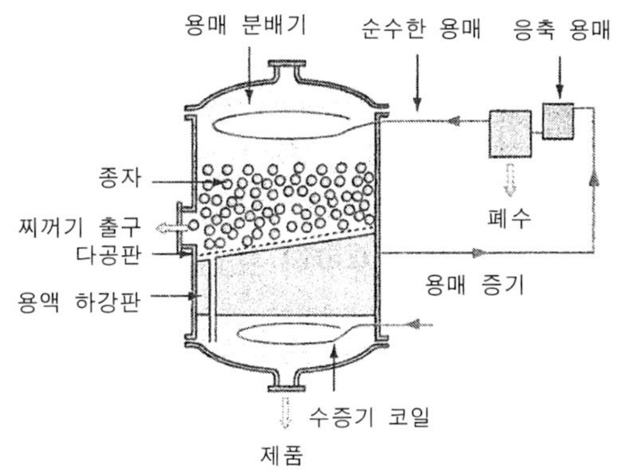

그림 3-42. 회분식 추출장치

2) 반연속식 추출장치(semi-continuous type extractor)

추출탱크를 연속적으로 배열하여 추출탱크에 담긴 고체원료를 이동하지 않고 용매만 추출탱크를 순차적으로 이동하면서 추출하는 장치이다. 추출효율이 높고, 추출액의 농도가 높으며, 용매회수 및 에너지 비용이 적은 것이 장점이다.

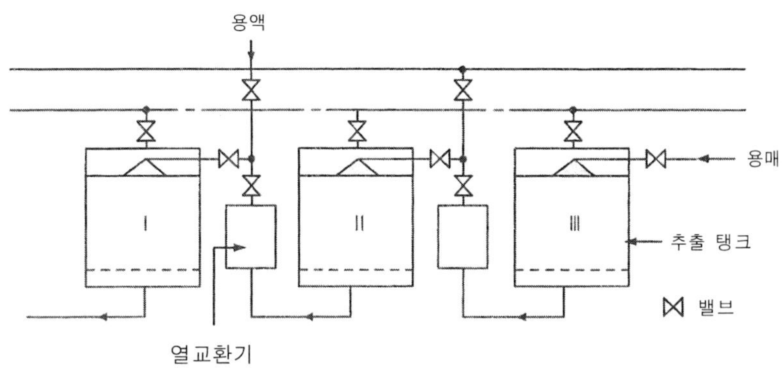

그림 3-43. 반연속식 추출장치

3) 연속식 추출장치(continuous type extractor)

대량의 원료를 연속적으로 추출하기 위하여 고안되어 대규모 공정에 이용한다. 담금식 추출방식의 효율이 더 양호하지만 고체와 추출액의 분리와 용매회수 등의 분제가 있으므로 분무 침투식 추출방식을 주로 이용한다.

대표적으로 분무 침투식은 볼멘 추출장치(bollmann extractor), 담금식은 힐데브란

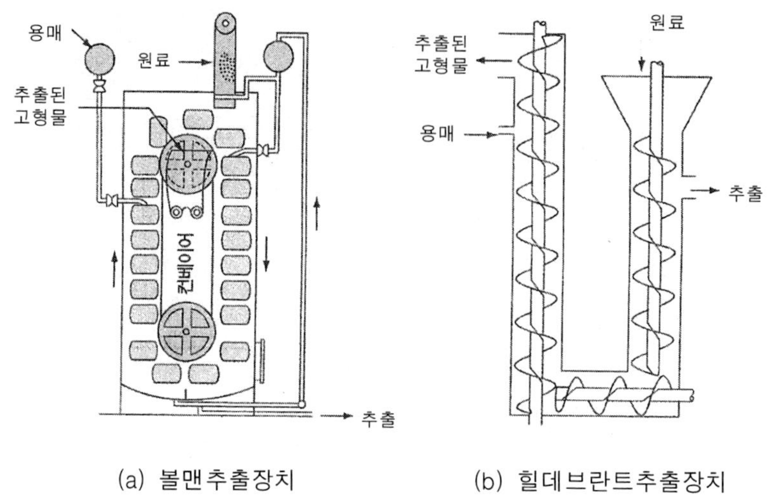

(a) 볼맨추출장치 (b) 힐데브란트추출장치

그림 3-44. 볼맨 및 힐데브란트 추출장치

트 추출장치(hildebrant extractor)가 사용되고 있다. 볼맨 추출장치는 바닥에 구멍이 있는 용기가 엘리베이터에 걸려 있고, 용기에 원료를 담아 천천히 이동하면서 위에서 용매를 분무하여 추출하는 장치이다. 처리용량이 크고, 주로 콩에서 식용유 추출에 이용한다. 힐데브란트 추출장치는 스크류 컨베이어가 설치되어 원료를 이송하면서 반대쪽에서 용매를 투입하여 추출하고, 추출이 완료된 찌꺼기는 스크류가 배출한다. 추출능력은 크지만 수평 스크류가 막히는 것이 단점이다.

이상으로 고체와 액체의 추출장치들을 소개하였으나, 액체와 액체 혼합물에서 용질을 추출하는 장치들도 표 3-3과 같이 식품공업에서 많이 사용하고 있다.

표 3-3. 식품공업에서 사용하는 액체-액체 추출장치

추출장치	주요 내용
교반식 추출장치	세틀러(settler) 추출장치가 대표적이다. 혼합용기와 침강용기를 반복적으로 배열하여 추출한다. 구조와 조작이 간단하다.
분무탑 추출장치	용매를 위에서 주입하고, 원료를 밑에서 분사하여 접촉 추출한다.
다공판 추출장치	다공판을 연속적으로 중복 설치하여 추출효과를 향상시킨다.
방해판 추출장치	용기에 방해판을 설치하고, 비중이 작은 용매가 상승하면서 내려오는 용액과 방해판 사이에서 접촉 추출한다.

9. 조립기(granulator)

9.1 조립기

조립기는 식품을 분말형태로 성형(成形)하는 기계이다. 식품의 성형방식은 주조성형(鑄造成形), 압연성형(壓延成形), 절단성형(切斷成形), 과립성형(顆粒成形) 등이 있다. 한편 파쇄형 조립기는 절단성형을 이용하여 원료를 조립하는 장치이고, 혼합형 조립기는 분말과 액체원료를 혼합한 다음 파쇄하여 과립형태로 조립하는 장치이다.

9.2 조립기의 종류

1) 파쇄형 조립기(break type granulator)

원료를 일정한 크기나 모양으로 파쇄하면서 조립하는 장치이며, 대표적으로 피츠 밀(Fitz mill) 조립기가 있다. Fitz는 미국 메사추세츠주에서 1843년에 태어나 1913년에 사망한 병리학자이다(Reginald Heber Fitz).

피츠 밀은 원료 호퍼에서 원료를 공급하면 파쇄실에서 칼날로 전달하고, 파쇄실 아래의 스크린을 통과하면 제품이 완성된다. 스크린을 통과하지 못하는 원료는 다시 파쇄실로 운반한다. 원료에 수분이 많으면 스크린의 구멍이 막히고, 회전 칼날의 마모가 심한 것이 단점이다

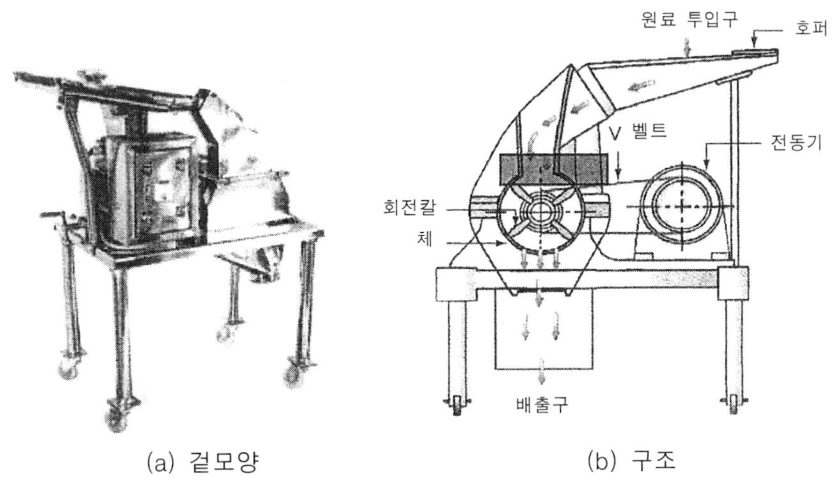

(a) 겉모양 (b) 구조

그림 3-45. 피츠 밀 조립기

2) 혼합형 조립기(mixing type granulator)

분말 원료에 액체를 혼합하여 과립으로 만들며, 블렌더 조립기(blender granulator)가 대표적이다. 블랜더 조립기는 분말과 액체를 혼합하고 으깬 다음에 파쇄실에서 파쇄하고, 최종적으로 스크린을 통과시켜 과립형태로 배출한다.

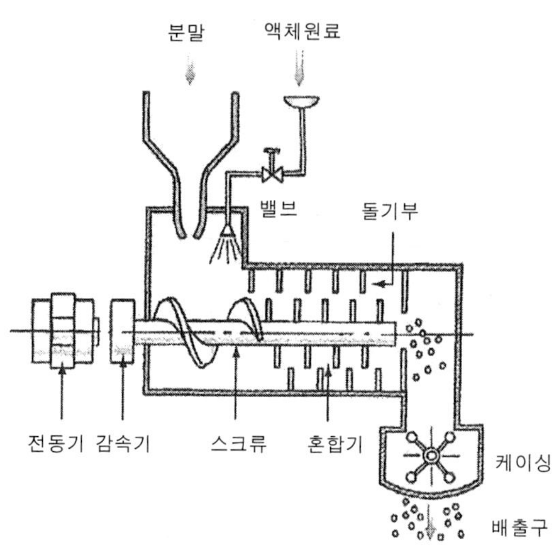

그림 3-46. 블랜더 조립기

〈연습문제〉

1. 다음 보기 중에서 혼합작업에 해당되는 것은 어느 것인가?
   보기(ㄱ. 분쇄 ㄴ. 혼합 ㄷ. 반죽 ㄹ. 혼합 ㅁ. 여과 ㅂ. 원심분리)
   ① ㄱ, ㄴ ② ㄴ, ㄷ ③ ㄷ, ㄹ ④ ㄹ, ㅁ ⑤ ㅁ, ㅂ

2. 분쇄에 사용하는 힘과 분쇄의 목적은 무엇인가?

3. 혼합작업에서 물과 기름처럼 섞이지 않는 액체를 교반하여 한 액체에 다른 액체를 균일하게 분산시키는 작업은 무엇인가?

4. 여과란 무엇이며, 여과매체의 특성을 설명하시오.

5. 식품의 전환작업에서 가루나 액체형태의 원료를 균일한 모양과 크기의 고체입자로 만드는 것은 무엇인가?

① 조립 ② 반죽 ③ 혼합 ④ 여과 ⑤ 원심분리

6. 다음 중에서 고운 분쇄기는 어느 것인가?

① 롤 분쇄기 ② 해머 밀 ③ 에지 러너 ④ 볼 밀 ⑤ 제트 밀

7. 원통용기를 V자 모양으로 연결하여 혼합하는 장치의 이름은 무엇인가?

8. 교반기 내부에 방해판을 설치하는 이유는 무엇인가?

9. 프로펠러 임펠러에서 프로펠러를 교반기 중심에서 약간 벗어나 설치하거나 경사지게 설치하는 이유는 무엇인가?

10. 다음 보기에서 액체-액체 원심분리기를 나열한 것은 어느 것인가?

보기(ㄱ. 원판형 원심분리기 ㄴ. 관형 원심분리기 ㄷ. 노즐 배출형 원심분리기
ㄹ. 디켄터형 원심분리기)

① ㄱ, ㄴ ② ㄴ, ㄷ ③ ㄷ, ㄹ ④ ㄱ, ㄹ ⑤ ㄴ, ㄹ

11. 회분식 추출장치의 단점은 무엇인가?

제 4 장

보존작업 기계와 장치

식품은 생물의 생리대사에 필요한 각종 영양성분을 함유하고 있기 때문에 식품가공 도중에 미생물과 효소에 의하여 쉽게 변질되거나 부패가 발생할 수 있으며, 변패가 발생하면 식품의 가치를 잃어버리거나 식중독을 일으켜 건강에 위해를 일으킨다. 따라서 가공식품은 적절한 방법으로 일정 기간 동안 변질이 발생하지 않도록 처리해야 하며, 이와 같이 식품을 위생적으로 안전하게 가공 및 저장하기 위하여 필요한 작업이 보존작업이다.

1. 식품의 보존작업(保存作業)

1.1 식품의 보존작업

식품은 상온에서 오랜 시간동안 방치하면 변질되어 영양가를 상실하게 되고 상품가치도 떨어진다. 특히 오염미생물의 증식으로 변질된 경우는 독소가 생성되어 식중독의 원인이 되기도 한다. 따라서 식품에 적합한 보존성을 갖도록 식품을 가공해야 한다. 이와 같이 일정 기간 동안 식품의 변질을 방지하는 작업을 보존작업이라고 한다.

식품을 냉장이나 냉동 보관하는 것, 과일이나 어패류를 건조하는 것, 유제품의 농축 및 통조림의 가열살균 등이 보존작업에 속하며, 식품공업의 가장 특징적인 작업의 하나이다. 주로 미생물 및 효소를 파괴하거나 미생물의 증식을 억제하며, 이러한 목적을 달성하기 위하여 일반적으로 가열이나 냉각 등 열 전달현상을 이용한다.

일반적으로 열전달은 전도(傳導, conduction), 대류(對流, convection) 및 복사(輻射, radiation)와 같은 3가지 방식이 있다. 전도는 고체나 정지된 유체에 온도 차이가 있을 경우에 물체를 구성하고 있는 분자의 운동으로 에너지가 직접 전달되는 현상이다. 대류는 뜨거운 부분과 차가운 부분의 밀도 차이나 혼합에 의해서 유체가 서로 혼합되면서 열이 이동하는 현상이며, 고체 표면과 유체 사이의 에너지 교환도 포함된다. 복사는 높은 온도의 기체나 진공상태에서 열의 이동현상이며, 열은 적외선 영역의 전자파(electromagnetic wave) 형태로 이동한다.

식품공업에서 열 이동은 대부분 200℃ 이하에서 진행되므로 주로 전도와 대류에 의하여 이루어지므로 복사에 의한 열 이동은 거의 무시할 수 있다. 그러나 실제로 열은 어느 한 가지의 이동현상으로 독립적으로 전달되는 것이 아니라 위의 세 가지 현상이 복합적으로 작용하며, 주로 한 가지 현상이 다른 현상보다 상대적으로 더 많이 작용하는 것으로 이해해야 한다.

1.2 식품의 보존작업 방법

1) 살균(殺菌, sterilization)

살균은 식품의 안전한 보존을 위해서 식품을 부패시키는 모든 오염 미생물을 제거하거나 성장을 저지시키는 작업이다. 식품은 가공, 수송, 저장하는 동안에 오염된 미생물의 번식으로 쉽게 변질되거나 부패하기 때문에 살균작업이 필요하다. 식품에 포함된 미생물의 살균방법은 가열, 방사선 조사, 초고압처리, 통전가열, 오존살균, 마이크로파 가열 및 화학약품 등이 이용되고 있다.

2) 농축(濃縮, concentration)

농축은 주로 수분을 제거하는 작업으로, 식품제조공정에서 단독으로 수행하거나 살균이나 결정화 등 다른 제조공정과 함께 사용하는 중요한 작업이다. 식품의 저장성을 향상시키기 위하여 사용한다.

3) 건조(乾燥, drying)

건조는 일정하게 조절된 조건에서 열을 가하여 식품 중의 수분을 제거하는 작업이다. 건조한 식품의 최종상태는 대부분 고체이고, 수분함량은 15% 정도이다. 건조는 가장 오랫동안 이용한 대표적인 식품보존 방법의 하나이며, 건조의 목적은 효소나 미생물의 활동을 억제하여 저장성을 높이고, 풍미를 향상시키면 부피와 무게를 감소시켜 수송과 저장비용을 절감한다.

4) 냉동(冷凍, freezing)

냉동은 식품 저장법의 하나이며, 물질의 온도를 인위적으로 상온 이하로 또는 더 낮은 온도로 유지하는 작업이다. 냉동을 위해서는 온도를 낮추기 위한 밀폐된 공간이나 물체에서 열을 빼앗는 장치가 필요하며, 이러한 장치를 냉동장치라고 한다.

2. 가열 및 살균장치

식품공업에서 식품의 조리, 부패방지 및 용기나 기계류의 세척과 살균을 위하여 가열장치(heating device)를 사용하며, 열교환기(heat exchanger)와 데치기 장치를 많이 이용한다.

2.1 가열장치

1) 열교환기

금속관과 같은 금속 벽을 사이에 두고 고온과 저온의 두 유체 사이에서 열 교환이 이루어지도록 만든 간접 가열장치를 열교환기라고 한다. 열교환기는 사관식(斜管式), 이중관식(二重管式), 다관식(多管式) 등의 관형 열교환기, 판형 열교환기, 회전식 열교환기 등의 형식이 있다. 식품공업은 열에 민감하며 점도가 큰 원료를 취급하는 것이 일반적이므로 관형 열교환기와 회전판형 열교환기를 주로 사용한다.

(1) 이중관식 열교환기(double-tubular exchanger)

중심이 같은 2개의 관으로 구성한 열교환기이며, 안쪽 관으로 흐르는 유체식품과 바깥쪽으로 흐르는 전열매체 사이에서 열 교환이 발생하여 식품의 가열이나 냉각에 이용하는 관형 열교환기(tubular heat exchanger) 장치이다. 두 유체가 같은 방향으로 흐르는 경우를 병류(竝流, concurrent flow)라고 하며, 서로 반대방향으로 흐르는 경우를 향류(向流, counter current flow)라고 한다. 향류가 열교환 효율이 더 높다.

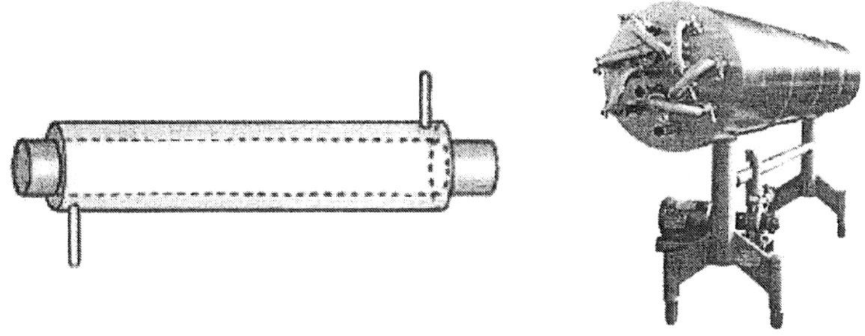

그림 4-1. 이중관식 및 코일식 관형 열교환기

코일식 관형 열교환기는 곧은 관을 사용하면 매우 길어지기 때문에 금속관을 코일(coil) 모양이나 머리 핀 모양으로 관을 구부려 사용한다. 열손실을 방지하기 위하여 관의 외부는 유리, 솜, 석면 등과 같은 단열재로 보온을 한다.

(2) 통관식 열 교환기(shell and tube heat exchanger)

일반 공업용 열교환기로 가장 많이 사용하는 형식이며, 주로 증발기의 가열부분, 예열기 및 냉각기 등으로 사용한다. 원통 모양의 통(shell) 안에 여러 개의 관(tube)을 배열하여 관 내부를 흐르는 유체와 관 외부를 흐르는 유체 사이에서 열 교환이 이루어지는 장치이다.

관의 외부에 적당한 간격으로 방해판(disturbance plate)을 설치하여 유체의 흐름을 불규칙적으로 흐르게 만들어 열 교환 효율을 높인다. 또한 본체의 끝부분과 관의 고정판 사이에도 방해판을 설치하여 관 내부를 흐르는 유체가 왼쪽에서 오른쪽으로, 또는 오른쪽에서 왼쪽으로 왕복하여 흐르게 유도한다. 결국 관의 길이가 길어도 장치 자체는 구조가 단순하며, 부피가 작아도 넓은 전열면적을 발휘하는 것이 장점이다. 열 교환 장치 내부를 이동하는 유체나 증기 등의 유속증가 및 난류상태를 발생시켜 열 전달과 혼합을 증가시키기 위하여 설치하는 판 모양의 구조물이다.

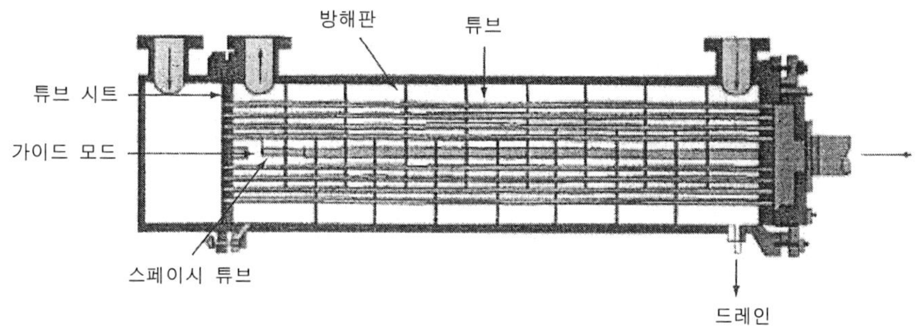

그림 4-2. 통관식 열교환기

(3) 판형 열교환기(plate heat exchanger)

식품공업에서 가장 많이 사용하는 열 교환기의 일종이며, 두께 1∼1.2mm, 가로 300mm, 세로 900mm 정도의 스테인리스 강판을 압착 가공하여 물결모양으로 만들고, 판과 판 사이에 고무 개스킷(gasket)을 끼워서 3∼6mm 간격으로 여러 장 겹쳐 조립한 장치이다. 좁은 간격의 판 사이에 교대로 고온과 저온 유체를 흘려보내 열 교환을 진행한다. 짧은 시간에 가열과 냉각이 가능하며, 작은 장치로도 큰 전열면적을 발휘하는 장점이 있다.

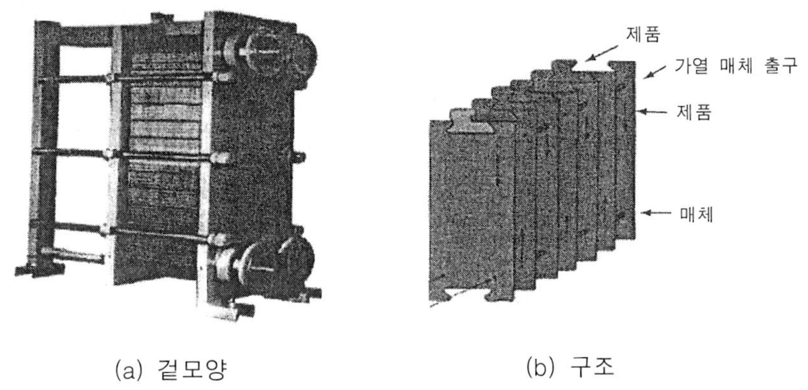

(a) 겉모양 (b) 구조

그림 4-3. 판형 열교환기

청소와 유지관리가 쉽고, 판의 수를 조절하면 용량의 변화도 쉽다. 그러나 다른 종류의 열 교환기에 비하여 제작비가 비싸고, 점도가 높은 유체는 사용할 수 없는 것이 단점이다. 열에 민감하며, 점도가 낮은 식품의 가열과 냉각에 주로 사용한다. 짧은 시간에 살균이나 냉각이 필요한 우유, 과일주스, 맥주 등에 사용한다.

(4) 회전식 열교환기(scape rotary heat exchanger)

재킷을 설치한 외부 원통과 회전하는 내부 원통으로 구성되어 있으며, 원료를 투입하면 외부 원통과 내부 원통 사이의 좁은 링 모양의 공간을 거쳐 배출구로 나온다. 가열이나 냉각에 사용하는 매체는 외부 원통으로 공급한다.

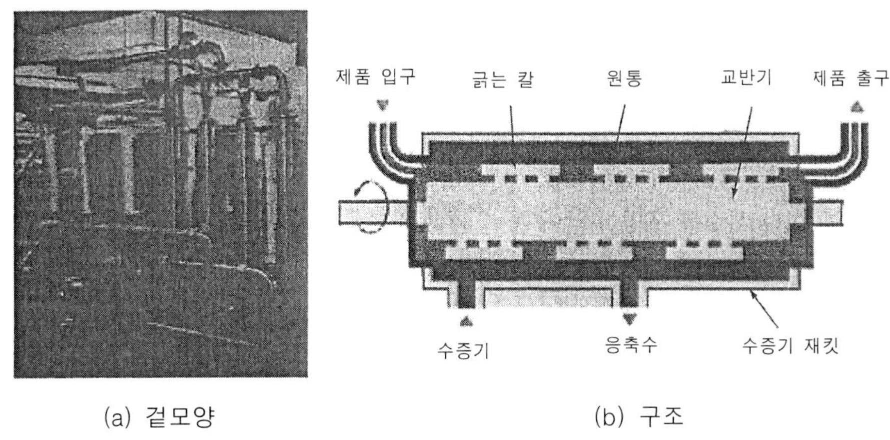

(a) 겉모양 (b) 구조

그림 4-4. 회선식 열교환기

내부의 회전 원통에 설치한 긁는 칼은 전열판 표면에 부착되는 원료를 긁어 주고, 균일한 교반으로 열전달을 보조하는 역할을 한다. 따라서 다른 열 교환 장치에서는 취급이 어려운 고점도 식품의 가열과 냉각에 적합하다. 마가린, 쇼트닝, 아이스크림 등의 냉각과 결정화에 사용하며, 케이크 버터 제조과정에서는 혼합기로도 이용한다.

2) 데치기(blanching) 장치

데치기는 통조림이나 냉동 등의 공정 이전에 과일이나 채소 에 포함된 효소활성을 파괴하는 전처리 작업의 일종이다. 일반적으로 88～90℃ 정도의 뜨거운 물에 담그거나 대기압 상태의 수증기로 일정 시간동안 가열한 다음, 신속하게 냉각한다. 데치기는 원료의 처리과 가열 살균, 건조, 냉동 등의 공정사이에서 전처리 작업으로 실시하며, 에너지 소비 및 공간과 설비 비용을 절약하기 위하여 식품의 박피나 세척과정과 동시에 실시하기도 한다. 데치기 시간은 보통 2～5분 정도이지만, 과일이나 채소의 종류, 식품 조각의 크기, 데치기 온도 및 가열 방법 등의 조건에 따라 조정해야 한다.

(1) 전통적 데치기 장치

상업적으로 가장 많이 사용하는 간단하고 저렴한 방법은 식품을 뜨거운 물이나 대기압의 포화증기가 채워진 용기를 통과시키는 방법이다. 수증기 데치기 장치는 과일이나 채소를 구멍이 뚫린 금속 컨베이어에 넣고 수증기실로 운반하는 구조로 이루어져 있다.

일반적인 데치기 장치는 넓이 1～1.5m, 높이 2m, 길이 15m 정도의 크기이고, 주로 엽채류를 처리하는 데 효과적이다. 일반적인 뜨거운 물 데치기 장치는 식품을 천천히 회전하는 구멍이 뚫린 원통에 넣고 70～100℃ 물에서 일정시간 동안 처리하는 방법이다. 크기는 지름 2m, 길이 6m의 다공판 원통 형태가 일반적이다.

표 4-1. 식품가공에서 데치기 작업의 목적과 효과

목 적	기대효과
효소의 불활성화	산화에 의한 변색방지, 영양과 신선도의 변화방지
오염 미생물의 감소	살균 등 보존작업 보조
채소 조직의 연화	부피의 감소, 충전보조
조직 내부의 공기제거	캔의 상부 공간 활용 보조

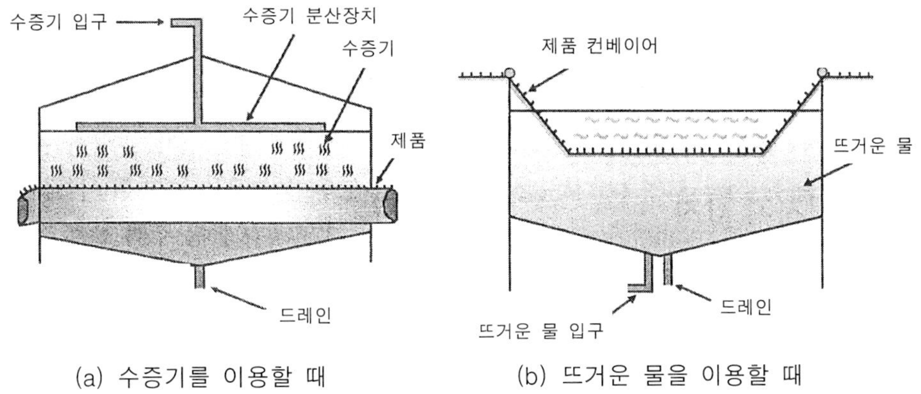

(a) 수증기를 이용할 때 (b) 뜨거운 물을 이용할 때

그림 4-5. 열수(熱水) 및 수증기 데치기 장치

표 4-2. 전통적인 데치기 장치의 장단점

장 치	장 점	단 점
수증기 장치	수용성 성분의 손실이 적다 폐수발생량이 적다	식품의 세척이 제한적이다 초기설비비용이 크다
데치기 장치	폐기물 처리비용이 적다 세척과 살균이 쉽다	높게 쌓이면 처리가 불규칙하다 에너지효율이 낮다
열수 데치기 장치	초기설비비용이 작다 에너지 효율이 높다	수용성 성분의 손실이 크다 물사용량과 폐수발생량이 많다 내열성 세균오염위험이 크다

(2) 개별 급속 데치기 장치

전통적인 수증기 데치기 장치는 식품이 여러 층으로 쌓여 있으면 가열이 불균일하여 식품조직과 특성이 나빠지는 경우가 있다. 이런 문제를 해결하기 위하여 2단계로 데치기를 실시하는 개별 급속 데치기(IQB : individual quick blanching) 장치가 개발되었다. 1단계에서 단층의 식품은 효소의 불활성화에 충분한 높은 온도로 짧은 시간에 가열이 이루어진다. 다음 단계는 두꺼운 층의 식품이 중심부 온도가 효소 불활성화에 필요한 온도까지 증가되도록 충분한 시간을 유지한다. 마지막 단계에서 수분으로 포화된 차가운 공기를 분무하여 냉각을 한다.

이러한 원리로 개발된 장치는 예열, 데치기, 냉각의 세 단계로 이루어져 있다. 식품은 단층으로 컨베이어 위에 쌓여 각각의 단계를 통과하므로 기존의 장치에서 난류에

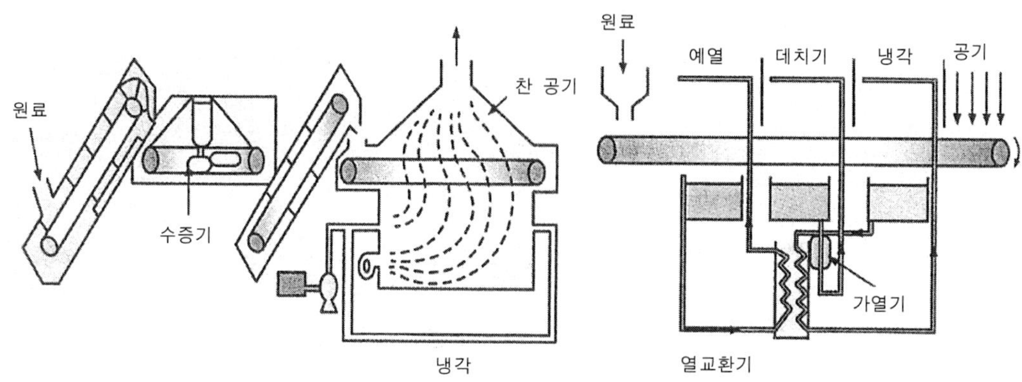

그림 4-6. 개별급속 및 열수(熱水) 데치기 장치

의해 발생하는 물리적인 손상을 받지 않는다. 예열은 열교환기를 거친 물을 이용하고, 데치기 이후에 물로 냉각하며, 최종적으로 차가운 공기로 냉각하여 처리가 완료된다.

2.2 용기 살균장치

1) 회분식 살균장치(batch sterilizer)

장치 내부에 일정량의 통조림을 채워 일정 시간동안 가열 살균한 다음에 냉각하여 살균제품을 제조하는 방식으로 고정식과 회전식이 있다. 가열매체는 고압수증기나 뜨거운 물을 많이 사용하지만, 경우에 따라서 공기를 가압하여 사용하기도 한다.

(1) 포화 수증기를 사용한 레토르트(retort)

가장 오래 전부터 사용해온 식품의 가열살균방식이다. 일반적으로 철제 원통형이며, 대형 고압솥이고, 처리할 제품의 출입방식에 따라서 수직형과 수평형으로 나눈다. 수직형은 수평형보다 면적을 작게 차지하지만 제품의 출납이 불편하기 때문에 수평형이 보다 광범위하게 이용하고 있다. 기본적인 구조는 수증기나 냉각수 또는 압축공기를 공급하는 장치와 압력의 해제와 배수장치로 이루어져 있다. 측정 및 조절장치로는 내부의 온도와 압력을 측정 및 조절기를 사용한다.

이외의 부속장비로는 완전한 개폐를 위한 장치와 내용물을 담기 위한 철망으로 제작한 대형 바구니와 출입의 편리를 위한 가드 레일(guard rail) 등을 설치한다. 대부분의 레토르트는 고정식이기 때문에 열 전달속도가 상대적으로 느린 것이 단점이지만, 구조가 단순하여 소규모의 회분식 살균작업에 적합하다. 각종 통조림 식품의 살균, 대형 용기나 유리병조림 제품의 살균과 소량 다품종 제품의 생산에 효과적이다.

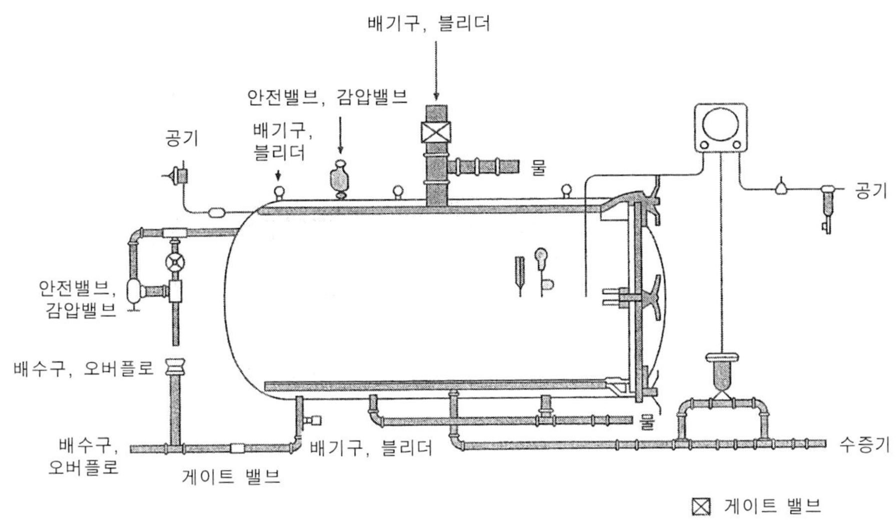

그림 4-7. 수평형 레토르트 장치

(2) 증기와 압축공기를 사용하는 레토르트

금속 캔 이외에 유리용기와 레토르트 파우치 등의 플라스틱 용기를 레토르트 처리하면 용기 내부에 발생하는 압력 때문에 용기의 변형이나 파손될 가능성이 있다. 따라서 이를 방지하기 위하여 가압공기를 이용하여 레토르트 내부에 일정한 압력을 가해 통조림 내부에서 발생하는 압력과 일정한 균형을 주어 용기의 변형을 방지하도록 고안한 레토르트 장치이다. 이러한 목적을 달성하기 위하여 공기와 수증기를 적정한 비율로 혼합하여 사용하는 살균기를 이용한다.

(3) 열수 레토르트

유리 용기는 고온에서는 비교적 내구성이 있지만 살균 이후에 냉각과정에서 파손될 가능성이 있으므로 살균과 냉각과정에서 심한 온도 차이의 발생을 조절해야 한다. 따라서 유리 및 플라스틱 용기를 사용하는 제품의 열처리에 사용하는 장치가 열수 레토르트이다.

용기가 담긴 바구니를 더운 물이 채워진 레토르트 내부에 넣고 증기를 주입하여 살균온도까지 가열하고 일정시간 처리한 다음에 냉각수를 이용하여 냉각한다. 이 방식을 이용하면 레토르트 내부의 뜨거운 물의 온도가 서서히 낮아지기 때문에 급격한 온도 차이에 의한 용기의 파손과 변형을 방지하면서 상대적으로 빠른 냉각이 가능하다.

(4) 교반식 레토르트(agitated retort)

고정식 레토르트의 단점인 낮은 열전달을 보완하기 위하여 열처리가 진행되는 동안에 용기를 회전시켜 열전달 속도를 높이는 방법이다. 내용물을 상하로 뒤집으면서 회전시키는 상하 회전방식과 레토르트 내부에서 나선방향으로 이동하면서 축 방향으로 회전하는 방식이 있다. 상하 회전방식은 수평식 레토르트 내부에 바구니를 설치하고 바구니에 내용물을 담아 회전시키는 방법이다. 바구니가 회전하면서 내용물이 위아래로 뒤집히면서 혼합이 이루어진다. 그림 4-8은 통조림의 상부 공간(head space)이 회전으로 이동하는 원리를 설명한 것이다.

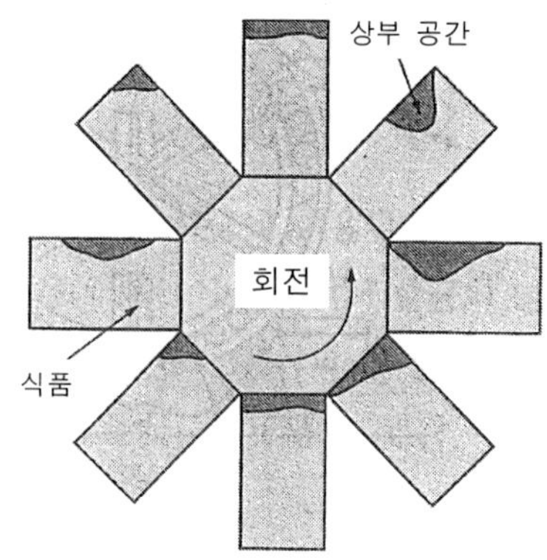

그림 4-8. 상하 회전 교반식 레토르트의 원리

2) 연속식 살균장치

열처리 할 내용물을 연속적으로 공급하고, 살균장치의 내부를 이동하면서 연속적으로 살균과 냉각이 이루어지는 장치이다. 주로 수증기를 이용하여 압력이 높은 상태에서 작동하는 가압 연속 살균기를 이용하며, 가압증자 냉각기, 증자 냉각기, 회전 살균기, 수압식 살균기 등이 있다.

(1) 가압증자 냉각기(가압증자 살균기, pressure cooker cooler or hydrolock sterilizer)

용기를 롤러 트랙(roller track)이나 체인 컨베이어(chain conveyer)를 이용하여 예열, 살균, 냉각의 각 구간으로 나누어 터널을 서서히 통과하는 방식의 장치이다. 내용물은 예열구역을 통과한 다음에 압력 폐쇄장치(pressure lock)을 통하여 가압살균 구역으로 이동하고, 열처리된 이후에 압력 폐쇄장치를 거쳐 냉각구역으로 이동한다. 물을 분사하여 냉각시키면서 압축공기를 이용하여 압력을 유지한다. 통조림, 병조림 및 레토르트 파우치 등 광범위한 열처리가 가능하다.

(2) 회전식 살균기(rotary sterilizer)

원통형의 드럼 내벽에 나선형의 궤도가 설치되어 있고, 회전자가 증기실에서 느린 속도로 회전하도록 제작한 장치로서 연속적인 살균이 가능하다. 그림 4-9와 같이 내용물이 장치 입구에 설치한 유도로로 투입되면 회전자가 돌아가면서 나선형 궤도를 따라 예열, 살균, 가압, 냉각의 단계를 거쳐 배출된다.

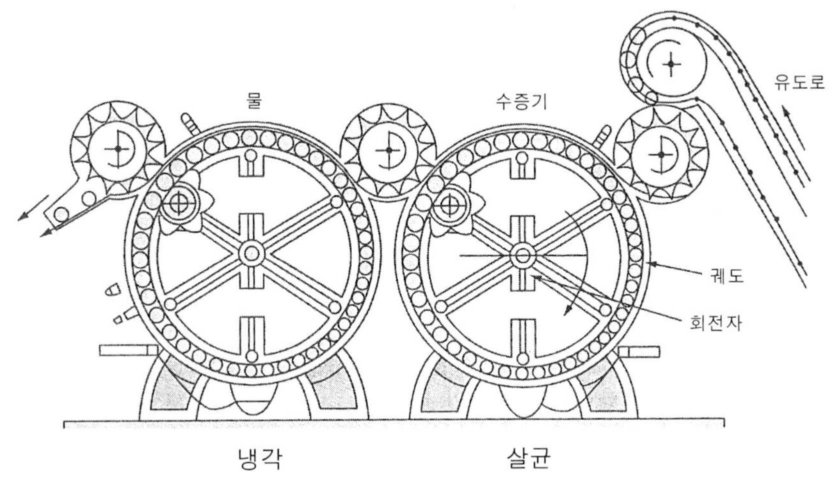

그림 4-9. 회전식 연속 살균기

(3) 수압식 살균기(hydro-static sterilizer)

살균장치의 내부압력은 보통 대기압보다 98 kPa(1kgf/cm2) 정도 높기 때문에 연속적으로 내용물을 장치에 넣고 빼는 장치가 복잡하다. 그림 4-10와 같이 압력 차이를 발생시키기 위하여 10m 정도의 물기둥을 장치의 입구와 출구에 설치하여 처리할 원료를 출입시키는 방법이다. 내용물은 0.03～0.08m/s의 속도로 이동하는 체인 컨베이어에 실려서 입구의 불기둥을 통과하면서 예열되어 중앙의 수증기실로 이동한다.

살균온도까지 가열된 다음에 출구의 물기둥을 통과하면서 예비냉각을 거쳐 냉각탱크에서 완전히 냉각된다. 처리할 제품에 열이나 압력에 의한 충격이 적고, 자동화가 가능하며, 수증기와 물을 효율적으로 이용할 수 있는 것이 장점이다. 그러나 기계장치가 복잡하고, 설비비가 높으므로 단일 품종의 대량 생산에 적합하다.

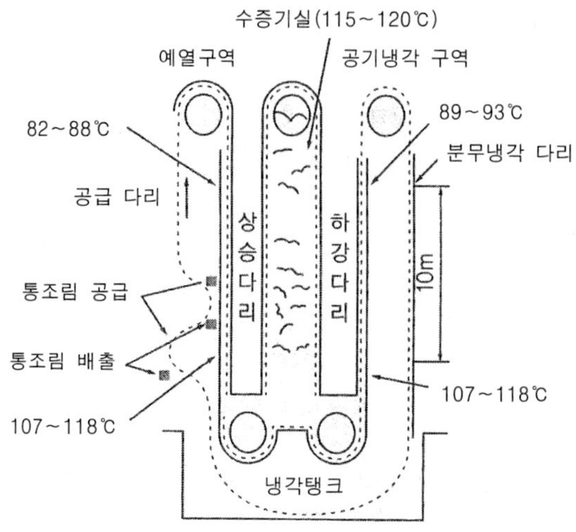

그림 4-10. 수압식 연속 살균기

(4) 분무식 살균장치

산성 식품의 저온살균과 병조림의 살균에 이용한다. 그림 4-11은 병맥주의 살균장치로서 통조림이나 병조림을 컨베이어에 실어서 살균기 내부를 통과하면서 열수를 살포하여 열처리가 이루어진다. 살균기는 유리용기의 열 충격에 의한 파손을 감소시키기 위하여 온도가 다른 예열, 살균, 예비냉각, 냉각, 세척구역으로 나누어 진행된다.

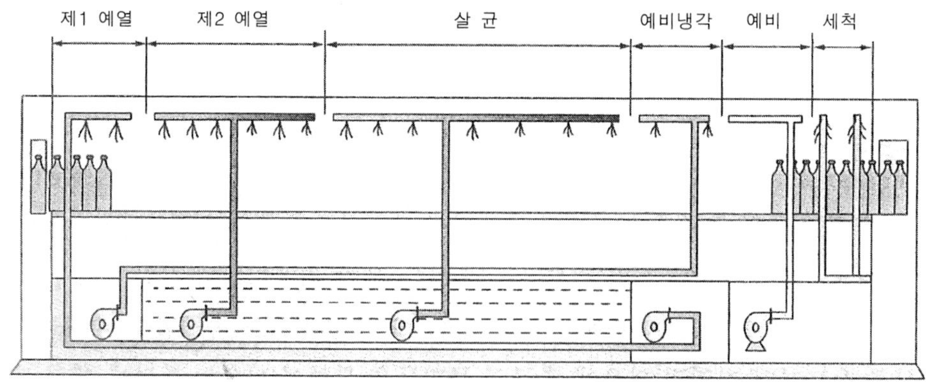

그림 4-11. 분무식 연속살균장치

2.3 용기외부 살균장치

고형분 함량이나 점도가 높은 식품을 살균용기에서 처리할 때 주의할 사항은 식품의 중심부에 열이 잘 전달되지 않는 점이다. 따라서 용기 벽에 가까운 식품의 영양소와 식품 특성이 손상을 받게 되고, 살균시간도 길어지기 때문에 이러한 문제를 해결하기 위하여 제품을 미리 살균한 용기에 무균충전 하기 전에 살균을 하면 높은 온도에서 상대적으로 짧은 시간에 살균이 가능하다.

1) 무균충전법(무균가공법, aseptic process)

미리 살균한 용기에 무균상태를 유지하면서 충전하고 밀봉하여 저장성이 연장된 제품을 제조하는 방법이다. 전통적인 통조림 가공공정은 미리 전처리한 원료식품을 용기에 출전 및 밀봉하고, 충분한 열처리를 한 다음에 바로 냉각시켜 살균상태의 제품을 생산한다. 그러나 그림 4-12 (b)와 같은 무균충전법은 식품과 용기를 별도로 살균한 다음에 충분히 냉각시키고 무균상태를 유지하면서 충진 및 밀봉하여 무균상태의 저장성이 높은 제품을 제조한다.

현재 일반적으로 이용하는 방법은 돌법(Dole process)이며, 대기압 상태에서 포장실을 과열 수증기로 살균하는 동안에 무균상태를 유지하기 위하여 포장실 내부를 대기압보다 약간 높은 압력을 유지하여 외부의 공기가 제품에 유입되지 않게 차단하는 원리이다.

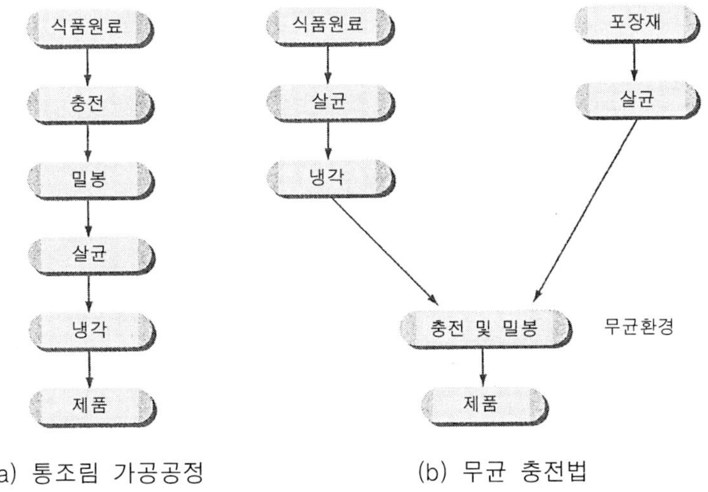

그림 4-12. 전동적인 통조림 가공과 무균충전법의 비교

현대적인 무균충전 공정은 더욱 발전하여 그림 4-13과 같이 열교환기가 포함된 살균장치 부분, 식품을 포장할 용기의 살균부분, 살균된 식품을 무균적으로 용기에 충전 및 밀봉하는 부분으로 구성되어 있다. 즉, 열교환기에서 살균 및 냉각한 내용물은 별도로 살균된 포장용기에 무균적으로 충진하며, 별도로 살균한 뚜껑으로 밀봉하여 살균목적을 달성한 멸균제품을 제조한다.

이와 같이 무균충전 방법 및 이 방법으로 제조한 식품은 다음과 같은 장점을 갖고 있다.

① 초고온순간살균을 적용하여 품질(색, 풍미, 조직감)의 향상
② 용기와 관계없이 균일한 품질의 제품 생산
③ 에너지 절감효과 : 저장성 향상 및 냉장유통이 필요 없음
④ 사용 후 폐기가 편리

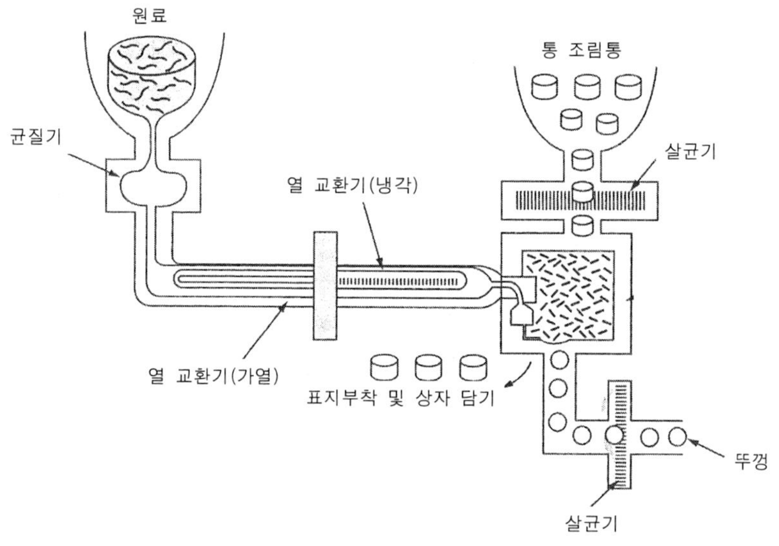

그림 4-13. 무균충전 방법

2) 초고온 순간살균법(Ultra high temperature)

무균충전 공정에서 식품의 가열처리는 공중위생 및 식품위생상 유해한 미생물을 사멸시키고, 일반적인 저장이나 유통과정에서 식품이 변질되지 않고 상업적 가치를 유지시키기 위해서 수행한다. 고온단시간(HTST, high temperature short time) 살균처리나 초고온 순간살균 처리방법을 이용하여 이러한 목적을 달성한다.

표 4-3. 우유의 살균처리와 영양성분의 변화

영양성분	살균 후 손실비율(%)	
	초고온 순간살균	일반 가열살균
비타민 B_1	10	35
비타민 C	25	90
비타민 B_{12}	10	90
비타민 B_9	10	50
비타민 B_6	10	50

일반적으로 저온에서는 미생물의 사멸속도는 영양성분의 파괴 속도보다 낮지만, 고온에서는 미생물의 사멸속도가 훨씬 빠르기 때문에 고온살균방법을 이용하면 일반적인 가열살균방법에 비하여 식품의 영양성분 파괴와 품질 손상이 적은 고품질의 제품을 제조할 수 있다.

초고온 살균방법은 살균시간이 매우 짧고, 우수한 품질의 제품을 생산할 수 있으며, 연속적인 작업이 가능하기 때문에 액상제품의 무균포장 방법으로 많이 이용하고 있다. 순간적으로 고온 가열하는 방법은 직접 가열방법과 간접 가열방법이 있다.

(1) 직접 가열방법

식품과 수증기를 직접 접촉시켜 식품을 가열하는 방법이며, 수증기가 식품과 접촉하는 방법에 따라서 수증기를 식품내부에 강하게 분사하는 수증기 분사법(steam injection)과 수증기를 식품의 얇은 층에 분무하는 수증기 흡입법(steam infusion)이 있다.

표 4-4. 직접 가열방법의 특징

장 점	단 점
- 입자를 함유한 식품의 살균이 가능 - 세척과 유지가 쉬움 - 가열과 냉각시간이 짧음 - 에너지 효율이 높음 - 시설비가 적음	- 거품 발생 - 식품과 직접 접촉

수증기 분사방법은 식품에 수증기를 직접 주입하여 순간적으로 가열한 다음, 감압상태의 팽창실에 분출시켜 순간적으로 냉각시키는 방법이다(그림 4-14). 관형이나 판형 열교환기로 80~100℃로 예열한 다음 포화 수증기를 분사하여 135~150℃로 순간적으로 가열하여 1~4초간 살균한다. 이것을 감압상태의 팽창기에 분무하여 75~80℃로 급속 냉각시키고, 균질기와 냉각 열교환기를 거쳐 최종 제품을 제조한다. 우유의 초고온 살균, 농축 수프, 초콜릿, 가공치즈, 아이스크림 믹스, 푸딩 등과 같은 제품의 살균에 주로 사용한다.

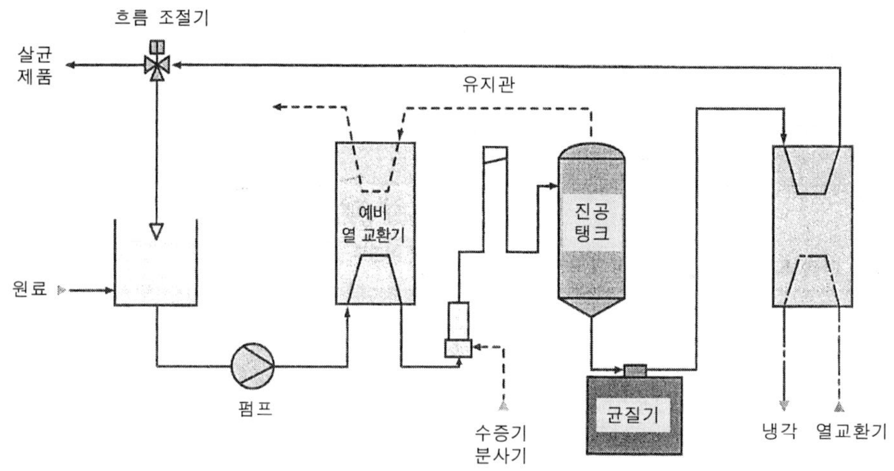

그림 4-14. 직접 가열 초고온 순간살균방법

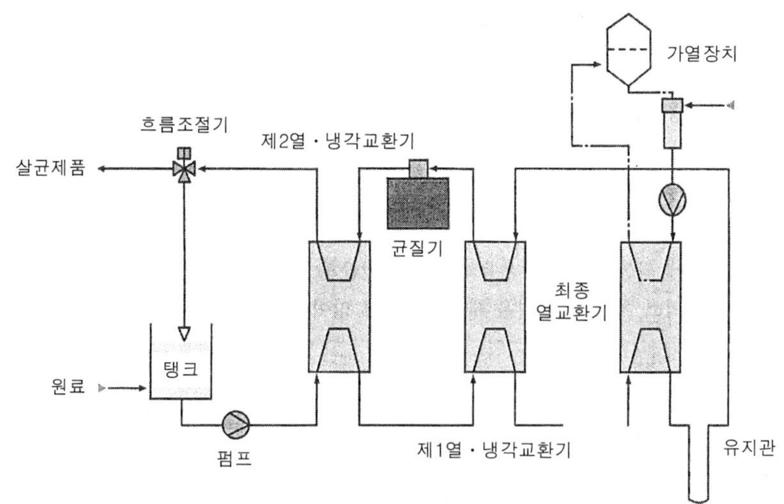

그림 4-15. 간접 가열 초고온 순간살균방법

(2) 간접 가열방법

판형이나 회전식 열교환기를 이용하여 수증기로 간접 가열하는 방식이다. 간접 가열방법은 저장탱크에서 펌프를 사용하여 1개나 연속된 열교환기를 통과하면서 살균처리 된 제품이 90~100℃로 예열한 다음 최종 열교환기에서 포화수증기를 이용하여 살균온도로 가열된 원료가 온도 유지관을 통과하면서 살균된다. 살균이 완료되면 1, 2열 냉각 및 열교환기를 통과하면서 냉각되어 무균충전 공정으로 이동한다.

표 4-5. 초고온 살균에서 판형 열교환기의 장점

장 점	단 점
- 관의 숫자조절로 생산속도 조절이 쉽다. - 관 내부 검사와 청소가 쉽다. - 공간, 물 소비량 및 에너지 소비 효율적 - 상대적으로 저렴	- 사용 압력의 제한(700 kPa) - 압력 제한으로 액체의 유속이 낮음 - 저속에서 불균일 가열 및 고형물 침착 발생 - 고온 및 알칼리 세척으로 용기 손상 가능성 - 저점도 액체 식품만 가능

3. 증발(evaporation) 및 농축장치(condenser)

식품공업에서 증발과 농축은 주로 수분을 제거하는 작업이며, 단독으로 사용하거나 건조, 살균, 결정화 등 다른 공정과 연계하여 사용한다. 수분을 제거하는 방식에 따라 증발법과 막 분리법이 있다. 증발은 용액을 가열하여 기화시켜 용액에서 수분을 제거하여 농축시키는 방법이다.

표 4-6. 증발과 농축의 특징

목 적	효 과	사용용도
건조, 동결, 살균의 전처리	중량, 부피, 에너지 및 수송비 감소,	주스, 우유, 커피
고형분 함량 증가	수분활성 감소로 저장성 향상	잼, 당밀
편리성 부여	이용 편리	과일농축액, 농축주스, 수프
식품의 향미와 색의 변화	제과 및 제빵에 이용	캐러멜화 된 시럽

증발이 증류 및 건조와 다른 이유는 증발과정에서 기화되는 성분은 물 뿐이고, 불필요한 성분이기 때문에 증류와 구별하며, 항상 끓는 상태에서 작업이 이루어지기 때문에 건조와도 다르기 때문이다. 막 분리(membrane separation)는 막을 이용하여 용질과 용매를 분리하여 농축시키는 방법이며, 증발에 비하여 다양한 장점이 있어 발전 가능성이 매우 크다.

3.1 증발농축기

1) 증발의 원리

증발은 일반적으로 묽은 용액을 끓는점까지 가열하여 물을 수증기 상태로 제거하여 농축된 용액을 제조하는 작업이다. 식품공업에서 가장 많이 사용하는 농축방법이며, 그림 4-16과 같이 네 부분으로 구성되어 있다.

대부분의 식품은 열에 민감한 성분을 포함하고 있어 증발 도중에 영양 성분이 열에 의해서 파괴되거나 변색되어 품질이 열화(deterioration)되므로 가급적이면 낮은 온도에서 증발시키는 것이 효과적이다. 물은 대기압에서 100℃에서 끓지만 압력을 낮추면 그 이하에서도 증발이 이루어진다. 즉, 12.3 kPa로 감압하면 50℃에서도 증발이 진행된다. 열에 의한 변성을 최소화하려면 대기압보다 낮은 압력(감압상태)를 유지하거나, 증발기에서 체류시간을 가급적 짧게 유지해야 한다.

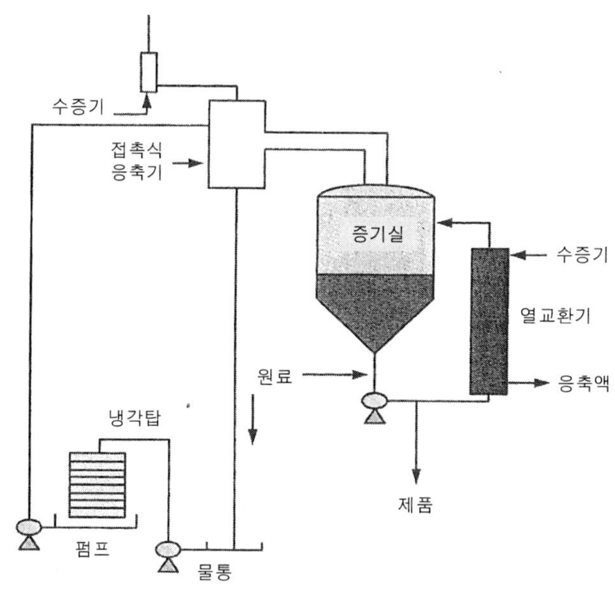

그림 4-16. 식품용 증발기의 구성

2) 증발기의 종류

증발과 농축을 수행하기 위한 증발장치는 용액의 순환방법에 따라 자연대류를 이용하여 순환시키는 자연 순환식 증발기(natural circulation evaporator)와 펌프를 이용하는 강제 순환식 증발기(forced circulation evaporator)로 나눈다. 사용하는 증발기의 수에 따라서는 단일 효용 증발기(single effect evaporator)와 다중 효용 증발기(multiple effect evaporator)로 나눈다.

〈단일 효용 증발기〉

(1) 재킷식 증발기(jacket evaporator)

재킷식 증발기는 증발실 외부에 재킷을 설치하고 수증기를 통과시켜 증발기에 담긴 용액을 가열하여 증발시키는 장치이다. 장치 내부에 교반기가 설치되어 쉽게 청소가 가능하여 식품공업에서 많이 이용한다. 상압식은 잼과 젤리를 생산하는 소규모 회분식 공정에 주로 이용하고, 진공식은 캐러멜, 양갱 및 마멀레이드(marmalade) 등의 농축에 이용한다.

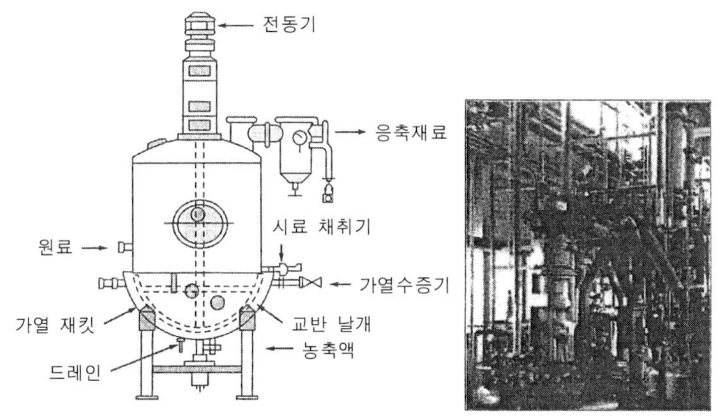

그림 4-17. 재킷식 증발기

(2) 수직 단관형 증발기(vertical short tube evaporator)

표준형 증발기라고도 하며, 증발기 내부에 통관형 열교환기 형태의 칼란드리아(calandria)가 설치되어 있다. 칼란드리아는 중앙에 큰 구멍이 있는 상하 2장의 철판에 지름 38～75 mm, 길이 0.8～2m의 관을 수직으로 고정한 것이다. 수증기는 관의 바깥으로 통하고, 용액은 관의 내부에서 가열되면서 비중차이에 의해서 액체의 표면에서 증기와 농축액으로 분리된다.

증기를 방출한 농축액은 칼란드리아 중앙의 큰 구멍을 통하여 아래로 내려와 자연 대류에 의해서 순환된다. 발생된 증기는 상부의 관을 통하여 응축기로 돌아가 응축되어 제거된다. 부식성이 없고, 중간 정도의 점도를 가진 액체의 농축에 효과적이며, 물엿, 포도당, 과일 주스 및 설탕 등의 농축에 주로 이용한다. 최근에는 효율이 개선된 장관형이나 특수한 증발기가 보급되고 있고, 칼란드리아의 청소와 가열관의 교환이 쉽도록 외부에 설치한 형식도 사용되고 있다.

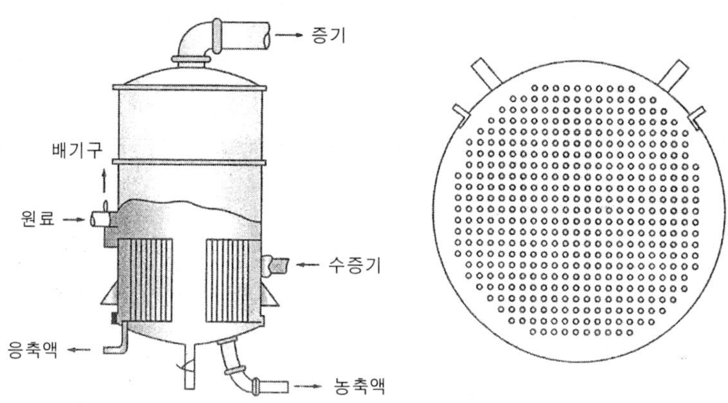

그림 4-18. 수직 단관형 증발기와 증발기의 칼란드리아

(3) 강제 순환식 증발기

자연 순환식 증발기는 가열관 내부를 흐르는 용액의 속도가 느려서 열전달 속도가 느리기 때문에 열전달 효율을 향상시키기 위하여 펌프로 강제 순환하는 방식의 증발기이다.

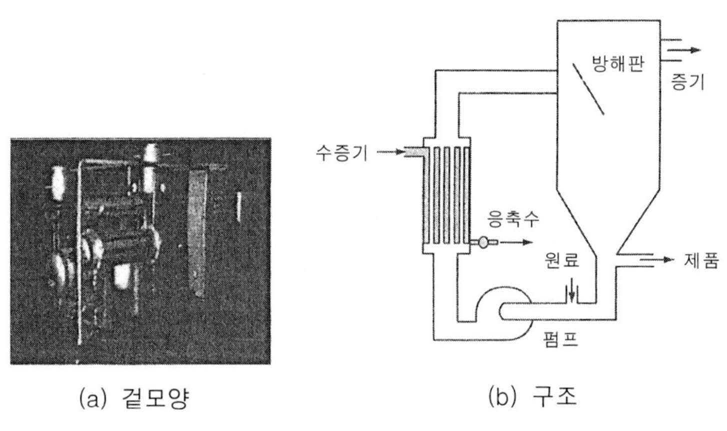

(a) 겉모양 (b) 구조

그림 4-19. 강제 순환식 증발기의 구조

(4) 장관형 증발기(long tube evaporator)

상승 박막식 증발기(rising film evaporator)와 하강 박막식 증발기(falling film evaporator)로 나눈다. 상승 박막식 증발기는 지름 25~50mm, 길이 3~12m의 긴 관으로 구성되어 있다. 미리 끓는점 부근까지 가열한 용액을 가열관의 아래에서 공급하면 원료액은 가열관 벽을 따라 얇은 막을 형성하면서 상승한다. 이 과정에서 가열관 외부의 수증기에 의해서 끓는 상태에 도달하고 증발 및 팽창으로 증기는 고속으로 관 매부를 상승하게 된다.

이때 액은 상승하는 증기와 함께 얇은 막 상태로 관벽을 따라 상승하여 윗부분에서 증기와 농축액으로 분리된다. 하강 박막식 증발기는 상승 박막식 증발기와 같은 원리지만 예열한 원료를 상부에서 공급하여 가열관의 안쪽 벽을 타고 흘러내리면서 농축되는 증발기이다. 장관형 증발기는 원료가 얇은 막 상태로 가열관 벽을 따라 이동하므로 열전달이 우수하고, 가열면과 접촉시간이 매우 짧아 열에 민감한 식품의 농축에 적합하다. 유가공 분야와 과일주스의 농축 등에 이용한다.

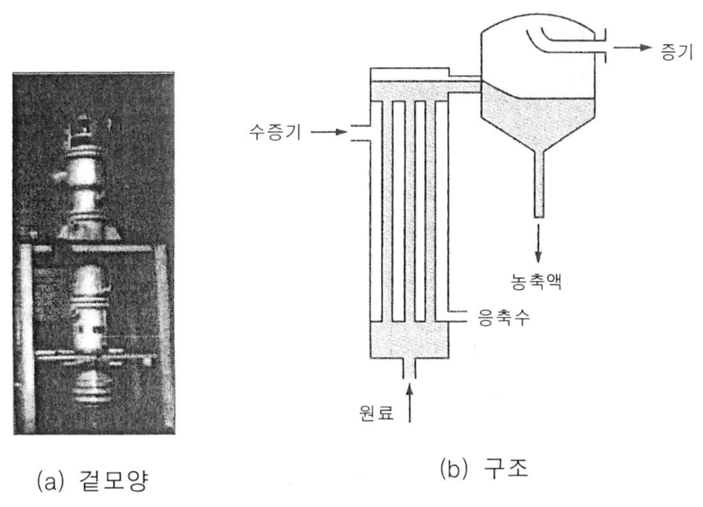

(a) 겉모양 (b) 구조

그림 4-20. 상승 박막식 증발기의 구조

(5) 기계 박막식 증발기(mechanical thin film evaprator)

장관형 증발기와 원리가 같지만, 기계적 교반으로 막을 형성시키는 방식으로 수직형과 수평형이 있다. 그림 4-21은 수직형이며, 자켓이 설치된 원통의 내부에 회전날개가 장착되어 용액은 가열관 벽면에 얇은 막을 형상하면서 내려오면서 증발된다. 가열관 벽면과 날개 사이의 간격은 용액이 종류에 따라 0.5~1.25mm 정도가 되도록 조절한다.

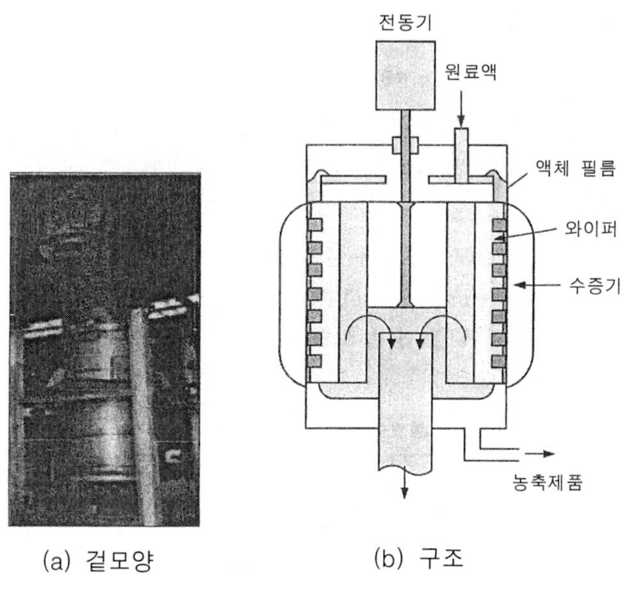

(a) 겉모양 (b) 구조

그림 4-21. 기계 박막식 증발기

(6) 판형 증발기(plate evaporator)

판형 열교환기를 가열부분으로 사용한 증발기이며, 펌프로 용액을 강제로 순환시켜 짧은 시간 동안 가열하고 증기실에서 증발시키는 방식이다. 열교환기의 판수를 조절하면 증발능력을 조절할 수 있는 것이 장점이다.

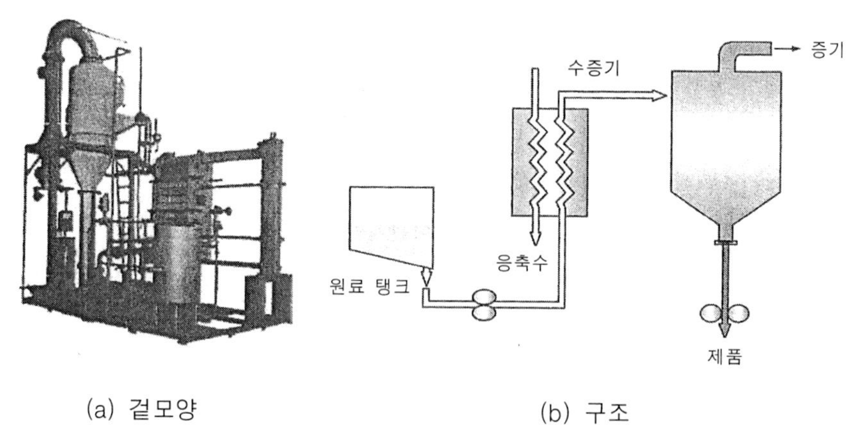

(a) 겉모양 (b) 구조

그림 4-22. 판형 증발기

〈다중 효용 증발기(multiple effect evaporator)〉

단일 효용 증발기는 수증기가 공급한 열의 대부분을 증발되는 증기가 증발열의 형태로 함께 빠져 나가 응축되기 때문에 증기가 갖고 있는 잠열을 다시 이용할 수 없지만, 다중 효용 증발기는 증기가 가진 열을 다시 이용하기 위하여 증발기를 여러 개 연결한 방식이므로 수증기를 절약하여 에너지효율이 높다.

잠열(潛熱, latent heat)이란 온도의 변화 없이 물질의 물리적 상태가 변화할 때 물질이 흡수하거나 방출하는 에너지를 말한다. 그러나 증발기의 수가 증가할수록 수증기의 경제성은 향상되지만, 증발기 제작에 투자비가 많아지므로 보통 3～7개 정도의 증발기를 연결한다.

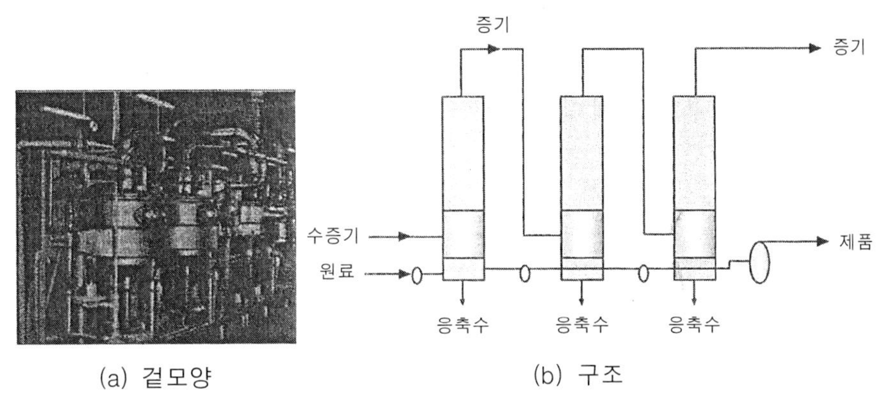

(a) 겉모양 (b) 구조

그림 4-23. 다중 효용 증발기

〈증발기의 부속장치〉

(1) 응축기(凝縮機, condenser)

응축기는 표면 응축기(surface condenser)와 접촉 응축기(contact condenser)가 있다. 표면 응축기는 냉각수와 증기가 금속 벽을 사이에 두고 열을 교환하는 방식으로 다관식 열교환기를 주로 사용한다. 접촉 응축기는 대기식 응축기와 같이 증기와 냉각수가 직접 접촉하여 응축된다. 응축이란 기체에서 포화증기의 온도를 떨어뜨리거나 또는 온도를 일정하게 유지하면서 압축하면 증기의 일부가 액화되는 현상이며, 물질이나 물질의 집합상태 변화가 기체에서 액체로 변화되는 현상이다.

(2) 진공장치

진공상태 또는 감압상태를 형성하기 위해서 진공펌프와 수증기 이젝터를 사용한다.

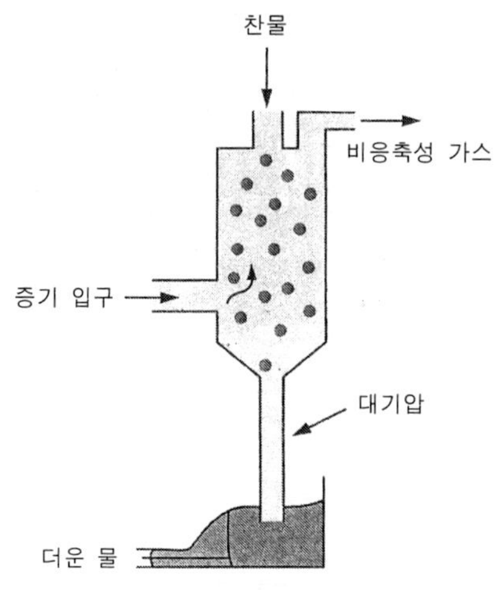

그림 4-24. 접촉 응축기

(3) 비말분리기(entrainment separator)

증기와 함께 빠져 나가는 미세한 액체 방울을 분리하는 장치이며, 증발기에서 증발량이 급증하면 끓는 용액이 아주 작은 방울로도 형성되어 증기 배출과 함께 빠져 나가면 농축액의 수율이 감소되므로 농축액의 손실을 방지하기 위하여 증기 배출구에 비말분리기를 설치하여 회수한다. 또한 농축 정도에 따라 농도의 차이는 있으나, 식품의 영양성분을 포함하고 있으므로 기계장치는 물론 작업장 내부의 미생물 오염을 방지하기 위해서도 비말분리기의 설치가 필요하다.

비말분리기의 원리는 그림 4-25와 같으며, 증기의 유속(流速)을 급격하게 변경시키거나 방해 판에 충돌시켜 상대적으로 무거운 액체 방울을 침강분리 하는 방식을 사용한다.

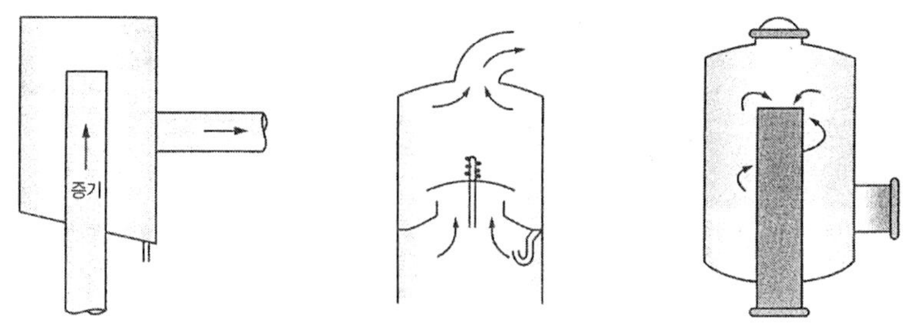

그림 4-25. 비말분리기의 작동원리

3.2 막 분리(membrane separation)

선택적 투과성(selective permeation)을 갖고 있는 막을 이용하여 용액에 용해되어 있는 성분을 분리하거나 농축하는 작업이다. 막 분리에서 분리가 발생하는 중요한 조건은 반투과성 막(semi-permeable membrane)이다. 이것은 각각의 성분이 갖고 있는 크기, 확산속도, 전하 차이 등의 특성에 의해서 막을 통과하는 물질과 막을 통과하지 못하는 물질로 나누어지면서 분리가 이루어진다.

대표적인 막 분리방법은 역삼투(reverse osmosis, RO), 한외여과(ultra-filtration, UF), 투석(透析, dialysis) 등이 있다. 투석은 반투막에 형성되어 있는 구멍을 통과하여 확산되는 입자의 속도가 다른 것을 이용하여 작은 크기(결정성 물질)이 용해된 이온이나 분자에서 콜로이드 입자를 분리하는 화학적 방법이다.

표 4-7. 막 분리공정의 특징

분리공정	추진력	통과 성분	체류 성분
역삼투	압력 차이(>30 bar)	물	입자, 용해물질(용질)
한외여과	압력 차이(>10 bar)	물, 염류, 당분	거대분자, 단백질
정밀여과	압력 차이(>1 bar)	물, 용해성분(용질)	입자, 세균
투석	농도 차이	물, 저분자 성분	고분자 성분

표 4-8. 막 분리공정의 장단점

장 점	단 점
- 분리과정 도중에 상변화가 없고, 상온작업으로 에너지가 절감됨. - 가열이 없으므로 열에 의한 영양성분과 향기성분의 손실이 최소화됨. - 가열, 진공, 응축 등의 장치가 필요 없고, 가압과 용액의 순환만으로 작동되므로 장치와 작업이 간단함. - 자동으로 분리가 이루어지므로 인건비가 절약됨.	- 다른 농축장비에 비하여 설치비용이 고가 원료 용액의 농도에 따라 제품의 유량이 변동됨. - 최대 농축한계인 약 30% 이상의 고형분 농축이 어려움. - 막의 오염으로 세척 및 교체가 필요함.

막 분리방법은 농축법과 다르게 상(相, phase)의 변화가 없기 때문에 에너지가 절약되며, 가열을 하지 않으므로 열에 의한 변성(變性)이나 향기성분의 손실이 없는 등의 여러 가지 장점이 있다. 따라서 이러한 특성을 이용하여 식품공업뿐만 아니라 폐수처리, 화학공업, 의약품 등의 여러 분야에서 이용하고 있으며, 식품산업에서는 한외여과와 역삼투를 가장 많이 이용하고 있다. 투과(透過, transmission)란 액체분자가 막의 모세구멍(毛細孔)을 통하여 선택적으로 통과하는 현상이다.

1) 역삼투

용매분자(溶媒分子)와 비슷한 크기의 용질을 포함한 용액은 서로간의 크기가 비슷하기 때문에 막의 세공을 통하여 함께 투과되기 때문에 분리가 불가능하지만, 역삼투 방법은 3～10Å 정도의 작은 구멍이 있는 반투과성 막을 이용하여 용질분자는 투과시키지 않고 비슷한 크기의 용매분자만을 선택적으로 투과시켜 분리한다.

삼투현상(osmosis)은 용매와 용액을 반투과성 막으로 나누어 두면 용매가 높은 농도의 용액 쪽으로 이동하는 현상이다. 이때 용액 쪽에 삼투압보다 큰 압력을 작용시키면 반대로 용액 주위의 용매분자가 막을 통하여 용매 쪽으로 이동하는 현상을 역삼투 현상이라고 한다.

역삼투 방법은 이러한 현상을 이용하여 분자량(molecular weight) 10～100 정도의 작은 용질분자를 용액에서 분리하는 목적으로 이용하며, 대표적으로 바닷물의 탈염(desalination) 공정과 치즈가공에서 유청(milk whey)을 건조 전에 예비농축 등의 목적으로 이용한다. 유청은 우유가 응고하면서 생성되는 응유(curd)와 함께 발생하는 묽은 물질로서 수용성 성분(water soluble moiety)을 포함하여 무기질(minerals)과 락토알부민(lacto-albumin)을 약간 포함한 5% 정도의 락토스(유당, lactose) 용액이다.

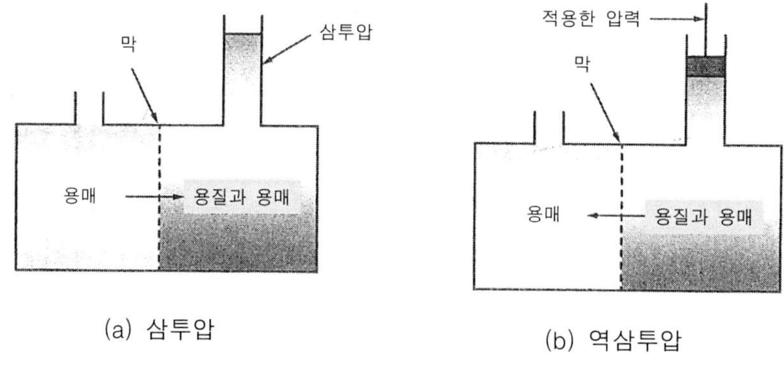

(a) 삼투압 (b) 역삼투압

그림 4-26. 역삼투여과의 기본원리

2) 한외여과

역삼투 방식은 고압(high pressure)을 이용하여 염류 및 저분자물질(low molecular material)을 모두 분리할 수 있지만, 한외여과는 상대적으로 저압(low pressure)에서 염류와 같은 저분자물질은 막을 투과하지만 단백질(protein)과 같은 고분자물질(high molecular material)은 투과시키지 못하는 점에서 역삼투와 다르다.

한외여과 막은 보통 10～100Å 정도의 작은 구멍(pore)을 가지고 있으며, 분자량이 1,000～50,000 정도의 용질분리(溶質分離, solute separation)에 효과적이다. 식품산업에서는 주로 유가공 분야에서 많이 이용하며, 우유의 농축, 치즈 유청의 30% 정도 고형분으로 농축, 유당과 염의 선택적 제거 등에 이용한다.

3) 막의 구조 및 막 분리장치

막 분리법에서 분리대상물질은 주로 수용성 물질이므로 막의 재질은 친수성(親水性, hydrophilic)이 강한 고분자를 사용한다. 또한 분리공정에 적용하는 압력, 온도, pH 및 다양한 화학적 처리조건에 대해서도 충분히 견딜 수 있는 재질과 구조적 특성을 갖고 있어야 한다. 특히 경제성 및 작업성을 고려하여 장기간 사용이 가능한 내구성도 강해야 한다.

한외여과에 주로 사용하는 막은 셀룰로오스 아세테이트(cellulose acetate), 폴리염화비닐(polyvinyl chloride), 폴리아크릴로니트릴(polyacrylonitrile), 나일론(nylon) 등이며, 역삼투 막은 셀룰로오스 아세테이트와 폴리아미드(polyamide) 등이 주로 사용된다.

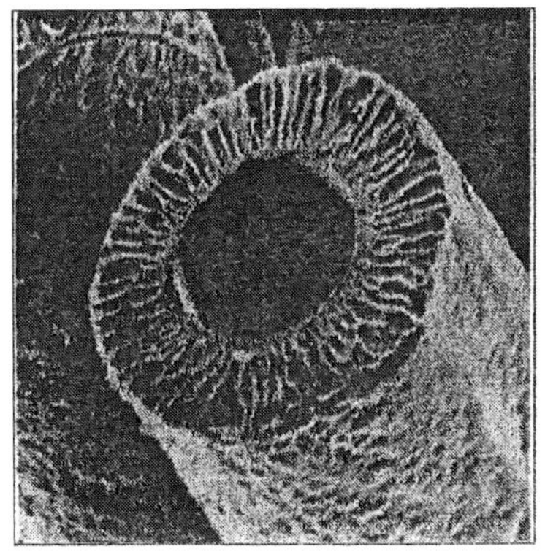

그림 4-27. 한외여과 막의 전자현미경 사진

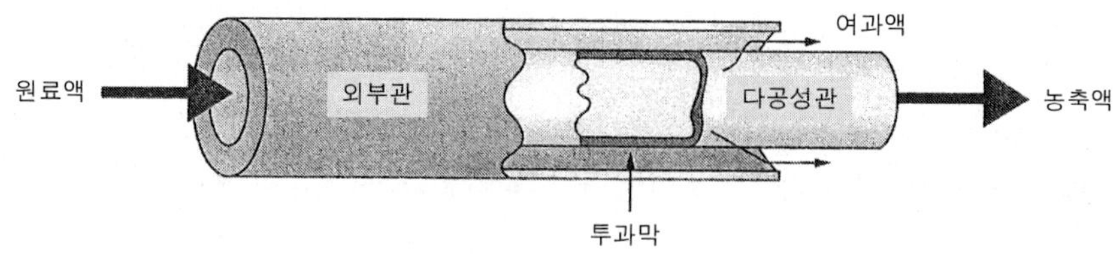

그림 4-28. 관형 막의 구조

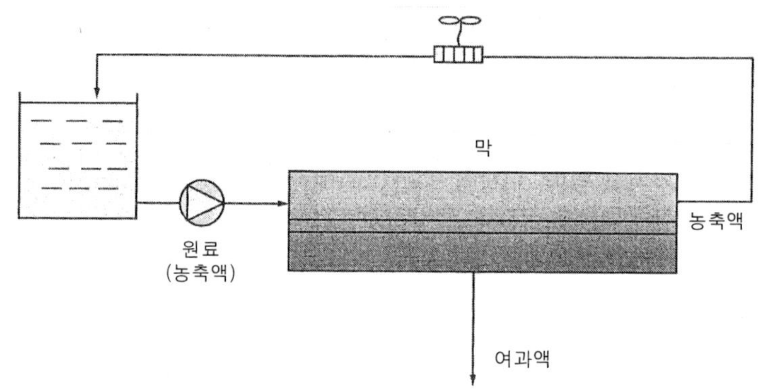

그림 4-29. 회분식 막 분리 시스템

여과막은 등방형(等方形, isotropic)이나 이방형(異方形, anisotropic) 구조를 갖고 있다. 등방형 막은 모든 방향으로 동일한 기공을 갖고 있으며, 이방형 막은 표면에 분리기능을 갖고 있는 두께 0.01～1.0㎛ 정도의 표면 활성층(surface active layer)과 두께 30～150㎛ 정도의 다공성 지지층(multi-porous support layer)로 이루어져 있다. 일반적으로 정밀여과 막은 등방형, 삼투막과 한외여과 막은 이방형 구조를 갖고 있다.

막을 공업적 규모로 사용하려면 일정한 면적의 막을 단위화한 모듈(module)의 형태로 사용하고 있다. 모듈의 형태는 일반적으로 평판형, 나선형, 관형, 중공 섬유형(hollow fiber membrane) 등이 있다. 식품공업에서는 구조가 가장 간단하고, 세척이 쉬우며, 위생적인 작업이 가능한 관형구조의 막을 가장 많이 이용하고 있다. 역삼투와 한외여과의 분리시스템은 비슷하며, 저장탱크에 담긴 묽은 용액을 펌프로 압력을 가하여 막 분리기로 이동시키면 여과액과 농축액으로 각각 분리하여 배출된다.

4. 증류기

4.1 단식 증류기(simple distillation)

가장 간단한 증류방식이며, 원료 용액을 가열하는 부분, 증류관 및 증기를 응축시켜 제품을 제조하는 응축기로 구성된다. 원료 용액을 가열하여 증발시키면 휘발성 성분이 증류되고, 증류관에 잔류하는 용액이 원하는 농도에 도달하면 잔류 용액을 꺼내고 새로운 원료를 다시 넣어 작업을 계속하는 회분식 증류기이다. 또는 발효주를 증류하여 알콜 도수가 높은 증류주의 제조와 같이 휘발성 성분(volatile moiety)이 포함된 용액을 증류하여 증발 및 응축되어 회수되는 휘발성 성분을 제조하는 용도로도 사용한다.

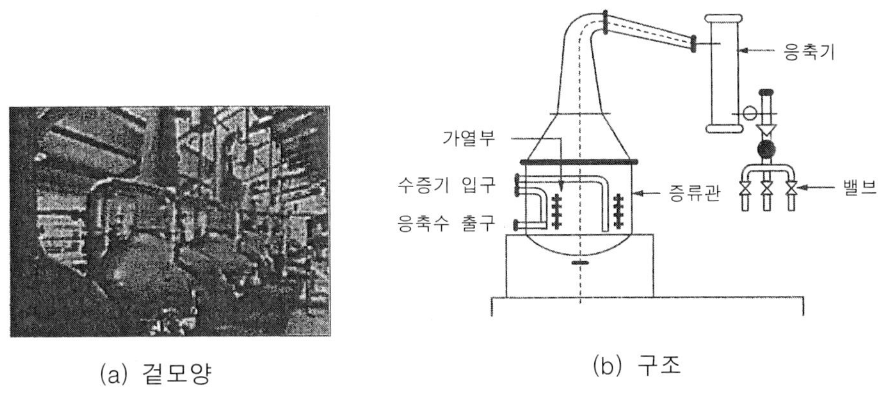

(a) 겉모양 (b) 구조

그림 4-30. 단식 증류기

4.2 정류기(rectifier)

정류탑, 응축기, 가열기로 이루어져 있으며, 가열기는 증발에 필요한 열을 공급하고, 정류탑은 액체와 증기를 접촉시켜 분리하는 장치이다. 응축기는 정류탑의 가장 윗부분에서 빠져 나오는 증기를 응축시켜 제품으로 만드는 부분이다.

1) 정류탑(rectifying tower)

액체와 증기의 접촉이 쉬워 분리효율이 높은 구조이지만 장치가 매우 복잡하다. 정류탑은 다공판이나 포종(bubble cap)을 이용한 다단식 탑(plate tower)과 충전탑(packed tower)이 있다. 다공판 탑은 구멍의 크기가 6.4～12.7mm인 다공판을 일정한 간격으로 탑 내부에 여러 층의 단으로 설치한 구조이다.

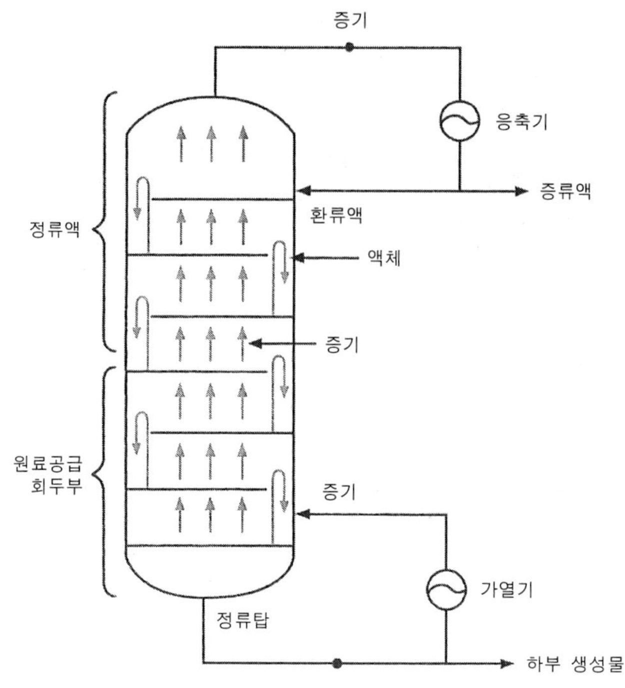

그림 4-31. 정류기의 구조

증기는 다공판 구멍을 통하여 상승하면서 각 단에 체류하는 액체와 밀접하게 접촉한다. 이때 액체의 높이가 어느 정도 이상으로 상승하면 바로 아래의 단으로 흐르는 통로(일류관)이 설치되어 있다. 포종탑은 다공판 대신에 포종을 설치한 것으로, 포종은 아랫단에서 상승하는 증기가 액체에 균일하게 분산되도록 액체가 잠긴 부위에 증기 분출구를 설치한 구조로 이루어져 있다.

충전탑의 구조는 속이 빈 지름 1cm 정도의 원통 속에 여러 가지 모양의 각종 도자기나 금속으로 만든 충전물을 불규칙하게 채워놓은 탑이다. 증기상태로 상승된 기체는 충전물과 접촉하여 응축이 이루어지고, 응축된 액체는 다시 증기가 되어 증발과 응축이 반복되는 구조로 이루어져 있다.

2) 가열기(still or re-boiler)

자켓이나 내부에 코일 형태의 파이프가 설치된 금속관의 형태이며, 정류탑의 하부에 설치하여 금속관의 자켓이나 내부 파이프에 수증기를 통과시켜 가열관에 있는 원액과의 열교환으로 가열한다.

3) 응축기

증류탑에서 배출되는 증기를 응축시켜 유출액을 회수하는 장치이다. 증류과정에서는 유출액이 다른 성분과 혼합되지 않게 분리해야 하므로 냉각수를 이용한 표면 응축기를 사용한다.

4) 환류(reflux) 및 분축기(partial condenser)

환류는 각 단에 있는 액체의 조성을 일정하게 유지시키는 역할을 한다. 만약 환류를 시키지 않으면 끓는점이 낮은 성분은 점점 감소되고, 각 단의 액체는 끓는점이 점차 상승하게 된다. 결국 최종적으로는 어느 순간부터 끓는점이 높은 성분도 증발되어 상승하는 증기와 혼합된다.

일반적으로 환류되는 액체와 제품으로 배출되는 액체량의 비율을 환류비율(reflux ratio)이라고 하며, 이 값은 정류탑의 운전에서 대단히 중요한 의미를 갖는다. 따라서 응축기 앞에 분축기를 설치하여 환류를 진행하기도 한다. 분축기는 기체 혼합물의 냉각정도를 조절하여 증기의 일부를 응축시켜 끓는점이 높은 성분과 낮은 성분을 분리하는 장치이다.

5. 건조기(乾燥機, dryer)

5.1 열풍건조기(hot-air dryer)

습한 재료 표면에서 아래 방향이나 하면(下面)에서 상승하는 가열공기를 통과시켜 건조하는 방법이다. 열풍은 수분의 증발에 필요한 열을 공급하는 동시에, 증발한 수증기를 원료 주위에서 제거하는 역할도 수행한다. 입상(粒狀, particle state)이나 플레이크(flake) 상태의 식품재료 건조에 적합하며, 다양한 형태가 사용되고 있다.

1) 상자형 건조기(cabinet dryer)

단열처리한 건조실 내부에서 송풍기와 공기 가열기를 설치하고, 열풍을 습한 원료가 담긴 트레이(tray) 사이로 수평이나 수직으로 순환시켜 건조하는 장치이며, 댐퍼(damper)를 이용하여 신선한 공기의 흡입량과 재순환 시키는 공기량의 비율을 조절한다. 상자형 건조기는 제작비와 유지비가 비교적 저렴하고, 용도가 다양하여 과일, 채소, 향신료 등의 소량 건조에 적합하다.

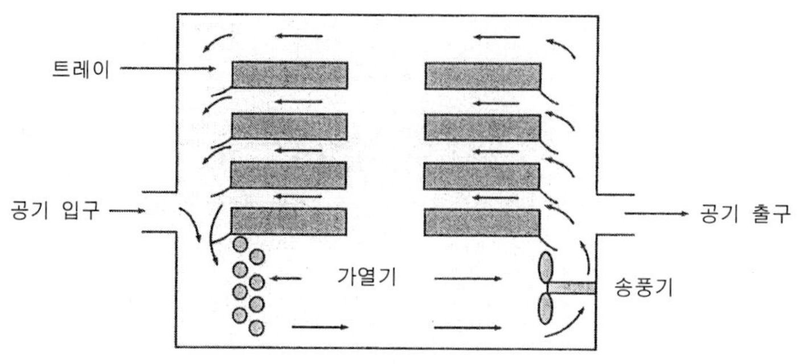

그림 4-32. 상자형 건조기

2) 터널건조기(tunnel dryer)

가로 2m, 세로 2m, 길이 20∼30m인 터널 안으로 식품을 쌓은 이송장치를 이동시키면서 열풍을 분출하여 건조하는 장치이다. 식품은 금속 망으로 만든 트레이 위에 균일하게 펼쳐 놓고, 트레이에 열풍이 통과할 수 있도록 2∼3cm 간격으로 이송장치에 쌓아 올린다. 이송장치는 일정한 시간간격으로 한 대씩 통과시킨다. 열풍은 송풍기에 의해서 트레이 사이를 수평방향으로 보통 2∼3m/s의 속도로 통과한다.

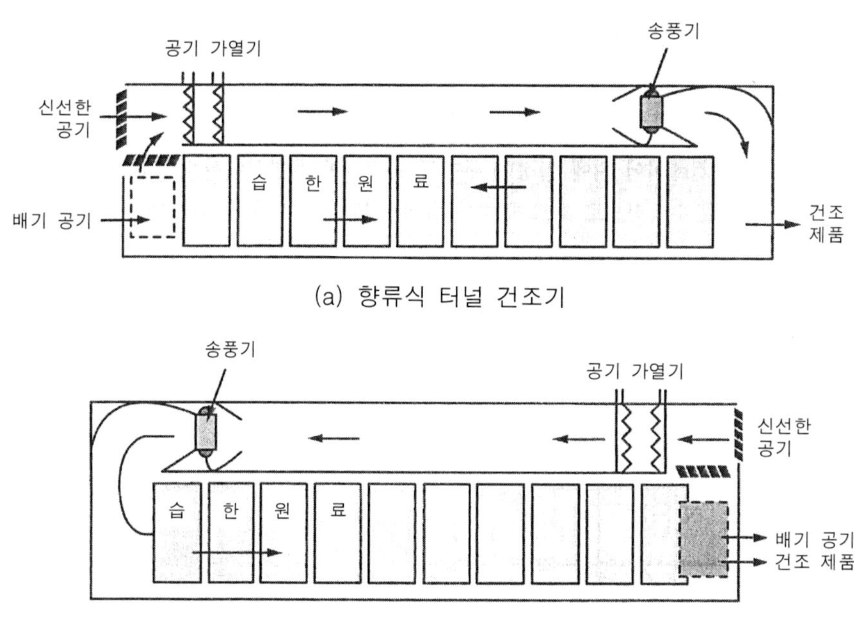

(b) 병류식 터널건조기

그림 4-33. 터널건조기

터널건조기는 열풍이 흐르는 방향과 식품이 이동하는 방향에 따라서 병류식(竝流式, co-current) 터널건조기와 향류식(向流式, counter current) 터널건조기로 분류된다. 병류식은 열풍과 식품이 같은 방향으로 이동하는 방식이고, 향류식은 흐름의 방향이 서로 반대인 경우이다. 대량의 절단 과일이나 채소를 반연속적으로 건조하는 데 효과적이다.

표 4-9. 병류식과 향류식 터널 건조기의 장단점

형 태	장 점	단 점
병류식	• 초기 건조속도가 빠르다. • 식품의 수축이 작다. • 열에 의한 손상이 적다. • 오염의 위험이 적다.	• 건조속도가 점점 느려진다. • 수분함량이 낮은 제품을 얻기 어렵다.
향류식	• 에너지효율이 높다. • 최종 수분함량이 낮은 제품생산	• 식품의 수축이 심하다. • 열에 의한 손상이 클 수 있다. • 오염의 위험이 있다.

3) 벨트건조기(belt dryer)

건조할 원료를 이송장치 대신에 금속망이나 구멍이 뚫린 금속관으로 제작한 컨베이어 위에 일정한 두께로 올려놓고 운반하면서 건조하는 장치이다. 열풍은 원료층에 수직방향으로 흐르게 하는 방법이 주로 이용되고 있다.

벨트건조기는 열풍과 접촉 면적이 넓어 건조속도가 빠른 장점이 있으나, 장치가 비싸고 벨트에 부착성을 갖는 식품은 건조가 어려운 단점이 있다. 과일, 채소, 만두, 한천, 과자 등의 건조에 이용한다.

4) 회전건조기(rotary dryer)

약간 기울어지게 롤러 위에 설치하여 회전하는 원통 내부에 원료를 이동시키면서 열풍과 접촉하여 건조하는 장치이다. 원통 내부에서는 날개가 설치되어 원통이 회전할 때 원료가 원통 내부에서 위로 상승했다가 열풍이 흐르는 열풍에 낙하시키면서 건조가 이루어진다. 회전건조기는 자유롭게 흐를 수 있는 알갱이 형태의 원료를 건조하는데 적합하다. 혼합이 잘 이루어지므로 건조속도가 빠르고 균일한 건조가 가능하지만, 열효율이 낮다. 열에 대한 안정성이 있고, 대량 처리가 필요한 설탕, 포도당, 코코아 등의 건조에 이용한다.

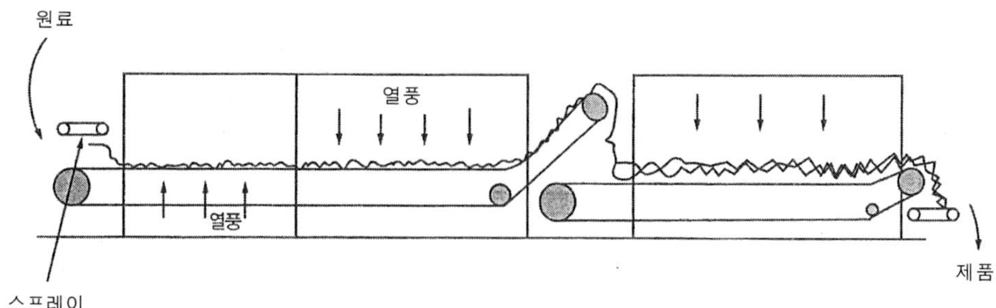

그림 4-34. 2단계 벨트건조기

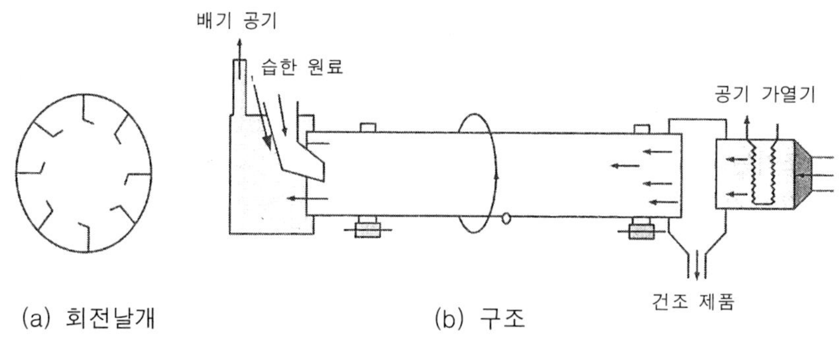

그림 4-35. 회전건조기

5) 유동층 건조기(fluidized bed dryer)

밑면이 다공판으로 만든 건조실의 아래에서 열풍을 공급하여 식품을 약간 떠 있는 상태에서 유동화시켜 원료와 열풍의 접촉을 효과적으로 고려한 건조 장치이다. 고체 알갱이를 위로 뜨게 하여 분산시킨 상태에서 건조가 이루어지므로 원료 표면 전체가 열풍과 접촉하므로 건조속도가 빠르고 균일한 건조가 이루어진다. 사이클론(cyclone)을 설치하여 열품과 함께 배출되어 손실 가능성이 있는 미세입자를 회수한다. 사이클론은 유체 중의 고체입자를 분리하거나 액체방울을 기체와 분리하는 장치이며, 원심력을 이용한다. 고온고압에서도 사용이 가능하므로 이용범위가 넓은 원심집진기이다.

공기 중에 분산이 쉬운 콩, 완두콩, 곡류, 소금, 설탕 등의 입자나 분말형태 식품의 건조에 효과적이다. 회분식 및 연속식 작업이 가능하며, 건조 이외에 조립이나 코팅에도 이용한다.

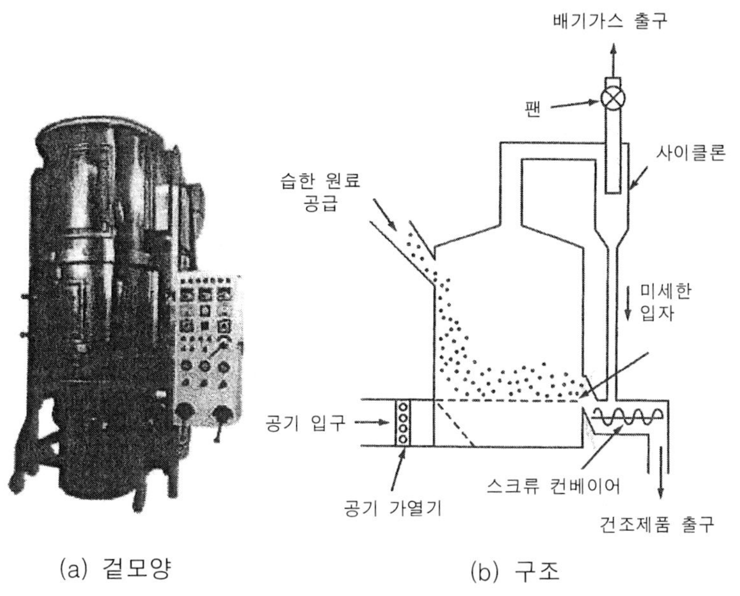

(a) 겉모양 (b) 구조

4-36. 유동층 건조기

6) 공기 압송식 건조기(pneumatic dryer)

알갱이나 가루 형태의 원료를 20～40m/s의 풍속으로 열풍 속에 분산시켜 열풍과 함께 건조관을 통과하면서 건조가 이루어진다. 건조된 제품은 출구의 사이클론에서

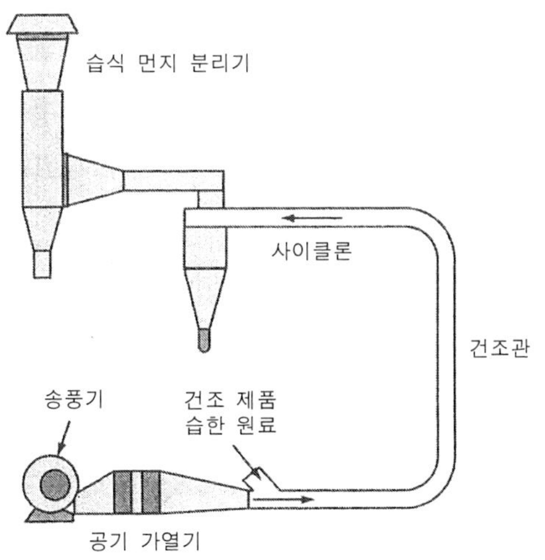

그림 4-37. 공기 압송식 건조기

열풍과 분리되며, 원료가 열풍과 완전하게 접촉되므로 건조 표면적이 넓고, 풍속도 빨라서 건조속도가 빠르다. 한편, 열풍과 접촉시간이 짧기 때문에 열에 민감한 식품의 건조에 적합하다.

7) 분무건조기(spray dryer)

액체나 슬러리 상태의 원료를 노즐이나 고속으로 회전하는 원판에 점적하여 10~200㎛의 아주 작은 입자로 건조실에 분무하고, 150~300℃의 고온 열풍과 접촉시켜 1~10초 정도의 아주 짧은 시간에 건조하는 장치이다. 단위 부피당 열풍과 접촉하는 면적이 매우 커서 건조속도가 빠르다.

제품의 온도가 열풍의 습구 온도인 100℃ 이상 상승되지 않으므로 양질의 분말제품 생산에 적합하다. 분유, 인스턴트 차류, 분말과일주스, 유아식품, 분말수프 등의 제품생산에 이용하는 중요한 건조기이다.

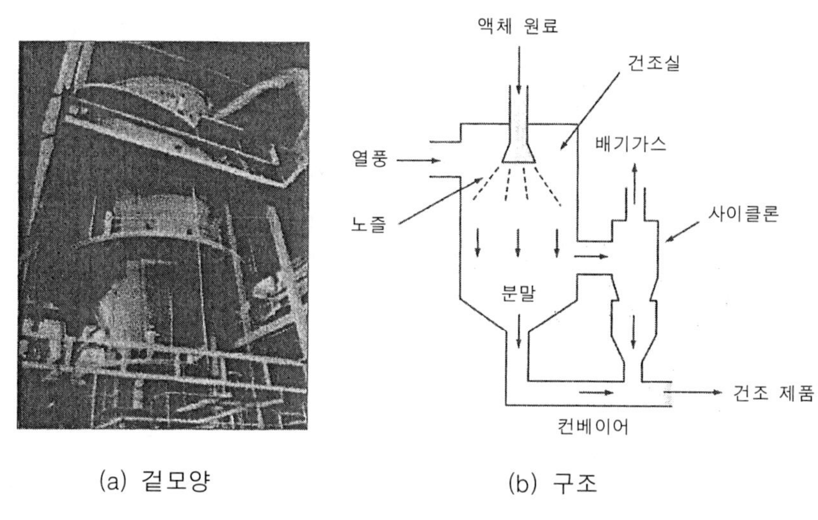

(a) 겉모양 (b) 구조

그림 4-38. 분무건조기

5.2 접촉건조기

가열된 표면에 직접 원료를 접촉시켜 건조하는 방법으로 드럼형과 진공 선반 건조기가 있다.

1) 드럼형 건조기(drum dryer)

점도가 커서 분무건조가 어렵거나 불가능한 액체나 반죽상태의 원료를 회전하는

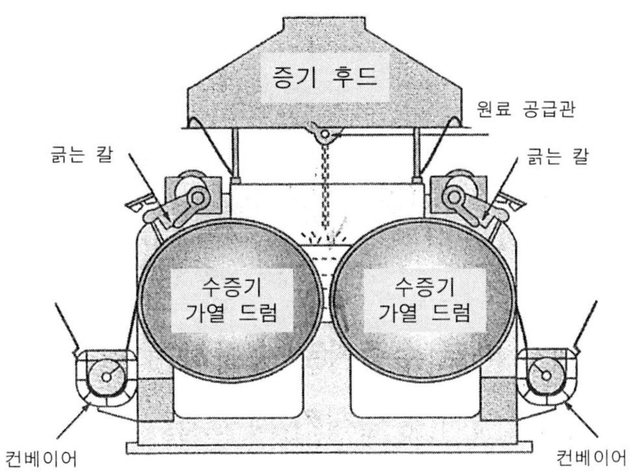

그림 4-39. 드럼형 건조기

원통 표면에 얇은 막 상태로 부착시키고 회전하면서 건조하는 장치이다. 속이 빈 금속원통 1～2개를 수평 축으로 천천히 회전시키고, 내부에 열수나 수증기를 통과시켜 가열한다. 원통 표면에 부착된 원료막이 원통 둘레의 1/2～1/3 지점에 설치한 긁는 칼(scraper)로 건조된 제품을 회수한다. 액상이나 슬러시 상태로 고온에서 2～30초 정도 변질이 발생하지 않는 식품의 건조에만 제한적으로 이용이 가능하며, 유아용 식품, 건조효모, α-녹말 등의 제조에 주로 사용한다.

2) 진공건조기(vacuum dryer)

감압상태의 상대적으로 낮은 온도에서 수분을 증발시켜 건조하는 방법이며, 건조실 내부를 진공상태로 유지하면서 70℃ 정도에서 건조한다. 선반형 진공건조기(vacuum shelf dryer)는 두꺼운 절연 벽으로 만든 밀폐공간에 여러 개의 선반을 설치하고, 열수나 수증기로 가열한다. 원료는 금속 트레이에 얇게 펼쳐서 선반에 담고, 밀폐실의 증기배출기를 통해 건조실의 내부를 감압상태로 유지하면서 건조한다.

일반적인 선반형 또는 캐비넷형 건조기를 감압조건에서 작동시키는 방식이다. 원뿔형 진공건조기(conical vacuum dryer)는 혼합과 건조가 동시에 이루어지므로 건조속도가 빠르다, 건조실 내부의 압력이 대기압보다 낮아 수분이 낮은 온도에서 증발하므로 열에 민감한 액체식품이나 고체식품의 건조에 이용한다.

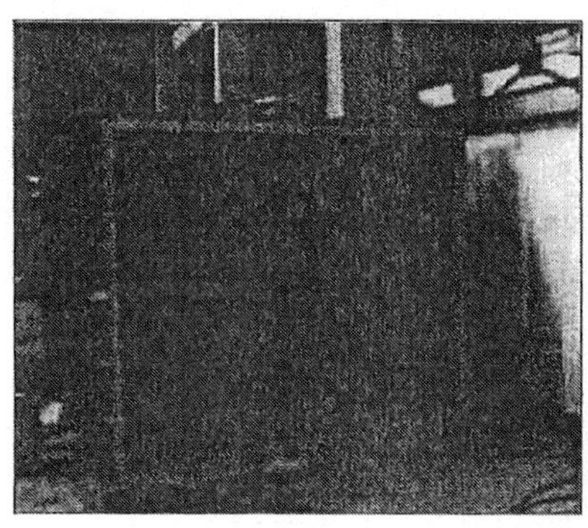
(a) 선반형

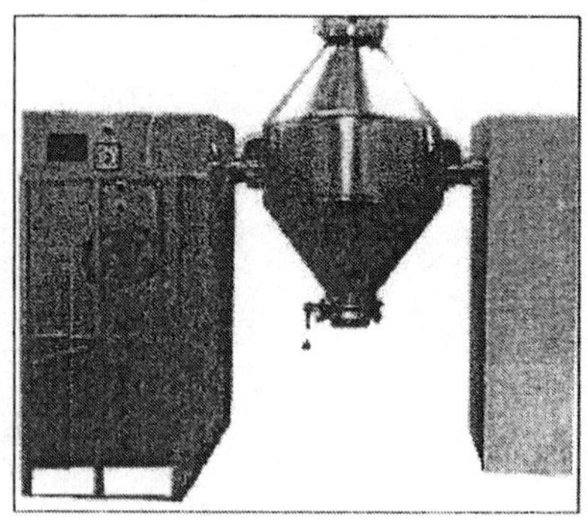
(b) 원뿔형

그림 4-40. 진공 건조기

5.3 동결건조기(freeze dryer)

물이 0.613kPa(4.6mmHg) 이하의 진공상태에서 얼음에서 바로 수증기로 승화되는 원리를 이용한 건조 장치이다.

표 4-10. 열풍건조와 동결건조의 차이

구 분	열풍건조	동결건조
대 상	쉽게 건조되는 식품에 적합	모든 식품, 다른 방법으로 건조가 어려운 식품
범 위	육류에 부적합	육류에 적합
온도(℃)	37～93℃	빙점 이하
압 력	대기압	감압, 27～133 Pa
원 리	식품 표면에서 물의 증발	물의 승화
특 성	용질의 이동, 부분적 표면 경화	최소한의 용질 이동
구조 변화	고체 식품의 수축 및 구조 손상	최소한의 구조변화 및 수축
복원성	느리고 불완전	빠르고 우수
풍 미	향 및 풍미가 부분적 비정상	냄새와 풍미 정상
색	진해짐	변화가 적음
영양 손실	상당한 손실 발생	대부분의 영양소 보유
비 용	일반적으로 저가	일반적으로 고가

식품원료를 -10~40℃의 빙결점(ice point) 이하에서 동결시키고, 0.01~1mmHg의 진공상태에서 얼음을 승화시켜 건조하며, 구조는 건조실, 응축기, 진공장치로 이루어져 있고, 건조실은 회분식과 연속식이 있다. 승화에 필요한 열을 공급해야 하며, 이때 동결된 원료가 해동되지 않아야 한다.

건조실의 내부 압력을 13.33~133.3 Pa로 유지하기 위하여 진공장치가 필요하고, 승화된 수증기를 응축시키기 위하여 -40℃ 정도의 냉매를 순환시킨다. 진공동결 건조방법은 원료가 동결상태에서 직접 건조되기 때문에 식품 원래의 조직이나 구조가 거의 파괴되지 않는다. 비타민이나 향기성분의 손실이 거의 없고, 건조된 제품은 가벼운 다공성 조직을 갖게 되어 복원성이 대단히 우수하다. 건조비용이 비싸 일반적으로 고급 커피 등 고급 식품의 건조에 이용한다.

6. 냉동장치

6.1 증기 압축식 냉동기(steam compressor)

냉동기(refrigerator)는 액체가 증발할 때 주위에서 열을 흡수하는 원리를 응용한 장치이다. 압축기(compressor), 응축기, 냉매(coolant refrigerant)를 저장하는 수액기(reserver), 팽창밸브(expansion valve), 냉각관의 역할을 하는 증발기(evaporator)로 구성되어 있으며, 압축기, 응축기, 팽창밸브, 증발기를 압축냉동기의 4대 요소라고 한다. 냉매는 냉동기 내부를 순환하면서 저온부분의 열을 고온부분으로 운반하는 역할을 하며, 증발하기 쉽거나 액화가 쉬운 물질을 이용한다.

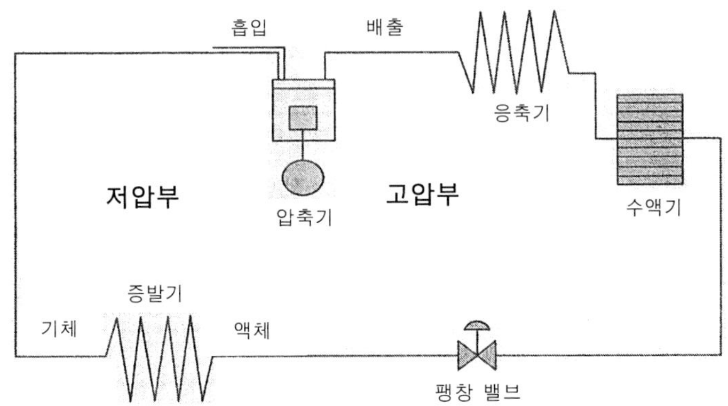

그림 4-41. 증기 압축식 냉동장치의 구성

암모니아나 프레온 등의 염화불화탄소(CFCs chlorofluoro carbons) 등을 이용하였으나, 최근에는 오존층의 파괴우려가 없는 프레온 대체물질들을 사용하고 있다. 증발기에서는 액체상태의 냉매가 증발하면서 주위에서 열을 흡수하며, 증발기를 통과한 저압의 냉매증기는 압축기로 유입되고, 압력과 온도가 상승되어 과열증기로 전환된다. 과열증기는 응축기에서 열을 방출하고 고압의 포화액으로 전환되어 팽창밸브를 통과하면서 열을 흡수하여 고온부분에서 열을 방출하는 일종의 열펌프(heat pump) 역할을 한다.

1) 압축기

냉동기를 순환하는 냉매에 압력을 가하여 상온부분에서 쉽게 액화할 수 있도록 도와주는 장치이며, 왕복식, 원심식, 회전식으로 나누어진다. 왕복식 압축기는 기체의 흡입, 압축 및 배출을 피스톤의 왕복운동으로 압축하는 방식이며, 가장 일반적인 장치이다. 원심식 압축기는 여러 개의 부채꼴 모양의 날개가 설치된 임펠러가 고속으로 회전하여 증기의 압력을 상승시키는 압축기이다. 회전식 압축기는 편심으로 회전하는 로터(rotor)와 실린더 사이에서 냉매가 압축되는 방식이다. 로터는 발전기, 전동기, 터빈, 수차 등의 회전기계에서 회전하는 부분을 이르는 말로서 회전자라고도 한다.

2) 응축기

응축기는 압축기에서 배출된 고온, 고압의 과열된 냉매증기를 물이나 공기로 냉각시켜 액체상태로 응축시키는 열 교환장치(heat exchanger)이다. 냉각매체의 종류에 따라 수냉식, 공냉식, 증발식으로 나눈다.

(1) 수냉식과 공냉식 응축기

수냉식은 물을 이용하여 냉매증기를 응축시키는 장치로서 원통 다관식이 많이 이용된다. 원통의 양쪽 끝을 밀봉한 다음에 애부에 여러 개의 직경이 작은 관을 설치하여 그 안에 냉각수를 흐르게 하면서 관의 외부에 냉매가스가 흐르면서 응축되는 방식이다. 공냉식은 물 대신에 공기를 사용하며, 구리관에 구리 핀 코일을 설치하고 표면에 송풍기로 바람을 불어 냉매증기를 응축시킨다.

(2) 증발식 응축기(evaporative condenser)

냉각수가 부족한 경우에 사용하는 방식으로 물 순환펌프가 응축기 하부의 물을 흡입하여 응축기 코일에 분무하면서 소풍기가 대량의 공기를 흡입하면 공기가 증발하면서 다량의 증발열을 제거하므로 코일내부의 냉매가 응축된다. 현재는 거의 대부분의 응축기가 냉매가스를 사용하는 방식이 적용되고 있으나, 아직도 대형 시설에는 주로 옥상을 포함하는 옥외에 냉각탑을 설치하여 이용하고 있다. 소형보다는 중대형 시설의 냉각장비로 이용하고 있다.

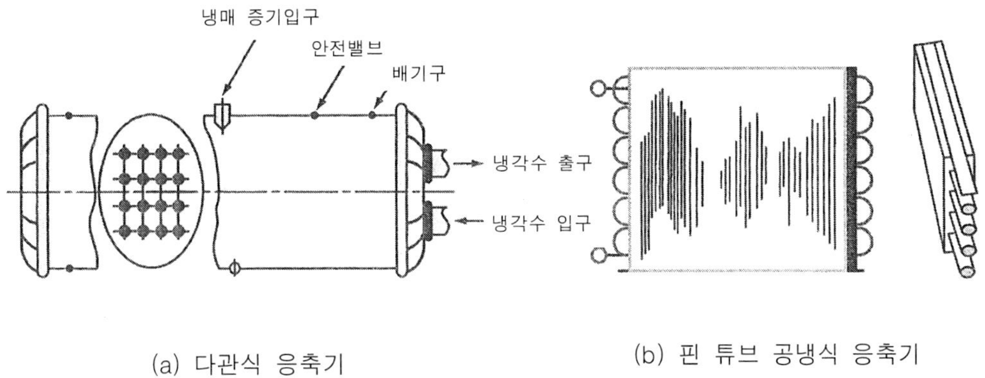

(a) 다관식 응축기　　(b) 핀 튜브 공냉식 응축기

그림 4-42. 다관식 및 핀 튜브 공냉식 응축기

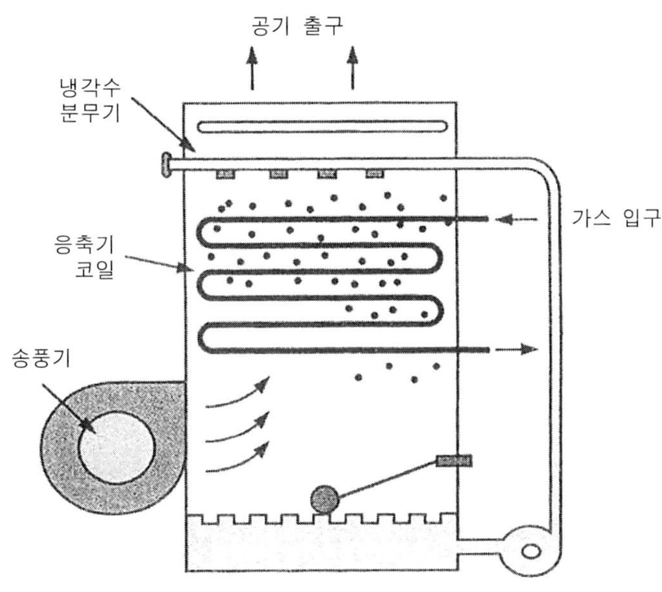

그림 4-43. 증발식 응축기

3) 팽창밸브

증발기로 유입되는 액화냉매의 유량을 증발속도에 적합하도록 조절하는 일종의 감압밸브로서 수동식, 자동식 및 모세관 튜브가 있다. 자동식은 증발압력의 변화를 이용한 정압식(定壓式) 자동밸브, 증발온도의 변화를 이용한 온도식 자동팽창밸브, 냉매액 액면의 변화를 이용하는 플로트밸브(float valve) 등이 있다.

4) 증발기

내부에서 액체냉매가 증발하면서 주위의 열을 흡수하여 공기나 식품을 냉각시키는 일종의 열교환기이고, 내부의 냉매상태에 따라 건식, 만액식(滿液式), 액순환식 증발기로 나눈다. 냉각방식에 따라 직접 팽창식과 간접 팽창식 증발기가 있다.

건식 증발기는 팽창밸브를 통하여 감압된 냉매를 바로 증발기로 보내는 방식이며, 액체냉매는 증발관을 이동하면서 점차적으로 증발되어 출구에서는 전부 증기상태로 전환되어 압축기에 흡입된다. 따라서 증발기의 내부는 대부분 냉매증기가 차지하고 있으므로 만액식 증발기보다 전열효과가 작다. 만액식 증발기는 팽창밸브에서 감압된 냉매를 분리기(accumulator)로 이송하여 가스를 분리하고, 액체만 증발기로 이송하는 장치이므로 증발기 내부에 액체가 포화상태를 형성하여 열전달이 우수하다. 증발된 증기는 분리기로 다시 이송되어 증기만 압축기로 흡입된다.

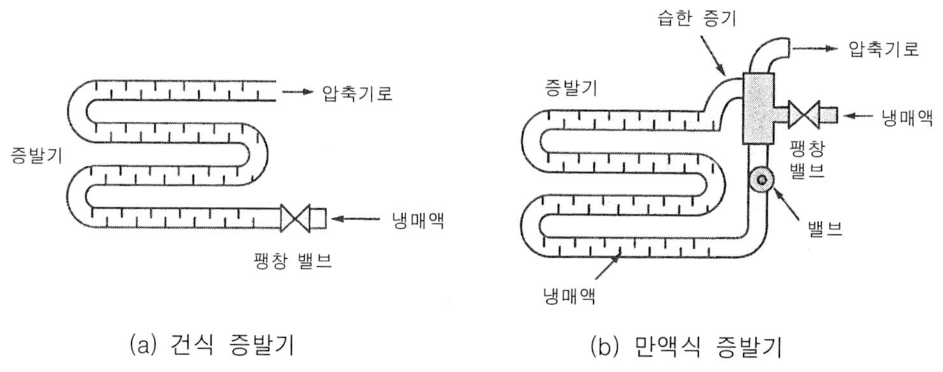

그림 4-44. 증발기의 작동원리

6.2 송풍냉동기(air blast freezer)

-30~-45℃의 찬 공기를 10~15m/s의 속도로 냉동실에 순환시켜 표면 열전달계수를 높여 식품의 냉동속도를 촉진시키는 방식이다. 회분식과 연속식이 있으며, 회분

식은 단열이 잘된 냉동실에 냉각기와 송풍기를 설치하여 공기를 강제로 순환시키는 방식이다. 연속식은 원료를 카트나 벨트로 이송하면서 찬 공기로 동결시키는 방식이다. 벨트 냉동기는 동결시키려는 채소나 과일을 이송벨트 위에 올려놓고 터널을 통과하는 동안에 동결된다. 벨트형 냉동기는 포장하지 않은 과일, 채소, 육류, 새우 등의 냉동에 주로 사용한다.

유동층 냉동기(fluidized bed freezer)는 알갱이 상태의 고체식품을 다공판 위에 쌓아 놓고 다공판의 아래에서 송풍기로 냉각공기를 위로 배출하여 고체입자를 유동상태에서 동결시키는 장치이다. 유동현상은 차가운 공기와 입자식품의 접촉이 잘 이루어지므로 급속하게 동결되고, 동결과정에서 뭉치는 현상도 방지되므로 개별 급속동결(IQF, Individually Quick Frozed)이 가능하다.

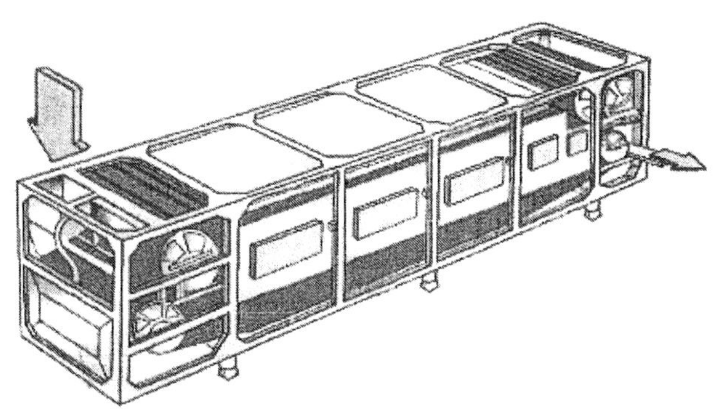

그림 4-45. 벨트형 냉동기

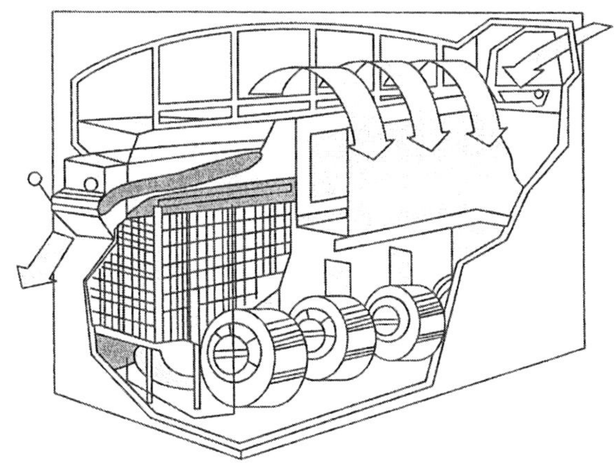

그림 4-46. 유동층 냉동기

〈연습문제〉

1. 다음 중에서 식품의 보존작업에 속하지 않는 것은 어느 것인가?

   ① 살균 ② 농축 ③ 건조 ④ 냉동 ⑤ 증류

2. 식품가공에서 가장 많이 사용하는 열교환기이며, 제작비용이 비싸고 점도가 높은 유체는 사용할 수 없고, 우유, 과일주스, 맥주 등의 살균에 주로 사용하는 장치는 어느 것인가?

   ① 이중관식 열교환기 ② 통관식 열교환기 ③ 판형 열교환기
   ④ 회전식 열교환기 ⑤ 데치기 장치

3. 다음 중에서 연속식 살균장치가 아닌 것은 어느 것인가?

   ① 가압 증자 냉각기 ② 회전식 살균기 ③ 수압식 살균기
   ④ 분무식 살균장치 ⑤ 무균 충진기

4. 용액을 가열하고 기화시켜 용액에서 수분을 제거하여 농축시키는 방법은 어느 것인가?

   ① 살균 ② 증발 ③ 건조 ④ 냉동 ⑤ 증류

5. 다음 중에서 증기와 함께 빠져 나가는 미세한 액체방울을 제거하는 장치는 어느 것인가?

   ① 응축기 ② 진공장치 ③ 압축기 ④ 비말분리기 ⑤ 냉각기

6. 다음 중에서 막 분리의 장점이 아닌 것은 어느 것인가?

   ① 에너지절약 ② 장치와 조작이 간단 ③ 영양성분의 손실 최소화
   ④ 설치비용 저렴 ⑤ 인건비용 절약

7. 다음 중에서 정류장치에 필요하지 않은 장치는 어느 것인가?

   ① 방해판 ② 다공판 ③ 정류탑 ④ 가열기 ⑤ 응축기

8. 식품 원래의 조직이나 구조가 파괴되지 않으며, 비타민이나 향기성분의 손실이 아주 적고, 건조된 제품이 가벼운 다공성 조직을 갖고 있어 복원성이 좋은 건조방식은 다음 중에서 어느 것인가?

① 동결건조기 ② 컨베이어 건조기 ③ 회전 건조기
④ 캐비닛 건조기 ⑤ 벨트 건조기

9. 다음 중에서 증기 압축식 냉동기의 4대 요소가 아닌 것은 어느 것인가?
① 압축기 ② 응축기 ③ 증발기 ④ 분무기 ⑤ 팽창밸브

10. 포화수증기를 식품공정의 가열매체로 가장 많이 사용하는 이유는 무엇인가?

11. 직접 가열과 간접 가열방식의 특징을 비교하여 설명하시오.

12. 데치기는 식품공정에서 어떤 작업인가?

13. 무균 가공방법의 장점은 무엇인가?

14. 감압농축을 실시하는 이유는 무엇인가?

15. 식품을 건조하는 목적은 무엇인가?

16. 식품가공에서 레토르트는 어떤 작업인가?

17. 식품의 보존작업의 목적과 특징은 무엇인가?

18. 동결건조의 특징과 용도는 무엇인가?

19. 식품공업에서 증류의 목적과 용도에 대하여 설명하시오.

20. 건조와 증발·농축은 어떤 차이점이 있는가?

21. 열풍건조와 동결건조의 특징은 무엇인가?

22. 막 분리공정의 특징은 무엇인가?

23. 초고온 살균의 특징은 무엇인가?

제 5 장

식품의 포장기계와 가공기계

농・수・축산물은 식품가공기계를 이용하여 적합한 형태로 가공하며, 가공한 식품은 유통과정에서 물리적 및 화학적 조건에 의해서 품질이 손상되기 쉽다. 식품의 손상을 막고 유통을 편리하게 하기 위하여 포장을 하며, 상품의 가치를 높이는 중요한 역할을 한다.

1. 식품포장 및 포장기계

1.1 식품포장(食品包裝, food packaging)

포장은 용기나 조장재로 식품을 싸서 외부와의 접촉을 차단하는 작업이며, 식품을 포장하여 유통과정에서 식품의 품질을 보존하고 위생적 안전성을 확보하며 생산, 유통, 운송의 편의성을 제공한다. 특히 포장은 상품의 가치를 높이고, 판매를 촉진하는 역할도 있어 중요성이 더욱 증가하고 있다.

한편, 식품포장재의 조건은 다음과 같으며, 식품의 포장은 기본적으로 개별포장, 내포장, 외포장으로 분류한다.

• 식품위생법에 적합할 것 • 관능적 특성에 변화가 없을 것 • 화학적으로 안정할 것 • 광선, 기체 및 습기 차단성이 우수할 것 • 물리적으로 안정하고, 강도가 충분할 것	• 가공성이 우수할 것 • 외관이 우수할 것 • 사용이 편리할 것 • 경제적일 것

표 5-1. 식품포장의 형태에 따른 분류

분 류	특 징
개별포장	물품의 수송과 보관에 적합하고, 가치와 상태를 보호하며, 보존성 향상과 품질보존을 목적으로 실시하는 포장 예) 종이, 유리, 플라스틱 등의 재료를 사용 레토르트 파우치 및 컵포장 식품 등
내포장	개별포장의 외부를 포장하여 개별포장을 보호하고, 작은 단위 운송과 편의성 향상을 위한 포장 예) 냉동식품 및 레토르트 식품을 담은 종이상자, 플라스틱 용기에 담긴 마요네즈와 케찹 등을 밀봉한 폴리에틸렌 봉투 밀봉 캔 및 병 등을 몇 개씩의 단위로 포장한 종이상자와 봉투 등
외포장	개별 및 내 포장한 물품의 보관, 보호, 수송의 효율을 향상시키고, 유통과정의 진동과 충격 등의 외부 힘에 의한 물품의 손상방지를 위한 포장 예) 라면, 과장 등을 포장한 종이박스 등

1.2 포장기계의 종류

식품의 포장작업은 크게 충전(充塡, filling)과 밀봉(密封, sealing) 작업으로 나누어진다. 충전작업은 포장할 용기에 일정량의 내용물을 담는 작업이고, 밀봉작업은 충전이 완료된 다음에 포장용기에 담긴 내용물이 외부와 직접 접촉하지 않도록 차단하는 작업이다. 따라서 식품포장 작업은 충전 → 밀봉 → 포장의 과정으로 실시하므로 포장기계는 이에 따라서 충전기, 밀봉기와 포장기로 나누어진다.

1) 충전기(充塡機, filler)

포장용기에 일정량의 내용물을 주입하는 기계장치이며, 원하는 양을 정확하게 주입할 수 있어야 하고, 안전성이 확보되어야 한다. 충전하는 원료의 특성에 따라 고체식품 충전기, 액체식품 충전기, 페이스트 충전기로 나누어진다.

(1) 고체식품 충전기

밀가루, 소금, 설탕, 조미료, 분말 차류 등과 같은 고체식품의 충전은 포장용기에 담긴 식품의 무게가 일전한 양에 도달하면 식품의 공급을 자동으로 차단시켜 포장 내용물의 양을 일정하게 확보하는 방법을 주로 이용한다. 그러나 소규모이거나, 소량

다품종 제품을 생산하는 경우는 수동 충전기를 이용하는 경우도 많다.

고체식품을 충전하는 방법은 식품의 모양과 성질에 따라 다르며, 보통 분말충전(粉末充塡), 입상충전(粒狀充塡), 캡슐충전기 등으로 구분하여 사용한다. 분말충전기는 일정량이 토출되어야 하고, 정지 및 재 토출이 쉽고 정확하게 이루어져야 한다. 따라서 무게충전기나 부피충전기를 이용하지만, 주로 무게충전기를 이용하고 있다. 부피충전기는 일정한 부피의 용기(컵)이 설치되어 있는 회전판이 회전하면서 컵을 채운 다음에 배출슈트를 통해서 용기에 충전하는 방식의 충전장치이다.

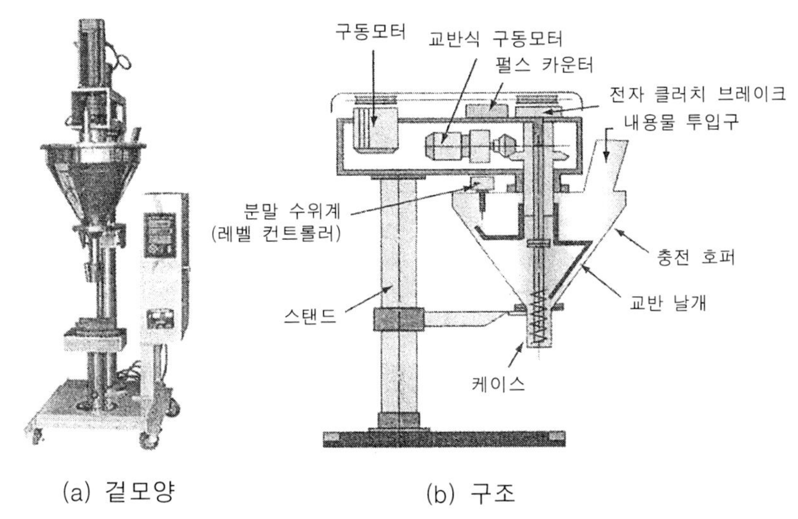

(a) 겉모양 (b) 구조

그림 5-1. 분말식품용 무게충전기

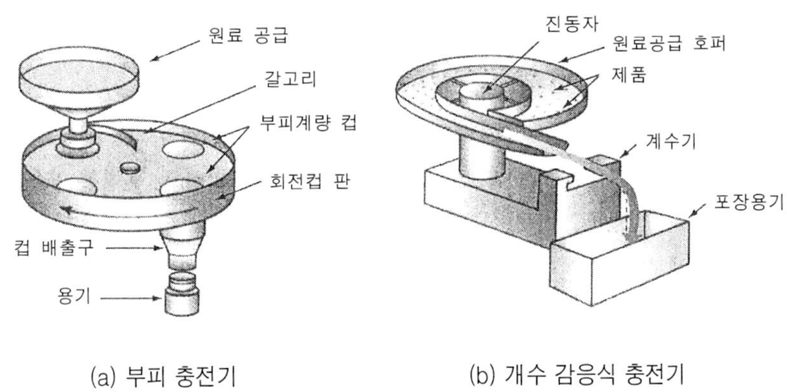

(a) 부피 충전기 (b) 개수 감응식 충전기

그림 5-2. 부피충전기 및 수량 감응식 충전기

입상제품의 충전은 수량 감응식 충전기를 주로 이용하며, 그림 5-2와 같이 계수기(counter)가 수량을 확인하고 일정한 양이 담기면 진동장치(vibrator shaker)가 작동을 정지하는 충전장치이다. 일정량을 계량하여 투입 및 충전하는 방법과 용적 측정 계량방식이 사용되고 있다.

무게측정기는 내용물의 무게를 측정하여 충전하는 방식이다. 1단계에서 저울에 빈 용기를 올려놓으면 진동장치가 작동하여 주 공급기에서 미리 설정해 놓은 중량까지 내용물이 용기로 이송된다. 2단계는 중량 감응장치(weight sensor)가 작동하여 정확한 양이 충전되면 작동을 정지시킨다. 부족한 경우는 제품의 중량에 따라 보조 공급기에 신호를 전송하여 충전이 이루어진다.

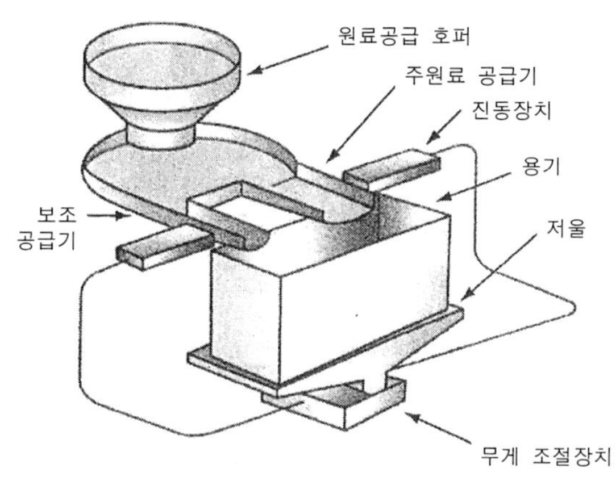

그림 5-3. 2단계 중량 충전기

캡슐에 제품을 충전할 경우는 분말이나 입상 제품을 충전하여 1개의 단위로 가공하며, 캡슐 충전기(capsuler capsule filler)라고 한다. 캡슐은 주로 젤라틴(gelatin)을 주원료로 제조하며, 경질(hard)과 연질(soft) 캡슐로 나누어지며, 다양한 크기가 있다. 젤라틴은 동물의 가죽, 힘줄 및 연골 등을 수성하는 천연 단백질인 콜라겐(교질, collagen)을 열수처리 하여 제조하며, 젤리와 과자 등의 응고제로 사용한다. 그러나 최근에 동물성 감염병인 광우병이나 동물성 단백질로 인한 알레르기 등의 우려가 있어 식물성 고분자인 한천(agar)이나 전분(starch) 캡슐 등의 사용이 점차 증가하고 있다.

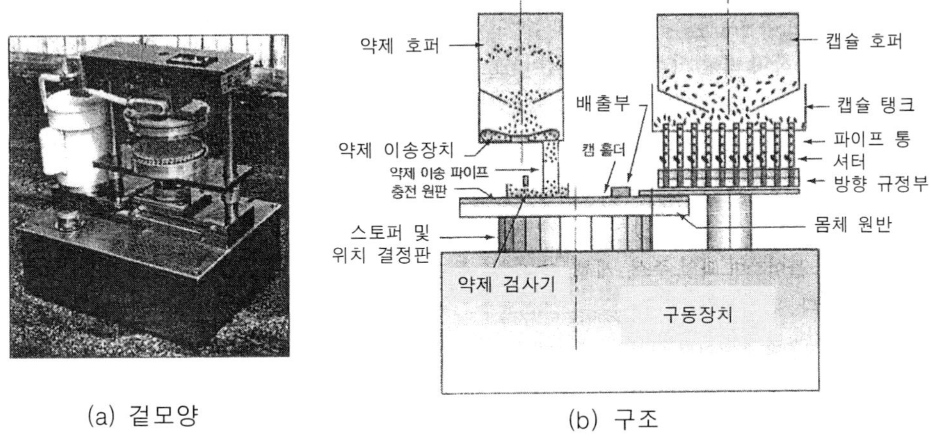

(a) 겉모양 (b) 구조

그림 5-4. 캡슐 충전기

(2) 액체식품 충전기

액체식품은 흐르는 성질이 있고, 밀도가 일정하므로 분량(volume)만 조절하면 일정량을 용기에 충전할 수 있다. 따라서 액체식품의 충전은 일반적으로 액면충전기(level filler)를 사용한다. 용기에 충전하는 방법은 액체의 성질에 따라 중력을 이용하는 중력식과 진공을 이용하는 진공식이 있으며, 중력식이 속도가 빠르므로 많이 이용한다.

진공식은 탱크 진공방식과 노즐 진공방식으로 나누어지며, 진공이 누출되지 않도록 주입구의 손상을 방지하기 위하여 고무나 실리콘 등의 연질재료를 사용하여 용기의 변형이나 용기와 밀착성을 향상시키고, 마모나 손상 정도를 관리해야 한다.

(a) 액면충전기

(b) 중력식 충전기

그림 5-5. 액면충전기와 중력식 충전기

진공충전기는 충전할 식품이 담겨있는 용기(탱크)를 진공펌프와 연결하여 약간의 감압상태를 유지시킨다. 용기가 이동하여 충전 위치에 도착하면 밸브를 밀어 올리면서 충전밸브가 개방되어 배기관의 작동으로 용기와 충전할 제품이 담긴 탱크의 압력이 같아진다. 이 상태에서 중력에 의해서 액체가 용기에 충전되고 일정량이 충전되면 액체가 배기관을 차단하면서 용기의 압력이 증가하면서 액체의 주입이 자동으로 중단된다. 충전이 완료되면 용기가 밸브와 분리되면서 밸브는 스프링 압력으로 차단된다. 고진공 충전기는 충전밸브에 설치된 배기관을 별도의 진공장치에 연결하여 충전할 제품이 담긴 탱크와 빈 용기의 압력 차이를 크게 유지할 수 있으며, 압력 차이는 충전할 제품의 점도에 따라 조절이 가능하다.

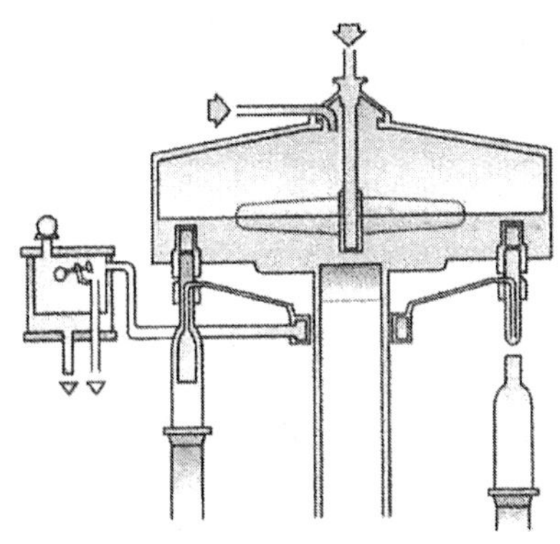

그림 5-6. 고진공 충전기

액면충전기는 제품이 빈 용기에 일정량이 충전되면 여분의 양을 배기관을 거쳐 거품분리탱크로 이송되며, 과일주스, 케첩, 마요네즈 등과 같이 점도가 높은 식품의 충전에 이용한다. 구조적으로 직렬식과 회전식으로 구분한다. 직렬식 충전기는 컨베이어에 빈 용기를 1개에서 몇 개씩 정지시키고, 위쪽에서 노즐을 하강시켜 액체를 충전하는 방식이다. 일반적으로는 회전식 충전기를 사용한다.

(3) 페이스트 충전기

어육, 육류, 페이스트(paste) 및 퓨레(puree)와 같은 반 유동상태(semi fluid state)의 식품이나 시럽 약, 치약, 화장품 등의 콜로이드와 같이 점도가 큰 내용물의 충전은 기어식이나 스크류식의 페이스트 충전기를 사용한다. 페이스트는 갈거나 개어서 풀처럼 제조한 식품이며, 육류나 토마토 등을 으깨서 조미한 식품으로 주로 퓨레를 농축하여 제조한다.

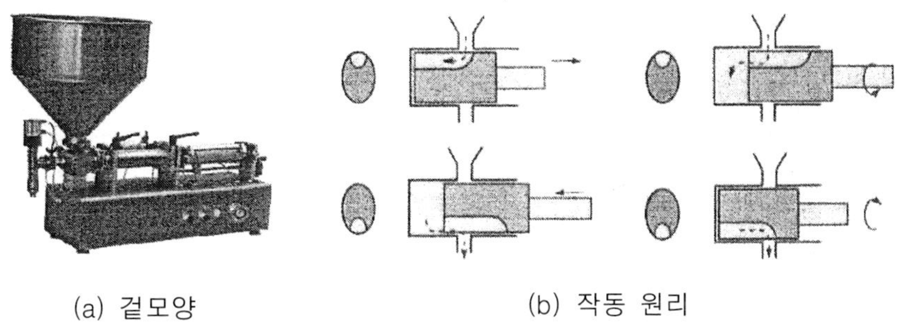

(a) 겉모양 (b) 작동 원리

그림 5-7. 페이스트 충전기

퓨레는 육류나 채소를 갈아서 체로 걸러 농축한 식품이다. 기어식은 제품 탱크와 거리가 충전부분의 거리가 상대적으로 먼 경우에 기어펌프가 강제로 밀어낸다. 회전원판의 회전수를 조절하면 충전하는 중량을 조절할 수 있다. 충전부분의 고정판과 회전원판 사이의 공간이 있고, 회전원판은 고정판에 대해서 편심회전(eccentric rotation)하면서 배출관을 개폐하도록 설계되어 있다. 편심이란 중심이 정중앙이 아니라 한쪽으로 치우친 상태를 말한다.

2) 밀봉기

밀봉은 고무, 플라스틱, 코르크(cork) 등의 밀봉재료를 용기의 개방부위에 넣고 압착하여 완성한다. 밀봉방법에 따라 사용하는 기계가 다르며, 일반적으로 용기에 대한 밀봉장치는 용기마다 전용장치가 있다. 금속 캔용 밀봉기, 유리병용 타전기, 캐퍼(capper) 등이 많이 사용되고 있으며, 종이를 사용한 용기들은 일반적으로 접착장치를 내장한 포장기를 사용한다. 캐퍼는 뚜껑을 덮는 기계를 말한다.

표 5-2. 식품포장 재료와 밀봉방법

포장재료	특 징
필름포장	열접합 밀봉기(heat sealer) : 필름재료를 가열 융착시키는 열 접착기이며, 상압에서 밀봉하는 열 밀봉기와 진공실에서 탈기하여 밀봉하는 진공 밀봉기가 있음.
통조림	미리 관 뚜껑의 컬(curl) 부분에 밀봉재료를 도포하거나 코팅한 것을 관에 부착한 다음, 이중 밀봉기로 관통 플랜지와 관 뚜껑의 컬 부분을 접합 및 압착하여 밀봉
병조림	미리 밀봉재료를 도포한 알루미늄이나 주석 등의 뚜껑을 병 입구에서 타전기로 압착하여 밀봉기로 밀봉

(1) 가열 접착기

열 접착기라고도 하며, 폴리에틸렌(PE), 폴리프로필렌(PP) 등의 필름 2장을 겹쳐서 압력과 열을 가하여 접착 및 밀봉시키는 장치이다.

① **가열접착기**(heat sealer) : 2개의 금속성 열판 내부에 니크롬선을 내장하고, 정해진 온도를 전달하여 밀착하는 장치이다. 조작이 쉽고 구조가 간단하여 여러 가지 포장재료의 접착이 가능하지만, 온도조절이 까다로워 다른 장치에 비하여 작업시간이 오래 걸린다.

② **순간전류 가열기**(impulse sealer) : 가열 전용 저항선에 순간적으로 전류를 통과시켜 접착시키는 장치이며, 대부분의 플라스틱 재료에 널리 사용하고 접착강도가 강하다.

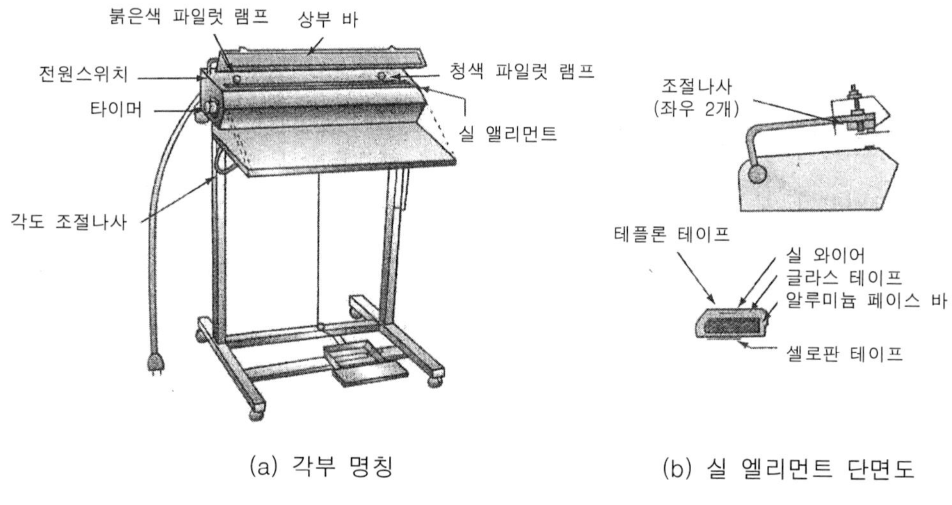

그림 5-8. 순간전류 가열기

③ **초단파 가열기**(wave sealer) : 2개의 전극판에 초단파를 통과시켜 필름을 연화하여 용융정착하는 장치이다. 접착이 쉬운 반면에 가격이 비싸고, 관리가 어렵다.

(2) 결속기

① **금속띠형 결속기** : 결속 전용 필름의 입구를 틀어잡고 성형 쇠 장식을 입구에 밀착시켜 끼워 넣는다. 순간적으로 외부에서 닫아 끼우는 방식도 있다. 쇠 장식

은 알루미늄 판으로 만든 띠를 말아서 막는 방식과 굵은 철사의 끝부분을 펼쳐 놓은 환형상(環形狀) 등 많은 종류가 있다.

② 철사 결속기 : 철사로 결속기에 사용하는 전용 필름을 묶어서 일정한 길이의 철사를 절단하고, 구부려서 묶는 것을 동시에 수행하여 결속한다.

③ 통조림 이중 시머(can double-seamer) : 통조림은 이중 시머로 밀봉한다. 시머의 종류는 매우 다양하므로 공정, 속도, 운영능력 등에 따라 적당한 형태를 선택해야 한다. 대부분이 원형관에 적합한 형태이며, 특수한 형태의 캔은 별도의 시머를 이용해야 한다. 이중 밀봉은 깡통의 플랜지(flange)와 뚜껑의 컬 부분을 롤러(roller)로 접어 눌러서 완성한다. 이 때 컬의 안쪽에 실링 컴파운드(sealing compound)가 코팅되어 있어 이중 밀봉을 하면 패킹(packing)의 역할을 하여 완전히 밀폐된다.

이중 시머는 세계적인 공통방식이며, 기본적으로 척(chuck), 리프터(lifter), 시밍롤(seaming roller) 세 가지 부분으로 구성되어 있다. 시밍롤은 제1 시밍롤과 제2 시밍롤이 있으며, 밀봉은 단계적으로 이루어진다. 재료는 금속, 종이, 염화비닐(PVC) 등의 캔을 이용하여 밀봉하는 것으로, 그대로 밀봉하는 것과 진공 감압하여 밀봉하는 방법이 있다. 시머는 수동식과 자동식으로 나누어지며, 자동식은 진공 체임버(vacuum chamber)가 부착된 진공 시머(vacuum seamer)이다. 진공 시머는 진공상태에서 밀봉하는 진공 이중시머로 진공펌프가 반드시 필요하다. 홈 시머(home seamer)는 1분 동안에 2~3개를 밀봉하는 수동식이다.

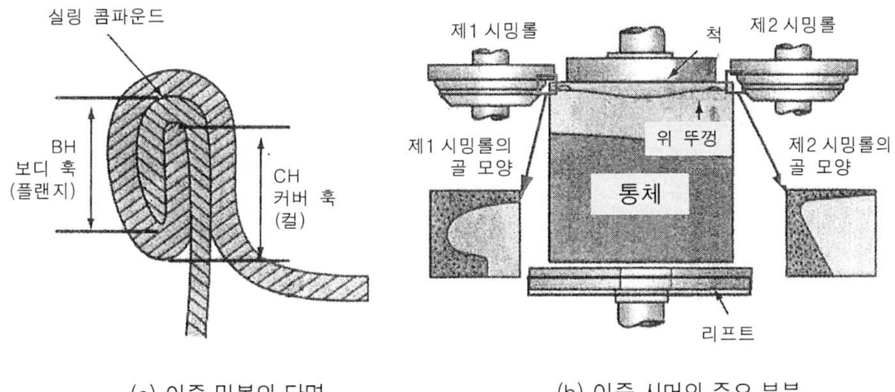

(a) 이중 밀봉의 단면 (b) 이중 시머의 주요 부분

그림 5-9. 이중 밀봉의 단면과 이중 시머

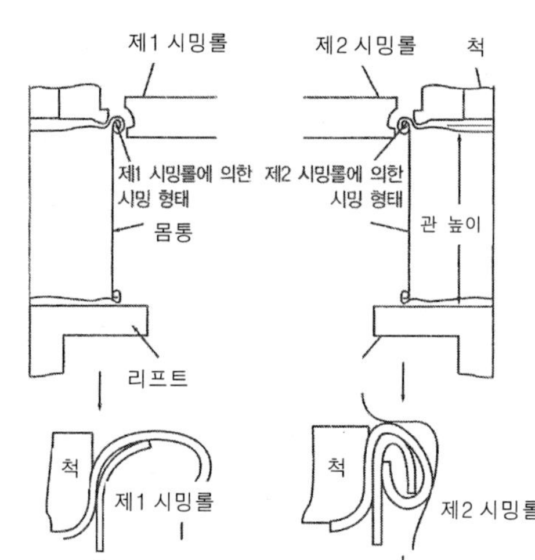

(a) 제1 시밍롤 (b) 제2 시밍롤

그림 5-10. 이중 밀봉의 작업순서

반면에 세미트로 시머(semi-tro seamer)는 1분 동안에 20~30개의 캔을 밀봉하는 반자동식이며, 원형 관에 사용하는 상압식(常壓式) 시머이다. 세미트로 시머는 교환부품이 적고, 조절이 쉬우며, 정확한 밀봉이 가능하다. 고속 자동 시머는 대량 생산 공장에 적합하다.

㉠ 병조림 밀봉기 : 병조림은 알루미늄 등의 금속제 뚜껑을 코르크, 비닐 컴파운드, 폴리에틸렌 등의 밀봉 재료를 매개로 해서 병 입구에 압착하여 밀봉한다. 뚜껑의 종류로서 음료수와 맥주 등은 왕관뚜껑(crown cap), 일반 식품은 병 입구가 넓은 광구병용 스크류 캡(screw cap), 트위스트 오프 캡(twist-off cap) 등이 있다. 이들의 밀봉장치는 왕관 타전기와 캡 밀봉기가 대표적이며, 어느 것이나 구조적으로는 뚜껑의 정렬부와 타전 플런저, 또는 캡 밀봉 헤드가 주요 부분이다. 왕관 타전기는 일반적으로 병용 충전기에 세트로 판매하고 있는 것을 사용하며, 밀봉기구는 동일하다.

호퍼(hopper)에 넣은 왕관은 왕관 정렬장치에서 일정한 방향으로 정리가 된 다음에 타전 플런저에 공급된다. 타전 플런저는 캔용 고속 시머와 마찬가지로 로터리형이며, 처리속도에 따라서 많은 플런저가 병렬로 설치되어 있다.

그림 5-11. 스크류 캡과 트위스트오프 캡

그림 5-12. 왕관 뚜껑과 캡 밀봉기

회전하면서 캠에 의해서 상하로 움직이며, 주로 스프링에 의해서 왕관 병뚜껑을 압착하고, 왕관 병뚜껑의 스커트 부분을 오므려 타전이 완료된다. 기계의 크기는 플런저 수 5～35개, 능력은 200㎖ 용량을 기준으로 분당 200～1,200병의 속도인 장비가 표준적으로 사용되고 있다.

왕관 병뚜껑은 처음 발명된 후 지금까지 100년 이상 전 세계적으로 확산되어 사용되고 있다. 1890년 시카고 근교의 농촌에서 페인타 부부는 엉성한 병마개에 든 소다수를 마시고 심한 복통을 일으킨 이후에 약 5년 동안 병마개에 대한 연구를 하여 나사식 병마개를 개발하였다. 그러나 나사식 병마개는 소다수나 맥주의 내부압력을 견디지 못하였다. 얇은 철판을 동그랗게 자르고, 병 입구에 올려놓은 다음에 둘레를 왕관모양으로 꽉 찍어서 마개를 만들었고, 이것이 바로 왕관 병뚜껑이다. 콜라, 사이다, 소주, 맥주 등의 다양한 음료수의 뚜껑으로 아직까지도 광범위하게 사용되고 있다. 스크류 캡과 트위스트오프 캡 밀봉기는 병입구에 뚜껑을 놓고, 이 뚜껑을 밀봉 헤드로 눌러서 회전시키면서 일정한 토크를 주어 뚜껑을 밀봉한다.

㉡ 레토르트 식품 밀봉기 : 레토르트 식품은 식품의 형태에 따라서 다음과 같은 세 가지로 나누어진다.

- 충전 및 살균 후 모두 유동상태 : 카레, 청국장 등
- 충전은 유동상태, 살균 후 고형 : 어육 햄, 소시지, 축육 소시지, 두부 등
- 반유동체, 고형식품 진공포장 변화 없음 : 쌀밥류, 찹쌀떡, 우동, 스파게티, 햄버거, 슬라이스 햄 등

따라서 형상이 변화되는 식품을 충전하는 경우는 내용과 밀봉방법이 달라야 한다.

④ 자동충전 밀봉기 : 유동식품을 파우치에 충전하고 밀봉하는 기계이다. 파우치 공급 - 파우치 입구 열림 - 충전 - 탈기 - 밀봉공정을 자동으로 수행한다. 기계 본체는 회전식이며, 연결된 공정을 8개의 단계(station)로 수행하는 충전 밀봉기가 일반적이다. 탈기(脫氣, gas off)는 식품에서 공기를 제거하는 작업이다. 각각의 스테이션은 파우치 공급부위에서 파우치를 잡아내는 곳, 냉각 압축을 하는 곳, 내용물 액이 충전되는 곳, 파우치를 양쪽에서 잡아당겨 잔존 공기를 탈기하는 곳, 히터 바가 가열 압착되어 파우치가 밀봉되는 곳으로 구성되어 있다.

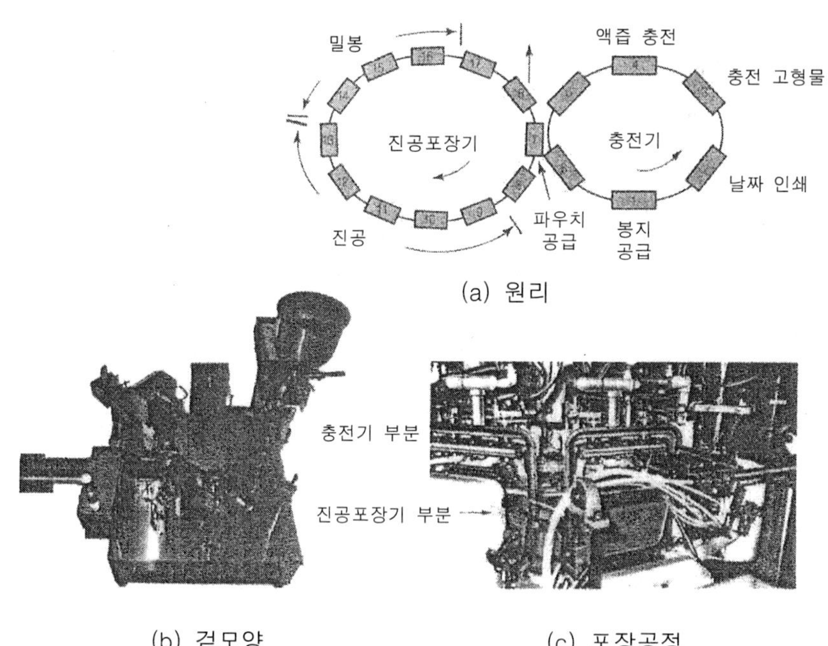

(a) 원리

(b) 겉모양

(c) 포장공정

그림 5-13. 자동충전 진공포장

레토르트 파우치 충전 밀봉은 일반적으로 위와 같이 실행되지만, 파우치형 기계는 롤러 필름(roller film)보다 파우치를 제조하는 자동 파우치 충전용 밀봉기를 사용한다.

⑤ 자동충전 진공 포장기 : 진공식품 충전 밀봉은 유동 식품과 다른 방법으로 실시한다. 예를 들면 햄버거는 햄버거 소스가 충전되지만, 소스 분량이 적기 때문에 진공 밀봉이 필요하다. 최근까지 충전기와 밀봉기는 각각 독립적인 기계로 컨베이어를 이용하여 연결을 해왔으나, 충전기구와 밀봉기구를 1대로 합친 기계의 사용이 점차 일반화되고 있다. 그림 5-13은 로터리식 자동충전 밀봉기로서 파우치 공급, 날짜 인쇄, 고형식품 충전, 액즙 충전, 진공, 밀봉, 반출 등 일련의 공정이 통합되어 자동으로 실행할 수 있다.

1.3 포장기(包裝機, packing machine)

포장기는 크게 개별포장기와 겉포장기로 나누어지고, 다음과 같은 종류가 있다.

- 밀봉 없이 포장재로 싸기 위한 자동포장기
- 접착기 포함 고속 자동 제대포장기
- 식품의 내부를 진공, 탈기 및 가스치환과 가열접착기 내장 진공포장기 및 가스치환포장기
- 자동으로 제대와 식품 충전 및 밀봉이 연속되는 자동포장기
- 종이용기 포장을 위한 종이용기 포장기

가스치환 포장기는 진공상태를 유지하면서 질소나 이산화탄소와 같은 불활성 가스(inert gas)를 주입하여 밀봉한 포장용기에 잔류하는 공기를 가스로 치환하여 밀봉 포장하는 포장기계이다.

(1) 개별 포장기

① 개별 자동포장기 : 레핑 자동포장기와 카토닝 자동포장기가 대표적이다. 레핑 자동포장기(wrapping-machine)는 개별 제품을 포장하기 위한 기계이며, 캔의 캐러멜이나 검 등의 낱개 포장과 초콜릿 등의 호일 포장, 고체 스프 등의 개별 포장에 이용한다. 카토닝 자동포장기(cartoning-machine)는 두꺼운 종이로 상자(carton)를 만들어 개별포장이나 복합 포장된 내용물을 넣어서 포장하는 기계이다.

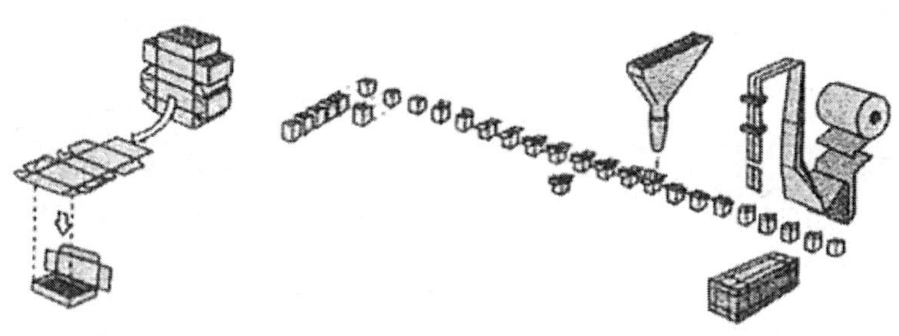

그림 5-14. 상자 만들기와 포장공정

② 자동 제대포장기 : 내용물을 자동으로 정량하여 충전한 다음에 밀봉 및 포장하는 필름 포장기이며, 가열 접착기나 냉각 접착기를 내장하고 있다. 3면, 4면, 베게형(pillow type)으로 밀봉하는 포장기 등이 있다. 가장 일반적인 것은 한 장의 필름으로 3면을 접착하여 봉지를 만들고, 식품을 포장하는 3면 시머이다. 필름 공급기, 접착기, 절단기와 반송장치로 구성되어 있다. 접착방법은 열판, 열밴드, 롤형, 불꽃이나 열풍이용 등이 있으며, 고주파나 초음파도 이용하고 있다. 일반적으로 접착방법은 접착비용과 생산성 등을 고려하여 결정한다.

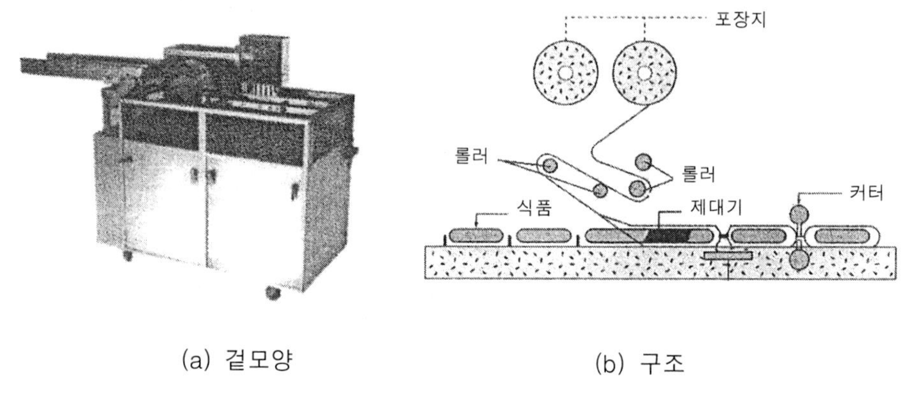

(a) 겉모양 (b) 구조

그림 5-15. 자동 제대포장기

③ 진공포장기(vacuum packaging machine) : 유연한 포장재료에 식품을 넣고 밀폐된 상자에서 진공 감압상태로 필름 봉지를 임펄스 밀봉법(impulse sealing) 등을 이용하여 접착하는 포장기이다. 노즐식과 체임버식 등이 대표적이다.

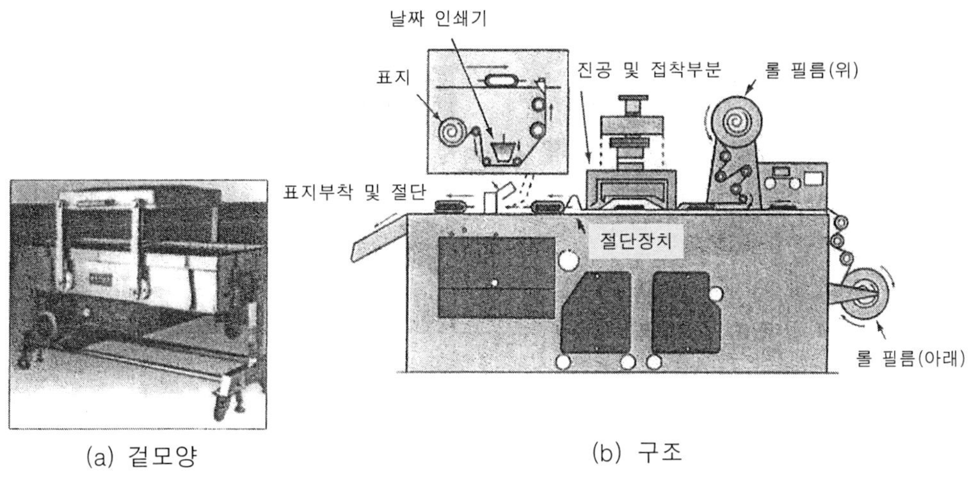

(a) 겉모양　　(b) 구조

그림 5-16. 자동 진공포장기

㉠ 노즐식 진공 포장기 : 필름 주머니 입구에 노즐을 삽입한 다음, 순간적으로 봉지 내부의 공기를 제거하고 뚜껑 부분을 압착시켜 탈기된 봉지의 안쪽 부분을 포장하는 방식이며, 작동방식은 그림 5-17과 같다.

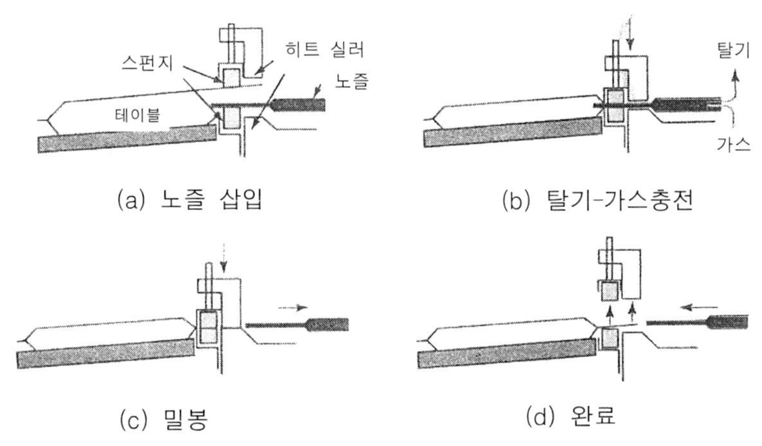

(a) 노즐 삽입　　(b) 탈기-가스충전

(c) 밀봉　　(d) 완료

그림 5-17. 노즐식 진공포장기의 작동 방식

㉡ 체임버식 진공포장기 : 그림 5-18과 같이 뚜껑이 개폐가 가능한 공간(chamber) 안에 가열 접착기가 내장되어 탈기와 동시에 밀봉하는 포장기계이다. 타임 릴레이로 작동하며, 식품을 넣은 봉지를 접착장치에 가지런히 놓고 체임버를 닿으면 배기 - 접착 - 냉각 - 송풍 - 외부에서 기체유입 - 체임버 열림 등이 반자동으로 이루어진다.

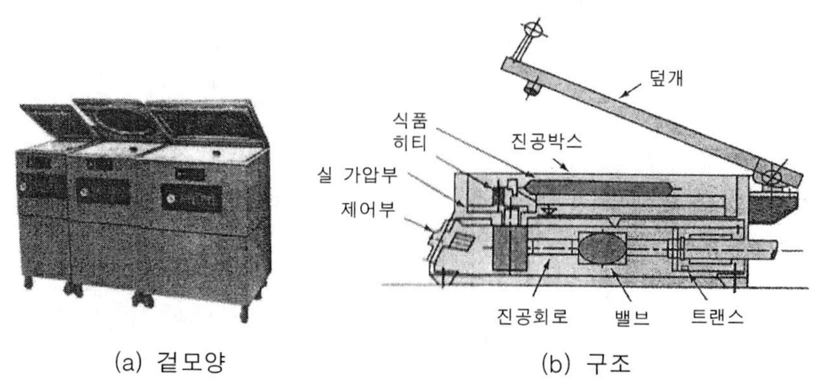

(a) 겉모양 (b) 구조

그림 5-18. 체임버식 진공포장기

④ 질소가스 충전포장기 : 탈기 이후에 봉지나 용기 내부에 질소가스를 주입시켜 포장하는 포장기계이다. 가스 치환용 설비와 타이머를 부착하여 정확한 양의 가스가 주입되도록 조절하며, 산소 접촉으로 인한 산패(rancidity)되기 쉬운 식품의 포장에 주로 이용한다.

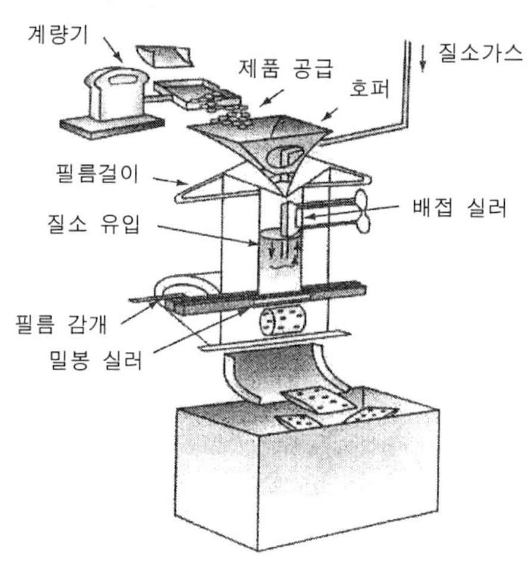

그림 5-19. 질소가스 충전 포장기

⑤ 종이 용기형 포장기 : 종이 용기는 종이에 왁스코팅(wax coating)이나 폴리에틸렌(poly ethylene, PE)을 라미네이트(laminating)한 것으로 소각처리가 쉽고, 공해문제가 적어 위생적이다. 테트라 팩을 비롯한 각종 종이용기가 광범위하게 사용되고 있으며, 1회용 용기로 사용하는 포장이다. 라미네이트란 플라스틱 포

장재를 용융이나 접착제로 붙여 복합포장재를 제조하는 방식으로 적층방식(積層方式)이라고 한다.

종이 용기는 상품형태에 따라서 정사면체 용기, 퓨어 팩과 같이 윗부분이 지붕(박공) 모양인 직사각형 용기 등이 일반적이다. 또한 뚜껑이 있는 배출구가 부착된 용기도 있다. 종이 용기형 포장기에서는 종이로 만든 용기의 내부에 충전용 노즐을 넣어 충전하고 밑부분을 밀봉한다. 용기가 형성되면 다시 밀봉하며, 연속식으로 밑부분부터 절단하면서 상자를 포장한다.

테트라팩 포장기는 대표적인 무균 충전포장기의 하나이며, 우유 및 두유, 과즙음료, 아이스크림 믹스, 조미료 등의 무균포장에 널리 이용하고 있다. 테트라 팩은 스웨덴의 Tetra-Pak社가 개발한 정사면체의 액체음료용 지기로서 세계적으로 보급되고 있는 종이용기의 일종으로 표준형(삼각 정사면체)용기가 처음 발매된 것은 1952년도이고, 액면 아래의 밀봉방식과 특징적인 정사면체 모양을 갖고 있다. 1962년에 무균 충전방식이 완성되었고, 최근까지 다양한 기종이 실용화되어 생산능력은 분당 3,600(180mℓ 이상)~9,000(8mℓ 이상)개에 이르기까지 다양하다. 현재는 포장의 편의성과 표준화를 위하여 테트라 브릭(Tetra Brick)이라고 하는 장방형(長方形) 용기가 일반적으로 사용되고 있다.

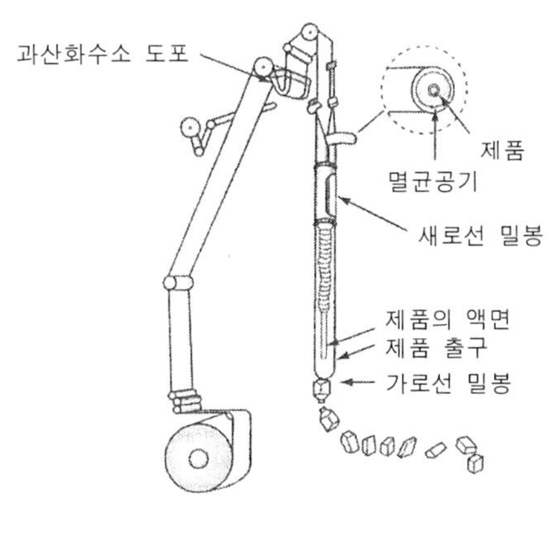

(a) 포장 원리

(b) 테트라팩 종류

그림 5-20. 테트라팩 포장기

(2) 겉 포장기

① 케이스 조립기(case packer) : 평평하게 장치된 골판지 상자를 한 개씩 꺼내어 상자를 조립하고 밑면을 접는 장치를 말한다. 케이스 조립, 봉함공정은 그림 5-21과 같다.

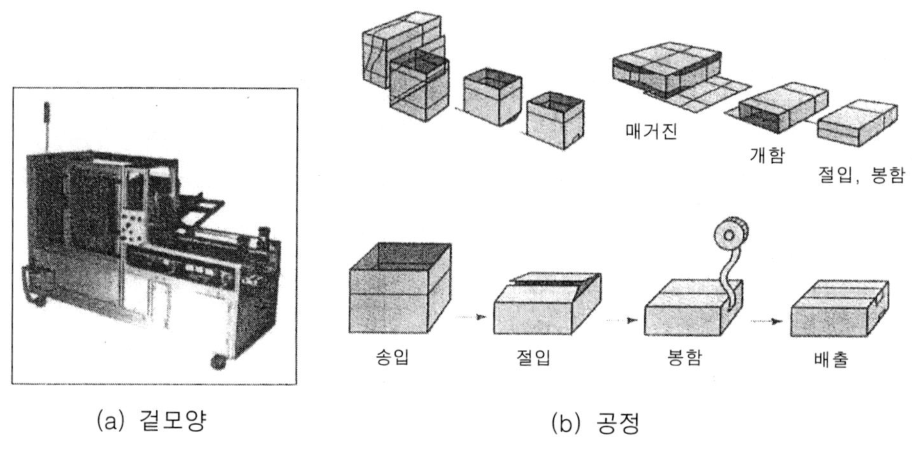

(a) 겉모양　　(b) 공정

그림 5-21. 케이스 조립 및 봉함공정

② 제함 포장기(製函 包裝機, setup packer) : 골판지 상자에 담는 공정을 진행하는 포장기계이며, 상자에 담는 것을 세트업 방식의 포장기라고 한다.

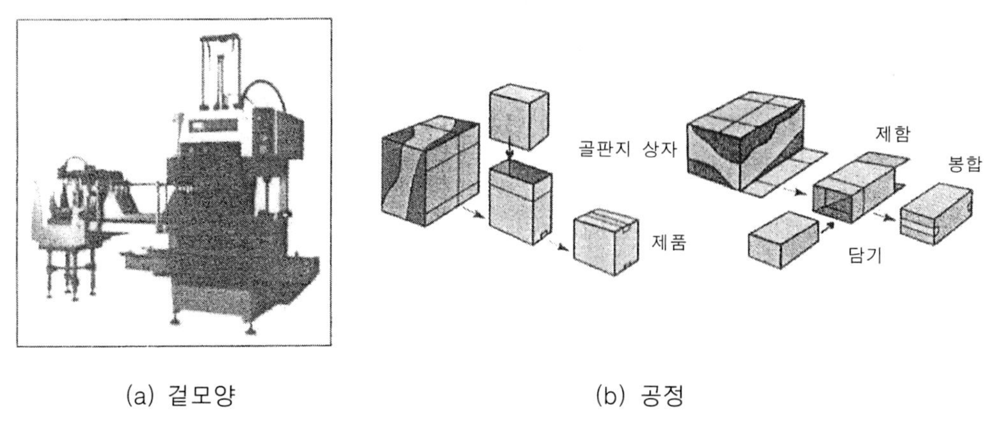

(a) 겉모양　　(b) 공정

그림 5-22. 제함포장기와 케이스 세트업 공정

③ 트레이 성형기(tray machine) : 일정한 형태로 골판지 트레이를 만드는 기계를 트레이 성형기라고 한다. 단기 소비용 채소, 과일, 어류 등의 유통에 사용하며, 음료 캔이나 컵 식품 등의 포장용으로 사용한다.

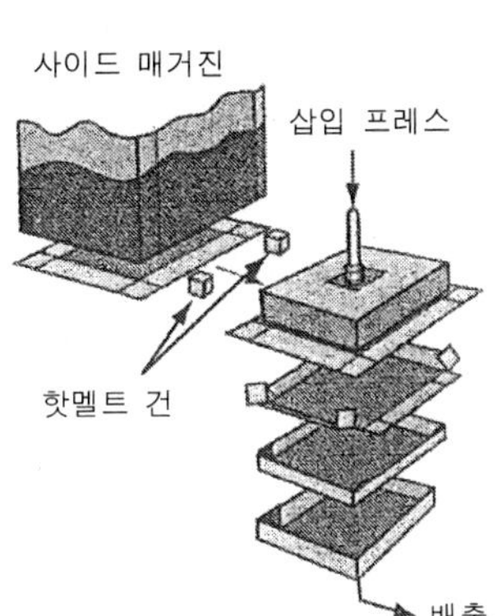

그림 5-23. 트레이 성형기의 원리

(3) 포장과 폐기물

포장과 관련하여 환경적으로 폐기물 문제는 가장 중요하다. 일반적으로 가정에서 배출되는 폐기물의 약 60%가 포장 폐기물이며, 결국 포장이 폐기물 문제의 핵심으로 취급받고 있다. 기본적으로 포장은 내용물을 사용한 다음에 폐기하여 금속 캔이나 유리용기는 재활용되어 유용한 자원으로 활용된다. 그러나 플라스틱이나 종이포장은 폐기물로 버려지는 비율이 높아 앞으로 더욱 재활용비율을 향상시킬 필요가 있다.

미국과 유럽, 일본 등의 선진국들은 폐기물의 감량화와 포장의 재활용을 추진하기 위하여 용기포장 재활용법이 제정되어 시행되고 있다. 그러므로 우리나라도 용기포장 재활용을 위한 재활용을 고려한 포장의 개발이 필요하다. 그러나 현재는 모든 포장을 재활용화는 불가능하므로 폐기물로 버려지는 포장의 양이나 부피를 줄일 수 있는 포장의 개발이 필요하다. 포장재료의 환경대응 측면에서 전체 폐기물을 재활용할 수 없다면 포장 폐기물의 감량화(減量化)와 감용화(減容化)가 추진되어야 한다.

최근 들어 포장의 안전성은 포장개발의 중요한 전제조건이며, 소비자가 안심하고 포장 상품을 구입하는 기본이 된다. 따라서 내용물에 대한 안전성은 물론 환경에 대해서도 안전한 포장이 필요하다. 포장을 폐기물로 처리하는 방법은 크게 소각법과 매립법으로 구별하며, 처리과정에서 환경에 유해물질의 배출이 없는 포장을 요구하고 있다. 대표적인 유해물질은 외인성 내분비 교란물질인 환경호르몬이나 소각과정에서 발생하는 유해가스 등의 물질이다. 외인성 내분비 교란물질은 아직까지 일부를 제외하고는 알려지지 않은 상태이므로 안전한 물질의 사용이 중요하다.

2. 식품가공기계

2.1 농산물 가공기계

(1) 현미기(rice hulling machine)

벼의 겉껍질인 왕겨를 벗겨 내고 현미를 만드는 기계를 현미기라고 하며, 일반적으로 롤러형을 주로 사용한다. 수확한 벼에서 왕겨를 분리하는 과정은 서로 다른 회전속도의 원통형 고무 롤을 서로 반대방향으로 회전시키면서 벼를 공급하면 두 롤의 회전속도 차이에 의해서 비틀림 작용을 받아 왕겨가 갈라지면서 현미가 만들어진다.

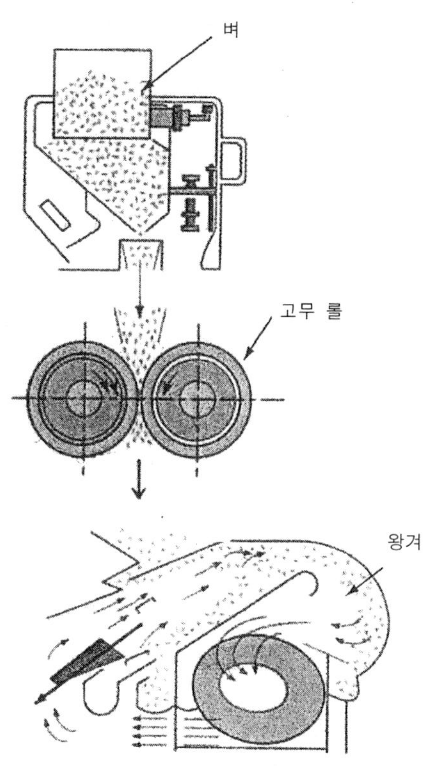

그림 5-24. 벼에서 왕겨의 분리(현미 생산)

(2) 정미기(rice peeling machine)

현미에서 쌀겨(미강, rice bran)층을 마찰이나 충격 등을 이용하여 깍아 내는 기계이며, 마찰력이나 절삭력(깍는 힘)을 이용하여 쌀겨 층을 제거하는 압력계 정미기와 절삭력과 충격력을 이용하는 속도계 정미기가 있다.

압력계 정미기는 원통 마찰식이 대표적이며, 속도계 정미기는 연삭식 정미기가 대표적이다. 그림 5-25는 연삭식 정미기이며, 금강사(金剛砂)로 만든 롤의 축이 600~2,000rpm으로 고속회전하면서 정백(精白)한다. 롤의 축은 수직으로 설치되어 있고, 이를 둘러 싼 원통은 주철(鑄鐵)로 만든 이중구조(double structure)이다. 롤 축은 나선형 기어장치에 있으며, 가압장치도 부탁되어 있다.

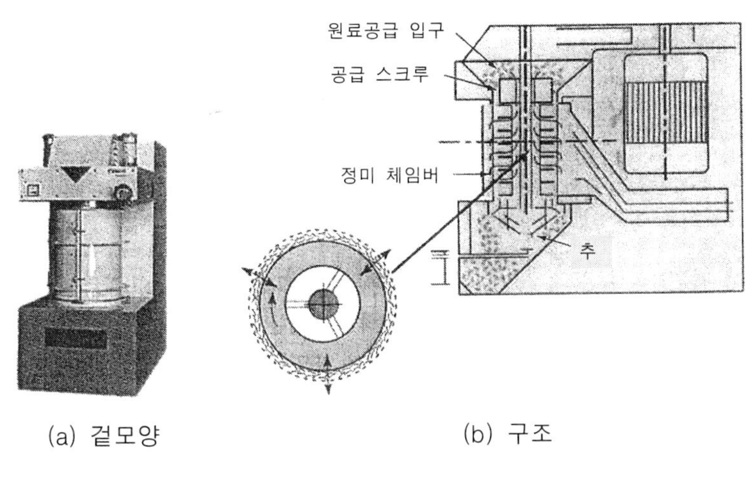

(a) 겉모양 (b) 구조

그림 5-25. 연삭식 정미기

가압장치는 추를 매달거나 스프링에 의해서 압력을 가하며, 이 압력에 의해서 현미 알갱이 사이에 마찰이 발생하고, 마찰력과 돌기부분의 깍는 힘에 의하여 쌀겨 층이 벗겨져 정미가 만들어진다. 쌀겨는 별도의 배출구를 통해 배출되며, 미강유, 식품첨가물, 사료 등 다양한 용도로 이용한다.

쌀겨를 깍는 작업을 도정(搗精)이라고 하며, 10분 도미(白米), 7분 도미와 5분 도미로 분류한다. 10분 도미는 현미에서 쌀겨를 완전히 제거한 백미를 말하고, 7분 도미는 쌀겨의 70% 제거, 5분 도미는 쌀겨를 50% 제거한 현미를 말한다.

(3) 제분기(製粉機)

밀을 분쇄하여 가루를 만드는 기계이며, 원료 밀에 혼입된 돌, 먼지, 잡곡 등 협잡물을 제거하여 분쇄한 다음, 밀기울과 백미에 해당하는 내배유(內胚乳)를 분리하여 내배유만을 곱게 분쇄하여 밀가루를 만든다.

밀은 품종에 따라 밀가루의 용도가 다르다. 대표적으로는 보통밀, 클럽밀과 듀럼밀로 나누어지며, 보통밀은 전체 재배하는 밀의 90%를 차지하고, 제과제빵용 및 일반적인 밀가루 식품의 원료로 사용한다. 클럽밀은 주로 미국에서 생산하며, 케이크 제조용으로 사용하며, 듀럼밀은 주로 유럽에서 재배하는 품종으로 파스타제조용으로 사용한다.

제분의 주공정은 제분공정이며, 현재 공업적으로 보편적으로 사용하는 제분기는 롤 형식이다. 2개의 롤이 수평 또는 약간 기울어져 배치되어 서로 반대방향으로 회전한다. 1개의 롤은 다른 것보다 약간 빠른 속도로 회전하므로 고속과 저속의 두 롤 사이에서 밀이 분쇄된다.

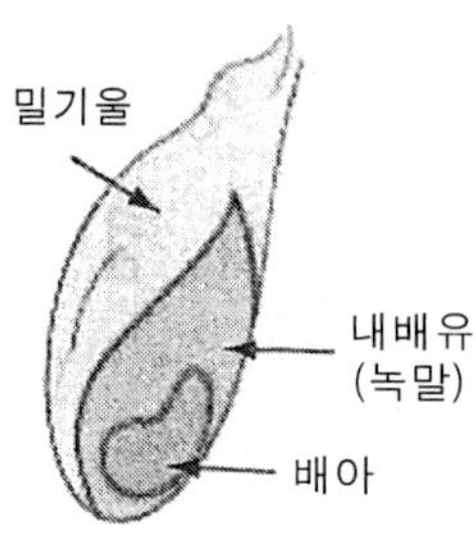

그림 5-26. 밀의 구조

그림 5-27. 밀가루 제조공정

롤형 제분기의 롤은 표면의 모양에 따라 브레이크 롤(brake roll)과 스무드 롤(smooth roll)이 있다. 브레이크 롤의 표면에는 3~7° 정도 기울어진 이빨이 1인치(2.54cm)에 8~12줄 정도 설치되어 있으며, 뒤로 갈수록 이빨이 가늘고 수가 많다. 브레이크 롤은 밀알의 껍질을 벗겨 내배유를 거친 알갱이 상태로 파쇄하는 역할을 하고, 스무드 롤은 거칠게 분쇄된 내배유 알갱이를 고운 가루로 분쇄하여 밀가루를 만드는 역할을 한다.

롤이 과열되면 글루텐(gluten) 등이 변질되므로 롤 내부의 빈공간은 물을 순환시켜 냉각해야 한다. 여러 단계의 분쇄공정에서 배출되는 분쇄혼합물은 체로 쳐서 밀기울을 제거하고, 최종적으로 100~150μm 정도의 밀가루를 생산한다.

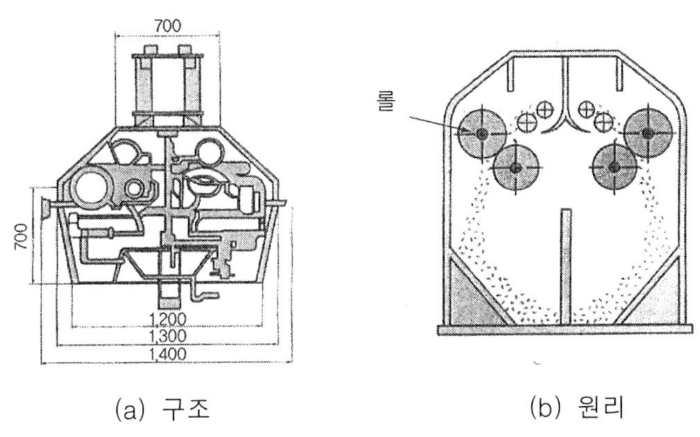

(a) 구조 (b) 원리

그림 5-28. 롤형 제분기

(4) 제면기(製麵機)

국수류의 제조공정은 혼합공정에서 밀가루와 소금물을 혼합기로 반죽하고, 조정기 2대로 각각 면대를 만든다. 복합공정에서 두 면대를 다시 1개의 면대로 합치고, 압연공정에서 압연기로 적당한 두께로 늘어나게 한다. 이것을 가늘게 면선(麵線)으로 자르고 적당한 길이로 재단하여 절단-건조-포장을 하여 제품화한다. 따라서 제면공정은 복합 조정기, 압연기, 면선 절단기 등이 중요하다.

① 복합 조정기 : 반죽기에서 반죽한 밀가루 반죽을 두 쌍의 조정기를 통과시켜 면대를 만든 다음에 두 면대를 복합하여 두께 10mm 정도 1개의 면대로 만들어 나무막대에 감아 일정한 시간동안 숙성을 시킨다. 복합 조정기는 서로 마주 보고 회전하는 한 쌍의 롤로 구성되어 있으며, 밀가루 반죽은 롤 사이를 통과하면서 면대가 형성된다.

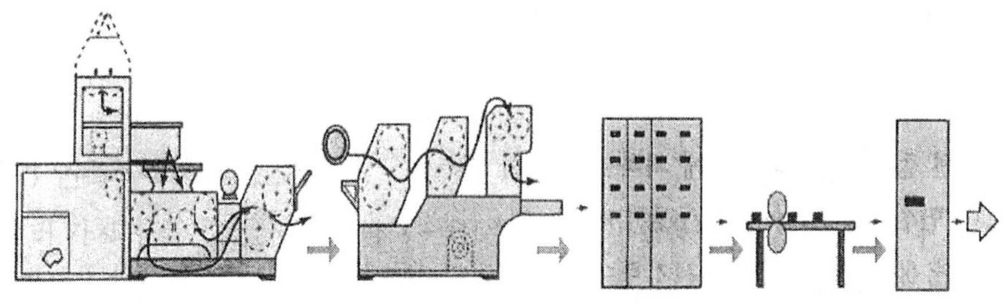

(a) 혼합공정 (b) 복합공정 (c) 압연공정 (d) 절단공정 (e) 건조공정 (f) 포장공정

그림 5-29. 제면공정

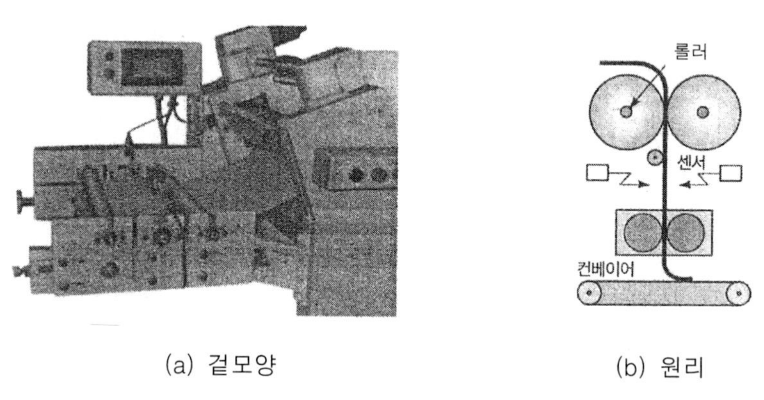

(a) 겉모양 (b) 원리

그림 5-30. 복합 조정기

② 압연기(roller) : 복합기로 만든 면대를 롤 사이에서 압력을 주어 늘려 자르기에 적당한 두께로 만드는 기계이다. 압연기는 지름이 점점 작아지는 여러 개의 롤로 구성되어 있다. 롤의 지름은 3, 9, 15, 18, 24mm이고, 지름이 큰 롤에서 작은 롤로 면대를 걸어 얇게 늘어나게 한다. 각 롤의 회전속도는 10, 18, 35, 90 rpm으로 증가시킨다.

③ 면선 절단기 : 절단 롤을 사용하여 면대를 가느다란 면선으로 절단하는 기계이다. 절단 롤의 표면모양은 사각형이나 원형이며, 두 롤 사이를 면대가 통과할 때 면선으로 절단된다. 만든 면선은 1m 정도의 길이로 잘라 건조실에서 열풍 또는 자연풍으로 건조한다.

2.2 축산물 가공기계

(1) 유제품 가공기계

① 버터 천 : 우유의 크림을 용기에 넣고 격렬하게 교반하여 크림에 포함된 지방방울을 알갱이 상태로 모으는 작업을 천닝(churning)이라고 한다. 천닝에 사용하는 기계가 버터 천(butter churn)이며, 원추형, 원통형, 반원추형 등 여러 가지 형식이 있다. 일반적으로 천닝과 워킹(working)을 동시에 수행하며, 금속재료로 만드는 것이 일반적이므로 금속 천이라고 한다. 천의 회전수는 240kg인 경우는 40rpm, 450kg에서는 25rpm 등으로 용량이 큰 것일수록 회전수가 적다.

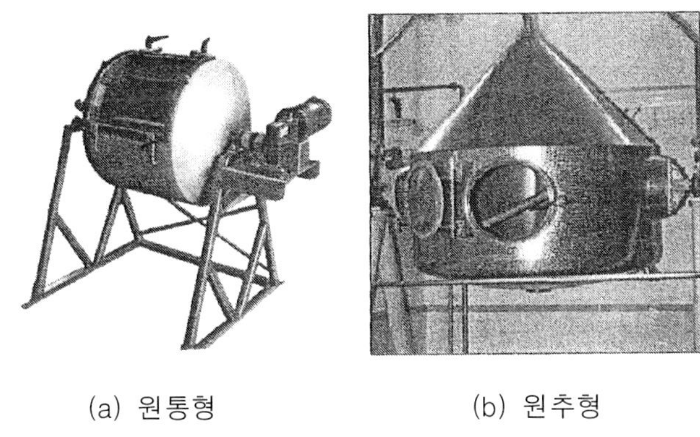

(a) 원통형 (b) 원추형

그림 5-31. 금속 천(metal chun)의 종류

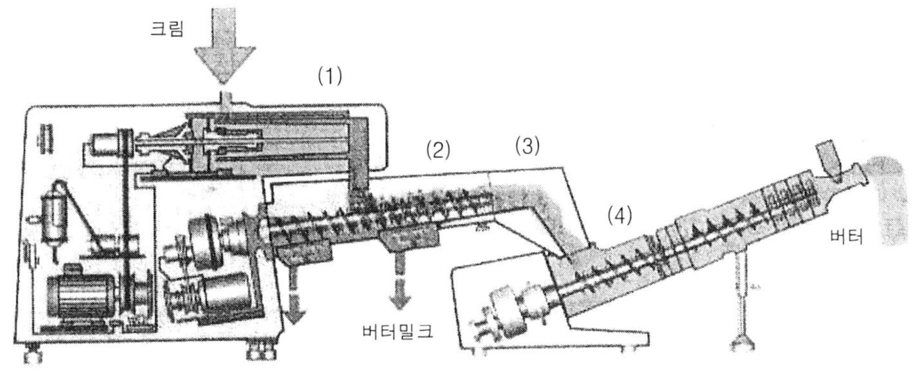

(1) 처닝 실린더, (2) 분리 부위, (3) 압착건조 부위, (4) 연압 부위

그림 5-32. 연속식 버터 제조기

② 연속식 버터 제조기 : 여러 가지 형식이 있으며, 대표적인 것은 그림 5-32와 같다. 펌프를 이용하여 크림을 입구에 넣으면 제1천닝 실린더에서 1,000~2,500rpm으로 회전하는 회전날개에 의해서 미세한 버터 알갱이가 형성된다. 이 과정에서 열이 발생하므로 천닝 실린더는 자켓을 설치하여 냉각시켜야 한다.

(2) 육류 가공기계

① 육류 초퍼(meat chopper) : 원료 육을 잘게 다지는 기계로서 호퍼, 나선형 회전날개, 플레이트 및 절단기로 구성되어 있다. 플레이트의 구멍 수를 조절하면 갈리는 크기를 조절할 수 있다.

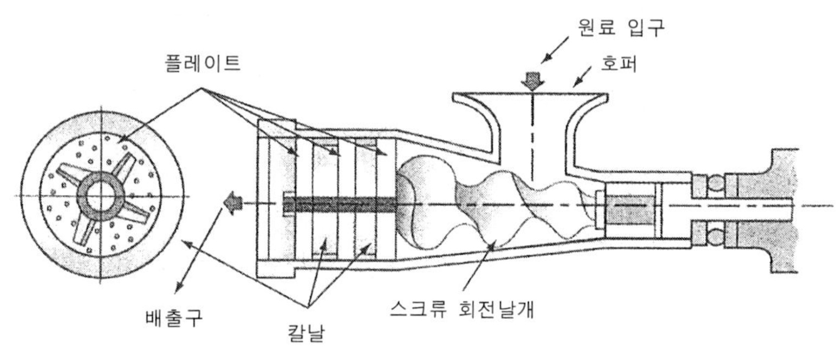

그림 5-33. 육류 초퍼

② 슬라이서(slicer) : 생고기나 햄과 같은 육류 가공품을 얇게 써는 기계로서 둥근 칼의 회전으로 10mm 이하의 두께로 절단한다.

(3) 수산물 가공기계

① 어육 채취기(채육기, fish extractor) : 롤러식, 스탬프식, 혼합식이 있으며, 어느 형식이나 고기 몸체를 압축하여 구멍이 많은 망을 통해 어육만 통과시켜 뼈와 껍질을 분리하는 기계이다. 롤러식 어육 채취기는 구멍이 많이 뚫린 다공판을 원통으로 만든 롤과 그것과 접촉하여 이동하는 고무벨트로 구성되어 있다. 다공판 롤을 감속기로 회전시키면 고무벨트가 따라 움직이고, 호퍼로 고기를 투입하면 다공판 롤을 통과하여 롤러의 중앙으로 이송된다. 작은 뼈와 껍질은 고무벨트를 빠져 나와 외부로 제거되며, 롤의 표면에 붙어 있는 어육은 나이프로 긁어 낸다.

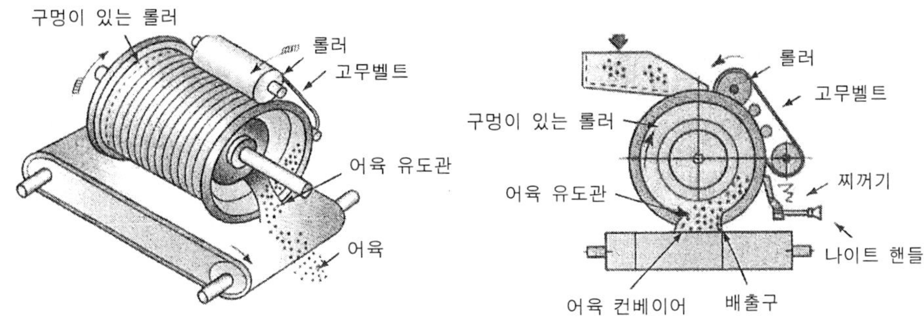

그림 5-34. 롤러식 어육 채취기

② 궤도 믹서(planetary mixer) : 절구 안에 재료를 투입하고 가는 것과 같은 원리로 고기 갈기, 교반과 혼합을 동시에 수행하는 기계이다. 스톤 몰타르(stone mortar)라고도 한다. 용기 내부에는 회전하면서 용기 내부 전체를 공전하는 3∼4개의 회전 절구 막대가 설치되어 있다. 어육은 용기의 안쪽 면과 절구 막대 사이에서 압축력과 회전운동으로 혼합과 마쇄가 동시에 이루어진다. 이 과정에서 식품의 온도가 상승되므로 용기 외부에 자켓을 설치하여 냉각수 순환으로 냉각을 해야 한다.

그림 5-35. 궤도 믹서

③ 필렛 기계(filleting machine) : 어육의 내장을 제거하고 어육편(魚肉片, fillet)을 뜨는 기계이다. 원료 생선을 컨베이어 체인에 부착된 척(chuck)으로 고정하고, 회전 칼날로 복부를 절개하여 내장을 제거하여 필렛용 회전 칼날로 육편을 떠서 롤러 브러시로 씻어 제품을 생산한다.

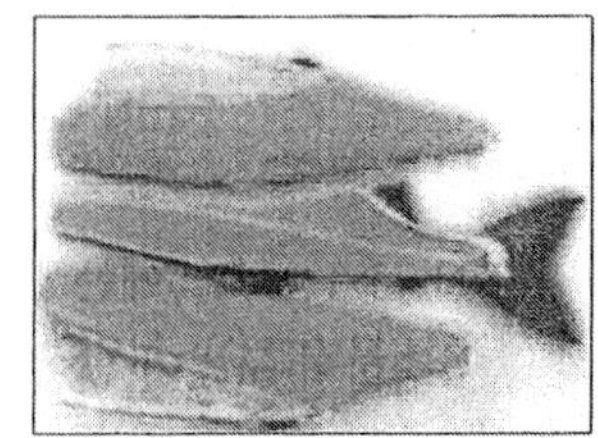

(a) 겉모양 (b) 어육편

그림 5-36. 필렛 기계

3. 기타 가공기계

3.1 성형기계

식품의 성형목적은 가공 원료의 모양을 바꾸어 식품의 외관(外觀)을 향상시키고, 식품이 갖고 있는 고유한 특징을 나타내는 것이다. 대표적인 방법은 주조성형, 압연성형, 압출성형, 절단성형, 과립성형 등이다.

(1) 제빵 성형기

발효된 반죽을 늘여 펴고 둥글려서 틀에 넣거나 철판 위에 얹어 굽기에 적합한 모양으로 만드는 장치이다.

(2) 비스킷 성형기

금속 성형 롤러 내부에 여러 가지 모양이 반죽을 누르거나 회전시키면서 성형하거나 압출하는 반죽을 자르는 방법 등을 이용하여 성형을 한다.

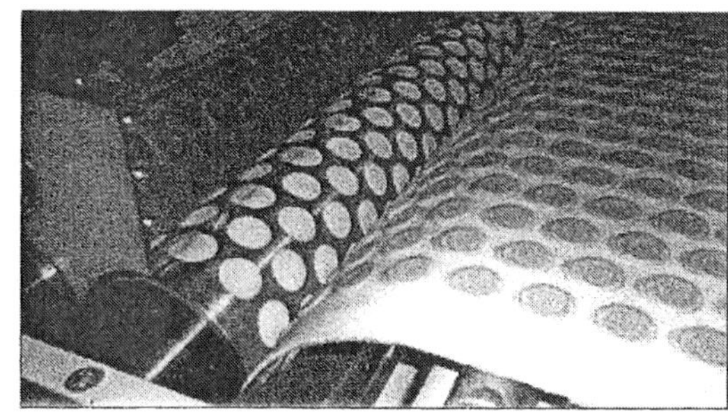

(a) 겉모양 (b) 성형 모습

그림 5-37. 비스킷 성형기계

(3) 파이 성형기

반죽을 일정한 크기로 절단한 다음에 위아래 사이를 통과하면서 눌러주고 포개기를 반복하여 균일한 조직과 층을 형성한다. 마지막으로 수직 날로 자르는 압연과정을 거친다.

3.2 오븐기계

(1) 데크 오븐(deck oven)

하나의 선반으로 이루어져 있으며, 윗부분과 아래 부분의 불을 별도로 조절할 수 있다.

(2) 로터리 데크 오븐(rotary deck oven)

구울 반죽을 담은 팬을 선반 각층에 넣은 상태에서 구우면 오븐 안에서 렉이 회전하면서 구워지기 때문에 열의 분배가 균일하게 이루어진다.

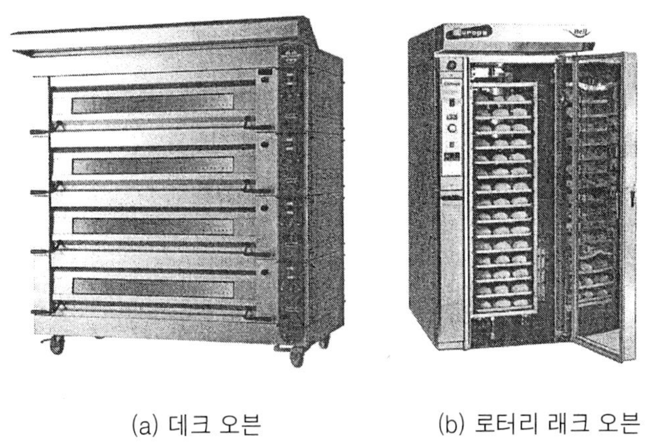

(a) 데크 오븐 (b) 로터리 래크 오븐

그림 5-38. 데크 오븐과 로터리 래크 오븐

〈연습문제〉

1. 식품포장의 의미는 무엇인가?

2. 통조림에 2중 밀봉의 단면을 그리고 각 부분의 명칭을 쓰시오.

3. 다음 중에서 겉 포장기가 아닌 것은 어느 것인가?

   ① 케이스 조립기 ② 제함 포장기 ③ 테트라팩 포장기
   ④ 트레이 성형기 ⑤ 세트업 케이서

4. 레토르트 식품을 충전할 때와 살균한 이후에 모두 유동상태의 식품은 어느 것인가?

   ① 햄 ② 카레 ③ 두부 ④ 햄버거 ⑤ 우동

5. 다음 제면공정도에서 ①, ②, ③에 알맞은 공정의 이름을 쓰시오.

   혼합공정 - ① - 압연공정 - ② - 건조공정 - ③

6. 우유의 크림을 용기에 넣고 격렬하게 교반하여 크림 중의 지방방울을 알갱이 상태로 모으는 작업은 무엇인가?

7. 다음 수산물 가공기계 중에서 고기 갈기와 교반을 동시에 수행하는 기계는 어느 것인가?

   ① 궤도 믹서 ② 필렛 기계 ③ 어육 채취기 ④ 슬라이서 ⑤ 절단기

8. 하나의 선반으로 구성되어 있고, 위와 아래의 불을 별도로 조절 가능한 오븐은 어느 것인가?

제 6 장

제어장치와 계측기기

식품공장에서는 식품의 원료와 중간제품 및 부산물과 같은 각종 제품과 관련된 물질이나 수증기와 가열 연료 등과 같은 에너지가 다양한 가공공정에 연계되어 있다. 따라서 장치와 공정을 연결하는 라인은 유량, 압력, 온도, 농도, 액위 등과 같은 공정변량이 수시로 변화된다. 우수한 품질의 제품을 효율적으로 생산하려면 공정변량을 정확하게 측정하고 최적조건으로 유지하여 공정의 효율을 최상의 수준으로 유지시켜야 한다. 이러한 목적을 달성하기 위하여 장치 내부의 상태를 정확하게 측정할 수 있는 다양한 측정계기와 제어장치를 사용한다.

1. 제어와 계측

1.1 제어장치와 계측기기

식품공업이 발전하면서 공장이 대규모화 되면서 공정도 매우 복잡한 연속 작업을 하게 되면서 계측과 제어가 자동으로 이루어지는 공정제어의 필요성이 보편화되고 있다. 또한 공정 인원의 장비 운영에서 조작실수로 인한 공정 손실과 사고 등을 방지하기 위하여 미리 설정한 프로그램대로 장비를 운영하는 방식으로 공정이 변화되고 있다. 현재와 같은 식품공업의 발전은 계측과 제어의 발전에 따라 자동화가 이루어지면서 가능해진 것이다.

1) 제어장치(control equipment)

식품을 제조하는 경우에 장치 안에서 이루어지는 반응을 원활하게 수행하기 위하여 온도, 유량, 압력, 액면의 높이, 농도, 비중, pH 등 공정변량(process variables)을 반응조건에 만족하도록 조절하는 모든 조작을 공정제어(process control)이라고 한다.

예를 들어 액체의 온도를 일정하게 유지하려는 경우에 사람이 온도계의 눈금을 확인하면서 목표 값이나 설정 값에 맞추어 스위치를 조작한다.

기기나 장치 또는 설비 등의 운전에서 사람이 직접 조작하는 것을 수동제어(manual control)이라고 하며, 공압(空壓, air pressure), 유압(油壓, oil pressure), 전기 에너지로 조작하는 것을 자동제어(automatic control)이라고 한다.

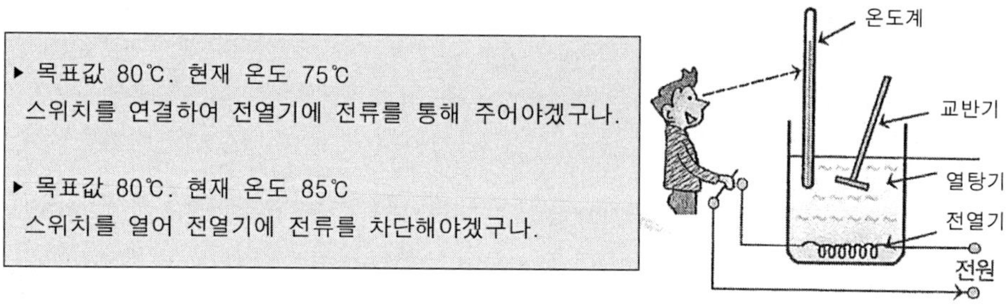

그림 6-1. 수동제어

2) 계측기기(計測器機)

식품공장에서는 각종 반응장치나 전열장치와 같이 운전과정에 열의 출입과 관련된 장치가 많다. 이외에도 효율적인 공정관리를 위하여 다음과 같은 대표적인 측정항목이 있다.

- 온도 및 압력 측정 : 운전관리
- 습도 측정 : 건조기 및 조습장치
- 액위 측정 : 탱크의 수위, 원료의 구입 및 출고에 따른 체적과 질량 등

이와 같이 제품 생산에 필요한 여러 공정변량인 온도, 압력, 습도, 액위 등을 측정하는 것을 계측이라고 하며, 이를 측정하는 기기를 계측기기 또는 계기(計器)라고 한다.

1.2 제어장치와 계측기기의 활용

식품공업에서 사용하는 계측장치는 여러 종류가 있으며 발효공정에서는 주요 계측기기로서 온도계, pH미터, 유량계, 압력계, 액면계 등이 있다. 제어장치를 이용하여 발효를 포함한 식품의 제조공정을 제어하는 것은 각각의 탱크와 컴퓨터를 연결하여 원료공급, 살균, 접종, 발효, 통기 등을 제어할 수 있으며, 활용분야는 표 6-1과 같다.

표 6-1. 식품제조공정에서 제어장치의 활용

제어의 응용	활용분야
혼합 및 희석농도 관리	과일주스, 커피음료, 케첩, 소스, 식초, 맥아즙, 연유 등
발효공정 제어	알콜 공정, 양조간장 공정 등
각종 용액의 농도제어	액상 설탕, 과당, 포도당, 시럽, 식용유, 알부민, 식염수 등

2. 제어장치와 계측기기

2.1 제어장치

1) 제어의 중요성

제어는 어떤 목적을 이룰 수 있도록 대상이 되는 기계나 장치에 대해 적합한 조작을 하는 것을 말한다. 식품공업의 공정이나 기계장치의 자동화뿐만 아니라 가정이나 상점 등에서도 일상적으로 여러 분야에서 이용하고 있다. 사람이 일하고 생활하는 모든 공간에서 자동제어를 적용할 수 있으며, 이러한 자동제어가 보급된 이유는 표 6-2와 같다. 현대적인 산업사회에서 자동제어는 매우 중요한 요소로 부각되어 있으며, 가정에서도 자동화가 중요한 화두로 확립되었다. 특히 최근에는 스마트폰의 보급으로 자동화는 물론 다양한 제어방식이 거의 모든 분야에서 표준화되고 있다.

표 6-2. 자동제어의 특징

자동제어의 장점
• 인력절감 • 제품 품질의 균일화 및 불량품 감소 • 연속작업 가능 • 고속작업 가능 • 정밀작업 가능 • 위험한 작업환경에서 작업자 배제 • 원격 확인 및 조절 가능

2) 제어방식

(1) 시퀀스 제어(sequence control)

개방 또는 열린 회로제어(open circuit control)로서 미리 정해진 순서에 따라 각각의 단계를 차례대로 진행하여 제어하는 방식으로 순차제어(sequence control) 또는 순서제어라고도 한다. 생산과 제조공정에서 시동 및 정지 작업이나 기계작업의 자동화에 주로 사용한다. 전열기를 이용하여 자동으로 물을 끓이는 시퀀스 제어의 예는 그림 6-2와 같다.

그림에서와 같이 이들 사이에는 신호전달(signal transmission)이 타이머에 의해서 작업명령과 제어명령 사이에서 명령처리가 이루어진다. 이와 같은 시퀀스 제어는 안정성과 확실성이 우수하지만 다양한 외부 변화에 대한 대응능력이 없는 것 등의 특징이 있다.

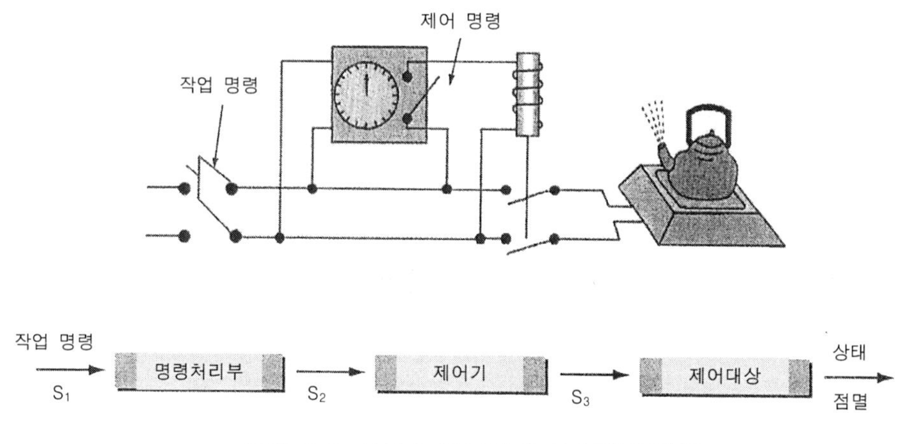

그림 6-2. 시퀀스 제어계의 신호전달 계통

표 6-3. 시퀀스 제어의 특징

장 점	단 점	응용분야
확실성 및 안정성 우수	외부 변화에 대응 불가	세탁기, 냉장고, 전기밥솥 등의 생활용품
		엘리베이터, 컨베이어, 리프트 등의 운반기계
		프레스, 선반 등의 공작기계
		자동판매기, 광고탑 등

(2) 되먹임 제어(회귀제어, feedback control)

닫힌회로(폐쇄회로, closed circuit) 제어방식으로 출력 값이나 제어량을 목표 값과 비교하여 제어가 이루어진다. 외부의 조건변화에 따라서 수정동작을 할 수 있는 것이 특징이며, 대부분의 제어가 이 방식에 속한다.

그림 6-3은 전기로 안의 온도를 일정하게 유지하기 위하여 전압조정기를 전동기와 증폭기를 사용하여 자동적으로 회귀제어 하는 예이다. 즉, 전기로 안의 온도 목표값과 제어량의 차이를 지속적으로 측정하고, 이 값을 증폭시켜 전동기에 전달하면 전동기는 전압조정기를 조정하여 편차(偏差)를 줄여나가는 방식으로 온도를 일정하게 유지시키는 방식이다.

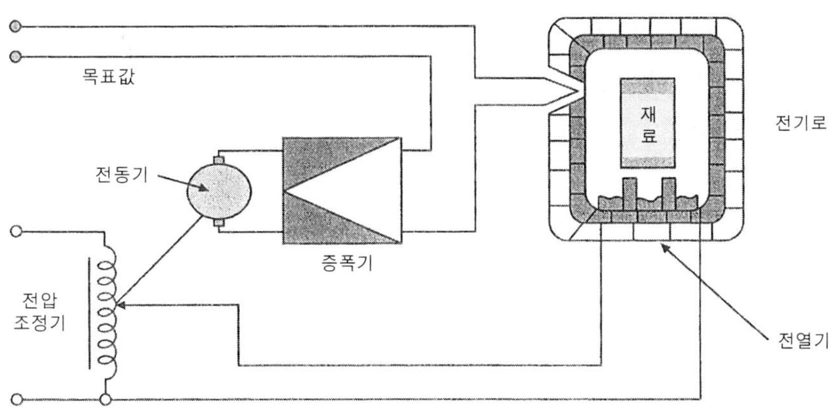

그림 6-3. 회귀제어 방식의 자동제어

2.2 계측기기

공업용 계측기기는 정확도, 감도, 신속성 등의 성능이 기본적으로 발휘되어야 하며, 이외에도 다양한 조건을 충족시켜야 한다.

표 6-4. 공업용 계측기의 조건

- 측정량의 전달
- 측정량의 계기판에 지시값으로 나타내거나 기록
- 측정량의 전달, 지시값 기록 등이 신속하고 연속적으로 가능

역학적 센서	
검출대상	센서의 종류
• 변위, 길이	• 차동변압기, 스트레인 게이지, 이미지 센서
• 속도, 가속도	• 회전형 속도계, 가속도계
• 회전수, 진동	• 로터리 인코더, 압전형 검출기
• 압 력	• 격막, 로드셀, 수정압력 센서
물리적 센서	
검출대상	센서의 종류
• 온 도	• 열전쌍, 서미스터, 측온 저항계
• 빛, 색	• 포토셀, 이미지 센서, 포토 다이오드
• 자 기	• 홀 소자, 자기 저항 소자
• 전 류	• 분류기, 변류기
• 방사선, 자외선	• 조도계, 광량계, 가이거·뮬러 계수기

1) 계측기기의 구성

공업용 온도계측기는 실험실과 가정에서 일반적으로 사용하는 수은 온도계를 사용하지 않고, 열전쌍 온도계 등의 계측기를 사용한다. 수은온도계는 공업용 계측기의 구비조건에 맞지 않기 때문이다. 즉, 수은온도계는 멀리 떨어지면 온도를 읽을 수가 없고, 측정 장소에서 거리가 발생하면 측정값을 나타내거나 기록할 수도 없기 때문이다.

열전쌍 온도계는 온도에 따른 열기전력(熱起電力, thermo-electromotive force)의 변화를 전류의 세기로 변화시켜 멀리 떨어진 장소로 전송하여 계측값을 나타내거나 기록이 가능하다. 열기전력이란 두 지점에서 접합된 2종류의 금속 접점 사이에서 온도 차이가 발생하면 열전효과(thermo-elective effect, 제베크 효과)에 의하여 발생하는 기전력을 말한다.

일반적으로 공업용 계측기는 검출기, 전송기 및 지시계 등으로 구성된다.

(1) 검출기(detector)

측정량을 전송기나 지시계로 전송할 수 있는 신호로 변환시키는 기기이다. 검출은 공정제어를 위하여 가장 중요하고 기본인 것으로, 검출기는 공정변량의 종류와 측정 범위에 따라 각각 다른 원리와 구조로 이루어진 것을 사용한다.

(2) 전송기(transmitter)

검출기에서 수신한 신호를 지시계에 전달하기 위하여 여러 가지 신호로 변환시키거나 신호의 크기를 변화시키는 기기이다. 경우에 따라서 검출기에서 수신한 신호를 직접 지시계로 전송하는 경우도 있다.

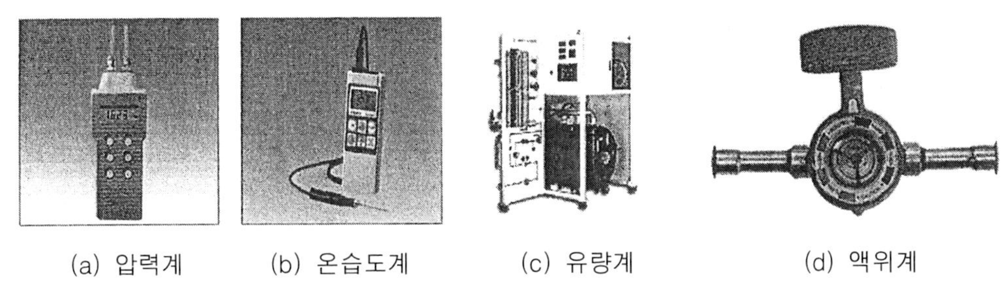

(a) 압력계 (b) 온습도계 (c) 유량계 (d) 액위계

그림 6-4. 공업용 계측기

(3) 지시계(indicator)

전송기에서 신호를 받아 측정값을 지시, 기록 또는 경보하는 기기이다. 검출기는 측정량을 공기압이나 전기적인 양으로 변환하여 전송하므로 지시계는 압력계나 전기계기를 주로 사용한다.

2) 계측의 중요성

과거에는 숙련된 기술자의 경험에 의하여 측정이 이루어져 왔으나, 현재는 제품의 품질관리를 위하여 표준화된 정밀한 측정 장비와 설비를 이용하고 있다. 이와 같이 정밀계측이 보편화되면서 작업조건이 보다 안정되고 균일한 품질과 다량의 품질 좋은 제품을 제조하게 되었으며, 다양한 분야에서 중요한 역할을 수행하고 있다.

표 6-5. 계측의 중요한 활용분야

- 새로운 제품개발을 위한 연구개발
- 제조방법 개선을 위한 현장 조사 및 연구
- 원료 및 제품의 검사
- 생산공정 관리
- 생산시설의 자동화

2.3 자동제어(automatic control)

자동제어는 기계나 장치의 제어를 사람대신에 기계가 제어장치에 의해서 자동적으로 이루어지는 제어를 말한다. 온도조절을 목적으로 사용하는 바이메탈(bimetal)을 이용하여 액체의 온도를 제어하는 조작이 사례에 속한다.

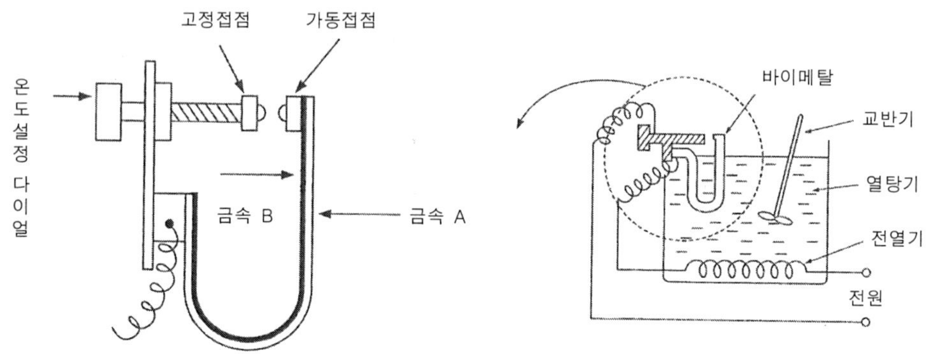

그림 6-5. 자동 온도조절

2.4 공정제어

대부분의 공장에서는 DCS(Distributed Control System)이라는 컴퓨터 시스템을 공정제어와 공장 운전에 사용하며, 소규모 공장은 PLC(programmable logic controller)를 사용한다. 그러나 DCS와 PLC의 구분은 점차 의미가 없어지고 있으며, 앞으로는 더욱 소규모의 인원으로 대형공장을 운영하려면 이러한 운영체계의 도움이 더욱 증가할 것이다.

컴퓨터 제어시스템이 개발되어 적용되기 이전에는 크고 복잡한 계기 판넬이 컴퓨터의 역할을 대신하였다. 이들은 공압보드(pneumatic board) 방식으로 여러 명의 작업자가 이동하면서 계기판의 스위치를 조작하는 방식으로 공장의 운전하였다. 현대적인 제어실은 한 사람이 3～4개의 모니터를 관리하면서 키보드, 마우스, 터치스크린 등을 이용하여 전체 공정을 조정하는 DCS로 전환된 사무환경의 변화는 거의 혁명적인 변화라고 할 수 있다.

그러나 초창기의 DCS는 조정실에 운전에 필요한 장비만 설치하고, 현장의 계기와 DCS를 중계하는 장치는 별도의 기계실에 설치하는 방식으로 조정실보다 넓은 공간을 차지하였다. 현재는 측정 및 전송이 동시에 이루어지고, 기계 및 통신장비의 소형화 등이 이루어져 기계와 조정실 사이의 중계실이 필요 없는 방식으로 더욱 발전하고 있다. 유비쿼터스 또는 스마트 방식이라는 용어가 점차 확산되는 시점에서 가장 첨단 운영방식이라는 DCS도 보다 혁신적으로 변화될 것으로 예상한다.

3. 계측기기

3.1 계측기기의 종류

1) 온도계(thermometer)

액체나 고체 등의 물질이 온도에 따라 변하는 성질을 이용하여 온도를 측정한다. 온도계는 측정물체와 접촉하여 온도를 감지하는 접촉법과 물체에 접촉하지 않고 간접적으로 측정하는 비접촉법이 있다. 팽창식 온도계, 압력식 온도계, 열전쌍 온도계, 저항 온도계 등은 접촉식이고, 복사 온도계는 비접촉식이다.

(1) 팽창식 온도계

금속, 액체, 기체 등이 온도에 의해 팽창 및 수축하는 상태변화를 이용하는 것으로 유리 온도계나 바이메탈 온도계 등이 있다.

① 유리온도계(glass thermometer) : 적당한 크기의 구와 여기에 연결된 모세관 속에 액체를 넣어 밀봉하고, 모세관의 위쪽을 진공으로 처리한 것이다. 온도계 내부에 봉입하는 액체는 수은과 알콜이 가장 일반적이며, 수은은 -30～360℃에서 사용이 가능하며, 수은의 윗부분에 고압가스를 충진하면 650℃까지 측정이 가능하다. 알콜 온도계는 -100～200℃에서 사용한다. 유리온도계는 취급이 간단하고, 값이 저렴하여 널리 이용하지만, 파손이 쉽고 원격측정이나 자동제어 용도로는 사용이 불가능하다.

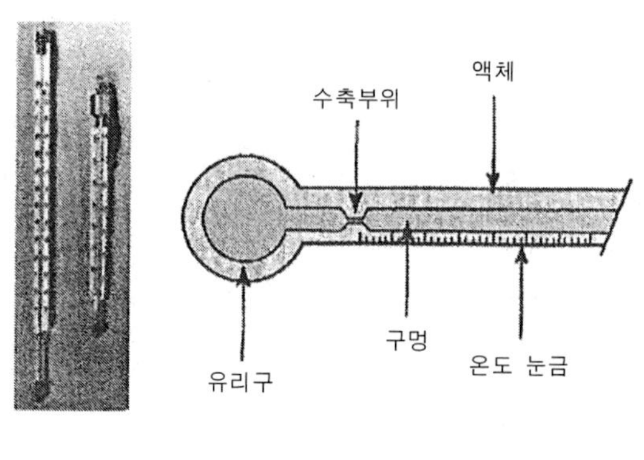

(a) 겉모양　　　　(b) 구조

그림 6-6. 유리온도계의 구조

② 바이메탈 온도계(bimetal thermometer) : 열팽창 계수가 다른 두 종류의 금속판을 서로 붙인 다음에 한쪽 끝을 고정시킨 것을 바이메탈이라고 한다. 바이메탈은 가열하면 금속판이 열팽창 계수의 차이에 의해서 휘어지며, 휘는 정도는 온도에 따라 다르므로 한 쪽을 고정하고, 반대편에 온도를 가리키는 바늘을 달아 휘는 정도를 바늘에 전달시키면 온도를 알 수 있다. 온도측정 범위는 -50～500℃이며, 구조가 간단하고 견고하며, 온도지시계로도 사용한다.

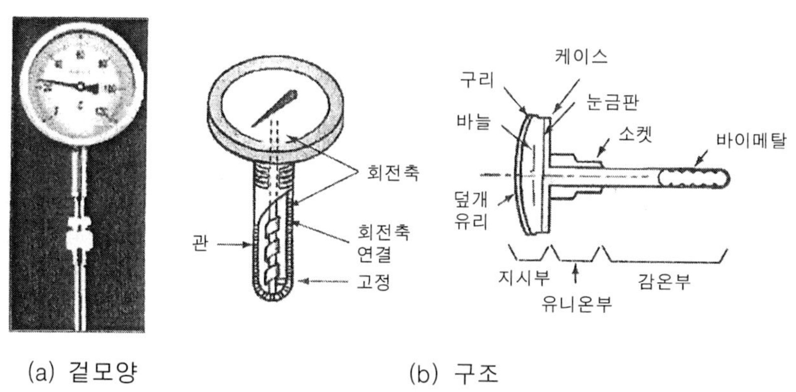

(a) 겉모양　　　　(b) 구조

그림 6-7. 바이메탈 온도계의 구조

(2) 압력식 온도계

액체나 기체의 압력이 온도에 따라 변화되는 원리를 이용한 온도계이다.

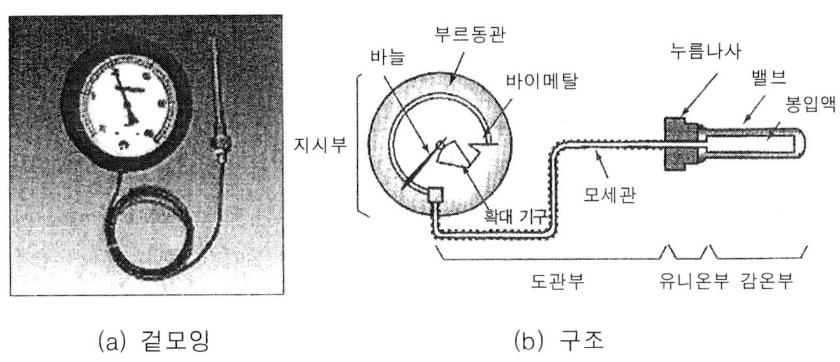

(a) 겉모잉 (b) 구조

그림 6-8. 압력식 온도계의 구조

① 액체 충만식 압력온도계(pressure-spring thermometer) : 압력식 온도계의 일종으로 감온부에서 부르동관까지 액체를 가득 채운 온도계이다. 액체의 열팽창 차이로 발생하는 압력의 변화를 모세관을 통해서 부르동관까지 전달시키고, 이때 움직이는 지시바늘이 가리킨 눈금으로 -30～600℃ 사이의 온도를 측정한다.

② 증기 압력식 온도계(steam pressure thermometer) : 액체 충만식 압력 온도계와 달리 감온부에 액체와 기체를 함께 봉입하여 온도에 따라 포화 증기압이 변화되는 원리를 이용하는 온도계이며, 사용범위는 -20～350℃이다.

(3) 전기식 온도계

온도에 따른 전기량의 변화를 이용한 온도계로 감온부의 전기저항 변화를 이용하는 전기저항 온도계와 열기전력을 이용하는 열전쌍 온도계가 있다.

온도 변화에 대한 저항의 변화는 다음 공식으로 계산한다.

$R_t = R_0(1 + a)$ (공식 6-1)

R_t : t ℃에서 저항

R_0 : 0 ℃에서 저항

a : 저항의 온도계수

① 전기저항 온도계 : 순수한 금속의 이온량이 증가할수록 전기저항이 직선적으로 커지는 원리를 이용한 온도계이다. 온도 측정에 이용하는 저항체(resister)를 측온(測溫) 저항체라고 하며, 백금, 니켈 및 구리의 세 가지 금속을 주로 사용한다. 일반적으로 백금선을 이용하는 경우가 많으며, 백금 측온저항 온도계는 그림 6-9와 같다.

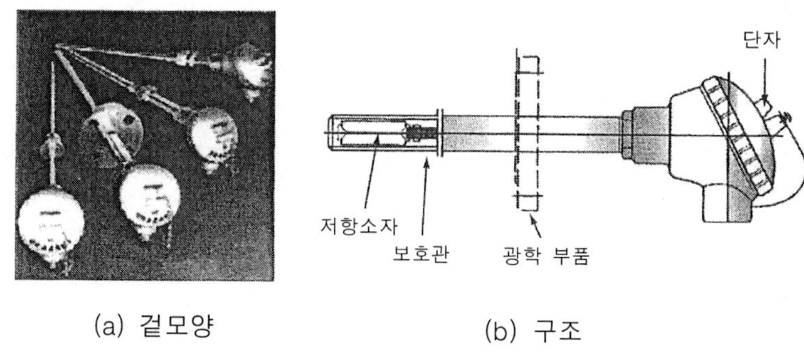

(a) 겉모양 (b) 구조

그림 6-9. 백금 측온저항 온도계

이 온도계를 이용하여 온도를 측정할 경우는 휘트스톤 브리지(Wheatstone bridge)를 이용하여 저항의 변화를 전압으로 변화시켜 측정한다. 전기저항 온도계는 정확성이 높고, 경보, 자동제어 및 기록 등이 가능하며, 사용온도 범위가 넓다. 휘트스톤 브리지는 직류의 저항을 비교 측정하는 브리지형 회로이며, 4개의 저항이 정사각형을 이루는 회로이다. 일반적으로 미지의 저항값을 구하기 위하여 사용하며, 전자저울에도 응용한다.

표 6-5. 저항체의 사용 온도

저항체 종류	사용 온도 범위(℃)		
	저 온	중 온	고 온
백금(Pt)	-200～60	0～355	0～550
니켈(Ni)	-50～60	0～350	-
구리(Cu)	-	0～120	-

② **열전쌍 온도계**(thermocouple thermometer) : 2종 금속선을 조합한 열전쌍이 이용되며, 제베크 효과(Seeback effect)에 의해서 온도를 측정한다. 온도에 따른 열기전력은 선의 굵기나 길이와 관계가 없고, 두 금속 재료의 조합에 의해서 결정된다. 한 쪽의 접합점(기준접점 또는 냉점)을 0℃의 일정한 온도로 유지하고, 기전력의 크기를 정밀한 밀리볼트미터 또는 전위차계로 측정하면 다른 쪽의 접합점(감온접점이나 온점)의 온도를 환산하여 구할 수 있다.

제베크 효과는 서로 다른 두 금속선의 매듭에 온도 차이를 발생시키면 열기전력(전압)이 발생하는 현상이다. 밀리볼트 측정값을 알면 밀리볼트와 온도의 관계에서 온도를 계산할 수 있다. 이러한 원리를 이용한 온도계가 열전쌍 온도계이며, 사용하는 열전쌍 온도계의 종류와 특성은 표 6-6에 정리하였다. 온도측정 범위가 넓고, 일반 온도계를 설치할 수 없는 장소에서도 편리하게 사용이 가능하므로 원격조작이나 지시 및 기록 등 자동제어에 주로 사용한다.

보상도선(補償導線, extension wire or compensation wire)은 열전쌍의 끝에서 기준 접점까지는 열전쌍과 특성이 비슷하면서도 값이 싼 대용선으로 연결하는데 이를 보상도선이라고 한다. 주로 구리-니켈 합금선을 사용하며, 높은 정확도가 요구되는 경우는 다른 재료를 이용한다. 한편, 서미스터(thermister)는 온도에 민감한 저항기라는 의미의 반도체 소자이다. 망간, 니켈, 코발트, 구리 등의 산화물을 1,000℃ 이상 고온에서 소결(燒結)시켜 얻는 반도체이며, 부피가 작고 값이 싸다.

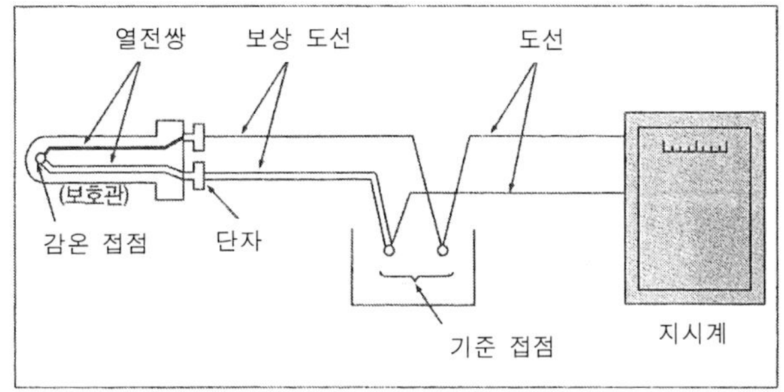

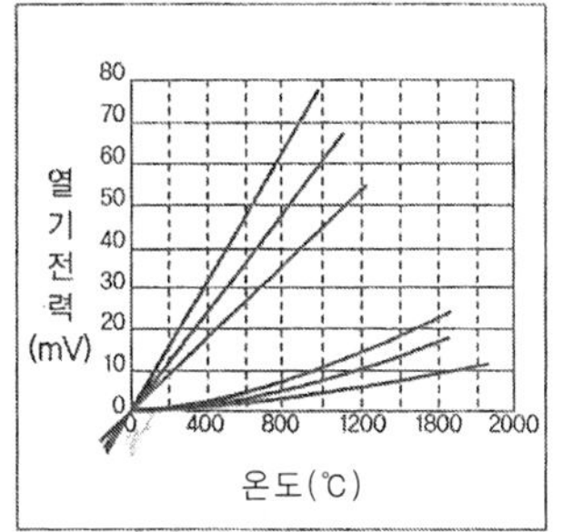

그림 6-10. 열전쌍 온도계의 보상도선과 온도 특성 곡선

표 6-6. 여러 가지 열전쌍의 특성

기호	약호	+ 단자	- 단자	보상도선의 색	측정온도 범위
K	CA	크로멜	알루멜	파랑	-200~1,300
E	CRC	크로멜	콘스탄탄	-	-270~1,000
J	IC	철	콘스탄탄	노랑	-210~760
T	CC	구리	콘스탄탄	갈색	-270~400
R	PR	백금 - 로듐 13%	백금	검정	-
S	-	백금 - 로듐 10%	백금	-	0~1,760
B	-	백금 - 로듐 30%	백금	-	0~1,820

측온 저항체인 백금선의 값은 비싸고, 저항체 자신의 열용량이 크기 때문에 최근에는 백금 대신에 서미스터를 주로 이용하고 있다. 이들은 금속선에 비하여 비저항과 변화량이 크고, 특히 서미스터의 전기 저항 온도 계수값은 금속에 비하여 10배 이상이다. 즉, 서미스터는 응답속도가 빠르고 소형이므로 보급이 확산되고 있다.

(4) 복사식 온도계 고온계

열전쌍 온도계로 측정할 수 없는 1,500℃ 이상의 높은 온도를 측정할 경우에 온도를 측정하려는 고온의 물체에서 방출되는 복사에너지를 전기적인 에너지로 변환시켜 물체의 표면온도를 측정하는 비접촉식 온도계이다. 물체가 열을 받으면 물체에서 복사선(輻射線)이라는 빛이 방출되며, 빛은 온도에 따라 다르므로 이를 이용하여 온도를 측정하는 원리이다.

① 복사 고온계(radiation pyrometer) : 온도를 측정하려는 물체의 복사열을 렌즈를 통해서 수열판(受熱板)에서 받아 열전쌍의 기전력으로 고온 물체의 온도를 측정한다. 1,800℃ 이하인 물체의 복사광선(輻射光線)은 90% 이상이 적외선이며, 적외선은 대부분이 열 복사선이다. 따라서 복사광선을 대물렌즈로 모으고 초점에 수열판을 배치하면 수열판의 온도가 상승한다.

수열판의 온도 상승은 전체 복사 에너지량에 비례하므로 열전쌍의 기전력으로 온도를 측정할 수 있다. 수열판은 열의 흡수가 잘 되도록 검은 색의 백금판이나 운모를 사용한다. 이 온도계는 비접촉식이므로 뜨거운 물체에 직접 접촉하지 않고 온도를 측정할 수 있지만, 측정부위가 수증기나 연기 등의 작은 입자에 의해서 영향을 받을 수 있다.

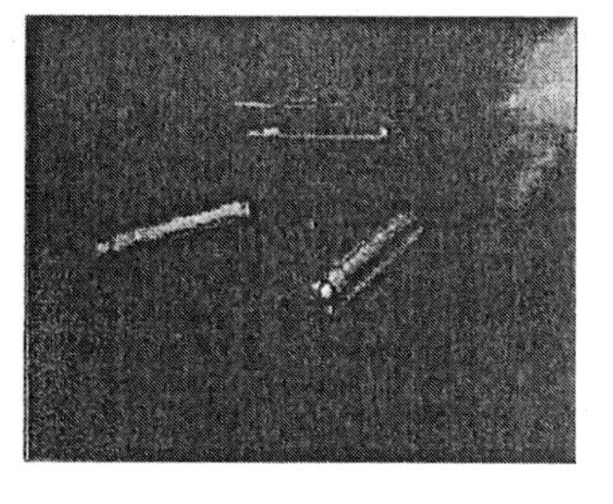
(a) 겉모양

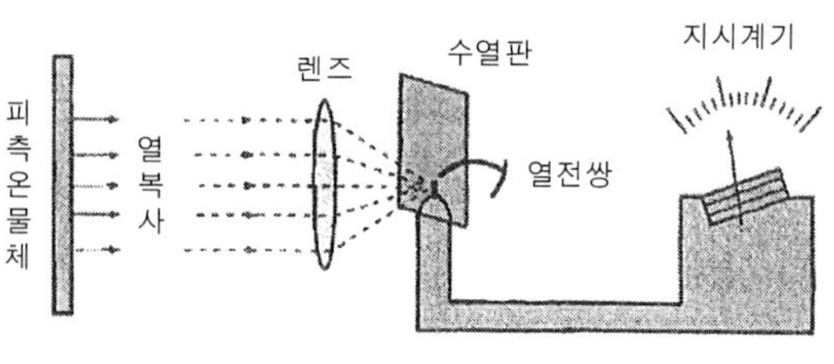

(b) 원리도

그림 6-11. 복사 고온계

② 광 고온계(optical pyrometer) : 물체의 온도변화에 따라서 빛의 방출파장이 변하는 성질을 이용하여 온도를 측정할 수 있다. 광 고온계는 물체에서 방출되는 여러 파장의 방사에너지 중에서 단일 파장(적색 단색광)의 방사열만 선택하여 온도를 측정한다. 측정은 물체에서 방사된 빛을 대물렌즈로 모아서 초점에 전구를 배치하여 방사광의 빛의 세기와 전구의 필라멘트 빛의 세기를 적색필터를 통해서 650nm의 적색 단색광만을 비교한다.

이때 두 빛의 세기가 일치하도록 저항기로 필라멘트에 흐르는 전류를 조절하여 이 전류값에서 온도를 알 수 있고, 700℃ 이상의 고온 측정에 이용한다. 그러나 조절이 어렵기 때문에 조절과정을 자동화시킨 광전관 고온계(photoelectric pyrometer)가 사용된다.

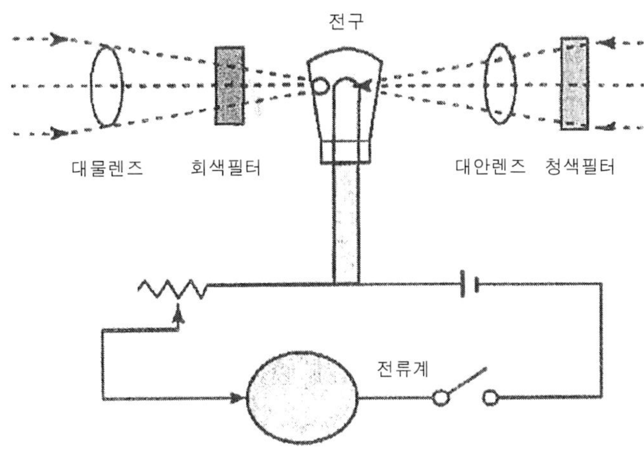

그림 6-12. 광 고온계의 측정원리

2) 습도계(hygrometer)

식품제조에서 건조나 조리 등의 공정에는 수분량 및 증발수량의 관리를 위하여 주위의 습도를 측정해야 하고, 습도를 측정하는 계기를 습도계라고 한다. 건습구 습도계와 전자식 습도계가 있다.

건습구 습도계는 유리온도계 등으로 건구 및 습구 온도를 각각 측정하여 습도표에서 상대습도를 구하므로 자동측정이 불가능하다. 공업적으로는 전자식 습도계를 사용하며, 상대습도에 따라 전기저항이 변하는 것을 이용한 이슬점 습도계(due-point hygrometer)가 있다.

(1) 건습구 온도계

건구와 습구의 온도를 읽고 습도표를 이용하여 습도를 측정한다. 구조와 취급이 간단하지만 통풍상태와 습구의 수분을 유지하는 것에 주의해야 한다.

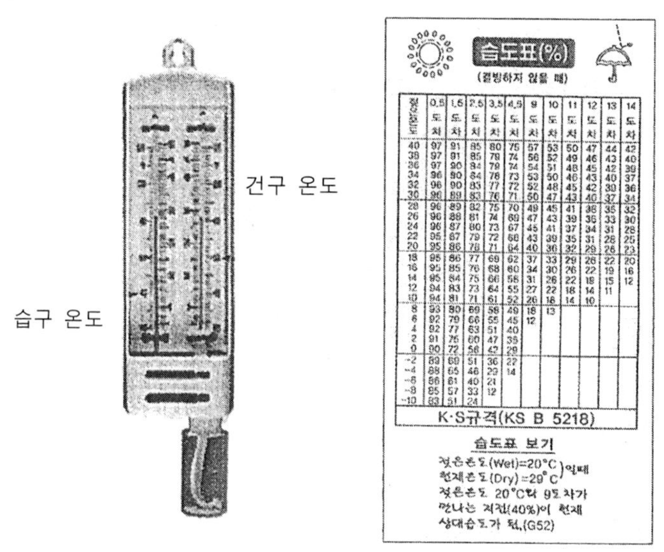

습도표(%)

(결빙하지 않을 때)

젖은온도	0.5 도차	1.5 도차	2.5 도차	3.5 도차	4.5 도차	9 도차	10 도차	11 도차	12 도차	13 도차	14 도차
40	97	91	85	80	75	57	53	50	47	44	42
38	97	91	85	79	74	56	52	49	46	43	40
36	97	90	84	79	74	54	51	48	45	42	39
34	96	90	84	78	73	53	50	46	43	40	37
32	96	90	83	77	72	52	48	45	42	39	36
30	96	89	83	76	71	50	47	43	40	37	34
28	96	89	82	75	70	49	45	41	38	35	32
26	96	88	81	74	69	47	43	39	36	33	30
24	96	87	80	73	67	45	41	37	34	31	28
22	95	87	79	72	66	43	39	35	31	28	25
20	95	86	78	71	64	40	36	32	29	26	23
18	95	86	77	69	62	37	33	29	26	22	20
16	95	85	76	68	60	34	30	26	22	19	16
14	95	84	75	66	58	31	26	22	18	15	12
12	94	83	73	64	55	27	22	18	14	11	
10	94	81	71	61	52	26	16	14	10		
8	93	80	69	58	49	18	13				
6	92	79	66	55	45	12					
4	92	77	63	51	40						
2	91	75	60	47	38						
0	90	72	58	42	29						
-2	89	69	51	36	27						
-4	88	65	46	29	14						
-6	86	61	40	21							
-8	85	57	33	12							
-10	83	51	24								

K·S규격(KS B 5218)

습도표 보기

젖은온도(Wet)=20°C
현재온도(Dry)=29°C 일때
젖은온도 20°C와 9도 차가
만나는 지점(40%)이 현재
상대습도가 됨.(G52)

그림 6-13. 습도계 및 습도표

(2) 이슬점 온도계

이슬점을 정확하게 측정하여 습도를 측정하는 방식이다. 공기 중의 수증기가 응축되어 이슬로 되려면 일정 온도나 포화수증기압에 해당하는 일정한 압력에 도달하면 공기속의 수증기가 포화되어 응축되고 이슬을 만들기 시작한다.

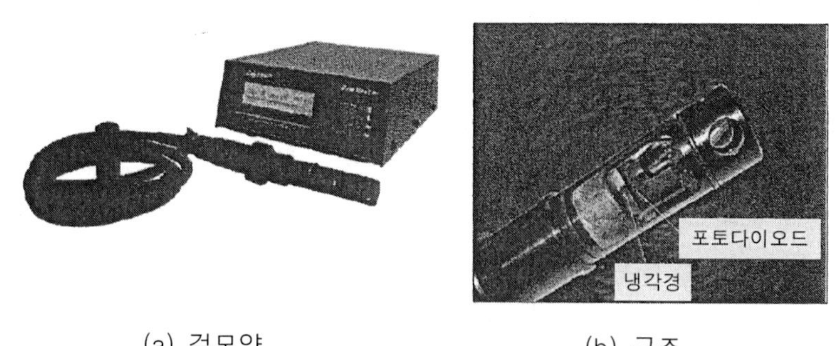

(a) 겉모양 (b) 구조

그림 6-14. 광전관 이슬점 습도계

이슬점을 전기적으로 측정하는 방법에 따라 광전관 및 염화리튬 이슬점 습도계가 있으며, 광전관 이슬점 습도계가 주로 사용된다. 광전관 이슬점 습도계는 기체에 노출된 금속 거울의 온도를 서서히 낮추면 거울에 이슬이 나타나기 시작한다. 이때의 온도를 거울의 반대편에 부착된 열전쌍으로 검출하면 습도를 측정할 수 있다.

3) 압력계(manometer)

압력은 온도와 마찬가지로 각종 식품가공 장치에 담겨 있는 유체의 상태를 이해하는 데 매우 중요하다. 압력을 측정하는 계기가 압력계이며, 식품제조 공정에 사용하는 압력은 초진공부터 초고압까지 사용 및 측정범위가 광범위하다.

일반적으로 대기압에서 사용하는 압력계는 압력에 대한 탄성체로 구성된 감압소자가 변형되는 것을 이용하는 스트레인 게이지 등을 이용하여 압력을 측정한다. 대기압보다 낮은 진공에서는 단위 부피당 기체분자의 농도가 적어 분자운동의 충돌에너지를 이용하는 것으로는 정확한 측정이 어렵다. 따라서 분자를 이온화시켜 전자에너지를 이용하는 경우가 일반적이다.

초고압에서는 모든 물질이 고체상태가 되므로 확실한 정압은 얻을 수 없고 검출방법도 제한된다. 주로 망간 합금, 백금, 인듐 등의 금속 저항선의 압력으로 전기저항이 변하는 것을 이용한다. 압력을 측정하는 압력계는 액기둥 압력계, 탄성 압력계, 전기식 압력계가 있다.

압력의 단위는 다음과 같다.

$1N/m^2 = 1Pa$;

$1kgf/cm^2 ≒ 9.8 \times 10^4$ Pa $≒ 10^4$mmHg = 760 Torr $≒ 10.3\ mH_2O$

(1) 액기둥 압력계

액면 높이의 변화에 따라 압력 차이를 검출하는 장치로 액기둥의 무게 균형을 비교하는 압력계이다. U자관형 압력계, 단관형 압력계, 경사관형 압력계 등이 있다.

① U자관형 압력계 : U자 모양의 유리관 속에 물, 기름, 알콜, 수은 등을 넣어 만든 U자관형 마노미터(manometer)로서 가장 간단한 액기둥 압력계이다. 그림 6-15에서 압력 차이인($P_1 - P_2$)가 액기둥 높이 h에 비례하는 것을 이용하여 높이를 정확하게 측정하여 압력 차이($p_1 - p_2$)를 구하는 압력계이다. U자관형 압력계에서 압력을 구하는 공식은 다음과 같다.

$$p_1 - p_2 = g(\rho_1 - \rho_2)$$

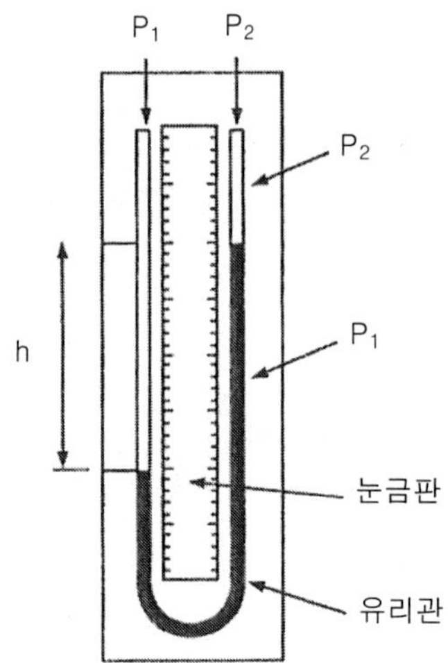

그림 6-15. U자관형 압력계

보통 측정할 때 양쪽 관은 서로 다른 압력원을 사용한다. 한쪽 관은 대기압, 다른 한쪽은 측정할 압력원과 연결하여 측정하면 계기압력(計器壓力)을 구할 수 있다. 만약에 한쪽을 대기압 대신에 밀봉하여 진공으로 하면 절대압력을 측정할 수 있다.

② 단관형 압력계 : U자관은 양쪽 관의 단면적이 서로 같은 관이지만 한쪽 관의 지름을 크게 하면 액면의 변화를 무시할 수 있으므로 다른 쪽의 지름이 작은 액기둥 높이만 관찰해도 압력을 측정할 수 있다. 이것을 이용한 액기둥 압력계를 단관형 압력계라고 하며, 주로 공업용으로 사용하고 있다.

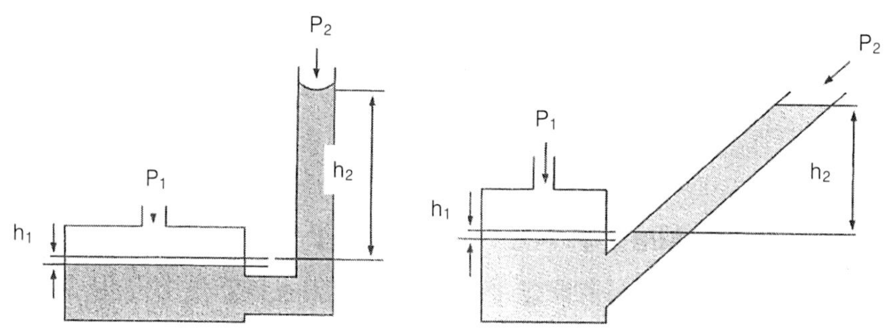

그림 6-16. 단관형 압력계와 경사관형 압력계

③ 경사관형 압력계 : 액기둥 압력계의 사용범위는 0∼200mmH_2O이지만, 단관형 압력계의 단관을 기울이면 5배(±0.01mmH_2O)의 정밀한 압력 측정도 가능하다. 이것을 이용한 압력계를 경사관형 압력계라고 한다. 경사관형 압력계에서 압력을 구하는 공식은 다음과 같다.

$$h = l \times \sin\theta$$

(2) 탄성 압력계

후크(Hook)의 법칙에 의하면 변형은 응력에 비례한다. 이를 이용하여 탄성체의 변형에서 압력을 구하는 것이 탄성 압력계이며, 부르동식 압력계, 벨로스식 압력계, 격막식 압력계 등이 있다. 후크의 법칙은 물체에 가해진 힘과 이로 인해서 발생하는 변형량의 관계를 설명하는 물리법칙이다. 탄성의 법칙이란 탄성체의 변위는 탄성한계 내에서 외부의 힘에 비례한다는 물리법칙이다.

① 부르동관식 압력계(Bourdon tube) : 관 내부에 압력을 가하면 단면은 원에 가깝게 되고, 고정되지 않은 관의 끝은 탄성의 한계 안에서 압력에 비례하여 변형된다. 이때의 변화량은 링크, 기어, 피니언 등 확대기를 통해서 바늘을 움직이게 된다. 따라서 변화량은 연결된 지시바늘에 의해서 압력으로 눈금을 가리키게 된다.

② 벨로스식 압력계(bellows pressure gauge) : 얇은 금속판으로 만든 원통에 옆으로 주름 부분의 것을 벨로스라고 한다. 벨로스는 탄성을 가지므로 이러한 벨로스의 탄성을 이용하여 압력을 측정하는 기기를 벨로스식 압력계라고 한다.

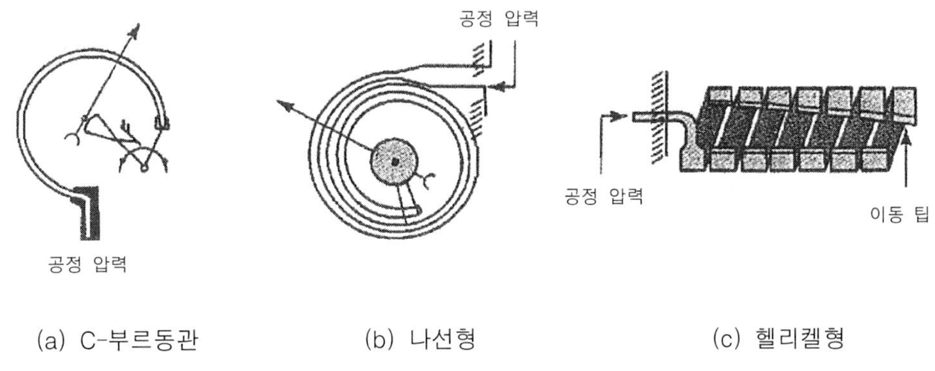

그림 6-17. 여러 가지 형태의 부르동관

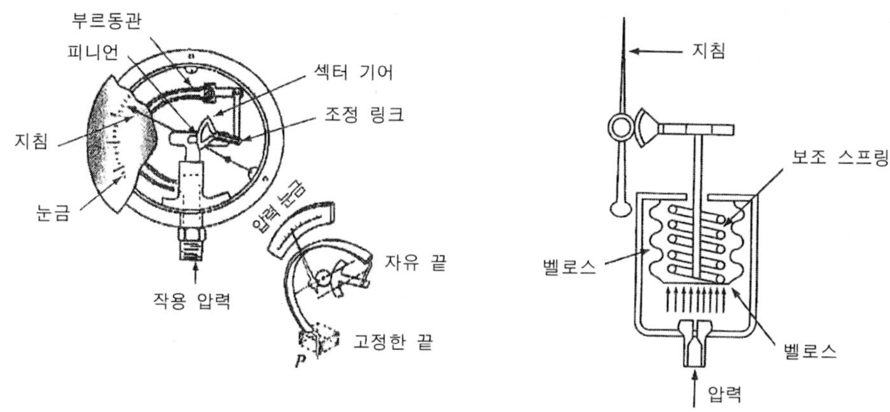

그림 6-18. 부르동관형 압력계와 벨로스형 압력계

③ 격막식 압력계 : 탄성 격막(diaphragm)은 양쪽의 압력이 서로 다르면 휘어지는 얇은 판을 말하며, 격막식 압력계는 외부에서 가해지는 압력의 차이에 의해서 발생하는 변위량을 기계적으로 확대하여 압력을 측정한다. 격막을 사용하면 압력을 받는 면이 넓어서 감도가 높으며, 정확성이 우수하고 반응속도가 빠른 것이 특징이다. 격막의 재료는 강, 스테인리스, 인청동, 황동 등이 사용된다. 고무와 테플론 등의 비금속 재료를 사용하면 온도의 영향을 과다하게 받는 단점이 있으나 금속막대보다 부드럽기 때문에 낮은 압력의 측정에 적합하다.

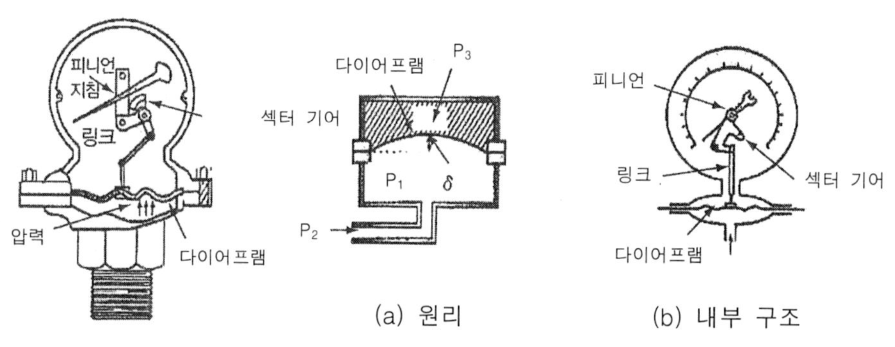

그림 6-19. 격막식 압력계

(3) 전기식 압력계

압력을 받는 벨로스나 격막 등과 같은 재료의 변형이나 힘을 전기적 변량으로 바꾸어 측정하는 압력계이다. 구조가 소형이고, 원격측정이 가능하며, 정밀도가 좋으면서 반응속도가 빠른 것이 장점이다. 저항선식과 압전식이 있다.

① 저항 변화형 압력계 : 망간선, 콘스탄탄, 구리와 니켈의 합금선 등에 압력을 가하여 선이 늘어나면 저항이 증가하는데 이것을 스트레인(strain) 저항이라고 한다. 스트레인 저항값을 측정하여 압력의 크기를 측정하는 압력계이다.

② 전압 변화형 압력계 : 압전형 압력계는 수정, 로셀염, 티탄산바륨 등의 압전소자에 압력을 가하면 압전효과(壓電效果)에 의하여 압력에 비례한 기전력이 발생한다. 이를 증폭하여 압력 변화를 전기적 신호로 변화시키는 것이 압전식 압력계이다. 소자의 고유 진동수가 매우 높기 때문에 전기적 응답이 빠르며, 급격한 변화가 나타나는 압력 측정에 적합하다.

(4) 대기압력과 절대압력

압력에는 진공상태를 기준으로 한 절대압력과 대기압을 기준으로 한 상대압력(게이지 압력)이 있다. 그림 6-20과 같이 완전진공의 압력은 0이며, 완전진공보다 압력이 얼마나 높은가를 나타낸 것이 절대압력이다. 반면에 대기압을 0으로 하고, 이보다 압력이 얼마나 높은가를 나타낸 것이 상대압력이다. 따라서 절대압력과 게이지 압력 사이에는 다음과 같은 관계가 성립한다.

절대압력 = 게이지 압력 + 대기압

대부분의 압력계는 보통 대기압에서 0을 가리키므로 게이지 압력을 측정하는 것이다. 따라서 기계나 장치 내부의 압력이 대기압보다 얼마나 큰가를 나타낸다.

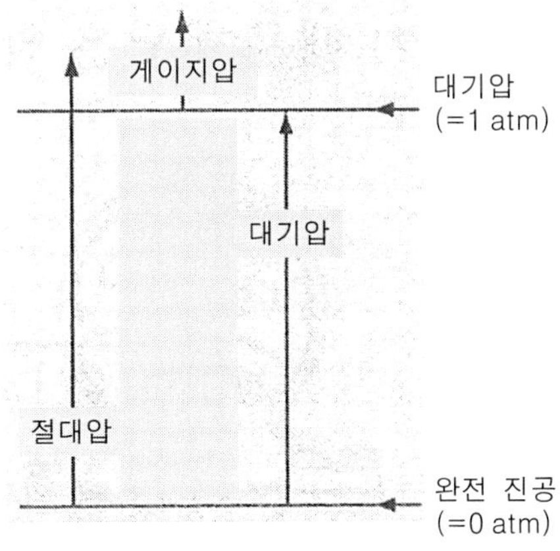

그림 6-20. 대기압력과 절대압력

4) 진공계(vacuum gauge)

공업용 압력계는 보통 게이지 압력을 측정한다. 일반적으로 대기압 이하의 압력을 진공이라고 하며, 진공을 측정하는 압력계를 진공계라고 한다. 대기압보다 조금 낮은 압력을 측정하려면 액체 마노미터나 탄성 압력계를 사용하며, 매우 높은 진공의 측정은 특수한 진공계를 이용한다.

- 저진공 : 대기압 - 1 mbar
- 중진공 : 1 - 10^{-3} mbar
- 고진공 : 10^{-3} - 10^{-7} mbar
- 초고진공 : 10^{-7} mbar 이하

(1) 액주 차이를 이용한 진공계

① U자관 진공계 : 진공계는 대기압을 기준으로 진공도를 측정하는 U자관 진공계와 절대 진공을 기준으로 하는 절대 진공계가 있다. U자관 진공계는 액주차이를 읽어 진공을 측정한다.

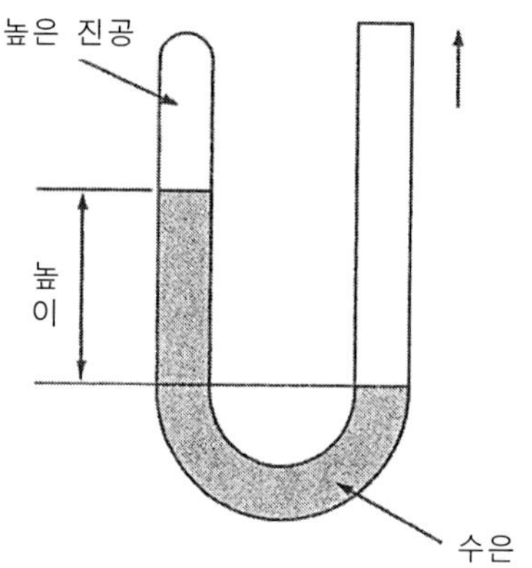

그림 6-21. U자관 진공계

② 매클라우드 진공계(Macleod gauge) : 일종의 폐관식 수은 마노미터이며, 측정범위는 10^{-2} Pa이고, 다른 진공계의 교정용으로도 사용한다.

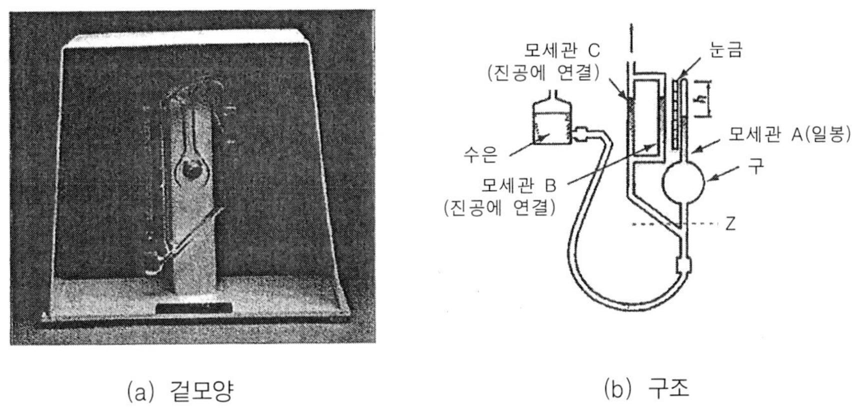

(a) 겉모양 (b) 구조

그림 6-22. 매클라우드 진공계

(2) 열전도율을 이용한 진공계

① 피라니 진공계(Pirani gauge) : 일반적으로 밀폐된 기체의 압력이 낮아지면 열전도율이 낮아지고, 기체분자의 평균 자유운동은 커진다. 이러한 원리를 이용하여 진공도를 측정하며, 측정범위는 1 - 10^{-4} mmHg 정도이다. 휘트스톤 브리지를 사용하며, 진공도 변화의 연속측정이 가능하고, 전기적 신호로 쉽게 변화가 가능하여 기록계 등과 접속이 가능하다.

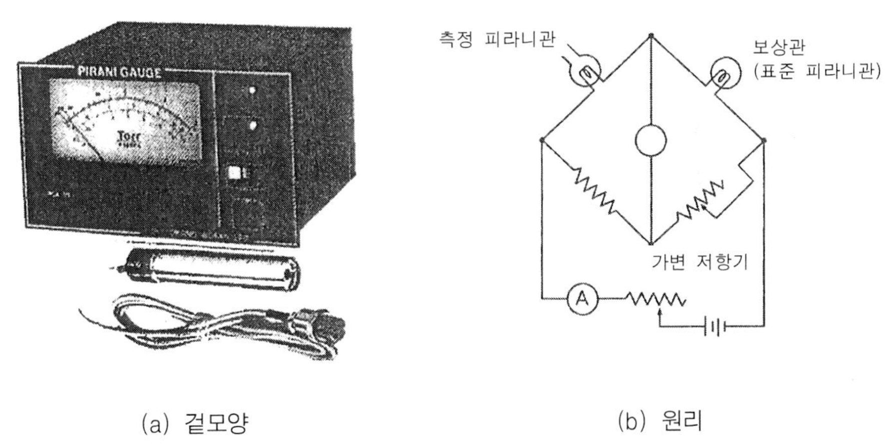

(a) 겉모양 (b) 원리

그림 6-23. 피라니 진공계

② 전리 진공계(電離 眞空計) : 3극 진공관이며, 열음극에서 방사된 전자가 기체 분자와 충돌하면서 전리된다. 이 때 발생하는 양이온은 이온 수집체에 모아져서 전자가 흐른다. 같은 기체에 대해서 온도가 결정되면 전류는 기체압력의 제곱에 비례하므로 진공도를 알 수 있다. 측정범위는 10^{-5}～0.15 Pa이다.

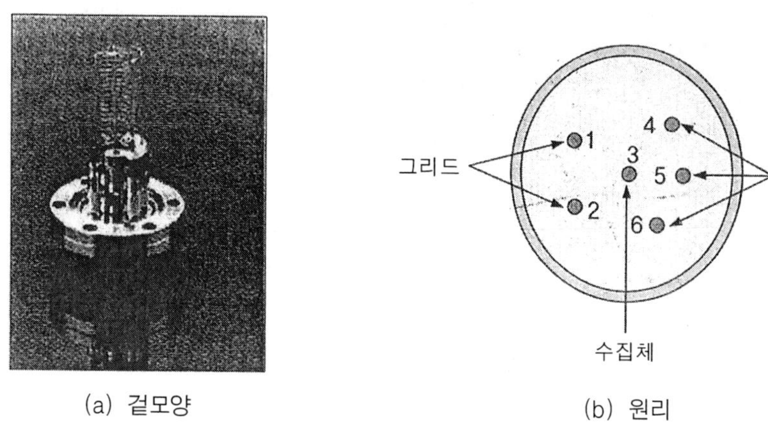

(a) 겉모양 (b) 원리

그림 6-24. 전리 진공계

5) 유량계(flowmeter)

식품제조과정에서 다양한 장치 사이를 파이프나 관으로 연결하고 유체를 이송하는 경우가 많으므로 유체를 이송하는 속도를 조절하고, 이송량을 확인해야 한다. 유량의 측정은 측정방법에 따라 다양한 종류의 측정장치가 있고, 각각의 특징과 사용조건이 다르므로 적합한 방법과 장치의 선택이 필요하다.

표 6-7. 유량계의 측정원리

종류	측정원리
부피 유량계	부피 컵의 회전수 측정
압력차 유량계	베르누이 법칙에 의한 압력차이 측정
면적 유량계	통과 면적을 변화시켜 압력차이 측정
전자 유량계	패러데이 전자유도 법칙의 응용 측정
초음파 유량계	초음파의 속도변화 측정

(1) 부피 유량계

유량계 내부의 운동자(運動子)가 유체의 흐르는 힘에 의해서 운동을 하며, 이미 부피를 알고 있는 공간 속으로 유체를 계속 흘려보내 통과하는 유체의 부피를 측정한다. 부피 유량계는 기어나 잎형, 회전자형, 피스톤형이 있으며, 주로 소형이고, 기름이나 액체식품의 유량 측정에 적용되며, 정확도가 높아 적산계(積算計)로도 이용한다.

그림 6-25는 회전자가 1회전을 하면 A와 B공간의 유체가 흘러가는 구조로 이루어져 있다. 따라서 공간의 크기와 회전수를 알면 유량을 측정할 수 있다. 부피식 유량계는 다른 물질이 유입되면 오차가 발생하므로 유량계 앞에 여과기를 설치해야 한다. 일반 가정에 설치한 가스미터나 수도 계량기도 부피식 원리를 이용한 것이다.

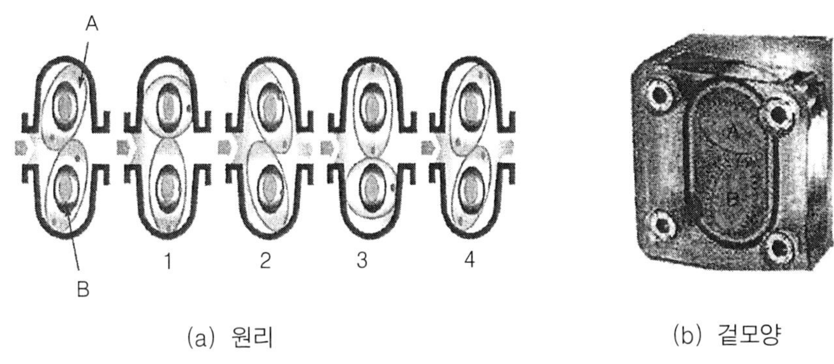

(a) 원리 (b) 겉모양

그림 6-25. 기어형 부피 유량계

(2) 압력차 유량계

유체가 흐르는 관로에 단면적을 줄여주는 기구를 설치하면 유속은 기구의 앞쪽에서 증가하며, 압력은 감소한다. 이때 기구 앞뒤의 압력 차이와 유량 사이에는 베르누이의 정리(Bernoulli's theorem)에 의하여 압력 차이를 측정하고 유량을 산출하는 원리의 유량계이다.

압력차 유량계는 유체가 흐르는 관로를 좁게 하는 기구에 따라서 오리피스 미터(Orifice meter), 벤투리 미터(Venturi meter), 노즐 및 피토관(Pitot tube) 등이 있으며, 압력 차이는 U자관 마노미터 등으로 측정한다. 오리피스 유량계는 구조가 간단하며, 정밀도가 높아 유량의 계측과 제어에 주로 사용한다. 차압은 U자관의 플로트로 변환되고, 이 변위는 차동 변압기에 의해서 다시 전기량으로 변환되어 유량을 나타낸다.

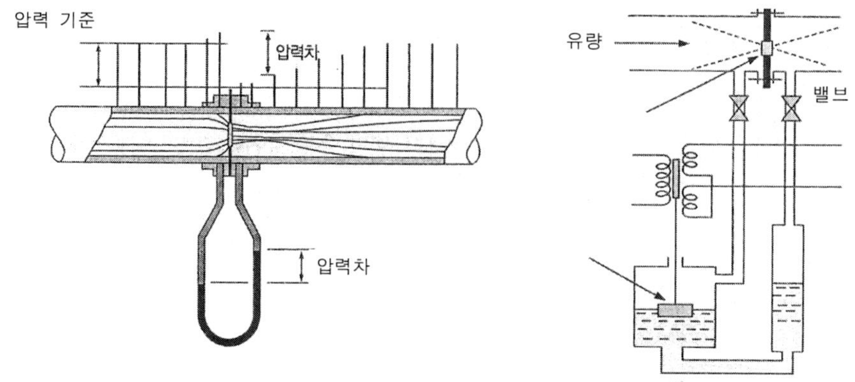

그림 6-26. 오리피스 유량계와 압력 차이의 변환

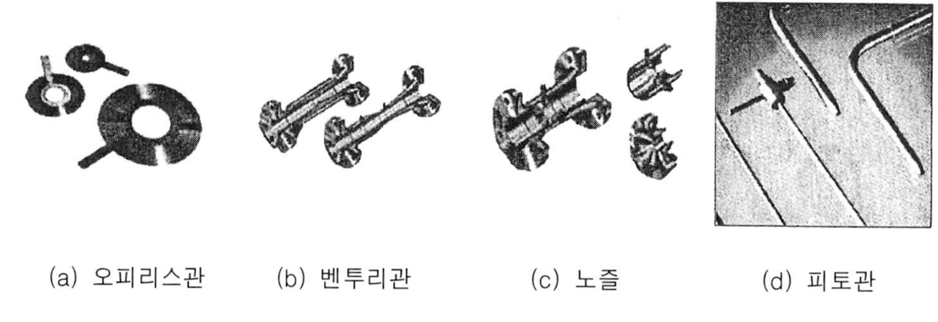

그림 6-27. 압력차이 유량계의 각종 조리개 기구(관로직경 조절)

(3) 넓이 유량계

차압식 유량계와 달리 압력 차이를 일정하게 유지하고, 유체가 흐르는 단면적을 변화시켜 측정하는 유량계이다. 가장 일반적인 넓이 유량계는 윗부분이 넓은 수직 테이퍼 관(tapered tube) 안에 위로 움직이는 플로트(float)가 있는 플로트형 로터미터(rotameter)이다. 위로 갈수록 점점 지름이 커지는 테이퍼 관에 플로트를 넣고, 수직으로 세운 다음에 아래에서 위로 유체를 흐르게 하면 유체의 흐름은 플로트에 의해서 조여져 전후에서 압력차이가 발생한다.

이러한 원리로 발생하는 압력차이로 플로트는 밀려서 상승하고, 상승하는 힘과 플로트의 무게가 평형을 이루는 위치에서 멈추게 된다. 플로트의 높이는 유량에 의해서 결정되므로 플로트의 높이를 측정하거나 전기신호로 바꾸면 유량을 알 수 있다.

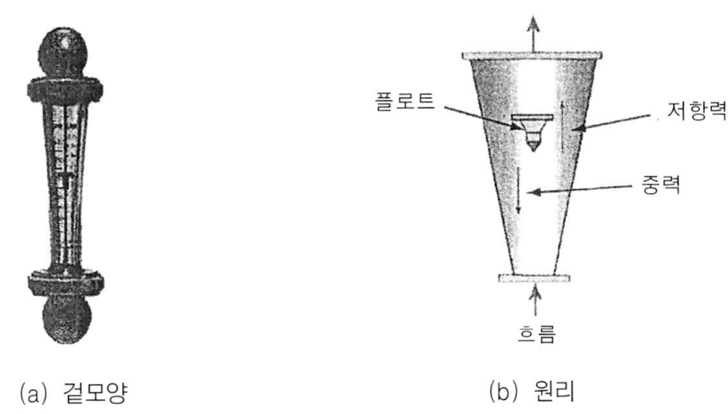

(a) 겉모양 (b) 원리

그림 6-28. 넓이 유량계

(4) 전자 유량계

지름이 큰 수도관과 같이 많은 유량부터 혈관을 흐르는 혈액의 미세한 유량까지 광범위한 유량의 측정에 사용한다. 전자 유량계의 원리는 자속밀도가 B인 자기장에서 유체가 흐르면 패러데이(Faraday)의 전자유도법칙에 의하여 평균 유속 v에 비례하는 기전력 E가 자기장과 직각방향으로 발생한다. 따라서 관의 지름 D가 일정한 경우에 한 쌍의 전극에서 검출되는 출력전압은 다음 식으로 정리된다.

$$E = BDv[V] \quad \text{(공식 6-2)}$$

전자 유량계는 가동부분이 없으므로 압력 손실이 없고, 측정범위가 넓으며, 응답지연이 없다는 장점이 있다.

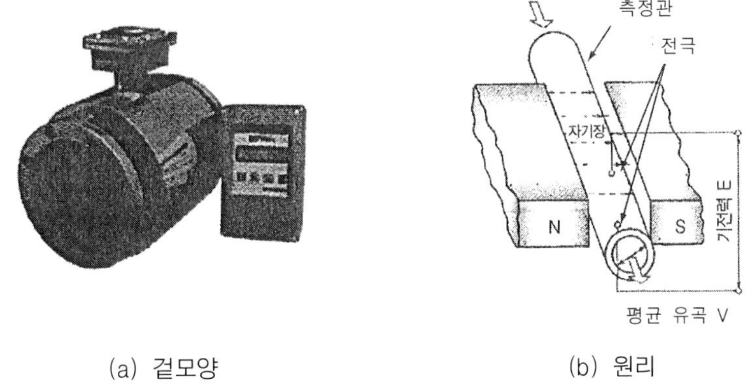

(a) 겉모양 (b) 원리

그림 6-29. 전자 유량계

6) 액면계(액위계, level gauge)

내부가 보이지 않는 탱크에 액체가 담겨 있다면 탱크 속에 액체의 수위(높이, liquid level)가 얼마인지를 알 수 있는 방법은 무엇일까? 이때 액위나 액면을 측정하는 계기를 액위계 또는 액면계라고 한다. 액면계는 유리관이나 부표를 이용한 것이 널리 이용되며, 방사선을 이용하는 경우도 있다.

(1) 유리관식 액면계

가장 기본적인 액면계이며, 공장에서는 간단한 지시계로도 사용한다. 탱크의 외부에 내부와 통하는 투명 유리관을 부착하면 탱크의 액면과 동일한 높이의 액체가 유리관 속에서도 나타나게 된다. 이때 높이를 유리관에 붙인 눈금에서 읽으면 탱크 안의 액면 높이가 된다. 액면 높이를 보다 쉽게 나타내기 위해 시인성이 좋은 색깔의 플로트(부표)를 유리관에 넣기도 한다.

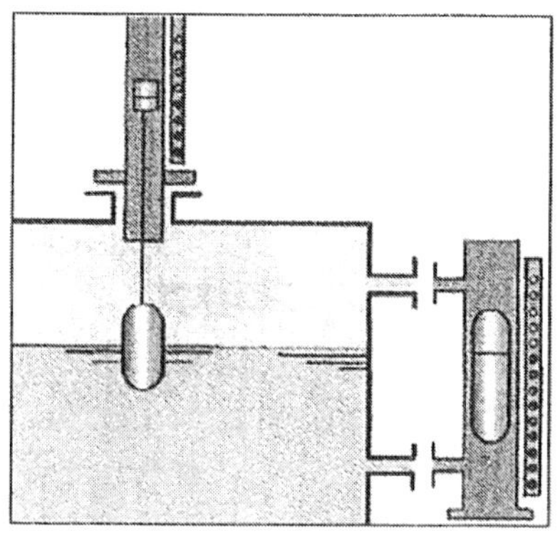

그림 6-30. 유리관식 액면계

(2) 변위식 액면계

측정하려는 액체보다 무거운 배제율을 액체에 담그면 수위에 따라 부력이 변하면서 배제율이 상하로 운동한다. 변위식 액면계는 이러한 원리를 이용한 것이며, 배제율의 상하운동은 토크 암(torque arm)에 의해서 회전운동으로 전달된다. 주로 공업용으로 사용하며, 공장에서는 액면의 변위를 전송신호로 전화시켜 조절계로 사용한다.

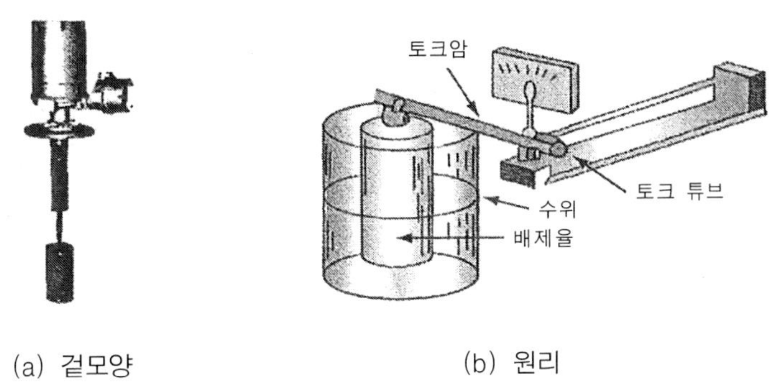

(a) 겉모양 (b) 원리

그림 6-31. 변위식 액면계

(3) 플로트식 액면계

액면 위에 떠 있는 플로트의 상하운동을 풀리와 추를 이용하여 지시바늘에 나타내며, 안내 줄은 플로트가 좌우로 움직이는 것을 방지하는 역할도 한다. 이 형식은 규모가 큰 저장탱크 같이 측정범위가 큰 경우에 주로 사용한다.

(a) 겉모양 (b) 원리

그림 6-32. 플로트식 액면계

(4) 차압식 액면계

기준 액면의 액체 압력과 측정할 액면의 압력 차이를 측정하며, 기준 액체는 측정할 액체와 동일한 액체나 비중이 같은 액체를 사용한다. 측정범위가 2m를 초과하거나 그 이하라도 변위식 액면계를 사용할 수 없는 경우에 사용한다.

공업용은 U자관 대신에 벨로스식 차압계 등을 사용한다. 차압식 액면계는 밀폐된 탱크에 적합하며, 액면의 제어에 사용한다. U자관식을 사용한 경우는 액체의 높이 h_1은 다음 식을 이용하여 마노미터의 측정값 h로 구한다.

$$h_1 = (\rho / \rho_1) \times h \qquad \text{(공식 6-3)}$$

여기서

ρ_1은 액체의 비중, ρ는 수은의 비중이다.

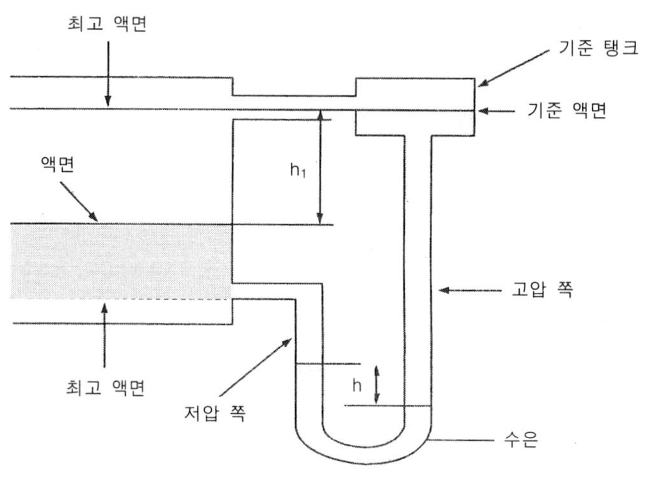

그림 6-33. 차압식 액면계

(5) 방사선 액면계

감마선(γ ray)는 투과면이 크므로 이러한 성질의 방사선을 탱크에 투과시켜 흡수되는 정도에 따라 액위를 측정할 수 있다. 이 방법은 탱크가 고압, 고온이나 저온이어서 다른 방법으로는 측정할 수 없는 경우에 해당되는 용광로, 종합 반응탑, 석유탱크, 분상물질(粉狀物質), 호퍼 등의 측정에 주로 사용한다. 방사선 액면계는 방사능 물질을 취급하기 때문에 취급에 주의해야 한다.

7) 표시계기

식품공장의 장치나 기계의 운전관리에 사용하는 공업용 계기는 유리 온도계나 천칭(天秤)과 같이 온도나 질량을 측정하는 간단한 계측기와 달리 공정을 효율적으로 관리하기 위하여 물리량을 검출 및 전송하고, 최종적으로 표시(表示), 지시(指示) 및 기록(記錄)하는 기능이 필요하다.

(1) 지시계

다양한 방법으로 전송된 신호(signal)는 지시부에 연결되어 측정량을 지시한다. 일반적으로 계기 중에서 측정량을 지시하는 부분을 지시계라고 한다. 지시계는 지침(指針)의 변위를 눈금판(scale)에서 읽는 아날로그 방식(analog type)과 숫자로 표시하는 디지털 방식(digital type)이 있다. 디지털식 지시계는 아날로그식 지시계에 비하여 눈금을 잘못 읽는 착오가 적고, 눈금을 읽는 시간도 상대적으로 짧다.

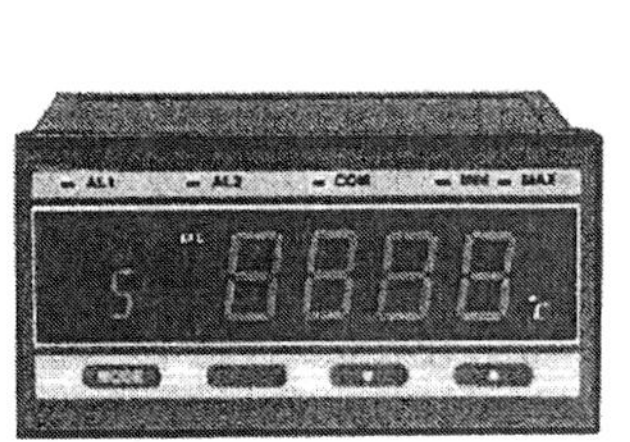

그림 6-34. 디지털식 지시계 및 기록계

(2) 기록계(recorder)

생산과정 중의 여러 가지 현상이나 기계설비 상태 등의 정확성 여부를 조사하고 이 결과를 활용하기 위해서는 측정값의 기록이 필요하다. 기록계기는 측정량의 시간적 변화를 기록하는 것으로, 특히 측정값을 자동적으로 그래프에 기록하는 계기가 기록계이다. 기록계는 크게 지시기구와 기록계로 나누며, 지시기구는 지시계와 동일하다. 기록계는 펜이나 타점기구, 기록지 및 기록지의 송출기구로 구성되어 있다. 기록하는 방식에 따라 지침의 끝부분에 펜이 부착된 펜방식과 지침의 움직임을 간헐적으로 타점하는 타점식으로 나누어진다.

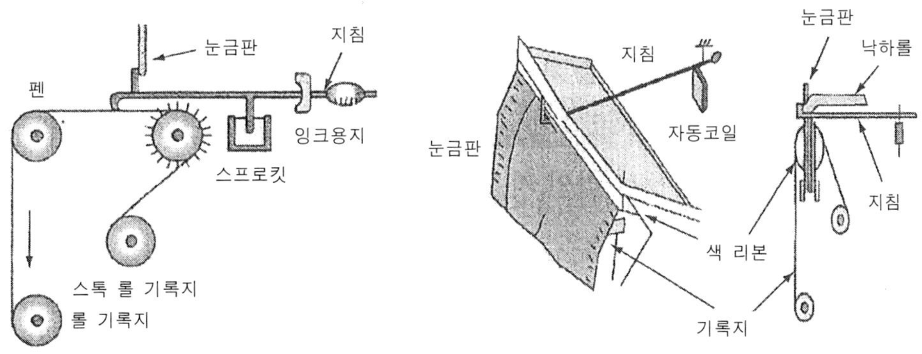

그림 6-35. 펜식 및 타점식 기록계

펜식 기록계와 타점식 기록계의 원리는 각각 그림 6-35와 같고, 펜식 기록계는 지침의 끝에 잉크가 들어 있는 펜이 기록지 위에 연속적으로 기록하는 방식이다. 펜과 기록지 사이의 마찰이 크기 때문에 오차가 발생하기 쉽다.

3.2 공정제어와 제어장치

1) 기 기

공정제어는 스위치나 버튼을 사용하여 전기회로의 부하를 운전하기도 하고, 부하의 운전 상태나 고장상태를 알리기도 하는 일련의 제어를 말한다. 최근에 사용하는 전기회로는 거의 모두 시퀀스 회로로 구성되어 있다. 예를 들어 엘리베이터를 움직이고 고장을 알리는 등과 세탁기, 냉장고, 자동판매기 등도 모두 시퀀스로 작동한다.

회귀제어는 피드백에 의해서 제어량을 목표값과 비교하여 일치시키도록 정정동작을 수행하는 제어방식이다. 무접점 소자를 이용한 제어회로는 PLC 등의 전자회로를 사용한 것이고, 유접점 소자는 버튼스위치나 각종 계전기(relay)를 사용한 것이다.

(1) 기본 전기소자

누름 버튼스위치(push button switch), 리밋 스위치(limit switch), 압력 스위치(pressure switch), 솔레노이드(solenoid), 릴레이, 타이머(timer), 온도 스위치 등이 있다.

(2) 유체를 사용하는 소자

소자의 한쪽 출구에서 다른 출구로 유체의 흐름을 바꾸어 스위칭 작동을 수행하는 소형 밸브형 소자로서 기계적 변위, 전압, 유체압력 등에 의해서 작동한다.

(3) PLC(Programmable Logic Controller)

산업기기와 공정의 작동을 제어하기 위하여 논리함수나 회로를 수행하도록 설계된 사용자 편의형 전자 컴퓨터이다. 기존에 사용해온 제어반(control panel)을 구성하는 릴레이, 타이머, 카운터(counter) 등의 기능을 IC나 트랜지스터 같은 반도체 소자로 대체하여 기본적인 시퀀스 제어기능에 연산기능을 추가하여 프로그램 제어(program control)가 가능하도록 구성한 범용 제어장치(general controller)이다. 식품산업에서는 컨베이어의 총괄제어 및 생산라인 자동제어 등에 사용한다.

2) 원리 및 구조

공정제어의 예로서 항온수조의 온도를 작업자가 수동으로 제어하는 경우를 들어 설명한다. 작업자는 계측, 비교, 판단 및 조작의 순서를 거쳐 목적을 달성한다. 먼저 온도계로 항온수조의 온도를 측정하고 목표값과 비교한다. 목표값과 계측값의 차이에 따라 가열용 증기밸브의 개폐를 판단하여 증기밸브를 조작한다.

결국 공정의 제어 또는 자동제어는 계측을 수행하는 검출부, 비교 및 판단이 이루어지는 조절부와 조작부 등 3개의 요소로 구성되는 것을 알 수 있다.

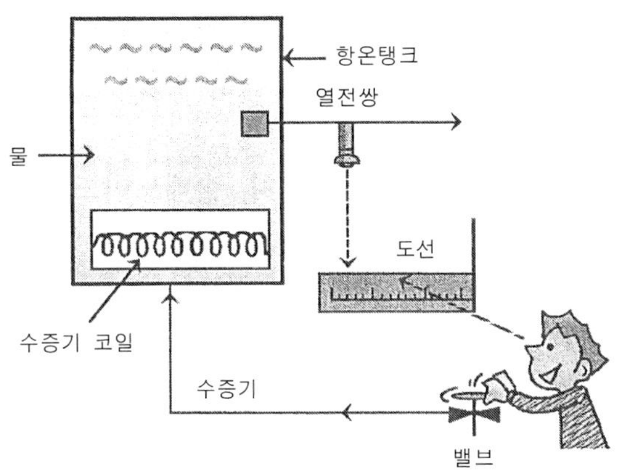

그림 6-36. 항온수조 온도의 수동제어

(1) 검출부 : 검출기와 전송기

검출기는 유량, 온도, 농도 등의 측정량을 계기나 전송기에 전달할 수 있는 신호로 변환시키는 장치이다. 전송기는 검출기에서 발생한 신호를 전송이나 표시하기 편리한 신호인 공기압이나 전압 전류 등으로 변환하거나 신호의 크기(signal strength)를 변화시키는 장치이다.

(2) 조절부 : 조절기

검출기에서 검출하여 전송된 제어량의 신호를 목표값과 비교하고, 제어동작을 계산하여 이를 동작신호로 변환시켜 조작부에 전송하는 기기이다. 공기압식, 전기식 및 유압식 등이 있으며, 공정제어는 주로 공기압식과 전기식을 사용한다. 전기식 조절기는 공기압식에 비하여 응답속도가 빠르고, 먼 거리의 전송도 가능하여 계산기 제어 등에 편리하다. 그러나 공기압식의 조작부에 사용된 경우는 전기-공기 변환장치가 필요하다. 유압식은 큰 조작력이 필요한 서보 제어(servo control)에 이용한다.

(3) 조작부 : 조작기와 밸브

조작부는 조절기에서 전송한 신호를 수신하여 이를 조작량으로 변화시켜 제어할 대상에 전달하는 부분이다. 조작부는 조절기에서 나오는 신호에 따라 운동하는 조작기(actuator)부분과 이 운동에 따라 조작량을 조정하는 조절밸브와 같은 부분으로 나누어진다.

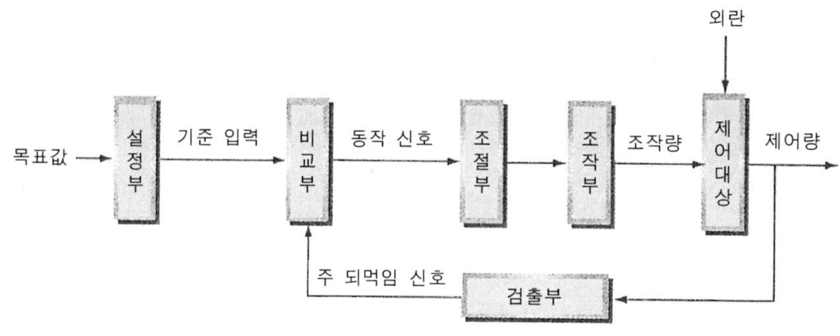

그림 6-37. 회귀제어계의 일반적인 구성

〈연습문제〉

1. 열전쌍 온도계의 기준 접점 온도는 몇 도로 유지하는 것이 정확한가?
   ① 0°F ② 25℃ ③ 0℃ ④ 100℃ ⑤ 212°F

2. 두 금속의 열팽창 비율 차이를 이용한 온도계는 어느 것인가?
   ① 수은 온도계 ② 바이메탈 온도계 ③ 열전쌍 온도계
   ④ 광 고온계 ⑤ 알콜 온도계

3. 다음 중에서 탄성식 압력계에 해당하는 것은 어느 것인가?
   ① U자관식 ② 부르동관식 ③ 압전식 ④ 경사관식 ⑤ 단관형식

4. 다음 중에서 넓이 유량계에 속하는 것은 어느 것인가?
   ① 플로트형 ② 전자 유량계 ③ 오리피스형 ④ 웨트테스트미터 ⑤ 기어형

5. 탱크에 담긴 액체의 수위를 알려고 한다면 어느 계기를 사용해야 하는가?
   ① 유량계 ② 압력계 ③ 진공계 ④ 속도계 ⑤ 액면계

6. 어떤 과일 통조림의 진공도를 측정하였다. 진공도가 640mmHg였다면 통조림 안의 실제 압력은 얼마인가?

7. 압력계와 진공계의 차이는 무엇인가?

8. 공정제어는 무엇이고, 장점을 설명하시오.

9. 시퀀스 제어란 어떤 제어방식인가?

10. 자동 제어장치의 3요소를 설명하시오.

11. 식품제조 공정에서 장치의 반응을 원활하게 수행하려면 어떤 물리적 변량을 공정에서 제어해야 하는가?

제 7 장

식품공장의 설계와 시공

식품공업은 농수축산물을 주원료로 이용하여 물리적, 화학적, 생물화학적 변화를 주어 본래 갖고 있는 특성을 그대로 살리고, 변패되기 쉬운 식품의 저장성을 향상시키는 공업이며, 설비는 화학공학적인 단위조작의 조합으로 구성되어 있다.

식품공장 품질관리의 주요 대상은 요약하여 4M(man, machine, material, method or process)이며, 업종과 기업의 특성에 따라 4M의 비중을 달라진다. 즉, 중소기업이고 노동집약적인 공장일수록 사람의 비중이 크고, 대규모이고 장치산업적 기업일수록 기계와 장비(공정)의 비중이 증가하는 특징이 있다. 따라서 식품공장의 설계는 이러한 특성을 고려해야 한다.

공장설계는 효율적이고 합리적인 공장을 건설하기 위하여 공장설계에 관련된 모든 인자를 최적상태로 계획 및 조정하는 과정이다. 따라서 공장설계가 잘못되면 품질보증이 어렵게 된다.

일반적으로 식품공장의 설계는

① 기존공장의 증설

② 기존공장의 개량

③ 기존공장의 공정을 새로운 공정으로 전환

④ 다른 기업이 생산하고 있으나, 해당 기업의 최초로 기업화

⑤ 전혀 새로운 신제품의 최초 기업화 등의 경우이다.

결국 공장설계의 결과에 따라서 엄청난 차이가 발생하기 때문에 모든 입장에서 신중하게 검토하고 결정해야 한다.

표 7-1. 일반적인 공장설계 인자

구 분		항 목
기술적 인자	개 발	공정연구, 원료연구, 공정선택, 소규모 pilot 공장
	위 치	시장, 수송, 원료, 인력, 용수, 전기, 유틸리티, 경제적 상호관계, 토지의 자연특징, 폐기물처리, 소요건물
	건 물	기초, 배수, 건축형태, 공기조화, 조명, 전기, 소방설비, 위생
	설 비	사용형태, 표준설계, 특별설계, 재질, 규격, 배치 및 입면도, 부대설비, 관리, 위험
	공정도	재료 및 공정흐름, 물질 및 에너지수지, 물질취급, 저장, 증설, 소요인력
	시 장	사용형태, 품질, 수량, 이용가능성, 수입, 수출, 관세, 무역협정
경제적 인자	원 가	원료, 연료 및 전기, 용수, 작업장, 판매, 노동력, 감독, 선적, 감가상각, 세금, 보험, 자본비용, 보수유지, 폐기, 자연적 장점, 광고가치
	위 험	보험료 및 제조원가상승, 품질, 제품 및 인력손실, 신체장해 보상
안전 및 위생인자	위 험	화재, 폭발, 정전기, 독극물증기, 분해, 붕괴, 라인누설, 환기, 조명, 배관, 건설, 철거
	위 험	폐기물 및 하수처리, 릅요수, 배수
법률적 인자	특 허	제품, 공정 및 설비형태, 유효 또는 소멸, 이용가능성(임대, 구매)
	공공관계	법, 공해(수질, 대기, 소음, 악취, 진동)
	계 약	판매 및 구매, 부동산, 보험

1. 공장설계

1.1 공장설계 과정

공장설계의 일반적 절차는 공정설계, 장치설계, 구조물설계 등의 순서로 진행한다. 공장설계 중에서 가장 핵심적인 것은 기본공정 설계단계이다. 이 단계에서 공정이 결정되어 공정도, 물질 및 에너지수지, 대략적인 장치의 선정과 배치를 완료하고, 공사비용이 예측되면 종합적인 예비 경제성 평가를 시행한다. 공정설계에 사용하는 용어의 개념은 다음과 같다.

1) 제조공정도(manufacturing process flow diagram)

제조공정도는 공정의 흐름순서를 단위공정(unit process)로 나타낸 그림으로 이것을 보면 개략적인 제조방법과 설비를 이해할 수 있다. 공정도는 공정설계의 첫 단계에서 작성하며, 작성에 필요한 참고문헌이나 시험자료 등이 반드시 필요하다. 공정도는 정성적(定性的)인 것, 정량적(正量的)인 것 및 정성적인 것과 정량적인 것이 혼합된 것이 있다(그림 7-1, 7-2).

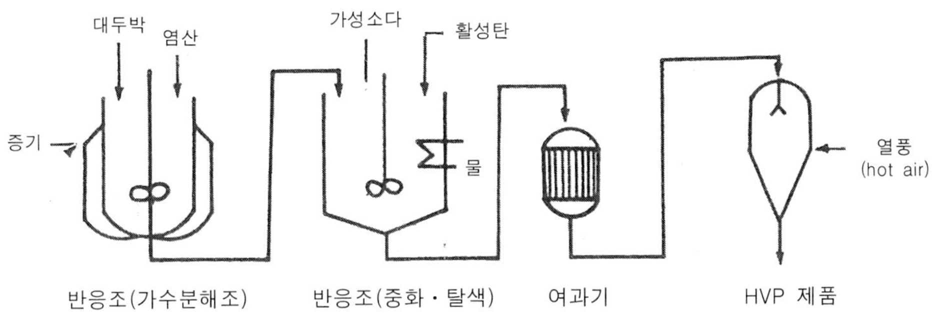

그림 7-1. 정성적인 제조공정도

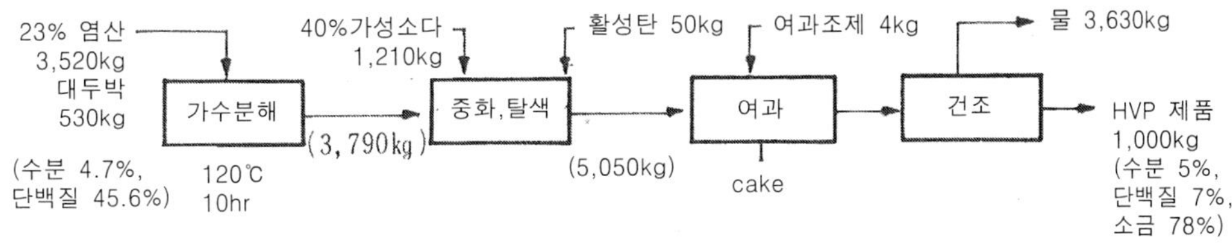

그림 7-2. 정량적인 제조공정도

2) 물질 및 에너지수지(material & energy balance)

물질 및 에너지수지는 제품을 만드는 데 필요한 원부재료 및 에너지와 제품생산량의 관계를 공정별로 수지(收支, balance)를 작성한 것으로, 어떤 공정에서 어떤 재료와 에너지가 얼마나 필요한가를 이해할 수 있다. 일반적으로 수지는 하루 또는 단위 제품당 원부재료 및 에너지량으로 표시하여 수율과 원단위(原單位)를 분석할 수 있다.

수지식은 처음으로 공정을 설계할 때 필요한 설비의 크기와 수량을 계산해 내거나, 일상적인 공정관리의 기초자료가 되기 때문에 식품공업에서 대단히 중요하다. 물질수지는 새로운 공정개발 단계에서 추정하고, 파이로트 플랜트(pilot plant) 시험으로 개선되며, 계속 생산을 통해 관리지표로서 유지된다. 공정의 변화가 발생하는 경우는 물질수지는 다시 설정해야 한다. 물질과 에너지수지는 질량보존의 법칙으로 간단하게 설명할 수 있다. 만약 공정에 축적이 없다면 공정에 투입된 것은 반드시 배출된다. 즉,

질량수지(mass balance)는 다음과 같이 정리되고,
질량투입(mass in) = 질량산출(mass out) + 질량축적(stored mass)

물질수지(material balance)는 다음과 같이 정리된다.
원료(raw material) =
제품(product) + 재고품(stored product) + 폐기물(waste product)

예를 들어 설탕을 생산하는 공정에서 원당이 공정에 투입되면, 투입한 원당의 총량은 정제된 설탕의 총량과 일치하지 않으며, 액체 중에 남아있는 설탕의 손실(loss)이 있다.

원당 = 정제설탕 + 재 가공품 + 부산물(당밀) + 손실

따라서 물질수지는 총질량, 건조고형물의 질량 또는 특정 성분의 질량에 따라서 작성할 수 있다. 작성기준 및 단위는 회분시스템에서는 공정에 투입한 원부재료의 질량으로, 연속공정에서는 시간(한 시간, 하루 등) 당의 어떤 질량으로 표시한다.

3) 설비규격 및 수량

제조 및 가공하려는 제품의 단위당(kg, t, m^3 등), 배치(batch)당, 또는 하루를 기준으로 물질 및 에너지수지를 작성하고, 공정의 조작조건과 결과를 추정하면 필요한 설비의 규격과 수량을 계산할 수 있다. 이 때 설비별 사이클 타임(cycle time)을 알아야 한다. 사이클 타임이란 회분공정(batch process)에서는 한 배치작업에 소요되는 시간으로, 이 시간에는 가동 준비시간, 가동시간, 가동이 끝나고 청소 및 점검시간 등이 포함된다. 예를 들어 사이클 타임이 10시간이라면 같은 설비에서 작업을 수행할 때 10시간 간격으로 작업이 이루어지는 것을 의미한다.

설비규격과 수량은 생산능력, 공정능력 및 투지비와 직접적인 관련성이 있으므로 세심한 검토가 필요하다. 설비규격과 수량을 표로 정리한 것이 설비목록이며, 일반적으로 저장조, 반응조, 기계류, 펌프류, 유틸리티, 밸브, 배관, 계장설비 등으로 구분하

여 규격과 수량을 표시한다. 이 때 고유번호를 부여하면 P&ID 작성에 도움이 된다.

식품공장은 회분공정과 연속공정이 혼합되어 있는 경우가 대부분이므로 어느 한 공정에서 문제가 발생하면 반제품처리와 설비의 청소 등으로 모든 공정이 가동할 수 없는 경우가 있어서 공정 간에 균형이 이루어지는 소위 라인수지(line balance)를 위한 필요 설비를 추가하는 경우도 있다.

표 7-2. 설비 목록의 예

No.	이 름	규 격	수 량	비 고
F-1	종배양탱크(seed tank)	SUS 304, 1,060Φ × 2,300 mm 3.7 kW x 150 rpm	1	2 ㎥
V-2	저장조(storage tank)	SS-41 + RL, 2,400Φ × 3,500	1	15 ㎥
E-15	증발기(evaporator)	-750 mmHg, 증발량 500l/h SUS 316L, 3.7 kW × 10-30 rpm	1	5 ㎥

4) 일정관리(time schedule)

일정관리는 공정이나 설비에 대한 시간계획으로, 일반적으로 간트 차트(Gantt chart) 모양의 그림으로 공정순서에 따라 공정 또는 설비별로 작업간격(operstion cycle time)을 정리한 것이다(그림 7-3).

예를 들어 식품공장에서 많이 사용하는 증기(steam)에 대해서 설명하면, 일정관리에 그 시간대에 걸리는 부하의 양을 숫자로 기입하여 공정이나 설비별로 같은 시간대에 걸리는 부하를 합산해 보면, 어떤 시간에는 부하가 최대로 걸리고, 어떤 시간에는 최소로 걸리는 것을 분석할 수 있다. 이 부하의 차이가 큰 경우에 이것을 조정하면 합리적인 설비능력 결정으로 투자비용을 줄이고, 설비의 가동효율을 향상시킬 수 있다(그림 7-4).

HVP(Hydrolysed Vegetable Proteins)은 원료 식물을 가수분해하여 제조한 액상, 농축액 또는 건조한 분말을 말하며, 쉽게 이해하려면 두유 또는 두유 분말 같은 형태이다.

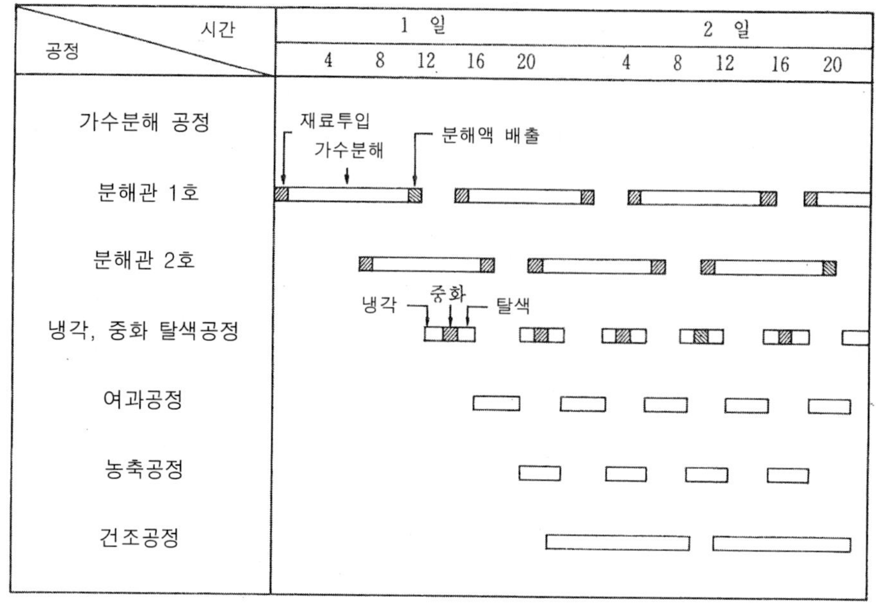

그림 7-3. HVP 제조 일정관리

(단위 : 톤 / hr)

시간
공정
4 8 12 16 20 4 8 12 16 20
가수분해 공정
분해관 1호 6 6 6 6
분해관 2호 6 6 6
냉각, 중화, 탈색공정
여과공정
농축공정 3 3 3 3
건조공정 9 9
합 계 6 6 6 6 6 6 12 12 12 12 6 6 6 6 12 12 6 9 9 9 15 21 21 24 18 18 18 15 21 21 15 18 18 9 15 21 21 24 18 18 18 15 21 21 15 18 18

그림 7-4. HVP 제조과정의 증기부하

5) 시설 및 설비의 배치(lay out)

공정도와 물질 및 에너지수지의 작성, 그리고 설비규격 및 수량이 결정되면 상세배관구조 및 전기계획이 시작되기 전에 단위공정의 배치 및 이를 이들 단위공정 안에 설비가 계획되어야 한다. 이러한 배치계획을 시행할 경우는 안전성, 경제성, 조작성 및 유지관리의 난이도 등을 분석해야 하며, 미래의 증설도 고려해야 한다. 또한 공장을 소비자에게 공개하는 경우도 있으므로 공장견학을 위한 통로도 고려해야 한다.

공장배치는 공장건물과 구축물 등 공장 전체를 나타내는 배치와 건물 내에 있는 공정구획(process section) 또는 기기종류별 블록(block)으로 표시하는 배치가 있다. 블록으로 표시하는 배치는 공정구획이나 설비를 축척(scale)하여 작은 그림으로 표시한 평면도로서, 면적 배치그림(area allocation diagram), 골격 평면도(skeleton floor plan) 또는 블록 프랜(block plan)이라고 한다. 이 그림으로 기계장치가 설치되는 공장의 건물면적을 계산할 수 있다.

배치는 두 가지 방법이 있다. 첫 번째는 용기, 반응기, 열교환기, 칼럼(column), 펌프 등의 설비를 운전 및 유지관리가 쉽도록 구획된 장소의 한 곳에 몰아서 배치하는 방법이고, 두 번째는 공정의 흐름에 따라서 관련되는 설비를 배치하는 방법이다. 전자는 유사한 단위설비의 수가 많은 비교적 대형공장에서 주로 이용한다. 배치는 작업의 흐름을 면밀하게 분석하여 작업의 생산효율이 높도록 동선을 고려하여 배치하는 것이 바람직하다.

배치도는 일반적으로 평면도로 나타낸다. 배치는 건설비용 및 운전경비에도 영향을 미치기 때문에 신중하게 고려하고 결정해야 한다. 특히 많은 기계장치로 구성되어 있는 장치산업에서는 배관 비용이 총 공사비의 20～30%를 차지하며, 에너지 손실과 잡균오염 등의 문제를 예방하기 위해서도 배관거리는 가급적 짧게 배치하고, 수평배관보다는 중력을 이용할 수 있도록 배치하는 것이 에너지 절감과 위생적 측면에서도 바람직하다.

공장배치는 일상적인 반복 업무와 달리 아주 드물게 발생하는 업무이며, 표준화된 자료가 없으며, 공장이 일단 건설되면 대폭적인 개조는 거의 불가능하다는 점 등에서 대단히 어려운 작업이다. 따라서 공장의 배치는 해당 식품의 제조 및 가공공정을 잘 이해하고 경험이 풍부한 전문가들의 자문과 기업의 역량을 집중하여 검토해야 한다. 공장배치의 효율을 향상시키기 위해서는 실물을 축소하여 만든 모델을 이용하면 대단히 효과적인 경우가 많다.

6) 공정 및 계장 그림(process & instrument diagram, P&ID)

기기의 배치가 완료되면 공정의 흐름에 맞추어 배관 및 공정을 제어하는 계장설비에 대한 설치계획을 수립한다. 공정 및 계장그림은 공정 전체 또는 일부 공정의 기계, 반응조, 저장조 등의 설비에 배관과 계장을 상세하게 표시하여 평면 또는 입체적으로 그린 그림으로, MFD(mechanical flow diagram, engineering flow sheet 또는 piping flow diagram)이라고도 한다.

P&ID는 공정이 많은 경우에 대단히 복잡하기 때문에 이를 대폭 간소하게 요약하여 주요 기기, 계장 및 배관만 나타내는 경우가 있다. 이러한 그림을 SFD(simplified flow diagram)이라고 한다. P&ID를 작성할 경우는 반응조, 저장조 등의 설비는 그 모양을 축소하여 나타내며, 배관은 배관의 크기, 밸브는 종류와 크기, 온도계, 압력계, 유량계 등의 계장설비는 각각을 구별하기 쉬운 기호로 표시하는 것이 바람직하다. 또한 반응조, 저장조 등의 설비도 고유한 코드를 부여하여 표시한다.

코드부여의 예로서 용기(vessel)은 V, 반응조(reactor)는 R, 칼럼(column)은 C 등으로 표시한다. P&ID에 부여한 코드는 해당 설비목록의 코드와 일치시키면 설비규격 및 수량을 파악할 경우에 비교적 쉽게 활용이 가능하다.

P&ID는 기기, 배관 및 계장설비 등의 수량과 설치위치를 확정하는 데 필요할 뿐 아니라, 시공자는 공사수행의 이정표로서 기계, 전기, 배관, 계장 및 공정기술자는 공사관리의 자료로서 활용한다. 따라서 이 자료가 잘 작성되어 있으면 시공도 쉽지만, 그렇지 않은 경우는 많은 시행착오로 공사기 지연되고, 공사의 품질이 나빠지는 결과를 초래한다. 따라서 P&ID의 확정은 관련분야 기술자들이 모여 각 분야 및 종합적인 검토가 반드시 필요하다. 이 과정에서 검토효율을 향상시키기 위해서 실물을 축소하여 제작한 모델을 활용하는 것이 효과적이다.

1.2 공장설계의 종류

공장설계는 크게 기본설계와 상세설계로 구분한다.

1) 기본설계(basic design)

기초 연구개발 및 문헌조사 등을 통하여 입수한 자료를 바탕으로 공장의 전체적인 개요를 나타낸 자료로서 다음과 같은 항목이 포함되어 있다.

제조공정, 물질 및 에너지수지, 조작조건, 소요원료 및 제품특성, 생산수율 및 원단위, 공장규모, 주요 시설 및 장치, 공장배치, 유틸리티, 공장비지 및 대지, 공사비 이사의 자료를 기초로 기술적 경제적인 요소에 대하여 예비사업성 검토(pre-feasibility study)를 실시한다.

2) 상세설계(detailed design)

기본설계 자료를 이용하여 예비사업성 검토결과 사업성이 있는 것으로 판정되면 상세설계를 착수한다. 상세설계는 공사실시에 필요한 것 이외에도 시공자가 공사비를 산출할 수 있을 정도로 설계도가 완성되어 있어야 한다. 따라서 정확한 설계 자료를 얻기 위해서 경우에 따라서는 시험공장(pilot plant) 규모의 보완시험이 필요하고, 여기에서 얻은 자료를 이용하여 최종적으로 기본설계에서 검토한 각각의 항목을 확정하고, 소요시설 및 장치를 결정한다. 상세설계서는 다음과 같은 항목이 포함된다.

제조공정, 물질 및 에너지수지, 조작조건, 소요원료 및 제품특성, 생산수율 및 원단위, 공장규모, 가동률(가동 일수, 사이클 타임), 주요 시설 및 장치, 공장배치, 공정 및 계장그림, 유틸리티, 공장입지 및 대지, 건물 상세설계서(배치도, 평면도, 입면도, 단면도, 구조설계도, 급배수, 공조, 전기, 기타의 설비설계도, 옥외시설, 조경설계도 등), 설비별 상세설계서(재질, 용량, 수량 등 결정근거, 설비배치도), 계산서(구조계산, 열 부하, 조명조도 등 시설계산서, 설비용량 및 기계대수 결정 등 설비계산서, 기타 계산서), 공사예산서(표준 공사비로서 설계자가 산출한 조서), 시방서(시공자에 대한 지시사항으로 설계도에 표시할 수 없는 부분을 글이나 표로 정리한 것)

이상의 자료를 근거로 정확한 비용 및 원가가 결정되면 공장계획이 완성된다.

1.3 건설비용의 추정

공장 건설비를 추정하는 방법은 크게 상세 견적법(詳細見積法)과 개략 견적법(概略見積法)으로 나누어지며, 어느 방법이든지 자료 작성에 필요한 상세정보가 확보되어야 한다. 대표적인 방법은 다음과 같다.

1) 상세항목 견적법(detailed-item estimate)

공장시설이나 개별 설비에 대한 완성된 도면과 규격에 따라 건설비를 추정하는 방법이다. 가격은 현재의 원가자료나 이미 건설된 자료를 토대로 산출한다. 설치비는 정확한 인건비를 인·시(人時, man-hour)로 결정하고, 엔지니어링 제도 및 현장감독인시도 같은 방법으로 상세하게 산출할 수 있다. 이 방법으로 작성한 건설비의 추정은 완성된 도면과 규격을 제시하여 납품업자의 견적을 받으면 확실해진다.

2) 개략 견적법

개략 견적은 공정의 비교검토용으로 단시간에 완전한 자료나 정보 없이 추정하는 방법이다. 대표적인 추정방법은 다음과 같다.

(1) 단위원가 견적법(unit cost estimate)

과거의 원가기록 정보가 있어야만 예측이 가능한 방법이다. 즉, 동일한 제품을 동일한 공법으로 제조하는 경우에 단위당의 생산량에 대한 건설비를 알고 있는 경우에 적용할 수 있으므로 기업에서 공장을 증설하거나 입지를 바꾸어 건설하는 경우에 적용할 수 있다.

(2) 생산 능력비 0.7승법(0.7 power factor applied to plant capacity ratio)

동일한 제품을 생산하는 공정은 생산능력이 다른 공장의 건설비용을 알고 있다면 다른 공장의 건설비는 Williams의 six-tenth factor를 이용하여 계산할 수 있다. Williams의 식은

$$C2/C1 = (P2/P1)^n$$

여기서 n은 지수이며, Williams는 0.6으로 적용하였으나, 각 공장의 기기마다 독특한 고유한 값이 있다. 일반적으로 식품공장은 n = 0.7로 계산한다.

C1 : 생산능력이 P1인 공장의 건설비용
C2 : 생산능력이 P2인 공장의 건설비용

(3) Lang 계수법(Lang factor approximation of capital investment)

개략적인 공장건설 비용의 추정에 이용하는 방법이며, 기본 설비원가에 일정한 계수를 곱해서 산출한다. 이 방법에서도 주요 기계의 기종 및 능력과 제작비용을 알아야 계산이 가능하다.

건설비용 = 기계제작비 × Lang 계수

Lang 계수는 공정에 따라 다르다.
고체 취급공정 : 3.9
고체와 유체 취급공정 : 4.1
유체 취급공정 : 4.8

(4) 구입 설비원가의 백분율법(percentage of delivered-equipment cost)

구입 설비원가에 대한 백분율로서 산출하는 방법이다. 주요 설비 본체의 원가(A)를 기준으로 하고, 여기에 원가를 구성하는 본체비용 이외의 항목에 일정한 계수를 곱하여 적산하는 방법이다.

이 방법은 과거의 자료가 있으면 추정이 가능하지만, 없는 경우는 견적의 정확도가 중요한 관건이 된다. 따라서 자료가 부족한 경우는 장치를 제조하는 업체에서 정보를 얻어야 한다. 발효공장의 경우는 다음과 같다.

표 7-3. 발효공장의 구입 설비원가의 백분율법을 이용한 건설비용 추정

항 목	비 용	항 목	비 용
본체비용	A	운반 및 설치공사비	0.05A
전기설비 및 공사비	0.3A	보온 및 보냉공사비	0.05A
계장설비비 및 공사비	0.3A	도장공사비	0.01A
건축비 - 옥외	0.1A	설계감독비	0.1A
- 옥내	0.5A	잡공사비	0.05A
배관공사비	0.3A	기타(예비비 및 시운전비)	0.15A
기초공사비	0.1A		

(5) 회전비율법(turnover ratio)

회전비율은 고정자산에 대한 연간 총 매출액의 비율로서 정의하며, 대략적인 공사비의 추정에 이용한다.

회전비율 = (연간 총 매출액)/(고정 투자자산)

회전비율은 일반적인 사업의 경우에 5이고, 화학공업은 1이다.

2. 공정의 선택

2.1 공정의 선택기준

공정의 선택은 기업이 처한 환경에 따라서 차이가 있다. 기업환경은 기업의 체질, 입지조건, 원료확보 방법, 제품의 소비형태 및 장래의 확장계획 등을 고려하여 결정한다. 일반적인 선택의 기준은 제품의 품질, 원가, 생산효율 등이 우수한 것을 선택하지만 해당 분야에 대한 기술축적이 부족하면 판단이 어렵다. 이러한 경우는 해당 분야의 경험이 많은 전문가의 자문을 받는 것이 효율적이지만, 기업의 비밀이 노출되는 위험성이 있다.

식품공업은 복잡하고 변동인자가 많은 분야이기 때문에 좋은 공정이란 무엇인가를 단순하게 정의하는 것은 어렵지만, 일반적으로 좋은 공정이 갖고 있는 특성은 다음과 같다.

(1) 단순성 : 최소의 반응단계, 최소의 단위조작 및 구조가 간단한 장치를 이용하여 조절이 쉬워야 한다.

(2) 융통성 : 공정은 특수한 것이 아니라 일반적인 장치를 사용할 수 있고, 생산변동에 대한 대처가 가능한 융통성이 있어야 한다.

(3) 신뢰성 : 장기적인 연속가동이 가능하고 수율 및 품질의 균일성이 있으며 안전해야 한다.

(4) 경제성 : 품질이 일정수준으로 유지되면서 운전경비가 적게 들고 총 원가가 낮아야 한다.

(5) 확장 : 확장이 쉽고, 투자비용이 낮아 투자효율이 높아야 한다.

2.2 공정선택의 고려사항

식품공업에서 이용하는 기술은 표 7-4와 같으며, 주로 이용하는 단위조작은 표 7-5에 정리하였다.

식품공장에서 실제로 활용하는 단위공정과 단위조작은 약간의 개별성을 갖고 있지만 대부분은 보편적인 것이 특징이다. 따라서 다른 공정을 이해하고, 그 중의 단위공정, 단위조작 및 그 조합을 충분히 이해하고 있다면 공정선택의 순서를 크게 경감시킬 수 있다. 공정의 선택에서 고려할 사항은 다음과 같다.

① 원료의 형상, 물성, 화학적 및 생물학적 성질
② 제품의 품질
③ 원료의 처리량 또는 제품의 생산량
④ 회분조작 또는 연속조작
⑤ 공정의 안정성 및 안전성
⑥ 공정의 경제성

표 7-4. 식품공업에서 이용하는 주요 기술

주요 기술 분야	기술 내용
물리적 기술	분쇄, 절단, 세척, 분리, 혼합, 추출, 수송, 냉각, 냉동, 해동, 가열, 가압, 진공, 농축
화학적 기술	합성, 분해, 고분자화, 저분자화, 기타 반응
물리화학적 기술	흡착, 흡수, 용리, 이온교환, 전기영동, 투석, 숙성
생물화학적 기술	발효, 배양, 세포융합, 유전자조작, 바이오 리액타, 효소처리

표 7-5. 식품공업에서 중요한 단위조작 및 반응조작

조작				목적	예
단위조작	열적 조작	전열		냉각저장	과실, 채소, 축산물, 수산물
				동결저장	수산식품, 축산식품, 과자
				열살균저장	액상식품, 통조림, 햄
		증발		탈수	농축주스, 농축 우유
		증류		농축, 정제	소주, 위스키, 브랜디
	확산적 조작	가스흡수		탄산화	탄산음료
		건조	기화	탈수저장	수산물, 채소, 고형수프, 전분
			승화	탈수저장	새우, 채소
		추출		분리	식물유, 동식물 추출물
		훈연화		훈향, 저장	어육, 축육
		염침		저장	염장식품(어육, 축육, 채소)
		당침		저장	당침식품(과실, 열매)
	기계적 조작	혼합		반죽	수산 및 축산 연제품
		분쇄		분쇄, 정제	소맥분
반응조작	미생물반응	알콜		주정 생산	알콜성 음료
		젖산		젖산 생산	요구르트
		초산		초산 생산	식초
		아미노산		아미노산 생산	글루타민산, 라이신, 페닐알라닌
		핵산		핵산생산	이노신산, 구아닐산
	화학반응	가수분해		유용물질 생산	포도당, 과당, 아미노산액
		합성		유용물질 생산	아미노산, 감미료 (사카린, 아스파탐)

1) 원료의 형상, 물성, 화학적 및 생물학적 성질

식품의 원료는 물리적인 강도가 작아 형상이 일그러지기 쉽고, 고체, 반고체나 비뉴톤(non-Newtonian) 유체가 만하 일반적으로 취급조작이 어렵다. 또한 물성(物性, rheological)을 충분히 고려하지 않으면 예상하지 못한 문제가 발생하기도 한다. 특히 주의해야 할 것은 물리적, 화학적 성질과 그 유동성이 물질의 농도, 불순물이나 조작압력, 온도 등의 조건에 따라 변하기 쉽고, 또한 경시적으로 변하는 성질을 갖고 있기 때문이다. 따라서 공정을 설계하고 기계를 선정하기 전에 이러한 성질들을 실험으로 확인하여 분명하게 분석을 해야 한다. 또한 원료와 제품은 변패하기 쉬우므로 위생적으로 취급해야 하는 공정의 특성을 항상 인식해야 한다.

2) 제품의 품질

식품은 다른 화학약품과 달리 고유의 맛, 향, 색, 형상의 특징이 생명이고, 이러한 것들은 어느 것이나 대단히 불안정하여 공정 도중이나 보존 도중에 변한다. 이러한 변화를 방지하는 것은 중요할 뿐만 아니라 대단히 어려운 문제이다. 따라서 식품가공기술이란 식품의 보존성을 향상시키는 기술이라고 해도 지나치지 않는다.

결국 식품공업의 공정계획에서 가장 중요한 것은 어떻게 식품의 고유성질을 잃지 않고 보존성을 더욱 향상시키는가이다. 따라서 미생물 대책을 포함하여 각 공정의 최적 조작조건을 선택해야 한다. 또한 식품의 다양화에 따라 상품의 형태도 목적에 맞게 적당한 것을 선택하고, 용도와 사용방법을 고려하여 사용하기 쉽고 보존성이 높은 제품의 성상이나 포장형태를 결정해야 한다.

3) 원료의 처리량 또는 제품의 생산량

원료 생산이 시간적으로 평균화되어 있지 않고, 지역적이고 더욱이 원료가 생물이기 때문에 집하량(集荷量)도 제한적이다. 이와 같은 원료에서는 생산규모가 규정되고 이에 따라 공정이 고려되어야 한다. 즉, 처리량이 적거나 또는 계절적으로 가동하는 경우에는 공정의 간이화, 처리능력의 폭이 있는 공정이 필요하고, 곡류가공과 같이 저장성이 있는 원료에서는 복잡하게 되어도 효율이 우수한 공정이 바람직하다.

원료는 같은 물건이라도 산지, 수확시기, 기후 등에 따라 변하고, 또한 원료 하나하나를 취하여도 부위에 따라 조성이 다르다. 특히 공업적으로 다량을 사용하는 경우는 품질의 변동이 적도록 고려해야 한다.

4) 회분조작 또는 연속조작

연속공정은 대량처리, 자동제어, 기계장치의 세정 및 용액의 투입과 배출 등의 무용시간(無用時間)의 절약, 인건비 절약, 경제성이 좋은 장점 이외에 자동제어에 의해서 품질관리의 용이성으로 균일한 제품을 얻을 수 있다. 그러나 원료가 적거나 양 및 질의 변동이 있는 경우에는 충분한 대응이 어렵기 때문에 회분조작이 유리하다. 회분조작은 단속조작(斷續操作)이라고도 한다.

표 7-6. 회분조작과 연속조작의 비교

구 분	회분조작	연속조작
• 원료량 및 질 변화에 대한 대응성	양 호	불 량
• 처리능력	작 음	큼
• 설비구조	간 단	복 잡
• 제품단위량당의 경비	많 음	적 음
• 자동제어의 난이도	어려움	쉬 움
• 제품의 균일성	불 량	양 호

5) 공정의 안정성 및 안전성

소정의 제품을 확실하게 얻을 수 있는가, 운전이 용이한가, 제어의 안정성이 있는가, 운전의 안전성은 어떤가, 충분히 위생적인 제품을 얻을 수 있는가 등을 종합적으로 검토하여 공정을 선택해야 한다. 공정의 안전성과 안정성이 확보되지 않으면 품질, 원가, 납기는 계획대로 수행하기가 불가능하다.

6) 공정의 경제성

위에서 언급한 항목을 종합적으로 검토하여 기업으로서 기본적인 수익의 달성이 성립되는 지의 경제성을 검토한다. 경제성 검토의 기초자료는 다음과 같다.

① 공정도(flow sheet)를 작성한다(폐수처리 포함).

② 물질 및 에너지수지의 계산

③ 연료, 전력, 기타 에너지량, 공정용수량, 냉각수량, 냉매량 및 용매량 기타 계산

3. 기계장치의 선택

3.1 기계장치의 선택순서

공정의 선택과정에서 공정을 구성하는 단위조작과 반응조작에 대하여 기계장치의 형식 선택도 포함해야 한다. 공정의 안정성, 안전성, 경제성을 좌우하는 기계장치의 형식 선정은 명확한 일반적인 기준이 없기 때문에 제조업체의 자료나 유사한 공정의 사용정보 및 기업의 습관적, 경험적으로 결정하는 경우도 많다. 그러나 기계장치는 일단 설치하면 상당히 오랫동안 사용해야 하므로 선택에는 신중한 검토가 필요하다.

기계장비의 선택순서는 다음과 같다.

① 조작목적에 대한 운전조건의 분석
② 목적조작을 수행하는 방식과 기계장치의 형식을 다수 선발하여 특징의 분석
③ 원료 및 제품의 성질, 처리량, 기타 등을 고려하여 용도에 적합한 방식 선정과 선정한 방식의 적용이 가능한 기계장치의 형식을 소수 선정
④ 소수 선정한 형식에 대하여 상에 대한 종합적 분석을 거쳐 형식을 결정

1) 조작목적에 대한 운전조건의 분석

식품제조의 단위조작은 특수한 용어를 사용하는 경우가 많고, 단순하게 보이는 조작 중에서도 오랜 경함에서 축적된 여러 목적을 갖는 복잡한 내용을 포함하고 있는 경우가 많다. 표 7-7과 같이 목적이 하나가 아닌 경우가 있고, 내용을 충분히 이해하지 않으면 장치 및 조작조건의 결정을 잘못하는 경우가 많다.

일반적으로 식품에 관계되는 화학공학적 자료는 편람 등에도 수록된 것이 적어 실험을 거쳐 분명하게 확인해야 하는 경우가 많다.

표 7-7. 단위조작과 조작의 목적

단위조작	조작의 목적
숙 성	단맛(당화), 방향(발효), 풍미(단백질 분해) 등의 증가
건 조	탈수, 풍미증가, 수분의 평균화, 살균 등
사별(篩別)	분급, 협잡물제거 등
반 죽	혼합, 융해, 점성, 탄성 등의 증가, 코팅 등

2) 조작방식과 기계장치의 형식 및 특성 분석

건조 조작방식의 예는 다음과 같다.

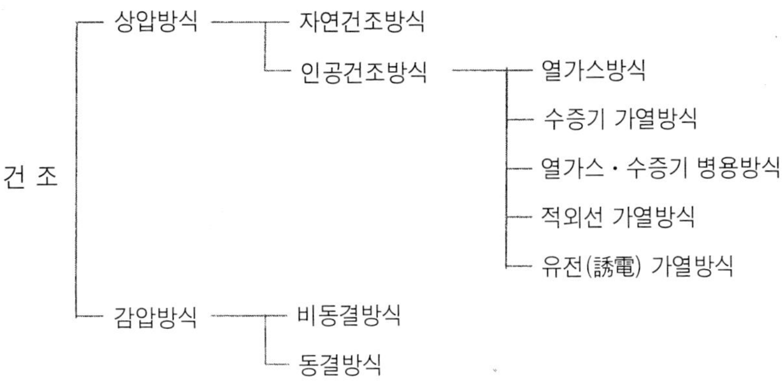

건조방식에 따라 건조제품의 품질뿐만 아니라 시설투자, 생산성 및 건조비용에 큰 차이가 발생하므로 먼저 건조제품의 용도를 고려하여 종합적인 분석을 거쳐 결정하는 것이 바람직하다. 이러한 사항은 다른 기계장치에서도 마찬가지이다. 기계장치의 형식선정에서 건조장치와 증발장치의 예는 다음 표 7-8, 7-9에 정리하였다.

3) 원료 및 제품의 성질분석과 방식선정

예를 들어 건조에서는 열에 대한 안정성, 탈수만을 목적으로 하는가 또는 건조시켜 향미를 부여하는가 등의 목적에 따라 방식을 선정한다. 다음에 선정된 방식에 따라서 처리량, 온도 및 기타 조건에 만족할 수 있는 기계장치의 형식을 소수 선정한다.

4) 선정된 형식의 종합적 평가와 최종 형식선정

이미 선정한 형식의 각각에 대하여 공정 전체를 고려하여 안정성, 안전성, 조작의 간편성, 투자비, 유틸리티, 소모품 및 인력 등의 운전비용을 감안한 경제성, 예비부품(spare parts)의 조달 용이성, 설치면적 및 설치건물 높이 등을 상세하게 검토하여 최종적으로 형식을 선정한다.

표 7-8. 건조장치 선정표

			처리량	연속	회분	건조속도	복원성	액·슬러리	비점결성입자	적용사례
재료정치	통기형		소		○	소			○	건조채소
	진공형	비동결	소		○	소		○		건조채소
		동결	소		○	소	○	○		채소, 과일, 육류, 어류, 된장
정치운반	통기벨트형		대	○		중			○	채소, 건면, 홍차
	터널형		대	○		중			○	과실, 채소
송풍운반	분무형		대	○		대		○		분유, 분말음료, 활성글루텐
	기류형		대	○		대			○	화학조미료, 분말전분
재료교반	수증기관부회전형		대	○		중			○	전분
	통기회전형		대	○		중			○	설탕, 포도당
	유동층형		소	○	○	대			○	과립형 조미료
	원통 및 구형		소		○	중			○	분말성 조미료

표 7-9. 증발장치 선정표

				처리량	연속	회분	증발속도	고점도액	빌포성액	스케일생성액	청소	적용사례
자켓	탱크	무교반형		소		○	소				○	
자켓	탱크	교반형		소		○	소	○			○	잼
자켓	관형(수직/수평 교반막)			대	○		대	○				
가열관형	관외비등	코일형		중	○	○	중					설탕
가열관형	관외비등	수평관형		중	○	○	중					화학조미료, 설탕
가열관형	관내비등	자연순환	수직단관형	대	○		중				○	설탕
가열관형	관내비등	자연순환	수직장관형	대	○		중		○		○	우유
가열관형	관내비등	자연순환	경사관형	대	○		중		○		○	
가열관형	관내비등	강제순환	수직단관형	대	○		대	○	○	○	○	
가열관형	관내비등	강제순환	수직장관형	대	○		대	○	○	○	○	토마토주스
가열관형	관내비등	강제순환	수평관형	대	○		대	○	○	○	○	
가열관형	관내비등	무순환(케스나)형		대	○		대	○	○	○	○	
가열관형	관내비등	박막낙하형		대	○		대		○		○	아미노산, 과즙
원심형				대	○		대	○	○			
평판형				대	○		대		○	○	○	과즙

3.2 기계장치 선택의 고려사항

기계장치를 선정할 경우는 사용목적에 적합한 기기를 선정하는 것이 중요하다. 선정이 잘못되면 생산능력과 생산효율이 떨어지고, 품질에도 나쁜 영향을 미칠 뿐만 아니라 심한 경우는 막대한 투자로 설치한 장비를 가동하지 못하는 경우도 발생한다. 이러한 문제를 사전에 예방하려면 다음과 같은 주의가 필요하다.

① 기계장치의 사용목적을 분명하게 하고, 요구하는 성능을 확인한다.
② 처리할 원료, 반제품, 제품의 성질을 분석하여 장비 제조업체에 제시하고 필요한 경우는 샘플을 제공하여 pilot test를 실시한다.
③ 현재의 처리능력과 향후 증설을 고려하여 처리능력을 결정하고, 기계재료의 내식성 등 설계조건을 명확하게 한다.
④ 기술성과 경제성을 분석하여 최종적으로 선정한다. 사용경험이 없고, 기계의 구조와 원리를 모르는 경우는 제조업체의 자료를 충분히 검토하고 동종 또는 유사기계를 사용하는 다른 공장을 견학하여 도움을 받는 것이 바람직하다. 경제성은 기계 본체와 예비부품을 쉽게 확보할 수 있는지, 소모품은 어느 것이 얼마나 소비되는지 등을 종합적으로 검토해야 한다.

다음은 식품공장에서 많이 사용하는 기계의 선정과정에서 고려해야 하는 사항에 대해 원심분리기와 분쇄기를 예로 들어 설명한다.

원심분리기의 기종을 최종적으로 확정할 경우는 처리원액의 상세한 물성을 제조업체에 제시해야 하며, 경우에 따라서는 공정이 확정되지 않은 상태에서 기종을 선택하거나 기업의 기밀유지를 위해 정확한 물성의 제시 없이 발주하는 경우에 분리목적에 적합하지 않은 기계가 선택되는 경우가 많으므로 주의가 필요하다. 따라서 가능하면 샘플을 제작업체에 제시하고 pilot teat를 거쳐 결정하는 것이 가장 확실한 방법이다.

장비 제작업체의 선정도 해당분야의 경험이 풍부하고 가급적 계획하고 있는 것과 유사한 물성을 갖고 있는 물질의 분리에 경험이 있는 것이 바람직하다. 설비가격을 비교할 경우는 원심분리기 본체만 비교해서는 판단이 어려운 경우가 많다. 업체 사이의 경쟁이 심한 경우는 본체는 낮은 가격으로 견적을 제시하고, 예비부품에 대해서 가격을 높게 책정하는 경우가 있기 때문에 많이 소모되는 예비부품을 미리 파악하여 종합적인 경제성을 검토하여 결정하는 것이 좋다. 실제로 같은 기종의 장비를 사용하는 업체가 있다면 사용의견을 확인하고 결정하는 것이 효과적이다.

1) 원심분리기 선택의 고려사항

고려사항	주요 내용
성능 확인	• 분리액의 청등도와 허용도 • 결정고체의 파쇄 허용도 • 단위 시간당 처리량 • 연속 가동시간
처리원액의 성상	• 비중 및 비중 차이 • 고체의 밀도, 입도분포, 입도 및 입도분포의 변동범위, 형상 • 온도, 허용온도, 점도, 허용온도 범위에서 점도 변화 • 원액의 각종 재료에 대한 부식성 • 고체의 경도 • 폭발, 휘발성, 독성 등 인체에 대한 위험성 • 불순물의 혼입 정도(허용 범위)
설계조건	• 전후 공정에 대한 원심분리기의 역할 • 운전조건(회분 및 연속) • 분리물의 배출방법(수동, 자동, 상부 또는 하부 배출) • 설치장소(옥내, 옥외) • 사용재료 • 세척 및 살균의 적합여부 • 액·고형분 중에서 필요한 부분 • 일반용, 방폭용
경제성	• 기계 및 설치비용 • 운전비(인건비, 전력비, 입수 용이성) • 예비부품(가격, 입수 용이성)

2) 분쇄기 선택의 고려사항

고려사항	주요 내용
성능확인	• 분쇄물의 입자크기 및 분포범위 • 단위 시간당의 분쇄량 • 연속 가동시간
공급 원료의 성상 및 성질	• 원료의 딱딱한 정도 • 분쇄에 사용하는 힘의 성질 파악(충격력, 압축력, 전단력) • 수분함량 • 원료의 열에 대한 안정성 • 원료의 각종 재료에 대한 부식성
설계조건	• 분쇄의 정도(미분쇄, 조분쇄) • 전후 공정에 대한 분쇄기의 역할 • 운전조건 • 설치장소(진동이 심하므로 위치선정 고려) • 분쇄물의 배출방법 • 분진 집진장치 • 냉각장치의 필요여부
경제성	• 설비비 • 운전비(인건비, 전력비) • 예비부품(가격, 입수 용이성)

분쇄에서 원료의 수분함량이 많으면 분쇄기가 막혀 효율이 저하되고 덩어리가 생성되며, 수분이 적으면 유동성이 좋고 미 분쇄가 잘 되지만 먼지발생이 많아 호흡기 질환 및 분진폭발의 위험성이 있다. 분쇄과정에서 마찰열로 인하여 기계에 눌어붙거나 덩어리가 생성되어 효율이 떨어지는 원료가 있으며, 어떤 경우는 유효성분이 휘발되는 경우도 있다. 이러한 경우는 냉각장치(자켓이나 코일 등)의 부착이 필요하다.

분쇄기의 기종을 서류상으로 검토가 완료되면 분쇄하려는 원료의 물성과 샘플을 제조업체에 제시하여 pilot test를 거쳐 최종 확인과정이 필요하다. 이러한 과정을 거치면 사전에 예상하지 못했던 문제를 예방할 수 있다.

4. 설비재료의 선택

식품의 제조가공에 사용하는 설비의 재질은 식품의 품질에 영향을 주며, 설비의 수명과도 직접적인 관련이 있다. 식품의 원부재료나 최종제품은 종류에 따라서 성질이 다르고, 성분물질 자체가 부식성인 경우도 있다. 또한 제조과정에서 산과 알칼리를 사용하여 분해, 합성하는 공정이나 작업이 완료된 이후에 산과 알칼리로 세척하는 공정이 있을 수 있으므로 설비의 재질을 선택하려면 사용하는 원부재료 및 최종제품의 물성과 작업조건을 모두 고려하여 신중한 검토가 필요하다. 특히 식품첨가물을 제조하는 공정은 산과 알칼리뿐만 아니라 다양한 용매를 사용하는 경우가 많으므로 이들 성분과 설비의 반응이 없어야 한다. 설비는 한번 설치하면 많은 투자가 필요하고, 장기간에 걸쳐 사용하므로 처음 설치할 때 완벽하게 검토하고 선택하지 않으면 생산량 및 품질은 물론 경제적으로도 큰 손실을 초래하게 된다.

일반적인 재료선택의 방법은 경험, 제조업체의 자료, 문헌, 동종 및 유사업체의 정보를 조사하여 대상범위를 1차 선별하고, 내식성 시험 등을 하여 품질, 안전성, 안정성 등을 확인하고 재료비, 설치비, 유지비 및 예상수명 등을 검토하여 최종적으로는 경제적인 가치를 기준으로 결정한다. 식품공장에서 사용하는 설비의 재질로는 식품과 접촉하는 부분이 표 7-10과 같이 목재, 철재, 스테인리스, 알루미늄, 고무, 유리, 플라스틱 등이 있으나, 특수한 경우를 제외하고는 대부분 스테인리스를 사용한다.

표 7-10. 설비재질의 장단점

재 질	장 점	단 점	비 고
목 재	가격 저렴	마모 심하고, 곰팡이 발생	흡습성으로 식품접촉 재료로 부적합
철 재	가격 저렴	녹 발생, 부식 심함	접촉 시 변색 가능성
스테인리스	녹이 없고, 부식성 적음	값이 비쌈	물성 특성의 적합성
고 무	녹이 없고, 부식성 적음	마모 쉬움	철재 표면에 코팅해 사용
유 리	녹이 없고, 부식성 적음	깨지기 쉬움	철재 표면에 코팅해 사용
플라스틱	가격 저렴, 부식성 적음	고온 유기용매 사용 불가	내산성 용기, 화학배관용

4.1 설비재료와 식품의 품질 및 위생의 관계

설비재료는 식품의 품질과 위생에 영향을 미치기 때문에 식품위생법에서 설비재료에 관해 법으로 정하고 있다. 식품위생법에서 정한 용어의 정의는 「식품위생이라 함은 식품·첨가물, 기구 또는 용기·포장을 대상으로 하는 음식에 관한 위생을 말한다」라고 되어 있고, 「기구라 함은 음식기와 식품 또는 첨가물의 채취·제조·가공·조리·저장·운반·진열·수수 또는 섭취에 사용되는 것으로서 식품 또는 첨가물에 직접 접촉되는 기계·기구, 기타의 물건을 말한다」라고 되어 있다. 장치재료와 관계있는 식품위생법의 내용을 발췌하면 다음과 같다.

- 영업상 사용하는 기구 및 용기·포장은 깨끗하고 위생적으로 다루어야 한다(법 제3조 2항).
- 유독·유해물질이 들어 있거나 묻어 있어 인체의 건강을 해할 우려가 있는 기구 및 용기·포장과, 식품 또는 첨가물에 접촉되어 이에 유해한 영향을 줌으로써 인체의 건강을 해할 우려가 있는 기구 및 용기·포장을 판매하거나, 판매의 목적으로 제조·수입·저장·운반 또는 진열하거나 영업상 사용하지 못한다(법 제8조).
- 보건복지부장관은 국민보건상 필요하다고 인정하는 때에는 판매를 목적으로 하거나 영업상 사용하는 기구 및 용기·포장의 제조방법에 관한 기구, 용기·포장 및 그 원재료에 관한 규격을 정하여 이를 고시할 수 있다(법 제9조 1항).
- 보건복지부장관은 제1항의 규정에 의하여 기준과 규격이 정하여지지 아니한 것으로서, 국민보건상 필요하다고 인정하는 것에 대하여는 그 제조·가공업자로 하여금 그 기구, 용기·포장의 제조방법에 관한 자가 기준과 기구, 용기·포장 및 그 원자재에 관한 자가 규격을 제출하게 하여 식품위생기관의 검사를 거쳐 이를 당해 기구, 용기·포장 및 그 원재료의 기준과 규격으로 인정할 수 있다(법 제9조 2항).
- 기준과 규격이 정하여진 기구 및 용기·포장은 그 기준에 의하여 제조하여야 하며, 그 기준과 규격에 맞지 아니하는 기구 및 용기·포장은 판매하거나 판매의 목적으로 제조·저장·운반·진열하거나 영업상 사용하지 못한다(법 제9조 4항).
- 작업장에 설치하는 기계·기구류의 식품과 접촉하는 부분은 위생적인 내수성 재질(스테인리스, 알루미늄, FRP, 테프론 등)로서 세척하기 쉬우며 열탕, 증기

또는 살균제 등으로 소독・살균이 가능한 것이어야 한다(시행규칙 제20조 별표 7).

- 법 제8조의 규정에 위반한 자는 5년 이하의 징역 또는 1천 500만 원 이하의 벌금에 처하거나 이를 병과할 수 있다(법 제74조).

4.2 식품 및 첨가물이 설비재료에 미치는 영향

식품은 대체로 약산성 내지 약알칼리성의 범위에 있으므로 일반 화학공업과 같이 강산, 강알칼리에 의해 설비가 급격하게 부식되는 경우가 거의 없다. 그러나 어떤 식품이나 첨가물의 경우는 제조과정에서 강산이나 강알칼리를 사용한다.

예를 들어 식물단백질을 강산으로 가수분해하여 강알칼리로 중화한 간장이나 HVP (Hydrolysed Vegetable Protein) 등의 조미료를 제조하는 경우, 또는 아미노산 제조과정에서도 강산과 강알칼리를 사용한다. 이와 같이 특수한 경우에는 설비의 부식이 심하지만 대부분의 식품에서는 급격하게 부식되는 경우는 거의 없다. 그러나 식품성분에는 강산, 강알칼리와는 다른 부식 특성을 갖고 있는 성분들이 있기 때문에 이러한 성분물질들에 대해서는 주의해야 한다.

식품이나 첨가물이 설비재료에 미치는 영향은 미약하지만 이에 따른 금속이온이나 반응 생성물질들은 미량이라도 독성을 갖기도 하며, 식품의 맛, 색, 냄새 등을 악화시키기 때문에 식품이 접촉하는 부분의 재질은 특히 신중하게 선택해야 한다. 식품 중에 포함되어 있는 부식성 물질은 표 7-11과 같이 여러 가지가 있다. 부식(corroison)은 환경과의 전기화학적 또는 화학적 반응에 의해서 금속에 가해지는 파괴적인 공격 현상으로 부식의 종류도 다양하다(표 7-12 참고).

표 7-11. 식품에 포함되어 있는 부식성 물질

구 분	부식성 물질
유기산	초산, 개미산, 젖산, 낙산, 프로피온산, 주석산, 호박산, 사과산, 구연산, 글루콘산, 탄닌산
지방산	스테아린산, 올레인산
염류	소금, 무기염류
첨가물	제조과정에서 사용되는 첨가물 중 일부(염산, 황산 등)

표 7-12. 부식의 종류

구 분	내 용
균일 부식	금속의 표면 전체에 걸쳐서 균일하게 발생하는 부식
갈바닉 부식	두 가지 금속을 용액에 침지하면 전위차가 존재하여 전자 이동으로 발생
틈 부식	전해액에 노출된 금속 표면의 틈이나 가려진 부분에 국부적으로 발생
공식(孔蝕)	금속 표면의 국부에 집중하고, 이 부분의 부식속도가 빨라 깊이 뚫고 침투
입계(粒界) 부식	금속의 결정 입계 부근에서 발생. 스테인리스 용접으로 주로 발생. 용접부식은 용접부위와 다소 떨어진 곳에 띠를 이루며 발생. 탄소함량이 0.03% 이하인 재질을 사용하여 예방.
선택 부식	합금 중의 한 성분이 부식으로 선택적으로 제거되는 현상
침식 부식	부식용액과 금속표면 사이의 상대적인 운동으로 부식속도가 증가되는 현상. 마모부식이라고도 함.
응력 부식	인장응력과 부식 전해액이 동시에 존재하여 발생하는 균열(cracking) stress corrosion

4.3 내식성 재료의 종류

특수한 경우를 제외하면 일반 식품공장에서는 강산과 강알칼리는 사용하지 않는다. 그러나 식품마다 구성성분 중의 부식성 물질이 다르다. 어떤 식품은 유기산이 많이 들어 있고, 또 어떤 식품은 식염이나 유황화합물이 많이 포함된 경우도 있다. 유기산은 약산이기 때문에 무기의 강산과 강알칼리 정도의 부식성은 없지만, 종류에 따라 다르다. 지방산의 경우도 스테아린산(stearic acid)이나 올레인산(oleic acid)과 같은 장쇄형의 지방산은 고온에서 부식성을 나타낸다.

식품 중에 포함되어 있는 각종 산에 대한 내식성을 평가는 10% 초산(acetic acid)를 이용한다. 초산용액 중에서 끓였을 때 견디는 재질은 스테인리스강, 내산합금, 유리 및 자기, 탄소제품, 플라스틱 등이다.

1) 스테인리스강(stainless steel)

(1) 스테인리스강

철에 탄소(C), 규소(Si), 망간(Mn), 인(P), 유황(S) 등의 5가지 원소가 포함된 강(steel)을 보통강이라 하고, 보통강에 특수원소가 첨가되어 특수한 성질을 나타내는 강을 특수강이라고 한다. 스테인리스상은 특수강의 일종으로, 크롬(chrome, Cr)원소를 포함하고 있다. 스테인리스강이 녹슬지 않는 이유는 표면에 크롬 산화막이 생성되기 때문이다. 니켈(nickel, Ni)이 첨가되면 산화막의 밀착성이 향상되므로 내식성이 더욱 강해진다.

그러나 스테인리스강에도 약점이 있어 모든 산에 내식성이 있는 것은 아니며, 질산(HNO_3)과 같은 산화성 산에는 강하지만, 염산(HCl)이나 황산(H_2SO_4) 같은 비산화성 산에는 약하다. 니켈이 포함된 것은 비산화성 산에서도 비교적 내식성이 강하다. 그러나 스테인리스강은 염소이온(Cl^-) 등의 할로겐이온(halogen ion)에 의해서 부분적인 부식이 발생하기 때문에 이것을 방지하기 위하여 몰리브덴(molybden, Mo)를 첨가하는 경우도 있다. 이러한 강종(綱種)은 SUS 316, SUS 316L이다.

(2) 스테인리스강의 종류

스테인리스강을 분류하면 표 7-13과 같이 Cr계와 Cr-Ni계의 두 가지가 있으며, 식품공업에서 가장 많이 사용하는 것은 Cr-Ni계의 SUS 304, SUS 304L, SUS 316, SUS 316L이다.

스테인리스강의 조직을 기준으로 분류하면 표 7-14와 같이 말텐사이트계, 페라이트계, 오스테나이트계의 3가지이다. 오스테나이트계의 대표적인 것은 Cr 18%, Ni 8%를 포함하는 SUS 304, SUS 304L이다. 스테인리스강 중에서도 말텐사이트계와 페라이트계는 자석에 붙지만, 오스테나이트계는 자석에 달라붙지 않는다. 또한 내식성의 세기는 오스테나이트계 > 페라이트계 > 말텐사이트계의 순서이다.

(3) 스테인리스강의 가공성

스테인리스강은 내식성, 강도 및 가공성이 있는 재료로서 특히 우수한 내식성으로 식품공업의 제조가공 설비에 널리 이용한다. 모든 스테인리스강에는 약간의 탄소가 첨가되어 있으며, 합금의 강도를 높이기 위해서 첨가하고, 함량은 0.03~1.2% 범위이다. 그러나 강도를 높이기 위해 탄소함량을 증가시키면 내식성을 주기위해서 사용된 크롬에 의해서 탄화물질이 생성되어 내식성이 낮아진다. 탄소가 높은 강종에서는 용접할 때 열을 받는 부위가 빨리 부식되거나 변형되므로 식품을 제조 가공하는 용접 구조물에는 부적당하므로 탄소함량이 낮은 것을 사용해야 한다.

예를 들면 식품을 가열 및 혼합하는 용기로 이용하는 2중솥(jacketed kettle)의 내벽은 거의 SUS 304가 이용되지만, 그림에서 사선으로 나타낸 부분에서 재질 불량으로 인한 현상으로서 작은 물고기 비늘 같은 파편이 발생한다. 이로 인하여 주위가 부식되고, 벽면이 불규칙한 요철이 생성되어 식품의 찌꺼기가 부착되기 때문에 미생물이 오염되는 원인으로 작용하기 쉽다.

또한 여러 개의 관으로 구성된 열교환기에서도 탄소함량이 높은 재질로 제작하면 용접부분에서 쉽게 부식이 발생하여 짧은 기간 내에 작은 구멍(pin hole)이 발생하여 열교환기로서의 기능을 상실하는 경우도 있다. 이러한 현상을 방지하려면 원인물질인 탄소함량이 낮은 강종을 사용하거나, 티타늄을 첨가한 재질을 이용하면 방지할 수 있다.

표 7-13(1). 말텐사이트계 스테인리스강의 화학성분

AISI	Cr	Ni	C	% max				기 타
				Mn	P	S	Si	
403	11.5~13.0	-	0.15 max	1.0	0.04	0.03	0.5	
410	11.5~13.5	-	0.15 max	1.0	0.04	0.03	1.0	
414	11.5~13.5	1.25~2.5	0.15 max	1.0	0.04	0.03	1.0	
416	12.0~14.0	-	0.15 max	1.25	0.06	0.15 max	1.0	0.6 Mo
420	12.0~14.0	-	>0.15	1.0	0.04	0.03	1.0	0.15 Se
431	15.0~17.0	1.25~2.5	0.20 max	1.0	0.04	0.03	1.0	
440A	16.0~18.0	-	0.6~0.75	1.0	0.04	0.03	1.0	0.75 Mo

표 7-13(2). 페라이트계 스테인리스강의 화학성분

AISI	Cr	Ni	C	% max				기 타
				Mn	P	S	Si	
405	11.5~14.5	-	0.08 max	1.0	0.04	0.03	1.0	0.1~0.3 Al
430	16.0~18.0	-	0.12 max	1.0	0.04	0.03	1.0	
446	23.0~27.0	-	0.20 max	1.5	0.04	0.03	1.0	0.25N max

표 7-13(3). 오스테나이트계 스테인리스강의 화학성분

AISI	Cr	Ni	C	% max				기 타
				Mn	P	S	Si	
201	16.0～18.0	3.5～5.5	0.15 max	2.0	0.045	0.03	1.0	
202	17.0～19.0	4.0～6.0	0.15 max	2.0	0.045	0.03	1.0	
301	16.0～18.0	6.0～8.0	0.15 max	2.0	0.045	0.03	1.0	
302	17.0～19.0	8.0～10.0	0.15 max	2.0	0.045	0.03	1.0	
303	17.0～19.0	8.0～10.0	0.15 max	2.0	0.045	0.03	1.0	
304	18.0～20.0	8.0～10.5	0.08 max	2.0	0.045	0.03	1.0	
305	17.0～19.0	10.5～13.0	0.12 max	2.0	0.045	0.03	1.0	
308	19.0～21.0	10.0～12.0	0.08 max	2.0	0.045	0.03	1.0	
309	22.0～24.0	12.0～15.0	0.20 max	2.0	0.045	0.03	1.0	
310	24.0～26.0	19.0～22.0	0.25 max	2.0	0.045	0.03	1.0	
314	23.0～26.0	19.0～22.0	0.25 max	2.0	0.045	0.03	1.5～3.0	
316	16.0～18.0	10.0～14.0	0.08 max	2.0	0.045	0.03	1.0	2.0～3.0Mo
317	18.0～20.0	11.0～15.0	0.08 max	2.0	0.045	0.03	1.0	
321	17.0～19.0	9.0～12.0	0.08 max	2.0	0.045	0.03	1.0	
347	17.0～19.0	9.0～13.0	0.08 max	2.0	0.045	0.03	1.0	
348	17.0～19.0	9.0～13.0	0.08 max	2.0	0.045	0.03	1.0	

표 7-14. 스테인리스강의 조직에 따른 분류

구분	조직성상	자성
Martensite	보통의 강철을 고온에서 급냉시켜 얻는 금속조직과 동일	있음
Ferrite	보통의 강철이 상온에서 나타내는 조직과 동일	있음
Austenite	보통의 강철이 900℃ 전후에서 나타내는 조직의 모양과 동일	없음

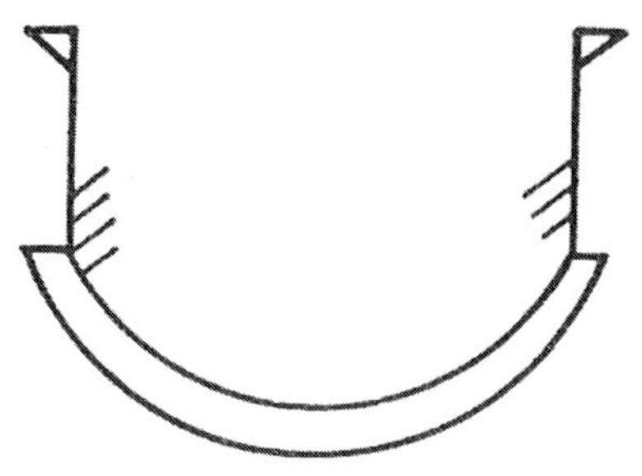

그림 7-5. 2중솥의 일반적인 구조

(4) 스테인리스강의 선정기준

사용에 적합한 스테인리스강을 선택하려면 다음과 같은 사항을 검토해야 한다.

① 내식성 : 요구되는 내식성의 정도와 예상되는 사용 환경을 고려한다. 내식성은 부식물의 성질, 농도 및 온도에 따라 다르다.

② 기계적 성질 : 내식성 다음으로 중요한 것이 합금 강도이다. 기계적 성질에 적합한 재질을 결정해야 한다.

③ 가공성 : 재료의 형성 및 가공방법이다. 가공방법은 기계가공, 용접가공, 단조가공, 냉간압연 등에 따라서 재질이 다르다.

④ 총 원가 : 재료, 설치 및 예상수명 등을 종합적으로 평가하여 비교한다. 합금 원소량이 많은 것일수록 값이 비싸진다.

⑤ 입수 가능성 : 재료의 입수 가능성은 총 원가에 영향을 주고, 특히 사업의 완성 일자가 지정된 경우는 그 중요성이 더욱 커진다.

(5) 스테인리스강의 사용상의 주의

스테인리스강의 재질이 아무리 우수해도 사용방법이 잘못되어 있으면 수명이 현저하게 단축되기 때문에 다음과 같은 사항에 주의해야 한다.

① 스테인리스강과 다른 재질과 접촉사용으로 인한 공식(孔飾, pitting) : 스테인리스강은 갈바닉 부식(galvanic corrosion)에 약한 성질을 갖고 있으므로 원칙적으로 다른 재질과 접촉하여 사용하지 말아야 한다. 녹이 발생하거나 피팅이 발생할 가능성이 높다. 갈바닉 부식은 두 가지 이종금속이 용액 속에 침지되어 있을 때 전위 차이로 전자의 이동이 발생하는 현상으로 발생하는 부식현상이다.

- 스테인리스강과 녹의 접촉 : 스테인리스강과 보통강을 접촉시켜 사용하면 보통강이 먼저 녹을 발생하고, 이 녹과 스테인리스강이 서로 접촉하여 외부에 노출되면 스테인리스강에 녹이 오염되어 심하게 부식된다.
- 스테인리스강과 구리 및 구리합금과 접촉 : 접촉부위에 스테인리스강의 국부부식이 발생한다.
- 유황과 접촉 : 스테인리스강 특히 니켈을 포함하는 스테인리스강을 유황이나 유황을 포함하는 재질과 접촉하여 사용하면 안 된다. 예를 들어 천연고무 에보나이트 등과 스테인리스강을 접촉시키면서 침식성 환경에 노출되면 비교적 빠르게 부식이 발생한다.
- 이종 스테인리스강의 접합사용 : 페라이트계와 오스테나이트계의 스테인리스강을 리벳으로 조립하여 고온으로 사용하거나 용접하여 사용하면 열팽창계수의 차이로 인하여 접합부위에 균열이 발생하거나 심한 겨우는 절단이 발생한다.

2) 유리 및 자기

유리는 성분조성이나 약품에 견디는 성질에 따라서 여러 가지로 분류한다. 유리의 주성분은 실리카(silica SiO_2)이며, 조성성분에 따라 연질과 경질유리로 분류한다. 경질유리는 유리성분에 붕소(硼素, boron)가 첨가된 유리이며, 보통의 연질유리에 비하여 내열성, 내열충격성, 내약품성이 강하여 쉽게 깨지지 않기 때문에 이화학용 실험기구는 물론 식품공업과 화학공업의 시설재료로도 이용한다. 대표적인 경질유리가 미국의 Corning Glass Works에서 개발한 상품인 파이렉스(Pyrex)이다. 그러나 경질유리는 산에는 잘 견디지만 높은 온도의 알칼리에서 침식되기 쉬운 단점을 갖고 있다.

표 7-15. 유리의 종류

포괄적 분류	• 보통 유리 • 특질 유리
성분조성에 따른 분류	• 석회 유리(soda lime glass) • 붕규산 유리(borosilicate glass) • 납 유리(lead glass)
내약품성에 따른 분류	• 연질 유리 • 경질 유리

표 7-16. 유리의 구성성분

성 분	연질 유리	경질 유리
SiO_2	68～70%	80.5～81
Na_2O	13～15	4
CaO	10～13	0.3
Al_2O_3	2～3	2～3
B_2O_3		12.5

유리가 식품공업에서 이용되는 것은 포장용기와 반응용기로서 철판에 얇게 라이닝(glass lining)한 형태로 이용하고 있다. 유리 라이닝은 탄소함량이 낮은 강판의 라이닝 면을 고압의 모래를 분사하여(sand blast) 표면을 다듬은 다음에, 습식 분쇄한 유리현탁액(glass slip)을 분무하고 건조하여 850～950℃ 가열로에서 융착(融錯)시킨 것으로 유리피복의 두께는 1～1.2mm이다. 유리 라이닝은 내식성이 우수한 장점이 있으나, 제작이 대단히 어렵고, 사용상의 부주의로 파손되면 보수가 어려운 점 등이 단점이다. 자기(磁器, ceramic)도 유리성분과 같이 실리카가 주성분이며, 보통 자기와 경질 자기가 있으며, 경질자기는 내식성이 있다.

표 7-17. 자기의 구성성분

성 분	함 량
SiO_2	72～74%
Al_2O_3	22～23
Fe_2O_3	0.9～1.4

식품위생법에서는 "기구・용기 및 포장의 제조에 있어 화학적 합성품인 착색료를 사용하는 경우에는 식품위생법상 허용된 착색료 이외의 착색료를 사용해서는 안 된다. 다만, 유약유리 또는 법랑에 녹이는 방법, 기타 식품에 혼화할 우려가 없는 방법에 의한 경우에는 무방하다."라고 규정하고 있으며, 유리 및 자기로 만든 기구와 용기의 규격기준은 다음과 같다.

(1) 유리제 기구와 용기

① 납 : 7 ppm 이하

② 비소 : 0.05 ppm 이하
③ 알칼리 : 4 ppm 이하

(2) 도자기제 기구와 용기

① 납 : 7 ppm 이하
② 비소 : 0.05 ppm 이하
③ 카드늄 : 5 ppm 이하

3) 내산성(耐酸性) 합금

금속이나 합금의 조직은 부시특성을 결정하는 중요한 인자이다. 보통 철 및 강의 합금은 두 가지 형태, 즉, 강(steel)과 주철(cast iron)로 나누어진다. 이 기준은 탄소 함량으로 하고 있으며, 탄소 2% 이하를 강이라 하고, 2% 이상을 주철이라고 한다. 강은 다시 합금강(alloyed steel)과 비합금강으로 나누어진다.

비합금강은 보통 탄소강이라고 하며, 탄소와 철 이외의 다른 원소를 포함하지 않은 강을 말한다. 합금강은 탄소 이외에 하나 또는 둘 이상의 다른 원소가 첨가된 것을 말하며, 첨가하는 원소는 규소, 망간, 구리, 바나듐(V), 몰리브덴, 텅스텐(W), 크롬, 니켈, 티타늄 등이다.

일반적으로 많이 사용하는 내식성 니켈합금은 표 7-18과 같다. 내식성이 있는 합금을 선택하는 경우에 먼저 금속과 부식용액 사이에 몇 가지 조합을 통하여 가장 경제적으로 내식성 재질을 선택할 수 있으며, 몇 가지 대표적인 조합은 표 7-19와 같다.

표 7-18. 내식성 니켈합금(단위: %)

구 분	Ni	Mo	Co	Cr	W	Fe	Si	Mn	C	Cu	사용
모넬 400	66					1.4	0.2	0.9	0.12	31.5	*1
인코넬 600	76			16		7.2	0.2	0.2	0.04		
하스텔로이 B	61	26～30	2.5	1.0		4～7	1.0	1.0	0.05		
하스텔로이 C	54	15～17	2.5	15.6	3～4.5	4～7	1.0	1.0	0.08		*2

*1 : 지방의 가수분해로 지방산과 글리세롤 제조

*2 : 고온의 염산 취급

표 7-19. 합금의 선택 기준

• 스테인리스강 : 질산(질산 HNO_3) • Ni과 그 합금 : 알칼리 • 모넬(70Ni-30 Cu : 불화수소산 HF) • 하스텔로이 : 고온의 염산	• 납 : 묽은 황산(60～70% 황산은 강침식성) • 주석(Sn) : 증류수 • 티타늄 : 고온의 강산화용액 • 탄탈(Ta) : 가장 강한 내식성 • 강 : 진한 황산

4) 플라스틱

플라스틱의 종류는 대단히 많고, 내약품성은 복잡한 양상을 나타내므로 최종적으로는 실험을 통해서 결정해야 한다. 그러나 플라스틱의 내식성은 분자구조를 보면 대략적인 추정이 가능하다. 예를 들어 알킬기(alkyl radical), 할로겐기(halogen radical)가 결합되면 내산 및 내알칼리성이 강해지고, 수산기(hydroxyl radical), 아미노기(amino radical) 등 친수성 작용기가 결합하면 내산성 및 내알칼리성이 약해진다. 플라스틱은 내식성이 있어도 용매에 약한 것, 내유성(耐油性)이 약한 것 등이 있으므로 플라스틱의 재질을 선택할 경우는 이러한 사항에 대해서도 시험이 필요하다.

가소제(可塑劑)가 포함된 플라스틱류는 식품제조용으로는 적합하지 않다. 또한 플라스틱을 기계의 부품으로 사용하는 경우는 연화점(軟化點)에 주의해야 한다. 내식성이 있어도 연화점이 낮으면 변형이 발생하여 사용이 불가능하다. 100℃ 이상에서도 변형되지 않는 플라스틱은 4불화 에틸렌수지(tetrafluoroethylene resin : 테프론, 폴리프론 등 220℃ 정도), 3불화 에틸렌수지(다이프론 등 170℃ 정도), 폴리프로필렌(130℃ 정도) 등이 있다.

플라스틱 중에서도 포르말린(formalin)을 반응시켜 제조하는 페놀수지, 요소수지, 키실렌 수지 등은 식품용으로 적합하지 않다. 동물유와 식물유에 대해서 폴리에틸렌이나 폴리이소부틸렌은 약하고, 주류에 대해서는 폴리에틸렌, 에틸셀룰로오스, 에폭시 수지는 약하다. 플라스틱으로 기구, 용기 및 포장을 제조할 때 화학적 합성물질인 착색료를 사용하는 경우는 식품위생법상 허용된 착색료 이외의 착색료를 사용해서는 안 된다.

5) 탄소제품

탄소는 화학약품에 대하여 유리에 버금가는 내식성을 갖고 있으므로 열교환기와 매카니컬 실(기계적 밀봉, mechanical seal) 등에 많이 이용한다.

6) 유리섬유 보강 플라스틱

유리섬유에 플라스틱을 결합시킨 것이 유리섬유보강 플라스틱(FRP, fiber glass reinforced plastic)이다. 이것은 알루미늄보다 가볍고 강철보다도 강하며, 부식되지 않는 재료로서 약품 저장조나 배관 등에 이용한다. 유리섬유의 굵기는 5 μ(5/1,000 mm) 정도의 것이 사용되고, 합성수지는 주로 폴리에스테르(polyester) 수지를 사용한다.

7) 구리 합금

구리는 알루미늄과 함께 비철금속 재료 중에서 가장 중요한 재료의 하나이다. 구리는 전기 및 열전도도가 매우 좋고 화학적인 저항성이 커서 내식성도 우수하다. 미량의 구리는 생리적으로도 오히려 유익하기 때문에 단시간 사용하면 장치재료로서도 지장이 없다.

구리제품은 아연, 주석, 니켈, 은 등과 합금으로 사용한다. 일반적으로 구리관은 해수, 연수, 경수 등을 수송하는데 있어서 온도에 관계없이 만족스럽게 사용하고 있다. 그러나 구리는 질산, 진한 황산의 끓는 용액, 암모니아가 녹아있는 물, 염화철 황산철 및 황 화합물에는 부식하는 성질이 있다. 대부분의 구리제품은 일반적으로 주석으로 도금한 것이 많이 이용되고 있으며, 식염수, 당, 술 등에 이 합금이 이용된다.

식품위생법에서 규정하고 있는 기구, 용기 및 포장의 규격 기준은 구리 및 구리합금 사용 시에 식품에 접촉하는 부분을 전면 주석 도금 또는 기타 처리를 하여 위생상 위해가 없도록 적절한 처리를 하도록 규정하고 있다. 단, 고유한 광택을 가지고 녹이 슬지 않도록 처리한 것은 무방하다. 특히 니켈-구리 합금(monel metal)은 구리보다도 내식성이 뛰어나다. 그러나 옥수수, 콩 등의 취급 시에는 소량의 구리가 있어도 변색되므로 사용하지 않는다.

8) 알루미늄 합금

알루미늄은 대기 중이나 중성 및 대부분의 산성용액에서 내식성이 좋을 뿐만 아니라 가공이 용이하기 때문에 방습 포장재로도 많이 사용한다. 그러나 알루미늄은 강도가 약하기 때문에 제조 설비용으로는 망간, 마그네슘 등을 첨가한 것을 이용한다. 알루미늄은 염소이온, 구리이온 및 철 이온이 존재하면 부식성이 증가한다. 알루미늄이 내식성을 갖는 환경은 암모니아수, 초산, 지방산, 질산, 유황화합물이고, 다음과 같은 환경에서는 부식된다.

- HCl, HB, H_2SO_4(실온에서 10%^ 이하 농도에서는 사용 가능함)

- HF, $HClO_4$, H_3PO_4, 개미산, 수산
- 알칼리
- 바닷물
- Cu^{2+}, Fe^{3+} 등이 포함된 물

알루미늄의 표면은 자연상태에서 공기 중의 산소에 의해서 알루미나(Alumina Al_2O_3)의 피막이 형성되어 금속 자체의 보호역할을 한다.

9) 고 무

고무는 단독으로 사용하는 경우는 거의 없으며, 강이나 주철 등에 3～5mm의 두께로 라이닝 하여 사용한다. 라이닝에 사용하는 고무재료는 라이닝 조건, 사용약품의 종류, 농도 등에 따라 다르며, 고무재료의 일반적 성질은 표 7-20과 같다.

표 7-20. 고무의 성질

종 류	일반적 성질	사용온도 범위(℃)
천연고무 (natural rubber)	대부분의 무기화학약품에는 저항성이 있으나, 질산과 같은 강산화성 산에는 부적합하다. 또한 알콜, 에스테르와 같은 유기화학약품에는 저항성이 있으나 지방족 탄화수소, 방향족 탄화수소 및 어떤 종류의 동식물성 기름에는 사용할 수 없고, 연질고무라고 함.	-30～80
에보나이트 (Ebonite)	생고무에 다량의 유황을 가하여 제조하며, 경질고무라고 한다. 연질고무보다 내약품성이 우수하다.	< 100
클로로프랜고무 (Chloroprene rubber)	클로로프랜의 중합체로서 합성고무의 일종이다. 연질고무보다 내열성, 내유성, 내약품성이 우수하다.	-20～100
부틸고무 (Butyl rubber)	합성고무의 일종으로 연질고무보다 내열성, 내산화성이 우수하지만 유리할로겐원소, 지방족 및 방향족 탄화수소에 사용할 수 없다.	
클로로설폰화 폴리에틸렌 (Chlorosulfonyl polyethylene)	내열, 내약품성 및 내마모성이 우수한 합성고무로서 차아염소산나트륨 같은 산화제나 황산, 질산 등 강산에 대해서 상당한 저항성이 있다. 지방족 탄화수소에는 저항성이 있지만 에스테르류에는 사용할 수 없다.	

4.4 내식성 재질의 선택

내식성 재질을 선택하려면 취급하는 식품성분과 제조 및 가공과정에서 첨가하는 물질의 성분을 이해하고, 그 성분이 미치는 영향을 사전에 조사하고 최종적으로는 부식시험을 거쳐 적합한 재질을 선택한다. 부식시험은 실험실 시험과 사용시험으로 나누며, 실험실 시험은 모형시험과 가속시험이 있다.

모형시험(model test)은 실험실에 소형의 모형 장비를 설치하고, 조건은 실제 공장 조건과 같게 하고, 시행하는 시험으로 부식을 촉진시키지 않고 시행하므로 시험기간이 비교적 장기간 소요된다. 가속시험(accelerated test)은 하나 또는 둘 이상의 부식 인자를 강화시키고, 실제 사용조건보다 더 빠른 속도로 부식을 진행시키는 실험방법이다. 그러나 가속시험에서 얻은 결과는 사용시험 및 모형시험에서 다시 확인해야 한다.

표 7-21. 내식성 재질의 선택

- 예비선택
  경험, 제조업체의 자료, 문헌, 이용 가능성, 예비실험실 시험
- 실험실 시험
  실제와 가까운 공정조건에서 실험실 시험으로 적정 재질의 재평가
- 실험실 시험결과 및 기타 자료의 해석
  불순물의 영향, 설비의 고온, 고압, 교반 및 공기존재의 영향, 제작방법에 따른 영향 등
- 적정재질의 경제성 비교
  재료 및 유지원가, 예상수명, 설치비용
- 최종 선택

표 7-22. 부식시험방법

1	실험실 시험 • 모형시험 • 가속시험
2	사용시험(service test)

가속시험의 결과를 근거로 하여 실제 사용조건에서 재료 및 피복의 수명을 예측하는 것은 거의 불가능하다. 단지 재료의 상대적인 부식성을 비교할 수 있을 뿐이다. 사용실험은 실제로 발생하고 있는 자연적인 부식 환경에서 시행하는 시험으로 대단히 중요하며, 때로는 필수적이다. 실험실내에서 실제 사용조건의 부식 환경을 정확하게 만드는 것은 불가능하기 때문이다. 참고로 스테인리스 및 내산성 자기에 대한 부식 시험방법은 KSD 0219-0225 및 KS L 1553에 정해져 있고, 플라스틱의 내약품성 측정방법은 KS M 3007에 규정되어 있다.

(1) 침지시험(immersion test)

시험하려는 재료 샘플을 부식성이 있는 기체나 액체에 담구어 놓는 시험으로, 샘플을 완전히 담그는가 일부만 담그는가에 따라 완전 침지시험과 부분 침지시험으로 나눈다.

(2) 시험조건의 조정

① 시험샘플 : 시험결과의 재현성을 높이기 위하여 시험편의 조성, 조직, 표면상태 등의 특성을 정확하게 알아야 한다. 모든 시험샘플은 시험 전에 표면의 녹, 유지류를 제거해야 한다.

표 7-23. 플라스틱의 용제별 내식성

물 질	PVC		PE	PP	PET	EP	PS	ABS	PA	PF	PC	Saran
	경화	가소										
아세톤	U	U	S	S	U	F	U	U	S1	U	S	U
메칠알콜	S	S1	S1	S1	S1	S	S	S1	S1	F	S1	S1
에칠알콜	S	S1	S1	S1	S1	S	S	S1	S1	F	S1	S1
부틸알콜	S	S1	S1	S1	S1	S	S	S	S1	F	S1	S1
벤젠	U	U	U	U	S1	S	U	U	S	S	U	F
에틸에테르	U	U	S	S	-	S	U	U	S1	S	S1	U
헥산	S	U	F	F	S	S	U	F	S	S	S1	S1
윤활유	S1	S	S	S	S	S2	F	S	S	S	S1	S1
키실렌	U	U	U	u	S2	S	U	U	S1	S	U	F

S : 26.5℃까지 양호, S1 : 60℃까지 양호, S2 : 60℃이상에서 양호, F : 대단히 양호, U : 부적합, EP : epoxy, ABS : acrylonitrile-butadiene-styrene, PS : polystyrene, PA : poly acetal(엔지니어링 플라스틱), PF : phenol-formaldehyde(페놀수지), PC : poly carbonate

표 7-24. 재료별 내식성

물질	철강	주철	스테인리스		모넬	알루미늄	공업용유리	탄소	페놀수지	아크릴수지	염화비닐리덴	사용가능한 비금속 패킹재료
			18-8	18-8 Mo								
초산(crude)	C	C	C	C	C	A	A	A	A	A	C	b, c, d, e
초산(pure)	X	X	C	A	A	A	A	A	A	X	X	b, c, d, e
암모니아가스	A	A	C	A	A	C	A	–	A	–	C	a, e
암모니아수	A	A	A	A	C	C	A	–	A	A	C	a, c, d, e
염화칼슘	C	A	C	C	A	C	A	A	A	A	A	b, c, d, e
수산화칼슘	A	A	A	A	A	–	–	–	–	–	–	a, c, d, e
차아염소산칼슘	X	C	C	A	C	C	A	A	C	–	C	b, c, d, e
구연산	X	C	C	A	A	A	A	A	A	A	A	b, c, d, e
에탄올	A	A	A	A	A	A	A	A	A	–	A	a, c, e
지방산	C	C	A	A	A	A	A	A	A	–	A	a, e
포름알데히드	C	C	A	A	A	A	A	A	A	–	A	a, c, e
글리세롤	A	A	–	A	A	A	A	A	C	A	C	a, c, e
염 산	X	X	X	X	C	X	A	A	A	A	C	b, c, d, e
과산화수소	C	–	C	C	C	A	A	A	A	A	C	a, e
젖 산	X	C	C	A	C	C	A	A	A	–	–	a, b, c, d, e

메탄올	A	A	A	A	A	A	A	A	A	-	A	a, c, e
질 산	X	C	C	C	X	C	A	C	C	-	C	b, e
인 산	C	C	C	A	C	X	C	A	A	-	A	b, c, e
수산화칼륨	C	C	A	A	A	X	-	-	-	-	C	a, e
소 금	A	A	C	C	A	C	A	A	A	-	-	a, c, d, e
가성소다	A	A	A	A	A	X	C	A	A	A	C	a, c, d, e
차아염소산 나트륨	X	C	C	A	C	X	A	C	X	-	A	b, c, d, e
아세톤	A	A	A	A	A	A	A	A	C	X	C	a, e
수 산	C	C	C	C	A	C	A	A	A	-	-	b, c, e
탄산나트륨	A	A	A	A	A	C	C	A	A	X	-	a, c, d, e
황산(98% 이상)	A	C	X	C	X	C	A	X	X	X	C	b, e
황산(75~95%)	A	C	X	X	C	X	A	C	X	X	C	b, e
황산(10~75%)	X	C	X	X	C	X	A	A	C	C	A	b, e
황산(10% 이하)	X	C	X	C	C	C	A	A	C	A	A	a, b, c, e

A : 사용가능

C : 주의, 내식성은 조건에 따라 변함. 약간의 부식이 허용될 경우에 사용

X : 적합하지 않음 - : 자료 없음 a : 석면, 흰색(압축 또는 뜬것)

b : 석면, 청색(압축 또는 뜬것) c : 석면(압축 또는 고무접착)

d : 석면(뜬것 및 고무 입힌 것) e : 테프론

② 시험기간 : 대부분의 경우에 시험샘플의 무게가 감소하는 것으로 부식속도를 결정하는 경우가 많다. 무게측정 이전에 표면의 부식 생성물을 제거해야 한다. 부식 생성물이 제거된 시험샘플을 다시 시험용액에 노출시키는 것은 아무런 의미가 없으므로 무게 측정에 충분한 수의 동일한 샘플을 준비해야 한다. 시험이 완료되면 알콜이나 아세톤으로 시험샘플을 씻은 다음 건조시켜 무게를 측정한다. 시험샘플을 맨손으로 만지지 말아야 한다.

③ 시험조건 : 실제로 작업이 이루어지는 상태의 환경조건인 시험용액의 조성 및 농도, 시험용액의 온도, 시험용액의 유속, 시험용액의 용량, 시험용액의 통기 등이 고려되어야 한다.

5. 설비의 설치와 품질보증

식품의 품질과 위생을 확보하기 위해서는 건설의 모든 단계(계획 - 조사 - 설계 - 발주 - 제작 - 설치 - 시공 - 시험 - 검사 - 시운전 등)에서 철저한 품질관리가 필요하다.

공장의 설계와 건설은 종합기본계획(master plan)이 잘 되어 있는가 어떤가에 따라 그 성과가 다르기 때문에 종합 기본계획은 관련되는 부문의 자문을 받아 수립하는 것이 중요하다. 그러나 공장 건설 시에 계획 - 조사 - 설계 - 발주 등 소프트한 부분의 계획이 잘 수립되어도 제작 - 설치 - 시공 등 구조적인 측면에서 정해진 도면 기준에 따라 계획대로 확실하게 실행되지 못한다면 품질 보증은 어렵게 된다. 따라서 적절한 제조공정과 설비 그리고 설비 재료의 선택이 잘 되었다 하더라도 이후의 과정이 잘못되면 결과적으로 전체가 나쁜 결과가 나타나게 된다.

5.1 일반 식품공장 설비의 제작, 설치 및 시공관리

식품공장의 특징은 일반적인 공장과 달리 위생성과 보존성이 중요하기 때문에 식품위생에 관한 시공경험이 풍부한 업체를 선정해야 한다. 식품공장의 건설경험이 있는 업체는 기본적으로 위생에 관련된 의식을 갖고 있어 사업의 추진과 관리가 쉽지만, 그렇지 않은 경우는 시공관리의 어려움이 발생한다. 식품제조 및 가공설비는 외관상으로도 청결해야 하지만, 눈에 보이지 않는 설비 내부의 마무리도 중요하다. 식품공장의 디자인 및 구조에서 중요한 사항은 다음과 같다.

(1) 공장 내부는 세정하기 쉬운 구조로 해야 한다.

(2) 제조 및 가공설비가 제품과 접촉하는 표면은 매끄럽고, 요철이 없으며 틈이 없

어야 한다.

(3) 용접부분은 매끄러워야 한다.

(4) 설비의 도장은 제품이 닿는 부분에는 하지 않아야 한다.

(5) 가스켓(gasket)과 패킹(packing) 재료는 구멍이나 독성이 없고, 흡수성이 없는 것을 사용하여 제품이나 세정제가 침투할 수 없어야 한다. 또한 교반기의 회전축에서 윤활유가 유출되어 식품을 오염시키지 않아야 한다.

(6) 공장의 바닥면과 배관탱크의 밑면은 경사가 지게 하여 액이 고이지 않아야 한다.

(7) 간단하게 점검하고 분해할 수 있는 구조이어야 한다.

(8) 원료나 설비의 세정수는 냉각수와 섞이지 않아야 한다.

(9) 공장에서 증기가 유출되어 벽이나 천정에 응축되지 않도록 하고, 특히 외벽의 단열이 부족하여 결로가 발생하지 않도록 해야 한다. 결로가 발생한 부분은 오랫 동안 습기가 있는 상태가 되어 곰팡이가 발생할 수 있으므로 적합한 단열시공이 이루어져야 한다.

(10) 제품과 직접 접촉하는 재질은 식품에 대하여 안정해야 한다. 일반적으로 제품이 접촉하는 부분은 스테인리스강(sus 304 이상)을 이용하고, 고무나 플라스틱 재료를 사용하는 경우는 식품위생법에서 정하는 규격에 적합한 재질을 선정해야 한다.

(11) 벽은 먼지나 이물질이 퇴적하지 않도록 수평 돌출부위가 없도록 시공하고 구석은 둥글게 마무리한다.

(12) 배수관은 냄새, 위생해충 등의 이동을 차단할 수 있도록 금속망을 설치하고, 트랩(trap)을 설치하여 배수관 중의 공기(악취)가 실내에 유입되지 않도록 시공해야 한다.

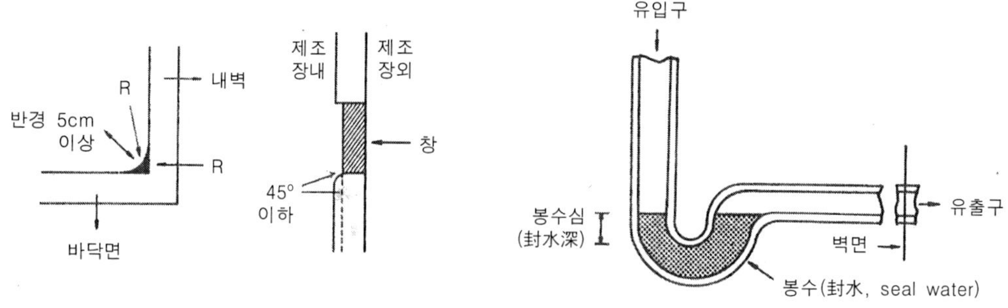

그림 7-6. 벽의 구석처리, 창틀 및 트랩의 구조

(13) 식품위생법(법 제21조 및 시행규칙 제20조)에서 규정한 시설기준에 맞도록 해야 한다. 주요 내용을 열거하면 다음과 같다.

① 작업장

- 작업장은 독립시설이거나 완전히 구분되어서 식품위생에 영향을 미칠 수 있는 다른 목적의 시설과 구분되어야 한다.
- 콘크리트 등과 같은 내구력이 있는 구조물로 되어야 한다.
- 바닥은 사기타일, 인조석 현장 갈기 또는 시멘트 콘크리트 구조로서 습기가 차지 않도록 배수로를 설치해야 한다.
- 내벽은 내수성 자재이어야 하며 원료처리장, 배합실 및 포장실의 내벽은 바닥으로부터 1.5m 까지 밝은 색의 내수성 자재로 설비하거나, 방균 페인트로 도색하여야 한다.
- 천정은 청소하기 쉬운 구조로서 틈이 없고 매끄러워서 이물이나 먼지 등이 떨어지지 않는 구조이어야 한다.
- 출입문은 견고한 자재로서 외부로부터 먼지 등을 막을 수 있는 시설이어야 한다.
- 충분한 조명시설을 갖추어야 한다. KS A 3011에서 규정하고 있는 공장의 조도기준은 표 7-25와 같다.
- 작업장 내에서 발생하는 악취, 유해가스, 매연 및 증기 등을 환기시키기에 충분한 창문(바닥면적의 5% 이상)을 갖추거나 환기시설을 갖추어야 하며, 창문에는 쥐 또는 해충을 막을 수 있는 설비를 해야 한다.
- 원재료, 기구 및 용기류를 세척하기 위한 세척설비를 갖추어야 하며, 수도를 이용할 수 있는 충분한 수의 고정된 손 씻는 시설을 갖추어야 한다.
- 제조가공에 사용되는 소기구, 용기류, 포장류 및 첨가물 등을 위생적으로 보관할 수 있는 설비가 있어야 한다.
- 작업장에 설치하는 기계 및 기구류의 식품과 직접 접촉하는 부분은 위생적인 내수성 재질(스테인리스, 알루미늄, FRP, 테프론 등)로 세척하기 쉬우며, 열탕이나 증기 또는 살균제 등으로 소독살균이 가능해야 한다.

② 창 고

- 창고는 내구력이 있어야 하고, 원료용 창고와 제품용 창고는 구획되어야 하며, 원료와 제품을 위생적으로 보관 및 관리할 수 있는 충분한 설비 및 면적을 갖추어야 한다.

③ 급수시설

표 7-25. 공장의 소요 조도

조도 (lux)	장 소	작 업
3,000 2,000 1,500	제어실 등의 계기 및 제어반	정밀기계, 전자부품의 제조, 인쇄공장의 극세밀 작업(조립, 검사, 시험, 선별, 설계, 제도)
1,000 750	설계실, 제도실	섬유공장(선별, 검사), 인쇄공장(식자, 교정), 화학공장(분석 등 세밀한 작업 조립, 검사, 시험, 선별)
500 300	제어실	일반적인 제조공정에서 보통의 작업 (조립, 검사, 시험, 선별, 포장, 창고 내부 작업)
200 150	전기실, 공조기계실	거친 작업 (한정된 작업, 포장, 하적)
100 75 50	출입구, 복도, 통로, 계단, 세면장, 화장실, 작업용 창고	극히 거친 작업 (한정된 작업, 포장, 하적)
30 20	옥내 비상계단, 창고, 옥외 동력설비	짐 싣기, 짐 내리기, 짐 이동 등의 작업
10	옥외(통로, 구내 경비용)	

위험한 작업인 경우는 2배의 조도를 적용한다.

- 작업과정에서 물을 필요로 하는 경우에는 작업장마다 급수시설을 설치해야 한다.
- 지하수를 사용하는 경우에 취수원은 화장실, 오물장, 동물사육장 및 기타 지하수가 오염될 우려가 있는 장소로부터 최소한 20m 이상 떨어진 곳에 위치해야 한다.

④ 화장실

- 화장실은 콘크리트 등 내수성 자재로 시설해야 하고, 바닥과 내벽(바닥에서 1.5m 까지)은 타일을 부착해야 하며, 환기창에는 쥐 또는 해충을 막을 수 있는 설비를 해야 한다.
- 화장실은 남녀용으로 구분되어 사용에 불편이 없는 구조이고, 물이 충분해야 하며, 손 씻는 시설을 갖추어야 한다.

⑤ 기타 시설

- 작업인원이 불편 없이 사용할 수 있는 위생적인 탈의실이 있어야 한다.

- 원료처리장, 제조가공장, 포장실 등의 폐기물용기는 내수성 자재로 된 것으로, 뚜껑이 있고 오물과 악취 등이 유출되지 않도록 설비해야 한다.
- 영업장소 안팎의 배수구는 쥐 또는 해충이 들어가지 못하도록 덮개를 설치해야 하며, 배수가 잘 되도록 해야 한다.

5.2 바이오공장의 시공관리

바이오공장(생물공장, bio-plant)은 생물공학을 이용하여 식품이나 첨가물을 제조하는 공장으로, 옛날부터 식품공업에서 생산해온 주류, 장류, 식초, 아미노산 등은 바이오공장의 전형적인 생산품이다.

바이오공장은 지금까지 미생물을 주로 이용하여 왔으나, 최근에는 미생물 이용기술에서 생물기능 이용기술로 발전하여 유전자 재조합, 세포융합, 세포배양, 고정화 효소 및 균체 이용기술 등이 추가되어 식품공업에서의 생물공학 분야가 확대 발전되고 있다. 그러나 여기서는 미생물 이용기술에 한정하여 소개한다. 바이오공장의 특징은 첫째로, 일반 화학공업과 달리 미생물이라는 생명체를 촉매로 하여 생화학반응을 시키는 것으로, 이 반응은 모두 발효조(醱酵槽, fermenter)라는 특수한 장치에서 이루어진다. 두 번째는 미생물의 배양 도중에는 잡균오염이 발생하면 안 된다.

바이오공장에서 가장 주의해야 하는 점이 오염방지이기 때문에 사용하는 장치나 원부재료는 살균을 하고 배양 도중에 공급하는 공기도 여과장치로 제균(除菌)을 하여 사용함으로써 모든 공정을 무균상태에서 운전하는 것이 중요하다. 바이오공장의 건설도 공장 특성에 적합하도록 설계 및 시공하여 기계장치로 인한 오염이 발생되지 않도록 배려해야 한다. 탱크, 배관 등에 구조적인 결함이 있으면 관리가 불가능하기 때문에 바이오공장의 설계와 시공에서 일반적으로 주의할 사항은 다음과 같다.

1) 배양조

(1) 탱크 안에 설치하는 부품, 예를 들면 온도계의 보호관이나 각 계기의 센서는 세정을 쉽게 하기 위해서 가급적 단순한 구조가 되도록 하고, 액이 머무르지 않고 쉽게 흐르도록 경사지게 설치한다. 그러나 그림 7-7과 같이 경사각 θ를 크게 하여 설치하면 탱크 벽과 간격이 좁아져 용접이 어렵기 때문에 자칫하면 용접결함이 발생하기 쉬운 상태가 된다. 또한 좁은 부분은 세정이 부족하여 스케일이 누적되기 때문에 경사각은 30° 정도가 적합하다.

(2) 탱크 안의 벽면에 액이 묻지 않도록 하려면 벽면을 잘 연마(buffing)해야 한다. 특히 스테인리스는 거울 면과 같이 연마하면 세정이 쉽다.

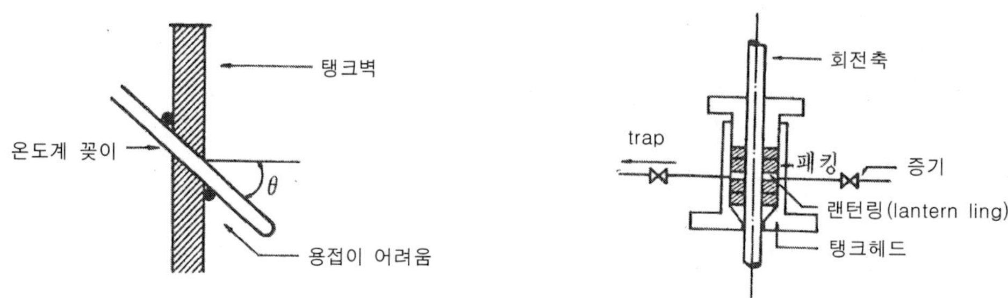

그림 7-7. 탱크의 부착물 경사각 및 교반기 회전축의 증기 밀봉구조

(3) 탱크의 밑면에 부착된 배출밸브는 최대한 탱크 벽에 가깝게 붙여 배관 속에 액이 고이지 않게 한다.

(4) 미생물의 배양장치는 무균조작을 위해서 외부와 완전히 차단할 필요가 있기 때문에 탱크에 설치하는 밸브, 플랜지(flange), 교반기 등은 밀봉(tight seal)을 해야 한다. 특히 교반기 회전축의 밀봉은 메카니칼 실(mechanical seal)을 적용하며, 교반기의 축(shaft)이 잘못 가공되어 조금이라도 휘어지면 교반기의 회전에 따라 밀봉이 불완전하여 잡균오염의 가능성이 높아진다. 이러한 이유로 교반기는 바란싱 머신(balancing machine)을 사용하여 균형을 잡아 주어야 한다. 또한 교반기의 축에서 오염이 발생하는 것을 방지하기 위하여 그랜드(grand) 부분은 증기밀봉(steam seal)을 적용한다.

(5) 미생물 배양의 온도조절을 위해서 배양조에 설치한 쟈켓이나 코일 관(oil pipe)에는 냉각수를 주입한다. 코일 관으로 구성한 열교환기는 시공 후 또는 운전 중에 용접부분의 불량으로 작은 구멍(pin hole)이 생겨 오염 가능성이 높기 때문에 코일 관에는 반드시 구멍이 있는 지를 시험하는 배관이 설치되어야 한다. 일반적으로 누설시험(leak test) 방법은 코일 관에 공기나 알칼리 용액을 넣고 압력을 가하여 비눗물이나 페놀프탈레인 지시용액을 코일 관의 용접부분에 묻히면 쉽게 확인할 수 있다.

(6) 탱크의 설치가 완료되면 몰탈(mortar) 마무리를 하여 액이 고이지 않도록 경사를 주고, 특히 바닥에 갈라진 틈이 없도록 처리해야 한다.

2) 배관(piping)

(1) 관(pipe) 내에는 액이 고이지 않도록 배관은 배출점을 향하여 1/200～1/100의 경사를 주고, 액은 중력으로 흐르도록 배관해야 한다.

(2) 관의 내부를 세정하기 위하여 관의 일부를 해체해야 하는 부분은 반드시 플랜지를 사용해야 한다.

(3) 밸브는 액이 고이지 않도록 설치한다.

3) 용접(welding)

(1) 용접부위에는 액이 고여 있지 않고 세정하기 쉽도록 평탄해야 한다. 특히 스테인리스를 용접할 경우는 산화를 방지하고 표면이 평탄하게 하기 위하여 불활성 알곤 아크릴 용접(argon arc welding) 등을 이용한다.

(2) 금속은 높은 열을 받으면 변형되어 내식성이 약해지는 경우가 있으므로 미리 용접 시험관(welding test pipe)을 만들어 실제 접촉하는 액에 침지하여 부식의 정도를 시험해야 한다. 특히 스테인리스강은 그 종류와 용접방법에 따라서 큰 차이가 나기 때문에 주의가 필요하다.

5.3 위생적 설계와 시공의 기준사례

위생관리의 측면에서 제조설비 설계과정에 구조, 재질, 시공 등에 대한 기준의 설정은 다음과 같은 사례를 들어 설명한다.

1) 통조림공장 사례

미국통조림협회(National Canners Association) 산하의 통조림공장 설비에 관한 위원회에서 제정한 기준에 따라서 추천하는 시설 및 설계에 대한 사항은 다음과 같다.

(1) 통조림 시설은 쉽게 청소할 수 있고, 기계고장이 발생하면 쉽게 수리할 수 있으며, 안전성이 있도록 설계해야 한다.

(2) 모든 설비의 표면에 쉽게 접근할 수 있어야 한다. 특별한 공구가 없어도 간단한 공구의 도움으로 접근할 수 있어서 표면의 체결상태를 확인할 수 있고, 청소할 수 있어야 한다.

(3) 목재를 사용한 부분이 없어야 한다.

(4) 제품과 직접 접촉하는 모든 금속 표면은 스테인리스강이거나 또는 이와 대등한 내식성과 표면이 매끄러운 금속이어야 한다.

(5) 제품과 직접 접촉하지 않는 구조부분도 표면이 매끄럽고, 부식성이 없는 금속이거나 또는 부식하지 않도록 코팅된 금속이어야 한다.

(6) 모든 외부 부품은 둥글거나 관 모양의 재료로 되어 있어서 스케일이 축적되지 않고 쉽게 청소할 수 있어야 한다. 또한 이러한 부품들은 부식을 방지하기 위하여 밀폐해야 한다.

(7) 움푹 들어간 부분들은 잘 메워서 세척이 쉽고 물이 잘 빠지도록 해야 한다.

(8) 기계의 내부는 튀어나오거나 파인 부분 또는 용접이 완료되지 않은 부분이 없어야 한다.

(9) 모든 연결부위는 용접한 다음에 매끄럽게 마감하여 용접하지 않은 부분과 같이 위생적 구조를 유지해야 한다.

(10) 다리는 높이를 조절할 수 있어야 하며, 바닥에 고정이 잘 될 수 있어야 한다.

(11) 가장 낮은 수평부분은 바닥에서 15cm 이상 위에 있어야 한다.

(12) 모터나 기타 동력부분은 제품의 윗부분에 설치해서는 안 된다.

(13) 베어링(bearing)은 위생적이고, 저절로 배수가 되는 그리스(grease) 없이 작동하는 베어링(inboard bearing)을 사용해야 한다.

(14) 모든 벨트는 물기에 저항성이 있고, 흡착성이 없는 위생적인 것이어야 한다.

(15) 컨베이어 가드(conveyor guard)나 튀기는 것을 막는 장치(splash guard) 등은 쉽게 분리하여 청소할 수 있어야 한다.

(16) 모든 활차(pulley)는 밀폐된 둥근 금속구조를 가져야 한다.

(17) 수증기나 물의 밸브는 누설되지 않도록 설계 및 설치해야 한다.

(18) 원료의 세정설비는 먼지, 잎, 또는 조각 등이 쌓이지 않도록 수시로 청소해야 한다.

(19) 물이 들어오고 빠지는 구멍은 신속히 물을 채우고 빠질 수 있도록 적당한 크기여야 한다.

(20) 기계에 연결된 배수관은 폐수를 신속하게 처리할 수 있는 크기여야 한다.

2) 우유 및 우유가공공장 사례

미국의 3개 단체인 낙농공업협회, 미국 공중위생부(US Public Health Service) 및 우유와 식품위생국제협회에서 정한 위생설비 설계에 대한 “3-A 표준(3-A Sanitary Standard)” 가운데 우유 및 우유제품 증발관(evaporators and vacuum pans)의 3-A 위생표준은 다음과 같다.

■ 재료(material)

(1) 제품과 접촉하는 표면을 갖는 모든 금속성 재질은 탄소함량이 0.12% 이하이고, 니켈합금인 18-8 스테인리스강이거나 또는 이와 대등한 독성이 없는 내식성 금속이어야 한다. 다음의 경우를 제외하고는 필요한 곳에 비금속성 재질을 투시용 및 봉함용으로 사용할 수 있다.

① 투시 및 투광유리는 무색 투명유리로 해야 한다.

② 다목적 가스켓의 재질은 무독성으로 비교적 흡착성이 없으며, 표면이 매끈한 탄력고무 또는 고무대용 재질로 구성되어야 한다.

③ 제품과 접촉하는 표면을 갖는 비금속성 부품의 재질은 무독성으로 비교적 내유성(fat resistant)이 좋고, 흡착성이 없는 불용성의 물질로 구성되어 제품에 이취를 주지 않아야 한다. 이 경우 비금속성 물질은 표면이 매끈해야 하며, 그 성분조성도 표면과 구조특성을 유지할 수 있고, 아울러 제품이나 평소에 사용 또는 세척작업에 이용하는 세제와 살균제에 의한 침투 및 부식작용에 견딜 수 있어야 한다.

(2) 외부에 노출되는 표면을 갖는 모든 부품은 내식성 재질로 되어 있거나 또는 내식처리가 되어야 한다. 표면을 도장할 경우 도료는 사전에 처리된 표면에 도장하여 내구성이 있도록 해야 한다.

■ 제작(fabrication)

(1) 제품과 접촉하는 모든 표면은 적어도 스테인리스강판(stainless steel sheets)에서 No. 4 mill finish(AISI에서 분류한 표면 연마정도) 수준 또는 120 grit finish 수준으로 연마되어 있어야 한다. 모든 접속부는 표면이 매끈해야 한다. 특히 금속성 제품 표면에 있는 영구적인 접속부위는 내구성, 내식성 및 무독성을 동시에 갖춘 재료로 납땜 또는 용접해야 한다.

(2) 제품과 접촉하는 표면을 갖는 모든 부속품은 세척작업에서 분해가 가능하거나, 아니면 결합된 상태로 쉽게 세척할 수 있어야 한다.

(3) 제품과 접촉하는 표면을 갖는 모든 부품은 손이 닿기 쉬워야 하며, 아울러 조립상태 또는 분리된 상태에서 세척이 용이해야 한다.

(4) 제품과 접촉하는 표면에 있는 135° 이하의 모든 내각(internal angle)은 최소 1/4인치의 반지름이어야 한다.

(5) 제품의 열교환 배관은 최소내경은 공경 1인치의 외경이어야 한다.

(6) 코일간의 최소간격은 2½인치, 코일과 진공 증발관의 벽면과의 최소 간격은 3인치, 그리고 코일뱅크 사이의 최소 간격은 3½인치가 되어야 한다.

(7) 구멍(opening)

① 제품이 들어오고 나가는 연결부위는 우유 및 유제품 제조설비와 우유 및 우유제품을 수송하는 위생라인에 적용되는 "3-A 위생표준"에 따라야 한다.
② 투시 및 투광유리의 입구는 내부 표면이 안쪽으로 경사지게 하고, 외부는 액체가 고여 있지 않도록 경사지게 설계해야 한다. 또한 유리는 세척과정에서 쉽게 분리가 될 수 있도록 해야 한다.
③ 온도계의 연결부위는 온도계 설치에 대한 "3-A 위생표준"에 따라야 한다.
④ 맨홀(manhole) 뚜껑 부위는 뚜껑이 출구 바깥쪽으로 개폐될 수 있도록 제작해야 하며, 맨홀구멍의 최소 내경은 16인치가 되어야 한다.
⑤ 진공파괴 및 샘플링 밸브의 구멍은 제품과 접촉하는 표면 내부에 있어야 한다.

(8) 맨홀 뚜껑 투시 및 투광 구멍용의 가스켓은 제품과 접촉하는 표면을 갖는 비금속성 부품으로 간주한다. 가스켓은 분리가 가능해야 한다. 가스켓의 홈과 가스켓을 유지하는 홈의 깊이는 그 넓이보다 커서는 안 되며, 깊이는 1/2인치 이하, 넓이는 1/4인치 이상이어야 한다. 가스켓 홈에 있는 내각의 최소 반경은 1/8인치 이상이어야 한다.

(9) 제품과 접촉하는 표면 위에 있는 증기라인은 제품과 접촉하는 표면에서 벗어나 배수되어야 한다.

제2부

식품공정 개발과 사업평가

제 1 장

식품 및 공정개발

1. 식품산업

식품산업은 농・수・축산물과 식품첨가물을 포함한 식품원료를 처리, 가공, 포장, 저장하여 유통하는 산업이며, 넓은 의미에서는 농・수・축산업 및 식품서비스업 등도 포함한다. 사회여건과 문화 및 경제발전으로 소비되는 식품의 양, 질 및 형태가 변화되며, 최근에는 식품의 표준화, 위생화, 다양화 및 편의화가 빠른 속도로 이루어지면서 지역과 국가단위의 특징적인 식문화를 바탕으로 세계적인 식품이 산업으로 발전되고 있다.

식생활의 변화는 식품산업이 주도적인 역할을 주도해 왔으며, 앞으로도 지역적인 사회여건의 급격한 변화를 바탕으로 더욱 빠른 속도로 이루어질 것이다. 특히 임금상승, 여성의 사회진출, 인구구성 변화, 시장개방의 가속화 등은 식품산업의 발전을 가속하는 요인으로 작용할 전망이다.

식품가공 및 제조의 역사는 인류의 역사와 함께 해왔다. 인간은 선사시대부터 식품을 건조하여 보존하는 방법을 알았을 것으로 추정하며, 제분 및 제빵기술은 기원전 2,600년 무렵부터 이용해 왔고, 기원전 6,000년경에는 발효를 이용한 식품보존을 이용하였다. 최근까지도 사용하고 있는 통조림 가공기술도 나폴레옹시대인 1809년 프랑스에서 개발되었다. 이와 같이 식품가공 및 제조기술은 현재와 같은 고품질 안전한 식품을 적절한 가격과 양적 생산을 위하여 현대적인 대량생산 체계를 이용하는 수준에 도달하였다. 식품산업은 조직적인 생산체계와 유통구조를 형성하면서 글로벌 산업으로 성장하였다.

식품의 공급체계는 일반적으로 그림 1-1과 같이 정리할 수 있다. 과채류 및 어류 등은 원료의 특성상 세척과 포장 같은 최소한의 처리를 거쳐 소비자에게 공급하기도 하며, 이러한 처리과정은 도・소매상 및 중・대형 마트들이 유통과정을 담당하고 있고, 일부는 위판장과 공판장 및 인터넷 거래를 거쳐 일반소비자가 직접 소비하는 경우도 있다.

대부분의 농・수・축산물 원료는 어떤 방법으로든지 처리 및 가공된 상태로 소비자에게 공급되거나 식품산업의 원료로 사용된다. 식품산업은 제분공업, 신선육 포장업, 유가공업, 동식물성 유지제조업, 수산가공업, 과채류 가공업과 즉석가공업 등을 들 수 있다. 이러한 식품공업 분야를 투입원료와 제품의 가공정도를 기준으로 분류할 경우에 1차 식품공업 또는 식품 소재산업이라고 한다. 대표적인 1차 식품산업의 생산제품은 밀가루, 쌀, 우유, 버터, 치즈, 식용유, 냉동 채소류, 포장 신선육, 냉동 어패류 등이다.

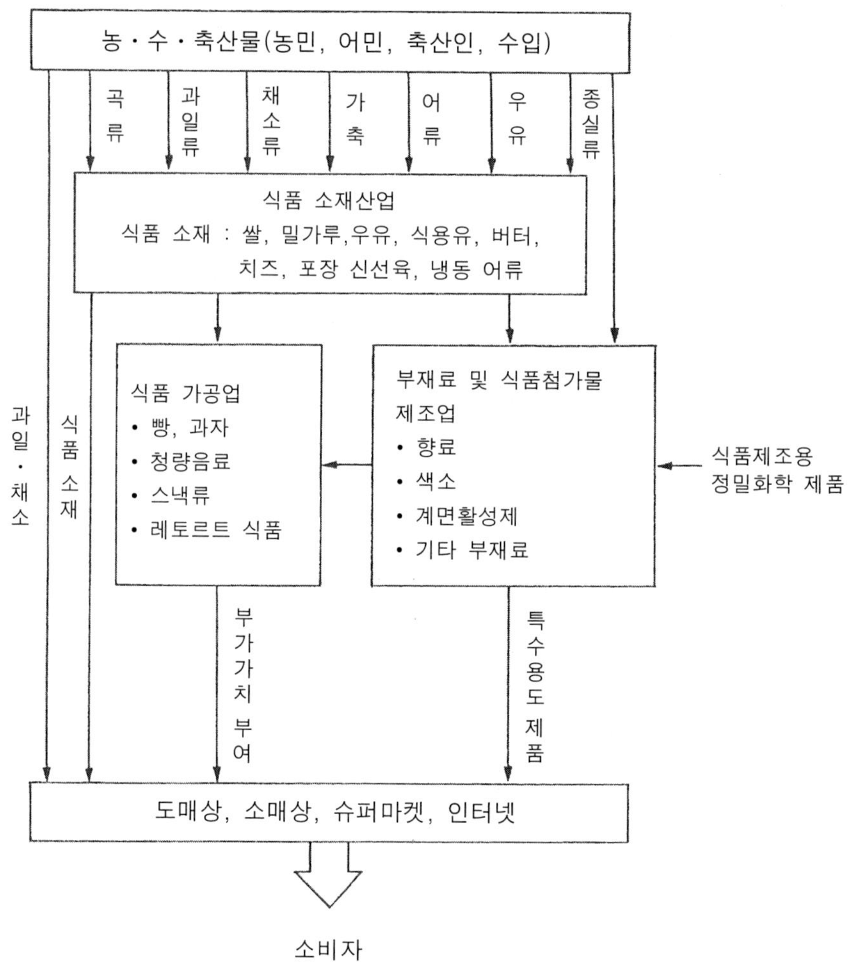

그림 1-1. 식품 및 식품원료의 공급체계

2차 식품공업은 1차 식품공업에서 생산된 국내산 및 수입 원료를 사용하여 제품을 생산하는 분야로서 제빵, 제면, 제당, 조미료 제조업 등과 식품가공 분야의 중요한 부분인 부재료와 식품첨가물 제조업을 포함한다. 부재료와 식품 첨가물 제조업은 1차 식품산업이나 정밀화학 제품을 이용하여 인공감미료, 착색제, 산화방지제, 변성전분, 아미노산이나 비타민 등의 여러 가지 다양한 용도의 첨가물을 제조한다. 이외에 천연향료, 조미료와 특수용도의 단백질 및 유지제품 등도 생산한다. 이들이 생산하는 제품 중에서 향신료, 감미료 및 착색제 등 일부는 식품가공 원료뿐만 아니라 직접 소비자에게 판매하기도 한다.

다양한 1, 2차 식품산업에서 생산된 제품을 원료로 가공처리하여 가공도를 더욱 높이는 식품산업 분야를 3차 식품산업이라고 한다. 대표적인 것으로 조미식품과 청량음료 등의 기호식품 등이 포함되며, 소비자의 기호변화에 민감하게 반응하는 분야이다. 결국 식품산업은 원료공급 상황, 제품 생산능력, 최종 소비자의 구매력과 소비패턴 변화에 의해서 제품의 수급관계가 형성되며, 특히 연관 산업인 농·수·축산업, 식품기계 및 포장재산업, 식품유통 및 서비스산업 등과 밀접한 상호 보완적인 관계를 갖고 있다. 특히 최근에는 포장이 식품가공 공정에서 대단히 중요한 요소로 작용하며, 일부 제품은 포장원가가 재료비보다 높은 경우도 있다.

대표적인 예로서 통조림 제품과 음료제품이다. 또한 식품가공업체나 판매업체가 가공과 유통기능을 동시에 수행하는 경우도 일반화되고 있어 식품제조업과 유통업의 경계가 분명하지 않다. 따라서 식품산업은 단순하게 농·수·축산물을 가공하는 것이 아니라 경제적인 측면에서도 중요한 산업으로 확립되었다. 그러나 식품산업은 기업구조 측면에서 소수의 대기업과 대부분의 영세기업이 활동하는 이중적 구조를 갖고 있다.

표 1-1과 같이 1988년도를 기준으로 한국의 제조업에서 식품산업이 차지하는 비중은 7~8% 수준이었으나, 최근 우리나라의 식품산업 규모는 농산물 시장규모 40조, 외식산업 시장규모 50조, 가공식품 산업시장 규모 약 40조(쌀 가공식품 산업 2조, 세계 5,000조)로서 총 130조원 정도의 규모로 성장하였다.

표 1-1. 식음료품 산업의 산업적 비중(1988년도)(단위: 개, 천명, 10억원, %)

	사업체수	종업원수	생산액	부가가치액
제조업	59,928(100.0)	3,120(100.0)	134,331(100.0)	48,342(100.0)
식음료품	4,664(7.8)	216(6.9)	11,498(8.6)	3,803(7.7)

5인 이상 업체를 기준으로 1988년도 식음료품 제조업은 약 4,660개의 업체에 216천명의 종업원이 고용되어 11조 4,980억 원의 생산액을 기록하였다. 부문별로 보면 생산액 기준으로 제빵・제과・제면(15.46%), 유가공(11.16%), 주류(10.69%), 수산물 가공(10.41%)의 순서이며, 부가가치 측면에서는 제빵・제과・제면(16.56%), 주류(15.93%), 청량음료(12.01%), 수산물 가공(10.38%), 유가공(10.12%)의 순서로 조사되었다. 1980～1988년간 상대적으로 빠른 성장을 기록한 부문은 육가공, 유지, 수산물 가공, 사료, 청량음료, 제빵・제과・제면 등이었으며, 주류, 곡물 가공, 조미료 부문은 성장이 둔화되었다.

지속적인 경제성장과 국민소득의 증대, 경제 및 사회의 국제화, 여성의 취업증가와 핵가족화, 고령화 및 1인 가구의 증가, 유통구조의 변화 등의 영향으로 식품수요가 다양화되면서 식생활이 급격하게 변화되고 있다. 최근 식품소비의 특징은 쌀 소비량 감소와 대체식품으로 빵, 라면 등의 소비증가, 육식 및 가공식품의 소비증가, 조리 편의화와 건강지향을 반영하는 식품에 대한 수요가 상대적으로 급격하게 증가하고 있다.

도시와 가구의 가계 소비지출 추이를 분석해보면 1982년의 29.5%에서 1988년에는 34.14%로 지속적으로 성장하고 있다. 이러한 성장의 근거는 1986년 아시안게임과 88올림픽은 물론 해외여행 자유화 및 수입식품 개방 등의 다양한 이유로 가공식품의 시장규모가 확대되면서 국내에서 생산되는 가공식품은 수입식품과 경쟁 및 해외수출을 위하여 품질의 고급화, 제품의 다양화, 생산시설의 현대화 및 경영규모의 대형화 추세가 이어지고 있다.

그러나 시장개방에 따른 외국식품의 소비증가, 낮은 기술수준, 저조한 생산성, 부진한 연구개발과 투자 등이 아직도 문제로서 지적되고 있다. 따라서 이를 극복하기 위한 다양하고 혁신적인 산업계의 노력이 필요하다. 즉, 경쟁력 있는 신제품 개발, 사업영역의 확대, 해외시장 진출 등이 필요하다. 결국 식품관련 기술자들은 이러한 현화에 대응할 수 있는 제품 및 공정의 설계, 시공, 관리 및 운영능력을 확보해야 한다.

2. 제품개발

지난 수십 년간 급격한 기술변화와 생활수준의 지속적인 향상으로 식품산업도 이러한 변화에 대응하여 다양한 제품개발이 이루어지고 있다. 또한 점점 경쟁이 증가되면서 기업의 생존과 수익의 증가를 위하여 제품개발에 대해 더욱 적극적이고 효과적인 전략을 마련하기 위해 많은 노력을 기울이고 있다.

기업은 여러 가지 이유로 신제품 개발이나 공정개발을 하고 있다. 즉, 판매가 감소하는 제품의 교체, 사회적 변화에 대한 대응, 경쟁제품에 대한 반격, 새로운 기술의 적용, 기존 제품 품목 확장에 의한 매출 증가, 기존 제품의 개선, 새로운 소비자와 시장의 요구에 대한 충족 등이 대표적인 이유이다.

일반적으로 식품뿐만 아니라 대부분의 소비자 상품은 유한한 수명을 갖고 있다. 따라서 제품의 판매량은 처음에는 적다가 급격하게 성장하여 비교적 안정상태를 유지하다가 결국에는 감소하여 시장에서 사라진다. 예외적으로 50년, 100년 가까운 수명을 누리는 식품도 존재하지만, 대부분은 훨씬 짧은 수명을 갖고 있다. 따라서 기업이 생존하기 위해서는 기존 제품의 사양화에 따른 판매 감소를 다른 제품에서 보충해야 하며, 새로운 제품의 출시로 매출을 유지해야 한다. 한편, 신제품이 모두 성공하는 것이 아니기 때문에 기업의 매출목표를 달성하기 위해서는 출시되는 상품의 수를 복수로 준비하는 것이 효과적이다.

사회적인 환경변화가 새로운 제품의 성공기회를 제공하는 경우도 있다. 예로서, 현대의 여성들은 이전에 비하여 더 많은 수가 직장에서 일을 하고 있고, 가족의 구성원수도 핵가족 내지는 1인 가구의 형태도 일반화되고 있다. 또한 인간의 수명이 연장되어 오히려 고령화를 걱정하고 있으며, 영양과 건강에 대한 관심이 증가되었다. 이러한 변화들은 냉동조리식품, 레토르트식품, 저염식품, 식이섬유식품 등의 개발과 시장에서의 성공을 담보하였다.

어떤 기업과 제품도 다양한 경쟁을 극복해야 한다. 시장경제 체제에서는 경쟁을 통하여 우수한 기술과 경쟁력을 획득한 상품과 기업만이 생존한다. 경쟁기업이 신제품이나 새로운 상품을 시장에 출시한다면 이에 대한 대응이 반드시 필요하다. 이러한 대응은 다른 제품일수도 있고, 모방제품이나 새로운 기능을 포함한 제품이나 유통방식도 적용되고 있다. 결국 어떤 경우든지 제품개발과 공정에 대한 끊임없는 노력이 필요하다.

새로운 기술은 신제품의 생산을 가능하게 하여 새로운 기회를 제공하기도 한다. 대표적인 예로서 레토르트 포장용기를 적용한 식품군이다. 한국에서는 다양한 죽, 즉석국과 소스, 건강음료 등이 PP/EVOH/PP 성형 용기에 제품을 충진하고 살균하여 생산하고 있다. 즉, 내열성과 차단성이 우수한 플라스틱 포장재료인 EVOH와 성형용기를 제조하는 기술이 복합하여 포장된 식품의 살균과 별도의 용기 없이 간편하게 식품의 소비가 가능하기 때문이다. 특히 전자레인지가 광범위하게 주방제품으로 보급되면서 확산에 더욱 도움을 주었다. 전자fp인지의 등장으로 다양한 식품들이 개발되었고, 대표적인 사례로서 전자레인지용 팝콘, 빵, 즉석 가열용 냉동식품 등이다.

한편, 기존제품에 향의 첨가나 간단한 다른 특징을 부여한 신제품개발도 있다. 판매에서 상표나 제품의 이름은 대단히 중요한 의미를 갖고 있으며, 이러한 의미는 오랜 기간에 걸친 광고 선전과 관련제품의 성공으로 형성된다. 따라서 같은 상표나 제품의 이름으로 새로운 다른 제품을 생산 판매하는 것이 처음부터 새롭게 시작하는 것보다 쉽다. 이와 같이 제품 라인의 증가는 아이스크림에 새로운 향을 첨가하거나 완전히 새로운 제품에 동일한 이름을 붙이는 등 다양한 사례가 있다. 대표적인 사례로서 같은 이름의 라면에 매운 맛과 순한 맛 등과 같은 이름의 음료수나 소주에 포도 맛, 레몬 맛, 사과 맛 등이다.

기존 제품의 개선과 개량은 단순하게 새로운 광고나 홍보모델의 교체, 판매, 포장을 도입한 경우도 포함되지만 기술적인 요소가 포함되는 경우도 있다. 포장을 바꾼 경우는 유리용기에 담긴 음료수나 주류를 플라스틱 포장으로 교체한 경우와 낱개포장을 3+1이나 5+1 라면 등이 대표적이다.

한편, 새로운 요구가 나타나면 이에 따른 식품이 개발된다. 미국을 중심으로 시작된 것으로 손쉽게 유명한 음식점과 같은 수준 높은 요리를 TV dinner라는 냉동식품이 대표적이고, 우리나라에서도 매운탕이나 찌개거리 등 다양한 음식과 요리가 포장하여 냉동상태 또는 조리가 완료된 상태로 냉동 및 냉장상태로 판매되고 있다. 최근에 외식이 증가하면서 젊은 층의 식문화가 변화되면서 유행하고 있는 서구식 외식체인과 다양한 한국음식의 체인점도 이러한 범위에 속한다.

건강이나 영양에 대한 요구가 신제품이나 새로운 기술에 대한 수요를 만들어 낸다. 최근의 경향은 식이섬유 함량의 증가, 저염화, 무방부제 및 무첨가물, 지방의 감소와 포화지방 제로화 등이다. 예를 들면, 간장을 포함한 전통장류에 benzoic acid 등의 보존제를 사용했으나 대부분이 사용하지 않고 있고, 소금의 첨가량이 감소되고 있다. 특히 보존제를 줄이거나 아예 첨가하지 않는 제품의 판매방식이 냉장 유통체계를 이용하는 전통 장류나 과즙음료 제품들도 등장하였다.

이러한 신제품 개발의 경향을 요약하면 편의성(convenience), 품질(quality), 건강(health) 세 가지이다. 편의성은 가장 쉽게 발견할 수 있다. 전자레인지 식품, 즉석식품, 컵라면과 각종 음료 등 매우 많은 사례가 이미 보편화되었다. 또한 소비자들은 향상된 품질에 대해서는 비싼 가격을 지불하는 경향도 나타나고 있다. 즉, 더 안전하고 더 품질 좋은 제품을 구입하기 위해 상대적으로 더 비싼 가격을 기꺼이 지불하고 있다. 최근에 증가하고 있는 양조간장이나 프리미엄 음료와 유기농 및 친환경 상품들의 성장이 이를 증명하고 있다. 당연히 건강에 대한 관심이 자연식품에 대한 관심과 함께 이러한 식품의 성장을 견인하고 있다. 따라서 다양한 특성의 반영이 필요한 제품개발의 핵심을 담당하는 식품기술자들은 이와 같이 복잡하고 다양한 문제를 충분히 이해하고 시장의 변화를 지속적으로 분석해야 한다.

2.1 판매시장과 제품개발

식품산업은 소비자의 선택에 의해 지배되는 산업이기 때문에 신제품 개발의 중요성이 더욱 크다. 따라서 변화하는 인구분포와 구성, 맛, 유행의 영향력이 크며, 식품산업에서 제품개발은 소비자가 지배하는 판매시장과 불가분의 관계가 있다.

신제품의 검토는 다음과 같은 사항을 분석해야 한다.

① 시장의 크기
② 미래의 경향
③ 현재 제품과 가격
④ 경쟁회사 및 제품
⑤ 광고
⑥ 소비자의 유형
⑦ 구매경향 및 태도
⑧ 세계적 경향
⑨ 이익
⑩ 시장진입의 가능성

이상의 분석을 통하여 어떠한 제품의 개발과 생산이 가능하고 필요한 것인지를 결정할 수 있다. 한편 판매(마케팅)이란 단순하게 상품에 대한 광고 이상을 의미하며, 제품의 구매와 연결되는 기회를 확인, 설계, 기획, 촉진하여 소비자의 요구에 가장 잘 부합시키는 복합적인 분야이다. 일반적으로 판매의 5가지 요소를 5P라고 하며, 제품(product), 장소(place), 가격(price), 판매촉진(promotion), 종합적 시각(perspective)을 말한다.

제품이란 제품이 갖고 있는 특징을 말하며, 구체적으로 소비자의 어떤 욕구가 충족되는지, 또는 경쟁제품에 비하여 어떤 장점이나 우수한 품질요소가 있는가 등이다. 장소란 시간과 장소를 말하며, 제품이 어떤 장소에서 판매되는가를 말한다. 슈퍼마켓의 선반 어디에 위치하는가, 주로 냉장고의 어느 위치에 있으며, 소비자가 얼마나 자주 구매하는가, 먹고 남으면 다시 냉장고에 보관하는가와 전자레인지에서 가열이 가능한가 등이다. 가격은 가치와 불가분의 관계를 갖고 있으며, 가치란 품질, 가격, 편의성 등의 여러 가지 요소를 포함하고 있고, 소비자의 생활수준, 연령, 환경 등의 여러 가지 요인에 의해 결정된다.

판매촉진은 판매경로를 미리 확인하여 제품에 독자적으로 소비자의 구매가 촉진될 수 있는 내용과 개념이 포함되어야 한다. 일반적으로 판매촉진과 광고에 의하여 소비자가 제품을 알게 되므로 제품개발 과정에서 소비자에게 제품의 주요 판매촉진 요인을 어떻게 접근시킬 것인지에 대하여 충분히 검토해야 한다. 한편, 다양한 사회문제에 대한 소비자의 관심이 제품에 대한 소비자의 태도를 결정할 수도 있다. 사회적, 종교적, 정치적, 문화적 문제에 대해 소비자가 느끼는 감정 등이 신제품의 성공과 실패를 결정할 수 있으므로 종합적인 시각에서 검토해야 한다. 최근에 부각되는 문제들은 잔류농약, 생분해성 포장, 재생 가능한 포장, 천연향료 및 색소, 축산물의 호르몬과 항생물질 사용, 로칼 푸드와 원산지 등이다. 이러한 사회적인 관심사는 판매촉진으로 연결되는 기회를 제공한다.

결국 제품개발 과정은 단순하게 식품을 가공하거나 제품을 발명하는 행위가 아니라 소비자가 지배하는 시장요소에 맞추어 적용시키는 다원적인 문제를 갖고 있다. 따라서 식품기술자는 이러한 사항을 충분히 이해하고 여러 분야의 전문가들과 협조하는 자세가 필요하다.

2.2 아이디어 개발

신제품 개발은 아이디어의 창출과 개발에서 시작된다. 아이디어는 일반적으로 판매나 연구개발 부서에서 제시되지만 다른 경로에서도 수집된다. 아이디어를 도출하는 것은 인간의 종합적이고 기본적인 능력이기 때문에 대부분의 기업들은 아이디어의 개발을 장려한다. 제시된 아이디어는 여러 가지 평가절차를 거쳐 신제품의 개념으로 정리하여 소비자 반응을 분석한다.

아이디어를 얻을 수 있는 방법, 장소, 대상은 아주 다양하다. 따라서 예기하지 않은 여러 곳에서 나타날 수 있다는 것을 인식하고 이를 적극적으로 장려하는 것이 중요하다. 특히 연구개발 인력은 다른 분야의 사람들이 지속적으로 제안할 수 있도록 유도하는 노력이 필요하며, 발생한 아이디어가 기업 내부의 역량으로 축적되도록 제도화해야 한다.

아이디어 개발에 대한 체계적인 방법으로 1950년대 미국의 Gordon이 개발한 Synetics이며, brain storming의 한 가지 형태에 속한다. 이 방법은 훈련된 관리자, 판매, 연구개발, 광고 등 다양한 부서에서 선발한 10명 이하의 인원으로 구성하고, 일상적인 업무와 별도의 장소에서 1주일 이내로 진행하는 것이 일반적이다. 참석자들은 어떤 것이든지 떠오르는 것들을 말하도록 종용하고, 아무리 어설픈 것이라도 아이디어로 제출하고 비판적인 평가가 금지된다. 이러한 과정은 새롭고 획기적인 아이디어를 제출하게 되고 진정한 창의성과 상상력을 유발시키는 장점이 있으며, 보다 참신한 아이디어를 위해 외부 인원이 참가하기도 한다. 업무의 분위기나 장소도 창의적이고 혁신적인 생각에 도움이 되도록 조정해야 하고, 관리자는 수집한 아이디어를 분류하고 정해진 기준에 따라 우선순위를 정리하여 보고한다.

일반적으로 아이디어의 창출에 도움이 되는 조건은 다음과 같다.

① 시장에 대한 느낌
② 시장에 대한 구조분석으로 틈새 찾기
③ 외국의 성공적인 상품에 대한 조사와 분석
④ 연구개발 및 생산부서의 직무제안
⑤ 창의적인 소비자그룹의 아이디어 발굴
⑥ 10개 이하의 아이디어평가를 위한 소비자 선별집단 활용 등이다.

아이디어가 수집되면 진행할 몇 가지는 선발하고 나머지는 폐기하며, 평가와 심사는 다음과 같은 평가체계를 이용하여 가급적 시장성과 기업자원을 반영하여 진행한다.

표 1-2. 아이디어 심사 시스템 사례

요 인	최대 점수
특색이 있음	25
광범위한 매력	20
기술적인 실용성	20
가격에 민감하지 않음	25
기업의 자원을 이용	30
소비자 교육이 필요 없음	20
쉽게 모방되지 않음	15
개발에 긴 시간이 필요 없음	15
합 계	170

2.3 제품개발 과정

제품개발은 아이디어의 개발에 의하여 제품에 대한 개념이 선택되고 정리된 다음에 실험실, 시제공장(pilot plant) 실제 공정에서 제품을 제조하고, 공정과 제조방법을 확립하는 과정이다. 제품개발의 일반적인 과정을 요약하면 그림 1-2와 같다.

제품개발의 첫 단계는 아이디어를 나타내는 시제품을 제조하는 과정이며, 간단한 실험용이나 가정용 도구를 이용하여 제품을 만든다. 이 과정은 일반적인 경험을 바탕으로 진행되며, 공학적인 복잡한 내용은 고려하지 않는다. 도출된 시제품은 일부 관련 인원이 참여하여 주관적으로 평가하거나, 전문적인 관능요원이 관능검사를 수행하며, 결과는 통계적으로 분석한다.

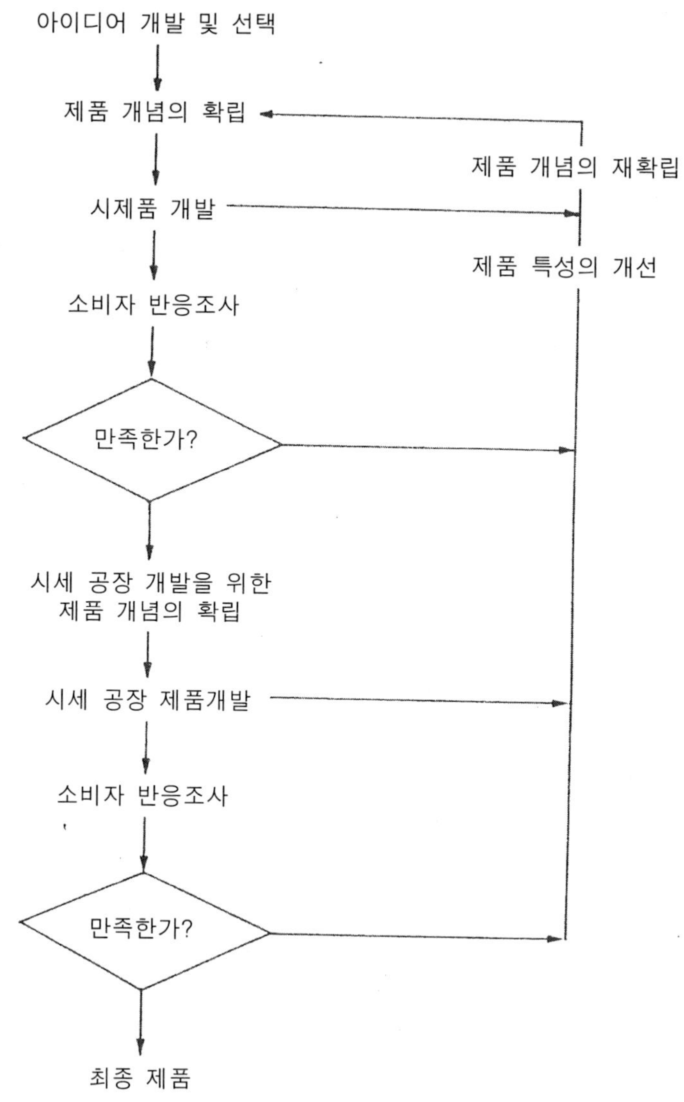

그림 1-2. 일반적인 제품개발 체계

일반적으로 제품에 영향을 주는 변수들은 대단히 복잡하고 많지만 중요한 일부만을 체계적으로 검토하게 되므로 제품개발 전문가는 무엇이 가장 중요한 요인인가를 파악하는 능력이 중요하다. 식품공정 기술자는 가급적 이 단계부터 관여하여 대량생산 관련 공정문제들을 점검하는 것이 바람직하다. 이 과정에서 가능성 있는 몇 개의 시제품이 도출된다. 이 시점부터 본격적인 식품공정 기술자가 참여하여 시제품을 대량으로 제조한다. 대부분의 기업은 소량의 개발시제품을 생산하는 시제공장을 보유하고 있으며, 다른 공장을 임대하거나 기존 제조설비를 이용하는 경우도 있다.

제품개발이 진행되면 소비자에 대한 반응을 평가하기 위하여 초기에는 focus group이라는 소규모 소비자 집단을 이용한다. 이들을 초빙하여 제품에 대한 의견을 통해 연구 및 판매부서 전문가들이 신제품의 개발과 개선을 위한 아이디어를 정리한다.

한편, 제품개발 단계에서 관능적인 특성과 함께 제품의 유통기간(shelf life)과 포장을 검토해야 한다. 이것은 제품이 어떤 온도와 환경조건에서 어느 정도 품질을 유지할 수 있는가에 대한 지식이 필요하며, 포장과 식품의 상호작용, 식품의 품질보존을 위한 포장의 보호성능 등에 대한 분석이 필요하다.

제품에 대한 개념이 확립되고, 많은 양의 시제품 생산이 가능하면 공공장소에서 생산된 시제품을 일반 소비자를 대상으로 평가를 실시하며, 중앙지시험(central location testing)이라고 하며, 전문기업에서 주로 수행한다. 이때 시제품은 제조업체 정보를 제한할 수도 있다. 이 과정이 성공적이면 시제품을 만들고 포장하여 일반 가정에 제공하고 사용 후기 등 평가를 수행한다. 이 과정의 평가에서 가장 중요한 항목은 소비자가 예상가격에 제품을 구매할 것인가이다.

중견기업 이상의 시제품인 경우는 시험판매를 통해 최종적으로 상업화 여부를 결정한다. 필요한 광고와 선전도 포함하며 제한된 규모의 시장에서 생산된 제품을 판매하여 시장분석을 수행하며 상당한 비용이 소비된다. 소규모 기업은 이 과정을 생략하고, 바로 시장에 제품을 출시한 다음 실패하면 다른 제품의 생산으로 전환한다. 대부분의 기업들이 이러한 이유로 시험판매의 과정을 생략한다.

신제품 개발의 최종단계는 상업화이다. 필요한 기계장비를 설치하고, 설치한 장비의 공정조건 최적화, 제품의 품질과 유통기간을 다시 점검하고 본격적인 생산을 시작한다.

3. 제조공정 및 공장 설계

식품공정 기술자(food process engineer)는 식품공정을 설계하고 운영하는 사람으로 제품 개발의 필요성이 발생하면 공장에서 생산할 때까지 참여해야 한다. 특히 제품에 대한 개념이 확립되는 과정부터 공정기술자는 시장상황과 대량생산을 검토해야 한다. 즉, 제품의 현실적인 적응성을 기준으로 생산원가 분석, 시험생산 공정구성 및 운영과 시험제품의 생산을 담당한다.

소규모 생산이나 시험생산을 위해 임가공업체를 이용하는 경우는 계획기간을 단축할 수 있고, 전문가 도움을 받을 수 있으며, 설비와 기계를 도입하지 않고 수행하는 등의 장점이 있다. 그러나 품질관리가 어렵고, 제조기술이 어느 정도 노출되거나 수정되며, 운영비용이 증가하는 등의 단점이 있다. 따라서 소규모 생산을 위한 현실적인 방법의 하나는 기존의 설비와 장치를 이용하여 작은 규모의 제조설비를 조립하는 방법을 이용하는 것이 효과적이다.

이런 방식은 부대시설까지도 그대로 이용하기 때문에 운영자본과 시간을 단축하며, 원료와 제품의 수급이 쉽고, 운전경험과 관리가 편리한 장점이 있다. 그러나 필요한 공간 확보, 기존 운영인원의 협조, 기존 운전을 방해하지 않으면서 새로운 공정을 설치하는 등이 해결되어야 한다. 시험생산이나 대량 생산을 위해 새로운 공장을 확보하는 경우는 많은 비용과 시간이 필요하지만 제품생산을 위한 최적화된 설계와 비밀유지가 가능하다.

결국 공장의 규모와 관계없이 또한 기존 공장의 확장이나 신축이든지 여러 가지 문제가 해결되어야 하며, 가장 중요한 문제는 건물, 즉 공간의 확보이다. 따라서 이러한 문제는 기업 내부의 기계, 전기, 공정 전문가들이 협력하여 검토하고, 필요하면 외부의 도움을 받아야 한다.

공장을 신축하는 경우는 원료, 시장, 수송, 비용, 환경 등 여러 가지 조건을 고려하여 입지와 규모를 결정한다. 공정의 특성을 충족시키기 위해 필요한 기계의 사양을 결정하고 공급업체를 결정한다. 특히 소규모로 운영한 실험실이나 시험공정 설비를 대량 생산에 적합한 규모로 scale-up 하는 것이 대단히 어려운 작업이다. 이상의 검토가 완료되면 공정의 경제적 타당성을 평가해야 한다.

제 2 장

식품산업의 새로운 가치와 도전

1. 식품산업의 새로운 가치

1.1 식품산업의 중요성

① 식품산업은 세계 시장규모가 약 4조 달러(반도체 산업의 약 15배)

② 식품산업은 크게 식품제조업과 외식 및 급식업으로 구분

③ 국내 식품의 85%가 가공식품 또는 외식의 형태로 소비(가공식품 42%, 외식 43%, 신선 농수산물 15%)

④ 미국, 프랑스 등 선진국 수출액 중 식품산업이 차지 비중은 10%, 네덜란드(푸드밸리 500억 유로, GDP의 10% 수준), 덴마크 등 북유럽 국가는 식품 클러스터를 조성하여 식품 산업 경쟁력 강화

⑤ 태국, 일본, 이탈리아 등은 자국 전통음식 세계화 위해 조리법 표준화, 외식업체 인증제 등 시도하고 국가 차원의 마케팅 강화

식품산업 수출액 및 수출 비중의 국별 비교(2007년 기준)

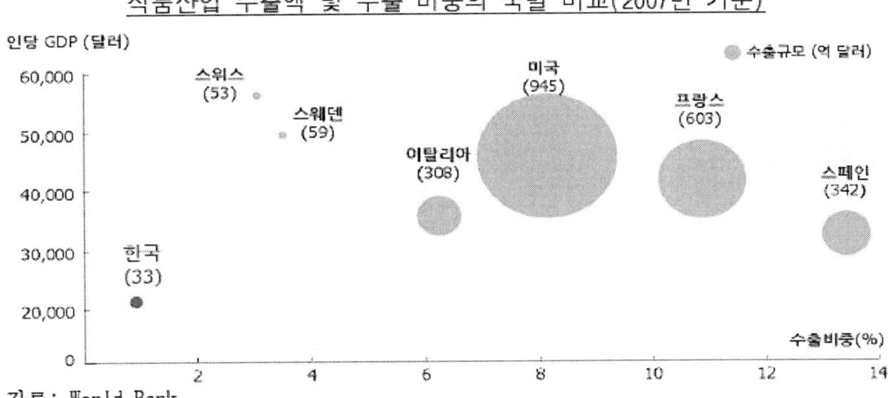

자료: World Bank

1.2 한국 식품산업의 현주소

① 국내 식품산업은 2007년 기준 매출액 110조원, 종사자 수 170만 명(2000년 대비 매출 약 50.7% 증가)

② CJ, 롯데, 농심 등 식품기업 성장 중이나 매출, 이익 면에서 글로벌 기업과 차이가 있음.

글로벌 식품기업 vs. 국내 식품기업

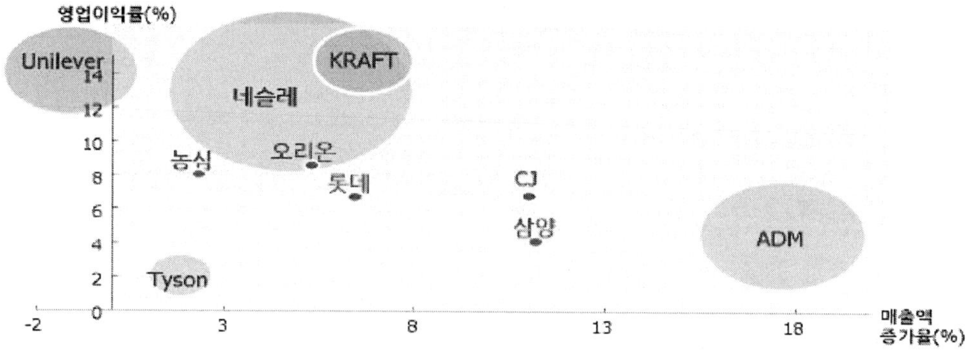

주 : 영업이익률과 매출액 증가율은 2004~2008년의 평균, 원의 크기는 2008년 매출액
자료 : Thomson One Banker

1.3 식품산업의 가치에 대한 인식의 전환 필요

① 농림수산식품부 중심으로 식품클러스터 조성, 한식 세계화사업 등을 추진

② 한국의 전통식품은 식재료의 속성(채소, 곡물 위주, 발효음식), 조리법(삶기, 숯불구이) 등에서 세계적인 건강식이 될 잠재력 보유

③ 오리온 초코파이, 농심 신라면, 롯데제과 자일리톨 껌 등 국내 기업 히트 상품이 해외 시장에서도 큰 인기

④ 식품산업 육성을 통해 농어업 등 취약 부문 동반 성장과 고용창출 달성(식품산업 매출 1억 원 증가 시 고용은 3.6명 증가, 전 사업 평균 2.2명)

⑤ 한식의 세계화, 전통 발효식품의 상품화 등을 통해 미식, 건강식으로 자리매김하며, 한국의 문화를 알리고 국가 브랜드 경쟁력 강화 필요

2. 식품산업의 글로벌 트렌드

2.1 Clean : 식품안전, 건강식에 대한 관심 고조

식품산업의 새로운 가치

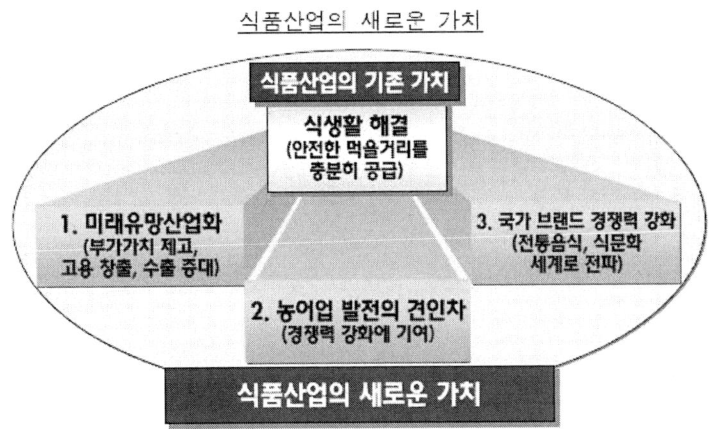

① 건강식 수요 및 관련 시장 급속히 확대(세계 유기농식품 시장 규모는 연평균 15.8% 성장(2004~2008년))

② 맥도널드도 샐러드, 요구르트 메뉴 런칭

최근 발생한 식품 관련 주요 사고 및 각국의 대응

사고	발생국가	발생연도	내용
멜라민 분유	중국	2008년	- 신장결석 • 신부전증 환자 5만명 발생, 4명 사망 - 대부분 국가에서 멜라민 함유식품 수입 금지
다이옥신 돼지고기	아일랜드	2008년	- 기준허용치의 80~200배의 다이옥신 검출 - 아시아, EU 등 24개국에서 돼지고기 수입 중단
살모넬라균 오염 땅콩버터	미국	2009년	- 미국 45개 주에서 환자 666명 발생, 9명 사망 - 제품 리콜 및 수출 중단 명령

2.2 Convergence : 타 산업과의 융복합이 가속

식품산업 관련 기업들의 사업 확장

구분	기업명	주요 변화
他 산업 + 식품산업	듀폰	화학 + 유전자변형 농작물(GMO)
	몬산토	화학 + 사료 + 유전자변형 농작물(GMO)
	다우케미컬	화학 + 식품첨가제, 식품포장재
식품산업 + 他 산업	네슬레	일반식품 + 기능성식품, 제약
	CJ	식품가공, 외식 + 기능성식품, 제약

2.3 Convenience : 편의성을 높인 가공식품 시장의 급성장

① 노인, 독신가구 증가 등 인구 구조의 변화, 코쿠닝(Cocooning), 그레이징(Grazing, 바쁜 현대인이 1일3식의 기존 방식이 아니라 수시로 음식을 섭취하는 현상) 등 라이프 사이클 변화에 따라 편의식품 시장이 빠르게 성장

② 1세대 편의식품 시장이 편리성에 중점을 둔 정크 푸드였다면, 2세대 편의식품은 홈 메이드 같은 감성이 있는 고급 가공식품 진화

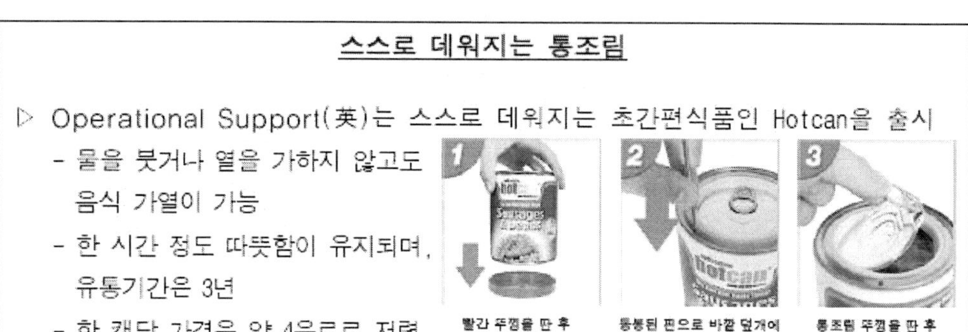

2.4 Country : 전통식품의 재발견

① 각국의 식문화와 전통이 담겨있는 Ethnic food의 인기, 이국적인 향신료가 내는 독특한 맛과 색다른 식문화를 접할 수 있다는 장점으로 급속히 확산

② 미국은 에스닉 푸드 매출이 전체 식품 매출의 11.8%

③ 일본 : 일식 소비자 6억 명 / 205년 -> 12억 명 / 2010년으로 일식 인구 배증 계획

에스닉 푸드의 대중화 단계

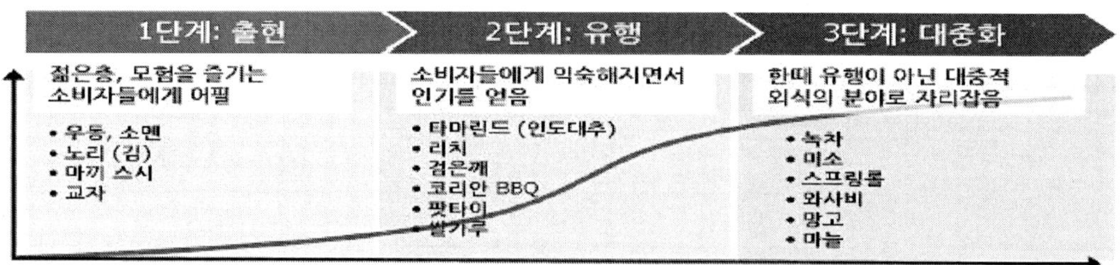

자료: Food Watch(Consumer Food Trends: Tracking, Analysis, Insights.) <www.foodwatchtrends.com>

④ 태국 : 2004년 태국 음식 세계화 추진 본부 Kitchen of the World 통해 전 세계 태국 음식점 5,500개 / 2000년 -> 11,000개 / 2008년
⑤ 한국 : 2009년 5월 한식 세계화 추진단 출범

2.5 Culture : 문화적 가치 재조명

① 식품 소비 기준이 量에서 質로 이동, 식문화에 대한 관심 고조로 식품이 새로운 문화 콘텐츠로 부상
② Iron Chef(미), Ramsey's Kitchen Nightmares(영), 비타민(한) 등 식품 관련 미디어 프로그램 인기
③ 블로그, 미니홈피 등 개인 미디어에도 맛집, 요리과정 등 담은 컨텐츠 증가
④ 미국은 별미를 맛보거나 전통 요리방식을 체험하기 위한 Traveling to eat가 전체 여행객의 1/6로 확산 추세

신요코하마 라면 박물관

▷ 35억엔을 투자하여 1950년대 요코하마를 재구성한 세계 최초의 음식 테마파크로 1994년 개관
- 대형 주차장을 개조하여 일본 각 지역의 유명 라면가게를 집결
- 연간 150만명이 방문하는 인기 관광지로 부상

3. 한국 식품산업의 발전 전략

3.1 3대 전략 분야

(1) 고부가 기능성 식품개발

① 식품 원료에 첨단 기술 접목하여 부가가치 높인 기능성 식품 개발(CJ제일제당 미생물 발효공법을 이용한 핵산 생산 M/S 세계 1위, 스위스 Pharmaton 인삼가공식품 시장 점유율 1위. 미 항공우주국의 기술 민간 이전으로 진공 동결 건조식품 탄생 등)
② 인구구조, 라이프 스타일 변화에 따라 향후 부상할 시장에 주목(식감이 부드럽고, 소화가 잘되는 식품으로 노인시장 공략 등)

한국 식품산업 발전전략

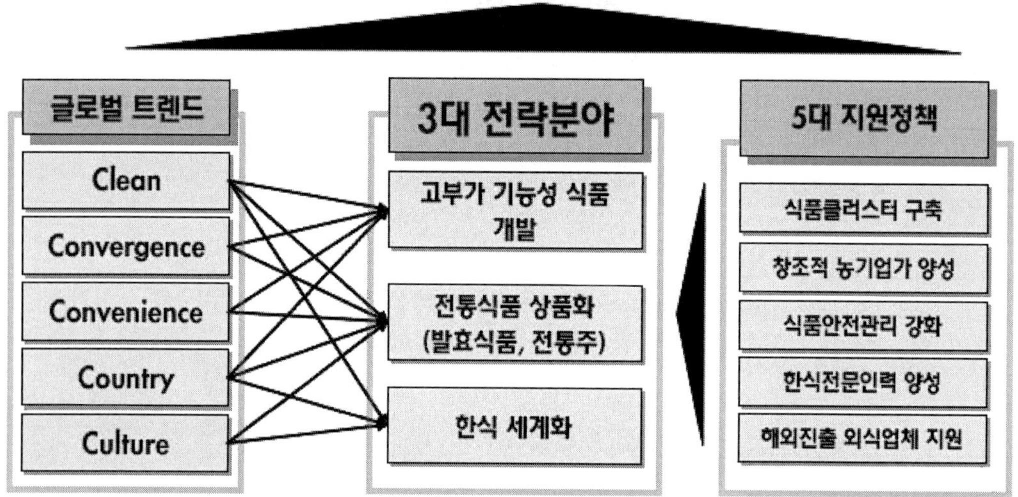

중장년층용 건강식으로 변신한 우주식품

▷ 하우스식품(日)은 칼슘이 다량 함유된 스페이스 커리를 출시
- 무중력 상태에서는 뼈에 하중을 받지 않아 뼈 속 칼슘이 다량 배출되므로, 우주식품의 경우 칼슘 함량을 높여야 함
- 하우스식품은 우주식품용으로 개발한 카레를 중장년층의 골다공증 치료를 위한 건강식품으로 상용화

맛을 고려한 프리미엄 즉석카레

▷ 글리코(日)는 기존 고형 즉석카레의 맛을 한층 업그레이드한 즉석카레를 출시
- "카레 전문점 같은 풍미를 가정에서 편하게 느끼고 싶다"는 젊은 층의 의견을 반영하여 고형과 액상을 결합한 2층 구조의 카레를 개발

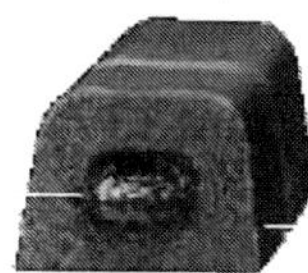

(2) 전통식품(발효식품, 전통주)의 상품화

① 김치, 젓갈 등 영양학적으로 우수한 전통 발효식품 품질과 효능에 대한 홍보 및 마케팅 강화(프랑스 게랑드 소금은 국산 천일염과 품질이 비슷하나 적극적인 마케팅으로 세계 최고 가격 형성)
② 전통 장류를 재료, 원산지, 맛에 따라 표준화, 계량화, 등급화 분류 및 조리법 보급
③ 전통주 품질관리 제도 도입하며, 주원료 원산지 표시제 강화 및 국내 농산물 원료로 대표 브랜드 육성, 와인처럼 분류, 체계화(일본 사케는 양조 전용 쌀 품종만 80여 종 개발하고 일본쌀만을 원료로 사용)
④ 전통주의 장점을 알리고 크기와 맛을 다양화하여 선택의 폭을 확대
⑤ 한국 전통식품과 요리에 관광 프로그램과 문화 컨텐츠 개발하여 홍보(와인 생산지 탐방, 시음행사, 교육 등 엮은 와이너리 투어 참조)

비빔밥 퍼포먼스 '비밥(Bibop) 코리아'

▷ 농림수산식품부는 CJ엔터테인먼트와 함께 비빔밥을 테마로 한 공연물을 개발
- '난타'와 '점프'를 기획한 최철기 씨가 연출했고, 10월 15일 초연 예정
- 요리사로 분장한 배우들이 무대에서 비빔밥을 만드는 과정을 아카펠라, 비트박스, 춤, 서커스 등으로 표현하며, 배우들이 만든 비빔밥은 즉석에서 관객들에게 전달

(3) 한식의 세계화

① 표적 시장별로 다양한 메뉴 개발, 떡볶이, 비빔밥 등 한식 패스트푸드 개발, 고추장 수요 개발, 비빔밥 해외 진출 정부 지원 강화로 세계적인 브랜드 육성
② 식재료, 조리법 등 한식 본질은 유지하되 맛, 서비스는 세계인의 취향에 맞춘 한식을 개발, 보급(반찬을 한 상에 한꺼번에 내놓는 공간 전개형 방식 대신 서양인들의 문화에 맞춰 시간 전개형 코스 메뉴 개발
③ 궁중요리, 사찰음식 등 한식 고유 스타일은 살리면서 맛은 담백한 메뉴로 맵고 짠 맛에 대한 거부감 최소화(1970년대 도쿄 가이칸 주방장 마시타 이치로는 김을 꺼리는 미국인들 취향에 맞게 김을 안으로 말아 넣은 캘리포니아 롤을 개발하여 미국 시장에서 히트)
④ 복잡한 요리과정 단순화, 조리법 국제 계량 단위에 맞춰 표준화(일본 정부는 초밥 만들 때 회를 뜨는 두께, 길이, 쌀의 종유, 쌀을 씻는 횟수 등 최소한의 표준을 정해 세계 각국의 일식당에 보급하여 일식의 품질을 유지)

⑤ 입맛에 맞게 다양하게 맛을 조절할 수 있도록 조리법과 메뉴를 계량화, 등급화 필요(일본식 카레전문점 코코이찌방야는 매운 정도에 따라 10단계로 메뉴 구분)

⑥ 전통주와 도자기 등 한식과 결합하여 한국의 문화를 알리고 음식에 얽힌 이야기를 개발하여 한식 홍보에 적극 활용(음식과 와인 마리아주(mariage), 스시와 사케 함께 홍보, 소믈리에, 사케의 키키사케시처럼 전통주 전문 가이드 양성)

세계화된 입맛으로 성공한 한식

▷ 김치의 세계화
- 숨은 김치 : 김치국물은 붉은 색 그대로지만, 고춧가루 등 양념이 보이지 않는 김치
- 치즈김치 : 젓갈 맛을 싫어하는 터키인들의 입맛을 감안하여 치즈로 발효시킨 김치를 개발하여 터키로 수출

▷ 일본사람이 일본에서 히트시킨 돌솥비빔밥집 '안녕'
- 일본인(나가타 카즈야 사장)이 후쿠오카에 차린 한국식 돌솥비빔밥 식당이 인기
- 한국 비빔밥의 맛을 살리되 고추장 등 소스는 일본인 입맛에 맞게 수정
- 돈가스비빔밥, 명란비빔밥 등 일본인 취향에 맞춘 신메뉴를 개발

일식과 일본문화의 첨병, 뉴욕 도쿄바

▷ 2007년 뉴욕에 오픈한 도쿄바는 일식을 즐기며 자연스럽게 일본문화를 체험하는 공간으로 인기
- 저패니메이션(일본 애니메이션)을 전체적인 콘셉트로 채택
- 천장과 벽은 만화로 장식하고, 애니메이션 주제곡을 식당 내에 방송

3.2 5대 지원 정책

(1) 식품 클러스터를 통한 식품 기업 육성 및 지원

① 전북 익산에 400만m^2 규모의 식품 클러스터 조성, 2015년 국내 식품산업 매출액의 약 15% 창출 목표

② 비전을 제시할 전문 경영인과 식품관련 대기업을 많이 유치하는 것이 식품 클러스터 성공의 요인(UCSD 에킨슨 총장의 리더십이 샌디에이고 바이오클러스터 주 성공 요인, 네덜란드 푸드 밸리는 네슬레의 참여가 결정적)

③ 식품 클러스터 조기 활성화를 위해 강력한 인센티브 제공

스웨덴·덴마크 외레순 푸드 클러스터(Öresund Food Cluster)

▷ 스웨덴과 덴마크는 농업 및 식품 산업의 경쟁력을 강화하기 위해 접경지인 외레순 지역에 덴마크 정부 주도로 식품 클러스터를 구축

- 크리스찬한센(유제품)·칼스버그(맥주)·랜트만넨(빙과류)·데니스코(설탕), 노보자임(식품첨가용 효소) 등 식품제조 대기업과 테트라팩(우유팩 생산 세계 1위)·랙삼(패키징) 등 연관기업, 유니레버·네슬레의 R&D센터 등 1,000여개의 식품기업이 입주하여 6만명 이상의 고용을 창출
- 연 매출은 480억달러로 스웨덴과 덴마크 양국 GDP의 11% 수준
- 성공요인 : ① 원료조달부터 상품제조, R&D 등 가치사슬이 완벽하게 통합 ② 공급자, 연구기관 등 구성주체들의 네트워킹이 원활 ③ 정부의 강력한 리더십 ④ 강력한 브랜드파워 구축으로 입주기업의 신뢰도 제고

(2) 창조적 농기업가 양성

한국벤처농업대학(www.vaf21.com)

▷ 농업인의 창의력과 경쟁력 강화를 목적으로 2001년 4월 충남 금산군의 폐교에 설립

- 전국의 농민을 대상으로 1년 단위의 교육을 통해 스타농업인을 배출하는 것이 목표
- 교육내용은 경영전략, 마케팅, 디자인 등으로 일반 농업교육과 차별화
- '농업 CEO 사관학교'로 불릴 만큼 교육 효과를 발휘하여 명성과 권위를 유지

(3) 식품 안전관리 강화

80년 기업 유키지루시 유업의 도산

▷ 1925년에 설립, 108개 계열사를 보유한 일본 최대 종합식품회사 유키지루시 유업은 식중독 사고와 원산지표시 위반으로 일시에 도산

- 2000년 6월 유키지루시 유업의 우유를 마신 소비자들이 식중독에 걸렸고, 2002년 1월에는 자회사 유키지루시 식품에서 외국산 쇠고기가 국산으로 둔갑하는 사건 발생
- 사건발생 직후 다케베 쓰토무 농무상은 이를 '용서할 수 없는 범죄'로 간주하고 보조금 환수, 영업 정지 등 강력하게 제재
- 유키지루시 유업은 정부의 처벌과 유통업체들의 거래 거부, 소비자의 외면으로 2002년 4월에 도산

(4) 한식 전문 인력 양성

① 한식 전문학교 설립으로 조리 및 서비스 전문 인력 양성과 이들의 해외 진출 적극 지원(프랑스 Cordon Bleu), 일본 츠지조 등)
② 일본은 1970년대부터 외무성이 정책적으로 대사관 전속 요리사 파견으로 일식 세계화에 일조
③ 태국은 자격을 갖춘 자국 요리사들의 프로필을 정부 홈페이지에 등록하여 해외 태국 식당에 제공

일본의 대표적인 요리학교, 츠지조

▷ 츠지 시즈오가 1960년 오사카에 설립한 요리전문학교
- 미국의 CIA(Culinary Institute of America), 프랑스의 꼬르동 블뢰(Le Cordon Bleu)와 함께 세계 3대 요리학교로 꼽힘
- 프랑스 등 세계 곳곳에 분원이 있으며, 49년 동안 약 12만명의 졸업생을 배출했고, 2천명이 오너 셰프(자기 레스토랑 경영)로 활동
- 건학이념은 '도켄도 디스키무스(Docendo Discimus)' (가르치는 것으로 배운다)

(5) 해외 진출 외식업체에 대한 지원 강화

① 해외 주요 거점 도시에 식재료 공동 물류센터 운영, 우수 한식당 인증제 운영
② 외국인 셰프를 한식 홍보 대사로 적극 활용하고 한식 요리책 등 홍보, 한식 스타 셰프 배출
③ 한식 요리책을 해외 한국문화원 등을 통해 보급(일본의 츠지조는 외국인을 위한 요리책 출간, 방송 컨텐츠 제작 등을 통해 일식의 세계화 견인)

제 3 장

식품공정 설계

식품개발 과제범위가 결정되면 식품공정 설계자는 공정설계를 시작한다. 공정설계는 가공공정의 순서와 공정조건을 결정하는 작업이며, 창의성과 기술혁신이 필요하고 공장설계 과정에서 비용 절감이 가능한 부분이다.

단 한 가지 공정이라도 줄이거나 생략할 수 있다면 기계구입 및 유지보수는 물론 가공비용도 줄일 수 있다. 또한 공정순서를 적절하게 배열하면 규모가 작고 저렴하면서 가공 손실이 적은 장비를 사용하는 것도 가능하다. 특히 공정조건을 최적으로 유지한다면 냉동이나 진공설비처럼 고가의 주변기기를 사용하지 않고도 공정의 운영이 가능하여 작업의 안전성이나 작업 인원의 숙련도도 낮아져 인건비의 절감도 가능하다.

1. 식품화학 및 식품미생물

식품공정을 설계할 경우는 식품의 화학적, 물리적, 미생물학적 변화를 이해해야 하고, 공정의 효과와 목적이 무엇인지를 정확하게 이해하고 설계해야 한다. 따라서 공정조건이란 환경이 식품에서 발생 가능한 변화를 예측할 수 있어야 하며, 필요하면 실험으로 확인해야 한다.

식품의 품질 변화는 가공 도중에만 발생하는 것이 아니고 가공, 포장 및 유통과정에서도 발생하기 때문에 소비될 때까지 화학적 및 미생물학적 품질변화를 고려하여 설계가 이루어져야 한다. 가공 및 저장 중의 식품품질 변화는 영양성분의 파괴, 효소 및 비효소적 갈변, 지방산화, 미생물 오염, 효소반응 및 기타 화학반응 등이다. 이러한 변화는 식품의 성분 특성에 따라 다르기 때문에 각각의 식품에서 어떤 형태의 품질 변화를 예상해야 한다. 또한 온도, 산소 및 가스농도, 광선, 수분함량 및 첨가제에 따라서도 영향을 받으므로 영향 예측과 이에 대비한 공정설계 역시 검토해야 한다.

식품공정의 설계와 포장조건의 검토는 수분함량이 가장 중요한 영향을 미치며 그림 3-1과 같다. 따라서 공정 도중에 식품의 품질 변화를 최소화하고, 저장중의 품질 변화를 억제하기 위한 대책도 마련해야 한다.

식품은 소비자가 섭취하는 제품이기 때문에 영양가 및 기호성과 관련된 품질도 중요하지만 무엇보다 보건위생상 안전해야 한다. 따라서 가공 및 유통 중에 유해물질의 오염을 차단하고, 식품성분 중에 위해가능성이 있는 물질은 열처리 등으로 파괴해야 한다. 특히 식품위생 관리에서 중요한 식중독 미생물은 사멸시키거나 성장을 억제해야 한다. 중요한 식중독 미생물은 표 3-1과 같다.

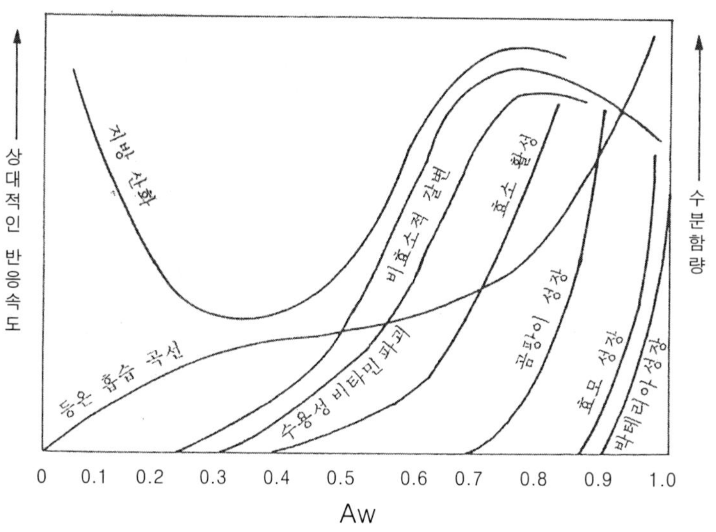

그림 3-1. 식품 품질변화 속도의 수분 의존성

표 3-1. 주요 식중독 미생물

주요 식중독 미생물	
• *Bacillus cereus*	• *Camphylobacter enteritis*
• *Clostridium botulinum*	• *Clostridium perfringenes*
• *Escherichia coli*	• *Listeria monocytogenes*
• *Staphylococcus aureus*	• *Salmonella sp.*
• *Streptococcus faecalis*	• *Yersinia enterocolitica*

발효식품의 공정과 품질 관리는 특히 미생물 관련 지식이 필요하다. 일반적으로 미생물은 접종 초기에 환경 적응시간이 나타나며, 이 기간에 생균수는 거의 증가하지 않는 유도기라고 한다. 이후 미생물이 지수적으로 증가하는 대수증식기를 거쳐 미생물의 성장이 정지되는 정상기를 지나 미생물의 수가 감소하는 사멸기에 도달한다. 대수증식기의 미생물은 영양성분의 고갈이나 대사산물의 축적으로 미생물의 성장이 정지되면서 정상기에 도달하고, 사멸기로 이어진다. 따라서 발효조건의 최적화나 식품의 미생물학적 관리를 위해서 미생물의 성장속도에 대한 영향조건을 이해해야 한다.

2. 식품가공 공정

식품가공 공정은 그림 3-2와 같이 정리할 수 있다. 가공식품은 다양한 원료를 사용하여 제조하며 원료들은 적절한 형태로 공급업체를 통해 구할 수도 있지만 농·수·축산 원료를 가공하여 자체적으로 제조하기도 한다. 두부공장이나 두유공장은 콩을 구입하여 세척, 박피, 분쇄하여 열처리와 여과공정을 거쳐 제품을 생산한다. 건조분말들은 다른 분말들과 혼합하거나 액체와 혼합하여 사용한다. 이러한 각각의 작업이 다양한 장치의 적절한 설계 및 선택은 물론 운전조건의 최적화가 필요하다.

따라서 공정에서 사용하기 적합하도록 처리한 원료를 정확하게 계량하여 원전한 배합이 이루어지도록 공정에 투입한다. 제품개발 초기는 소규모 배합으로 충분하지만 사업화 단계에서는 대규모로 연속적인 투입을 해야 한다. 계량도 실험실이나 소규모 공장에서는 수동식 계량으로 충분하지만 규모가 커지면 자동저울이나 계량기를 이용한다.

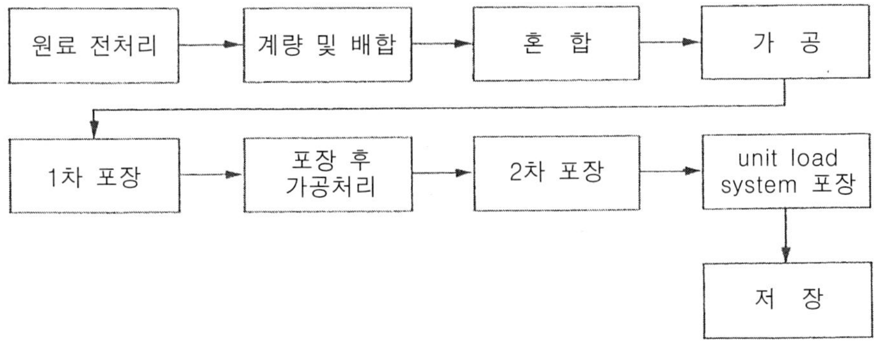

그림 3-2. 일반적인 식품가공 공정

혼합은 건조한 고체를 다른 고체와 혼합하는 경우, 고체원료를 액체와 혼합하는 경우, 액체의 혼합, 지방성분과 수용성 성분의 혼합, 가스와 액체의 혼합 등이다. 혼합하는 유체의 점도도 음료수와 같이 묽은 것부터 반죽처럼 반고체까지 범위가 넓고, 소스나 스프류 같이 불규칙한 고체입자가 포함되는 경우도 있다. 이러한 입자들은 방치하면 가라앉거나 부서지기 쉬운 특성이 있어서 혼합과정을 잘 이해하고 장비를 선택해야 하며, 경우에 따라서 가열이나 냉각을 하기도 한다. 혼합시간의 결정은 원료의 혼합 정도와 혼합 도중에 성분의 변화에 따라 실험적으로 결정한다.

혼합을 마치면 성형, 압출(extrusion), 굽기, 가열조리, 유탕조리, 발효 등 각각의 가공단계를 수행한다. 혼합한 원료는 전부 또는 일부를 나누어 작업을 진행한다. 제과·제빵은 반죽의 일부를 나누어 발효과정 등을 거쳐 굽지만, 액체 수프나 소스류는 더 이상의 가공 없이 캔이나 병, 파우치에 넣어 밀봉한 다음 열처리를 한다.

포장은 가공식품에서 아주 중요한 요소이다. 1차 포장은 제품을 캔, 병, 파우치, 자루에 담거나 다른 형태로 밀봉이나 차폐하여 외부와 차단하는 과정이다. 완전밀봉은 포장 내외 사이의 가스, 공기, 수증기의 투과를 차단하며 변조를 방지하는 역할을 한다. 포장속도는 일반적으로 다른 작업에 비하여 빠르고 높은 능력으로 설계되고, 여러 개의 포장라인을 통해 다양한 포장형태와 크기를 취급하여 공정의 신뢰성을 확보할 수 있다.

1차 포장을 거쳐 제품의 유통기한을 연장하거나 품질 특성을 변화시키기 위하여 2차 가공처리를 하기도 한다. 통조림이나 병조림, 파우치의 레토르트 처리 등이 대표적인 2차적인 가열살균 공정이고, 아이스크림과 냉동식품은 냉각 및 동결시킨다. 일부 제품은 포장 이후에 일정기간 방치하여 향이나 조직의 변화를 유도한 다음에 판매하는 경우도 있다.

2차 포장은 포장한 식품용기를 상자에 담는 작업으로 상표, 박스의 바코드나 QR코드 작업을 수행한다. 이 작업을 통하여 상품의 수송과 유통과정에서 용기의 파열이나 유출이 발생하지 않도록 낙하시험과 진동시험 등을 시행해야 한다. 포장의 일반적인 시험은 국가마다 정해진 시험방법이 고시되어 있다.

최종적으로 효과적인 상품의 수송과 취급을 위하여 제품상자를 일정한 로트(lot) 단위로 단위화하는 unit lot system도 결정해야 한다. 일반적인 방법은 제품상자를 표준 파렛트(pallet)에 쌓는 방법을 적용하고 있으며, 한 개의 파렛트는 보통 500~1,000kg이다. 대부분은 이 위에 플라스틱 필름으로 둘러싸는 스트레치 포장(stretch packaging)을 하여 유통 도중에 제품상자가 쏟아지지 않고, 적재를 효율적으로 할 수 있도록 한다. 그러나 창고에 오랫동안 보관하지 않고 바로 소비자에게 전달하는 제품은 특수한 바구니 등에 넣어 직접 배송하는 방식을 적용한다.

3. 식품가공의 유형과 기능

식품가공에 적용되는 작업은 대단히 광범위하고 목적에 따라 다양하다. 일반적으로 식품가공 작업은 유형에 따라 표 3-2와 같이 분류할 수 있다.

(1) 원료 세척(Cleaning)

식품원료는 금속, 식물조각 및 부스러기, 토양 및 돌, 동물체, 화학물질, 미생물 등의 다양한 오염원에 의해서 오염될 수 있으므로 적절한 방법으로 세척 및 선별을 거쳐 오염물질을 제거하고 미생물 오염을 낮추면서 부적절한 화학반응을 억제해야 한다. 세척방법은 오염원의 특성과 세척효율을 고려하여 결정하며 일반적으로 건식세정과 습식세정으로 나눈다.

건식세정법은 체질(screening), 연마세정, 풍력세정, 자력세정 등이고, 습식세정은 침지세척, 부유세척, 초음파세척 등이다. 세정작업은 여러 가지 방법을 적용하는 것이 일반적이다.

(2) 식품의 정선(trimming), 선별(sorting), 분급(grading)

선별과 분급은 식품을 특성에 따라 분리하는 작업이며, 선별은 주로 물리적인 기준으로 식품을 나누며, 분급은 품질에 따라 분류하는 작업이다. 정선은 비슷한 개념으로 사용되기도 하지만, 식품 중에서 품질이 나쁘거나 열등한 것을 제거하거나 절단하는 작업을 말하고, 작업의 특성상 주로 수작업으로 이루어진다. 선별작업은 무게 차이, 물체의 모양이나 크기, 광학적 성질 등을 이용하며, 분급작업은 식품의 품질 특성인 당도나 색, 강도 등을 선별 기준으로 적용하며, 육안으로 실시하기도 한다.

표 3-2. 식품가공 작업의 유형

유 형	가공작업
사전작업	원료의 세적, 선별, 정선, 분급(등급)
변환작업	분쇄 및 사별, 혼합 및 에멀션화, 여과 및 막분리, 원심분리, 침출 및 압착추출, 결정화
보존작업	가열처리, 증발농축, 건조, 저온저장, 냉동, 발효, 방사선 조사, 포장
보조작업	위생시설, 급수 및 폐기물처리, 물질의 이동조작

(3) 분쇄 및 사별(Crush & sorting)

식품이나 원료에서 어떤 성분을 추출하거나 식품의 표면적을 증가시킬 목적, 또는 혼합공정을 쉽게 하기 위하여 분쇄작업을 한다. 건식과 습식 분쇄방법이 있으며, 건식분쇄법은 roll mill, hammer mill, disk mill 등이 대표적이다. 습식분쇄는 공정의 목적에 따라 맷돌이나 콜로이드 mill을 사용하여 잘게 분쇄하거나 세절기나 절단기를 이용하여 큰 조각으로 분쇄를 한다. 분쇄한 제품의 입자를 균일하게 얻으려면 적당한 크기의 체를 이용한다.

(4) 혼합 및 에멀션화(Mixing & emulsification)

혼합은 재료의 물성에 따라 다양한 장비를 사용한다. 저점도 액체의 혼합은 paddle, turbine, propeller를 부착한 교반기(agitator)를 사용한다. 빵 반죽과 같은 페이스트의 혼합은 pan mixer, Z blade mixer와 같은 반죽기(neader)를 사용한다. 건조상태의 분말을 혼합하려면 tumbler mixer와 ribbon mixer 등을 사용한다. 잘 섞이지 않는 액체들을 혼합하려면 homogeniger를 사용하며, 경우에 따라 계면활성제를 첨가한다.

(5) 여과 및 막분리(Filtration & membrane separation)

액체 용액에서 불용성 고형물의 제거나 청징, 미생물의 제거를 목적으로 여과작업을 한다. 여과기는 작업원리에 따라서 중력여과, 진공여과, 원심여과로 나누어진다. 여과작업은 여과기 표면에 형성되는 잔사(cake)의 특성에 따라 방법이 다르며, 작업방식도 연속식과 회분식으로 나누어진다. 최근에는 고분자물질의 분리나 저분자물질의 농축을 위하여 한외여과(ultra-filtration)나 역삼투(reverse osmosis)여과를 이용하기도 한다.

(6) 원심분리(Centrifugation)

원심력을 이용하여 비중이 다른 성분을 분리한다. 즉, 서로 잘 섞이지 않는 액체를 분리하거나, 액체식품에 포함된 소량의 찌꺼기(잔사, 슬러지)를 제거하여 청징(clarifying), 원심여과를 효과적으로 하기 위하여 원심분리를 한다. 대표적으로 우유에서 지방크림의 분리와 콩 마쇄물에서 두유의 분리 등이다.

(7) 침출, 압착, 추출(Leaching, pressing & extraction)

고체 식품에 함유된 유효성분을 액체 용매로 추출하는 작업이 침출(leaching)이다. 콩에서 헥산을 이용하여 대두유를 추출하는 작업이 대표적인 사례이며, 1단 또는 여러 단을 거쳐 연속식으로 진행하기도 한다. 고체 식품에 고압의 압축력을 적용하여 액체성분을 추출하는 작업을 압착추출(expression)이라고 하며, 대표적인 예가 녹즙기, 에스프레소 커피추출과 참깨와 들깨에서 참기름과 들기름을 추출하는 작업이다. 압축력을 얻는 방식에 따라서 유압식(hydrolic) 롤러식(roller), 스크류식(screw) 압착 등으로 나누어진다.

(8) 결정화(Crystallization)

수용액에 녹아 있는 가용성 성분의 용해도를 감소시켜 결정을 생성하여 원하는 성분을 분리하거나 식품의 특성을 변화시킬 수 있다. 대표적인 예가 설탕과 소금의 결정화이다. 결정화는 온도를 낮추어 용해도를 감소시키거나 가열 증발시켜 용질의 농도를 용해도보다 높이는 방법으로 달성한다. 그러나 아이스크림은 결정을 형성시킨 다음에 분리하지 않고 그대로 제품화시킨 사례이다.

결정화는 생성된 결정의 크기가 중요하며, 결정의 크기는 결정핵의 생성속도와 결정 성장속도의 상호관계에 의해서 영향을 받으므로 적절한 제어가 필요하다.

(9) 가열살균(Heat sterilization)

식품의 저장성을 부여하기 위하여 가열처리를 수행한다. 대표적으로 통조림, 병조림과 레토르트 식품이 살균에 의해서 저장성을 확보한 사례이다. 가열처리는 데치기(bleaching), 100℃ 이하에서 저온살균(pasteurization), 110℃ 이상에서 고온살균(sterilization) 등이 있다.

데치기는 과일과 채소류에서 효소의 대부분을 파괴하는 목적을 가지고 있으며, 열탕이나 스팀으로 가열하며, 냉동이나 살균 전에 공정효율을 향상시킬 목적으로도 실시한다. 저온살균은 병원성 미생물을 사멸시키고, 저장기간을 연장시키는 효과가 있다. 고온살균은 pH 4.5 이상의 저산성 식품에 저장성을 부여하여 상온 유통이 가능하도록 처리한다. 따라서 살균공정은 식품의 종류, 용기의 크기, 저장 및 유통조건에 따라서 적절하게 설계해야 한다.

(10) 증발농축(Evaporation & concentration)

증발농축은 액상식품에 포함된 수분을 증발시켜 식품의 고형물 농도를 증가시키면서 상대적으로 수분활성도(a_w)를 낮추어 저장성을 향상시킨다. 대표적인 사례가 과일잼과 각종 소스류이다. 농축방법은 대기압에서 가열하는 방법과 100℃ 이하 진공조건에서 농축하는 방법으로 나누어진다.

(11) 건조(Drying)

식품의 수분을 제거하면 미생물의 성장이 불가능하고, 다른 품질 변화도 적어 건조한 식품은 오랫동안 저장이 가능하다. 건조방법은 열풍건조, 냉동건조, 분무건조, 드럼건조, 진공건조 등이 있으며, 식품의 특성과 건조 목적에 따라서 건조방법과 운전조건을 결정해야 한다.

(12) 저온저장(Cold preservation)

식품을 동결점 이상의 저온에서 저장하면 저장기간을 연장할 수 있다. 신선육과 어패류는 0℃ 부근에서 저장하는 것이 바람직하다. 과일과 채소는 종류에 따라 저장에 적합한 온도와 습도조건이 다르므로 이를 확인해야 한다. 저온저장 공간의 내부공기를 공기 대신에 다양한 특성의 가스나 혼합가스를 이용하는 방법도 있다.

(13) 냉동(Freezing)

냉동은 식품에 존재하는 수분을 동결하여 저장성을 부여하는 방법으로 식품의 형태, 크기, 모양, 조직감, 향미에 큰 변화 없이 비교적 장기간 저장할 수 있다. 식품의 동결방법은 공기식, 접촉 및 침지 동결 등이 주로 사용된다. 냉동식품은 동결과정과 함께 유통과정에서 cold chain의 온도관리도 중요하다.

(14) 발효(Fermentation)

발효는 가장 오래된 식품저장 기술의 하나이며, 식품은 발효과정을 거쳐 부패미생물의 작용이 어려운 특성으로 변화된다. 주로 채소, 과일, 유제품과 육제품에 적용하고 있으며, 발효에 의해서 알콜이나 산이 생성되어 저장성이 부여된다.

(15) 방사선조사(Irradiation)

식품에 자외선과 감마선 등을 조사하면 미생물과 효소가 파괴되어 저장성이 향상된다. 식물은 발아가 억제되어 감자나 양파 등의 저장기간 연장에 적용되고 있다. 우리나라에서 방사선조사는 우주식품 등 일부 품목에 제한적으로 허용되어 있으나 아직까지 상업적인 목적으로 적용되는 경우는 없다.

(16) 포장(Packaging)

포장의 기능은 다양하지만 저장성의 부여가 중요한 기능의 하나이다. 식품을 포장하면 외부환경으로부터 보호되며, 오염과 기계적인 충격과 파괴를 예방한다. 사용면에서도 편의성을 부여하며, 판매촉진 기능도 나타난다. 식품의 1차 포장에 사용되는 재질은 통조림용 주석판, 알루미늄, 플라스틱, 유리, 종이 등이다. 형태는 유연포장과 강성포장으로 나누어진다.

(17) 보조작업(Utility)

식품공정의 설계는 식품공정 자체적으로도 중요하지만 공장시설의 위생관리, 폐수처리, 공정간 및 공장 내부의 물질과 에너지 이동 등을 고려하여 설계해야 한다. 공정설계와 관련하여 공정 간의 원료, 반제품, 제품, 부산물, 포장 등의 이동이 안전하고 효율적으로 이루어지도록 설계해야 한다.

물류는 물질의 이동장치를 말하며 컨베이어, 엘리베이터, 크레인, 호이스트, 지게차 등이 있으며, 특성은 표 3-3과 같다. 공장 내부에서 식품의 흐름은 가급적 단순하게 설계하여 혼란이 없고, 비용은 줄이며, 원료에 대한 제품의 오염을 방지하면서 공간절약과 작업환경의 개선이 가능하도록 해야 한다.

표 3-3. 물질이동장치(물류)의 특성

		컨베이어	승강기	크레인	트 럭	공 압	물
방 향	수직상승		○	○		○	
	수직하강		○	○		○	
	경사상승	○	○			○	
	경사하강	○	○			○	○
	수평	○			○	○	
빈 도	연속적	○	○			○	○
	단속적			○	○		
이용위치	점	○	○			○	○
	선(경로)	○				○	○
	안정지역			○			
	무제한				○		
높 이	키 이상	○	○	○		○	
	작업높이	○			○	○	○
	지면	○		○	○		○
	지하	○				○	○
재 료	포장상태	○	○	○	○		
	벌크	○	○	○	○	○	
	고체	○	○	○	○	○	○
	액체				○	○	○
설 비	영구적	○	○	○		○	○
	일시적			○	○		

4. 공정도(Flow sheet)

4.1 물질수지

공정을 선택하고 작업순서를 결정하면 각각의 공정에 투입하는 물질흐름과 공정에서 나오는 물질흐름의 양과 농도를 결정해야 한다. 물질수지를 계산하려면 각각의 공정에서 정상상태(steady state)를 기준으로 하며, 전체 수지와 성분수지를 각각 계산해야 한다. 각각의 공정이나 작업에서 투입되는 물질의 합과 공정에서 생성되는 물질의 합은 같으며, 이것은 각각의 성분도 마찬가지이므로 공정에서 물질흐름의 양을 계산할 수 있다.

물질수지 계산의 예로서 그림 3-3의 양파건조에서 1차 건조과정을 분석하면 수분함량 88%의 세절 양파 90kg을 수분함량 7%인 건조 양파를 생산하는 과정이라면 건조 양파의 양을 D kg, 증발되는 수분의 양을 W kg이라고 하면 전체 수지는 다음과 같다.

$$90 = D + W \qquad \text{(식 3-1)}$$

수분에 대한 성분 물질수지는 식 3-2와 같다.

$$90 \times 0.88 = D \times 0.07 + W \qquad \text{(식 3-2)}$$

두 개의 방정식을 풀면 D = 11.6 kg, W = 78.4 kg이 나온다. 이러한 방법으로 각각의 공정흐름에서 양을 계산하고, 전체적으로 원료 투입량에 대한 제품 생산량의 비율인 수율(yield)을 계산할 수 있다. 물질수지 계산은 원료 투입이나 단위제품을 생산하는 기준에서 계산하여 그림 3-3과 같은 공정도로 확정된다. 경우에 따라서 작업에 필요한 시간을 기준으로 물질수지를 나타내면 제품 생산속도 또는 처리속도를 분석할 수 있다.

여러 가지 제품을 생산하는 다목적 공장은 각각의 제품마다 물질수지를 확립하고 단위당 물질수지를 분석해야 한다. 물질수지 계산을 위한 충분한 자료가 없으면 간단한 실험이나 비슷한 공장의 자료를 이용하여 추정하는 방식으로 처리한다.

4.2 세부 공정도

단위당 물질수지를 확립하고 나면 세부 공정도(detailed flow sheet)를 작성한다. 세부공정도는 공장을 운영하기 위한 모든 기계장치와 공정라인, 유틸리티의 사용처 등을 모두 표시해야 한다. 그러나 기계의 크기나 구조적 배치관계, 배관과 배선은 표시하지 않는다. 이 외에 일반적으로 펌프보다 비싼 기계장치는 모두 표시한다. 즉, 원료가 도착하여 저장, 전처리, 가공과정을 거쳐 포장된 다음 제품으로 출고되는 모든 과정을 포함한다. 세부 공정도는 기계장치를 표시하기 위하여 그림 3-4와 같은 기호를 사용하는 것이 일반적이지만 식품공장에서 사용하는 기계장비들은 표시방법이 정해지지 않은 경우가 많으므로 기계장치와 비슷한 모양으로 표시한다. 또한 각 항목의 기계장치를 숫자와 문자로 부호화하여 표시하기도 하며, 위치와 공정순서에 따라 이해하기 쉽도록 표시하는 것이 바람직하다.

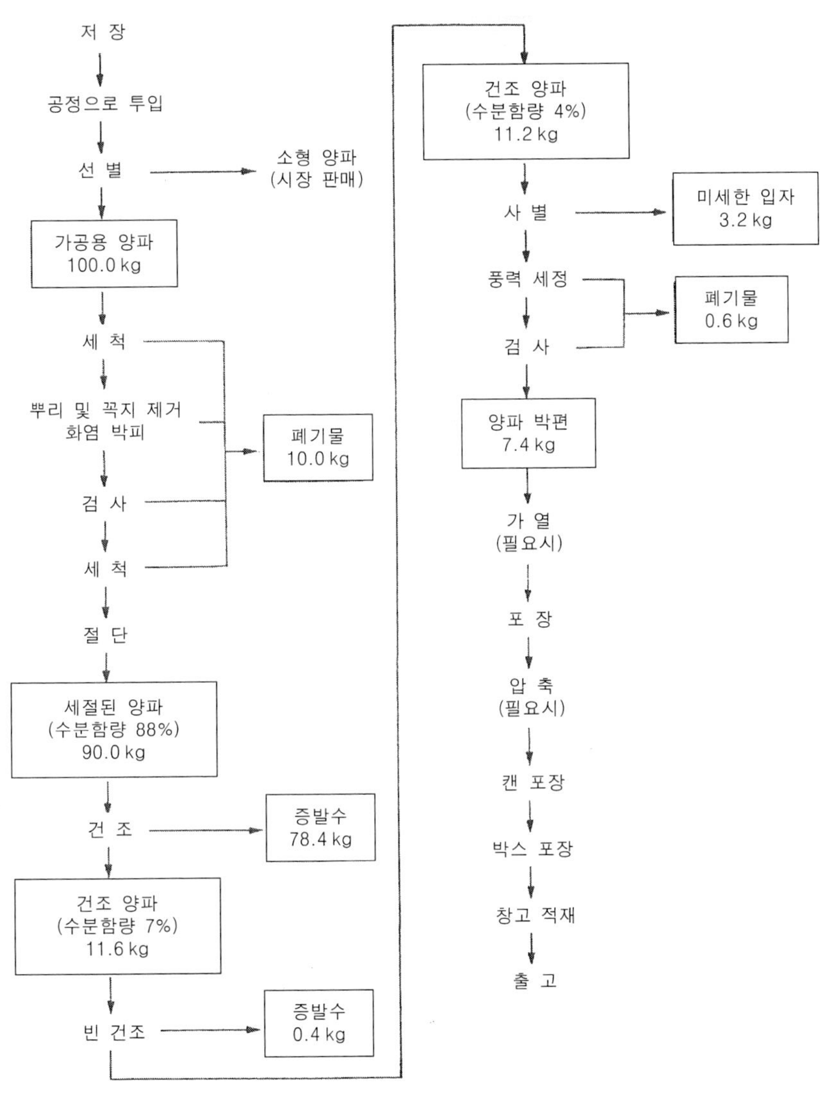

그림 3-3. 양파건조 공정도

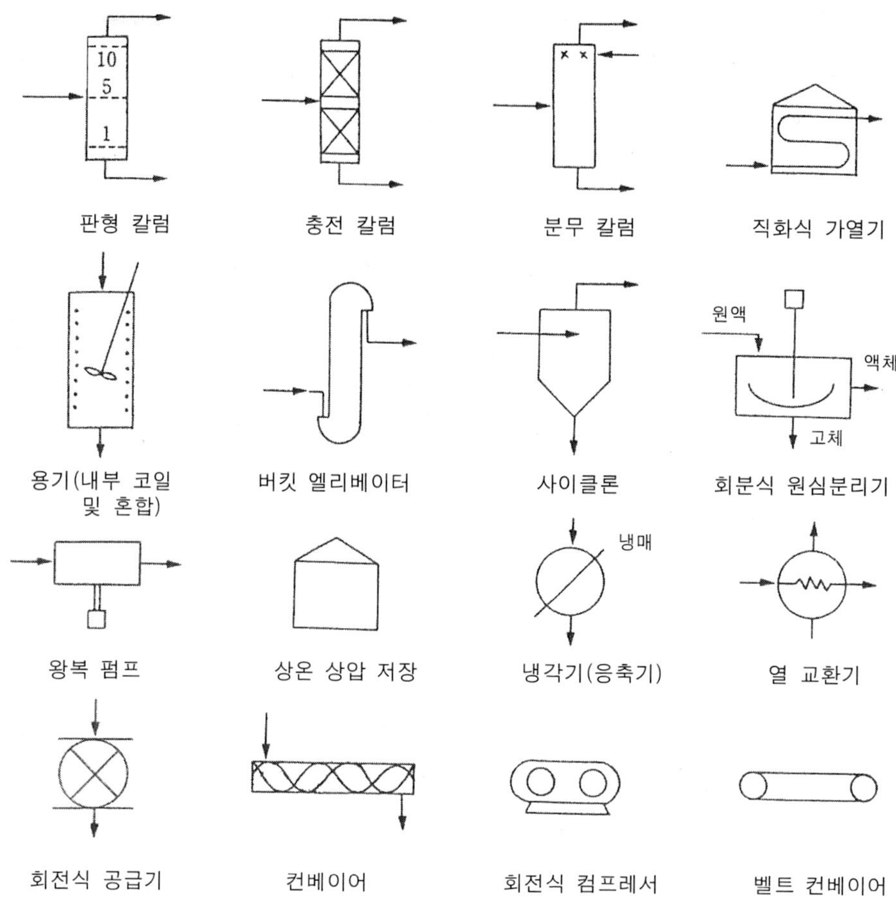

그림 3-4. 세부 공정도에 사용하는 대표적인 부호

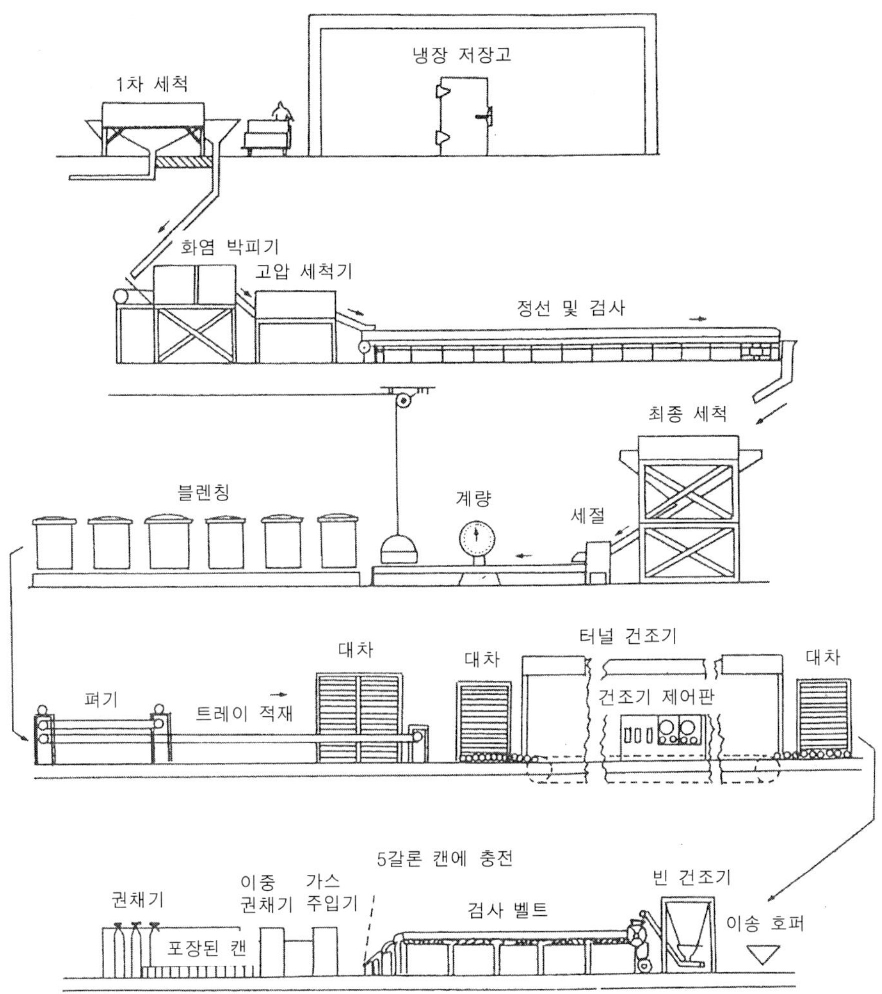

그림 3-5. 채소류 건조의 약식 세부공정도

제 4 장

기계장치의 선정

세부공정도가 확정되면 공정에 사용할 기계장치를 결정하고 목록으로 작성한다. 기계장치 목록은 일반적으로 펌프보다 비싼 기계는 모두 열거하고, 각 기계에 대한 정보를 기록하여 비용계산에 충분한 분석 자료로 활용해야 한다. 식품공정에 사용하는 기계장치의 결정은 우선적으로 안전과 위생적인 설계를 반영해야 한다. 우선 실험실이나 시험공장(pilot plant) 규모에서 현장규모인 상용생산을 위한 장치의 규모화(scale-up)를 시행한다.

1. 안 전

식품공업은 일반적으로 화학공업에 비하여 위험성이 작지만 안전사고를 포함하여 다양한 위험요소를 갖고 있으며, 법규에 의해서 안전조치를 포함하도록 되어 있다. 대부분의 현장에 게시된 '안전제일'이라는 표지판은 공정설계나 기계장치의 결정에 효율과 경제성 이전에 안전문제가 우선적으로 고려해야 한다는 의미이다. 식품산업에서 안전이란 먼저 작업인원의 안전과 음식으로서 제품의 안전 두 가지 의미를 동시에 갖고 있다.

1.1 위험요소

식품공장에서 나타나는 위험은 공정과 작업 유형에 따라서 다르지만 주로 화재, 폭발, 독성물질, 인명사고 및 제품의 오염 등이다. 화재와 폭발에 대한 주의는 언제나 엄격해야 하며, 화재가 특히 발생하기 쉬운 곳은 가연성 물질의 부주의한 취급과 흡연이 이루어지는 사무실, 창고, 휴게실 등이고 차고와 정비시설도 특별한 주의가 필요하다.

냉동기에 고압 암모니아는 폭발과 독성가스의 유출 가능성이 있고, 고압 증기보일러도 식품공장에서 폭발 위험성이 높은 곳이다. 실험실은 화학약품을 취급하고 있으므로 철저한 관리가 필요하고, 특히 독성물질의 취급과정에서 흡입 및 접촉으로 인한 사고의 예방과 처치방법에 대해 준비해야 한다.

1.2 예방조치

식품공정에 적용하는 기계장비는 독성 및 오염물질을 유출하지 않도록 위생설계가 되어야 하고, 재질 자체도 가급적 반응성이 없는 것을 사용해야 한다. 포든 배관은 내용물과 기능을 직관적으로 알 수 있도록 색깔과 표시를 해야 한다. 화재예방은 적색, 고압증기는 주황색, 물과 안전한 물질은 청색이나 녹색, 압축공기는 황색으로 표시한다. 모든 기계장비는 작업 안전수칙을 부착하고, 사고와 화재에 대한 대응방법도 표시해야 한다. 특히 적절한 안전장치는 반드시 부착해야 한다.

곡물과 분쇄작업은 먼지와 분진이 과다한 경우에 폭발사고가 발생할 수 있으므로 불꽃과 방전을 예방해야 한다. 정전기의 발생은 인화성 물질의 폭발로 이어질 가능성이 있으므로 벨트나 동작기구, 고체의 이송, 액체의 분무와 증기의 혼합공정은 특히 주의가 필요하다. 이러한 위험을 예방하려면 스파크가 발생하지 않도록 전하를 방류하거나, 가급적 전압을 낮추고, 반드시 접지를 해야 한다. 인화성 물질을 운반하는 기계와 차량도 반드시 접지가 필요하다.

자주 검사와 수리가 필요한 기계장비는 쉽게 접근이 가능하도록 하고, 체인과 벨트 등 모든 회전기계는 적절한 안전덮개를 설치해야 한다. 금속표면이 82.2℃ 이상인 파이프, 용기와 장비들도 단열을 하여 열 손실을 방지하면서 안전사고를 예방해야 한다.

2. 위생설계

공장설계와 기계장비를 결정하면 위생에 대한 충분한 고려가 필요하다. 가공하는 식품의 종류에 따라 다르지만 공장과 장비의 세척과 살균이 쉽도록 설계되어야 한다. 따라서 기계장치는 해체와 조립이 쉽고, 가능하면 해체하지 않고 세정(in-place cleaning)이 가능하도록 설계해야 한다.

식품과 접촉하는 모든 표면은 매끄럽고 흠이 없어야 한다. 특히 표면 재질은 비흡수성이면서 식품과 세척제 등에 영향이 없어야 한다. 제품과 함께 섭취하면 건강에 위험한 독성물질은 식품과 접촉할 가능성이 있는 기계장치에 사용하면 안 된다. 금속으로는 구리, 철, 아연, 카드뮴, 안티몬, 납 등이며, 액체식품과 접촉하여 화학반응이나 전기분해를 촉진하는 금속을 사용하지 말아야 한다. 플라스틱도 내마모성이 있어야 하며, 식품으로 이행될 수 있는 성분이 없어야 한다.

이상의 이유로 식품용 장비는 스테인리스 스틸을 광범위하게 사용하며, 한국공업규격 STS 304이고, 부식에 대한 저항성이 필요한 경우는 STS 316을 사용한다. 스테인리스 스틸은 대부분의 환경조건에 내식성이 있으나 소금용액에는 사용하지 않는 것이 바람직하다. 소금함량이 높고 부식성이 큰 식품의 저장과 수송용 탱크는 유리섬유 보강 플라스틱(FRP, fiber reinforced polyesters)을 일반적으로 사용한다. 단, FRP는 강알칼리에 의해서 가수분해 된다. 알루미늄과 합금도 식품공장에서 많이 사용하지만 산과 알칼리에 대한 부식성이 있어 주의해야 한다. 이 외에 금속재료로서 구리와 니켈의 합금인 모넬금속(monel metal), 황동, 청동, 티타늄 등과 주석도금 상태로 이용하기도 한다.

식품공장에서 사용하는 기계장치는 내부 표면이 물질의 흐름을 유선형으로 하기 위해 유선형으로 가공하여 잔류물들이 청소하기 어려운 위치에 쌓이지 않도록 하고, 저절로 배수가 가능하도록 해야 한다. 따라서 용기의 바닥은 최소한 1/100 이상의 경사를 주고, 모서리 부분도 최소한 반경 7mm 이상의 완만한 곡선이 되어야 한다. 기계의 축, 액체식품용 펌프와 베어링 등은 식품과 접촉하지 않도록 장비 외부에 설치하고, 축의 밀봉부분은 청소와 점검을 위해 쉽게 해체할 수 있어야 한다.

식품기계 장비는 외부 오염을 방지하도록 설계되어야 한다. 따라서 덮개가 있어야 하고, 쉽게 분리가 간능하며, 액체와 접촉해도 쉽게 배수가 가능해야 한다. 용기와 정확하게 밀착되는 후드(덮개, hood)와 적절한 배기를 통해 증기를 사용하거나 가열하는 blancher, 레토르트, 증발기 등의 응축을 방지할 수 있다. 특히 기계 외부도 쉽게 청소하고 찌꺼기가 쌓이지 않는 구조로 설계해야 한다. 기계장치를 설치하는 바닥은 청소가 쉬워야 하고, 간격이 충분하며 좁은 홈 등이 없어야 한다. 바닥과 기계를 고정하는 경우는 접속부위에 물이 스며들지 않도록 하고 배수를 위해 경사지도록 해야 한다.

식품공장의 파이프와 배관자재는 세척 및 점검이 쉬워야 한다. 파이프의 연결과 밸브는 그림 4-1과 같이 조립과 해체가 쉬워야 하고, 배관은 저절로 배수가 되도록 일정한 경사를 유지해야 한다. 배관은 막다른 끝이 없고 녹이나 응축물이 식품에 혼입되는 것을 방지하기 위하여 공중에 설치하는 경우는 용기와 가공라인을 지나가지 않도록 용기의 뒤로 설치한다. 용기, 배관, 계장설비들도 벽이나 바닥에서 일정한 간격을 두어 청소와 수선유지가 쉽도록 설치해야 한다. 공장의 기계장치와 배관이 위생적으로 적절하게 설계되어야 기본적인 위생적인 공정이 가능하다.

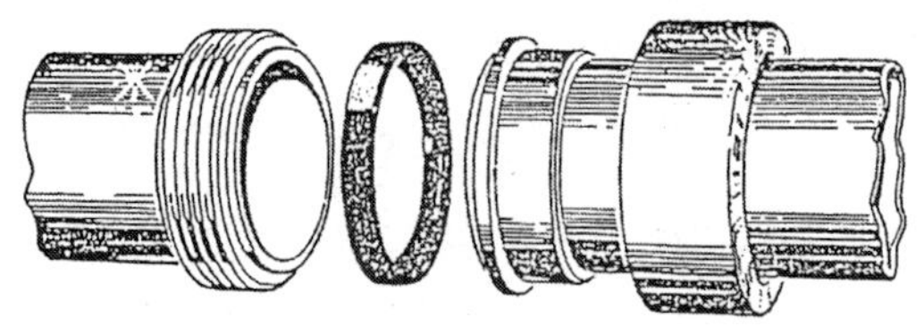

그림 4-1. 스테인리스 스틸 위생배관의 연결방식

3. 기계장치 목록

각각의 분리된 공정과 기계장치를 연결하여 원활하게 작동하는 공장을 완성하기 위하여 각각의 기계장치의 사양과 다양한 형태의 기계를 조합하고 이러한 정보를 기계장치 목록으로 작성한다. 기계장치 목록은 펌프보다 비싼 것은 모두 포함하며, 기계가격의 추산에 필요한 정보도 모두 포함해야 한다. 기계장치 목록은 세부공정도를 토대로 작성하며, 세부공정도에서 각각의 장치에 표시한 부호와 기계장치 목록의 부호가 일치해야 한다.

기계장치의 구입과 설치를 위한 비용을 결정하려면 다음과 같은 사양이 명시되어야 한다.

① 기계장치의 형태
② 크기 및 용량
③ 재 질
④ 운전압력
⑤ 고온에서 작동하는 경우는 최대 사용온도
⑥ 저온에서 작동하는 경우는 사용온도의 하한
⑦ 단열의 유무
⑧ 부식에 대한 요구사항
⑨ 기타 필요한 사항

예를 들어 세부공정도에서 C-07로 표시된 원심형 펌프의 표시방법은 다음과 같다.

C-07 원심형 펌프 :
50L/min, 1.2m × 1.7m × 2m, 10HP motor, SUS 304, 100psi

C-07은 세부공정도에서 표시한 기계장치의 번호이고, 기계의 형태는 원심형 펌프로서 용량은 50리터, 크기는 가로 1.2m, 세로 1.7m, 높이 2m이다. 10마력 모터로 작

동되며, 재질은 스테인리스 스틸 304종이고, 운전압력은 100 psi이다. 다른 사항은 기록되지 않았으므로 사용온도는 상온이고, 단열이 필요 없는 것이다.

기계장치의 결정에서 중요한 것은 기계의 크기와 에너지 효율을 결정하는 것으로 일반적인 경험 값이나 제작업체의 자료를 참고하기도 한다. 필요한 자료를 참고할 수 없을 경우는 제작업체의 협조를 받아 실험을 하고, 이를 토대로 기계의 크기를 결정하거나 특별한 경우는 요구하는 크기를 주문하는 경우도 있다. 과거와 달리 최근에는 공장에서 사용하는 에너지 사용량을 최소화 하여 이산화탄소 감축에 따른 인센티브 등을 획득하는 것이 제조업체의 기술력과 경영지표를 상승시키고 동시에 사용자의 에너지비용을 절감할 수 있으므로 같은 성능을 나타내는 기계장비라면 가급적 에너지 효율이 높은 기종의 선택이 중요하다.

회분공정은 관계가 없지만 연속공정은 하나의 연결된 공정과 두 개 이상의 공정으로 구성할 것인가를 결정해야 한다. 이것은 모든 원료가 하나의 기계장치를 이용하는 것인지, 아니면 두 개 이상의 똑같은 기계장치를 병렬로 설치하는가의 문제이다. 이러한 결정은 각각의 단위 작업마다 결정을 해야 한다.

단일 공정은 건설비와 운전비용이 적지만 어느 한 부분에서 문제가 발생하면 전체 공정이 정지되는 단점이 있고, 이중 공정은 생산량에 따라 필요한 만큼만 작업을 시행할 수 있는 장점이 있다. 따라서 단일 공정을 결정한 경우는 고장이 예상되는 기계와 장비를 여분으로 구입하여 고장이 발생해도 전체 공정을 진행할 수 있도록 준비가 되어야 한다. 또한 중요 장비라도 자주 고장이 발생하는 경우는 제작업체에 요청하여 기계의 성능과 내구성 등에 대한 검토와 함께 동일 사양의 기계를 예비로 구입하여 준비하는 것이 바람직하다.

기계장치의 결정도 미래의 확장계획을 예상하여 어느 정도의 여유 능력이 있도록 설치해야 한다. 이것은 하나의 시설로 공장을 건설하는 것이 두 개의 시설을 확보하는 것에 비하여 건설비용과 운전비용 측면에서 훨씬 경제적이기 때문이다. 그러나 초기 설비비용을 과다하게 증가시키며 설비가 최대 용량으로 가동되지 않으면 운전이 어렵고 비용도 많이 든다.

일반적으로 기계가 운전하기 어렵거나 고가인 경우는 확장을 대비하여 충분한 용량을 선택하는 것이 바람직하다. 따라서 최초에 설계한 생산능력과 확장된 생산능력을 동시에 만족시킬 수 있는 조건으로 설비가 확보되어야 하지만 기계장치는 초기 생산능력에 맞추어 크기(용량)을 결정하고 확장이 필요한 경우는 병렬로 기계를 설치하는 것이 효과적이다. 즉, 처음부터 장비를 복수로 준비하거나 용량을 늘리는 것보다 확장을 대비한 공장을 충분히 확보하여 공장을 건설하는 것이 경제적이다.

기계장치 목록은 품질관리 및 실험실용 장비도 포함해야 한다. 일반적으로 제조업체는 자체 실험실에서 품질관리를 수행하며, 주로 원료와 제품의 품질을 검사하고 폐기물 등이 관리기준에 적합한지를 시험한다. 이러한 목적으로 소모품을 제외하고 100만 원 이상의 기계는 기계목록에 포함시켜야 한다.

이상으로 일반적인 기계장치 목록은 1차 작업이 거의 마무리되지만 열교환기, 펌프, 보일러 등은 에너지수지에 대한 계산이 포함되어야 한다. 어떤 경우는 에너지수지를 계산하기 위하여 공장 배치도가 결정되어야 하기 때문에 다른 모든 기계장치의 크기를 결정하고, 에너지수지가 필요한 기계들은 추가로 에너지수지를 계산한 다음에 크기나 용량을 결정한다.

3.1 기계장치 결정을 위한 개략율

식품공장에 사용하는 기계장비에 일반적으로 적용할 수 있는 일반적인 법칙은 매우 드물기 때문에 기계장치의 결정은 주로 경험과 실험에 의해서 결정한다. 따라서 화학공장에 적용하는 일반적인 법칙을 적용하여 대략의 값을 적용하여 결정하는 경우가 일반적이지만 상황에 따라서 많은 변수가 나타난다. 다음은 화학공장에서 적용하는 일반적인 공정설계의 적용법칙이다.

(1) 용기 및 탱크

① 1.9m^3 이하의 밀폐용기는 85% 이하의 충전부피를 갖는다.
② 1.9m^3 이상의 밀폐용기는 90% 이하의 충전부피를 갖는다.
③ 3.8m^3 이하의 액체는 지지다리를 가진 수직형 탱크에 저장한다.
④ 3.8～38m^3 범위의 액체는 콘크리트 기초위에 놓은 수평형 탱크에 저장한다.
⑤ 38m^{3}를 초과하는 부피의 액체는 콘크리트 기초 위에 설치한 수직형 탱크에 저장한다.
⑥ 탱크의 최적 직경은 D = 0.74(V)1/3에 의해 계산한다. D는 직경(m)이고, V는 부피(m^3)이다.

(2) 교반기(agitators)

① 교반기에 필요한 동력은 다음과 같다.
- 식용유 혼합 : 0.5 hp/100,000 kg
- 페이스트 식품 : 2.6～2.9 hp/m^3
- 발효조 : 0.8～2.6 hp/m^3

② 점도에 따른 교반기의 형식은 다음과 같다.

- 프로펠라형 : 점도 3,000 cp 이하의 액체
- 터빈형 : 점도 3,000~50,000 cp 범위의 액체
- 페달형 : 점도 50,000~90,000 cp 범위의 액체
- 변형 페달형 : 점도 90,000~1,000,000 cp 범위의 액체

(3) 건조기

건조기의 건조능력은 단위 열전달 면적당 수분의 증발속도인 kg/h · m^2의 단위로 표시하며, 주요 건조기의 능력은 다음과 같다.

- 드럼건조기 : 5~50 kg/h · m^2
- 직화식 회전건조기 : 1~35 kg/h · m^2
- 간접 가열식 회전건조기 : 5~60 kg/h · m^2
- 터널 및 컨베이어 건조기 : 1.5~35 kg/h · m^2
- 분무건조기 : 0.5~15 kg/h · m^2

(4) 액체충전기

액체충전기의 종류와 성능은 다음과 같다.

① 중력충전기 : 1~1,000cp 정도의 저점도 액체를 성형용기에 저속 및 고속충전
② 중력 진공충전기 : 저점도의 액체를 성형용기에 중간 속도로 충전
③ 압력충전기 : 저점도 및 중점도(1,000~10,000 cp) 액체를 성형용기에 저속도로 충전(일부 저농도 탄산음료 포장에 이용)
④ 진공충전기 : 저점도 액체를 성형용기에 저속 및 고속충전
⑤ 압력 중력충전기 : 저점도 탄산음료를 성형용기에 고속충전
⑥ 시간 유량충전기 : 저점도 및 반고체 식품을 다양한 포장에 저속 및 중속충전
⑦ 피스톤 부피충전기 : 저점도에서 고점도(100,000 cp 이상)의 액체를 성형용기 및 유연포장에 저속 및 고속충전

4. Scale-up

연구개발과 상용생산에서 가장 중요하고 어려운 작업의 하나가 scale-up이며, 대부분이 기업의 비밀에 속하는 내용이므로 공개된 자료가 거의 없다. 따라서 시험공장(polot plant)에서 실험을 수행한 결과를 바탕으로 실제 공장규모로 확장하는 작업을 scale-up이라고 한다. Scale-up을 위해서는 시험공장의 실험이 반드시 필요한 경우와

아닌 경우로 나누어진다. 반드시 필요한 대표적인 경우는 필터프레스(filter press)이고, 아닌 경우는 혼합기와 펌프 등이다.

Scale-up에 적용할 수 있는 기계장치의 설계와 여러 조건을 표 4-1에 정리하였다. 표를 보면 기계의 크기와 용량을 결정하는 주요 변수, 변수의 최대 scale-up 비율, 시험공장 자료의 필요 유무, 안전계수(safety factor) 및 운전계수를 포함하고 있다. 안전계수는 시간에 따른 운전성능의 변화를 고려하여 이용하는 초과설계의 양이므로 무조건 적용하는 것보다는 적절한 범위에서 반영하는 것이 바람직하다. 즉, 경제적인 조건, 판매예측, 설계 자료의 정확도, 운전성능의 변화 가능성, 사전에 수집한 다양한 관련정보 등이 안전계수의 반영에 반드시 고려되어야 한다.

4.1 Scale-up의 정의

Scale-up이란 사전적인 의미로는 어떤 비율로 기계장치의 크기를 확대시키는 것을 말하지만 공정설계에서 의미는 이전에 실험하거나 수행한 작업보다 확장된 생산능력으로 동일한 가공공정의 효과를 얻는 작업을 말한다. 확장된 생산능력을 얻기 위하여 단순하게 기계의 운전속도를 증가시키는 것 이상의 의미이며, 단순한 기계 크기와 용량의 증가와 함께 가능하면 동일한 공정목적을 수행할 수 있어야 한다. 따라서 scale-up을 달성하기 위하여 용량이 큰 기계를 선택하는 것은 무모한 선택인 경우가 많다. 일반적으로 기계 제작업체는 가공하는 식품의 특성을 잘 이해하지 못하고 있으므로 scale-up의 원리와 방법을 이해해야 한다.

Scale-up의 첫 단계는 1차 scale-up 지표(primary scale-up criterion)를 찾아내는 작업이다. 1차 scale-up 지표는 공정의 크기와 관계없이 원하는 공정의 결과를 달성하는 공정변수나 매개변수(parameter)를 말한다. 따라서 어떤 공정이든지 조건을 바꾸면서 실험을 하여 공정조건이 미치는 제품의 특성을 분석해야 한다(그림 4-2).

예를 들어 혼합기에서 혼합시간에 따라 혼합정도를 측정하는 작업결과는 혼합시간이 증가할수록 혼합정도가 증가된다. 예를 들어 10분 만에 최적 혼합도를 얻었다면 단순하게 10분이 1차 scale-up 지표가 아니라 기계의 크기가 증가되면 같은 정도의 혼합도에 도달하는 시간이 달라질 수 있다(그림 4-3). 용량이 큰 기계를 사용한 혼합은 용량이 작은 조건과 다를 수 있기 때문이다.

그림 4-2와 4-3이 1차 scale-up 지표를 충족시키지 못하므로 크기(scale)에 관계없이 독립적으로 공정 결과에 영향을 주는 매개변수를 찾아야 한다. 그림 4-4는 크기에 관계없이 공정의 결과에 미치는 공정변수(B)를 볼 수 있다.

표 4-1. 기계장치의 설계와 scale-up factor

기 계	시험공장 자료	운전설계변수 (유량 이외)	크기·능력 결정변수	최대 scale-up 비율	안전계수 (%)
회분 반응기	유	반응속도 평형상태	부피 체류시간	>100:1	20
원심 펌프	무	토출압력	유량 동력 임펠러 직경	>100:1 >100:1 10:1	10
연속반응기	유	반응속도 평형상태	유량 체류시간	>100:1	20
냉각탑	무	공기습도 온도감소	유량 부피	>100:1 10:1	15
사이클론	무	입자크기	유량, 몸체직경	10:1 3:1	10
증발농축기	무	증발잠열온도	유량 열전달면적	>100:1 >100:1	15
햄머밀	유	분쇄정도	유량 동력	60:1 60:1	20
믹서	무	운전기작 기하학적 형태	유량 동력	>100:1 20:1	20
필터프레스	유	케이크저항성	유량 여과면적	>100:1 >100:1	20
왕복 컴프레서	무	압축비율	유량 동력 피스톤 토출량	>100:1 >100:1 >100:1	10
회전 여과기	유	케이크 저항성	유량 여과면적	>100:1 25:1	20
스크류 컨베이어	무	밀도	유량 직경 동력	90:1 8:1	20
스크류 사출기	무	전단속도	유량 동력	100:1 100:1	20 10
침전 원심분리기	무	분리제거방법	유량 동력	10:1 10:1	20
침강조	무	침강속도	부피 체류시간	>100:1	15

혼합기를 예로 들면 단위부피당 혼합에 투입된 에너지에 대한 혼합도를 분석하여 기계의 크기와 관계없이 그림 4-4와 같은 결과가 얻어진 단위부피당 투입 에너지값을 1차 scale-up 지표로 사용할 수 있다.

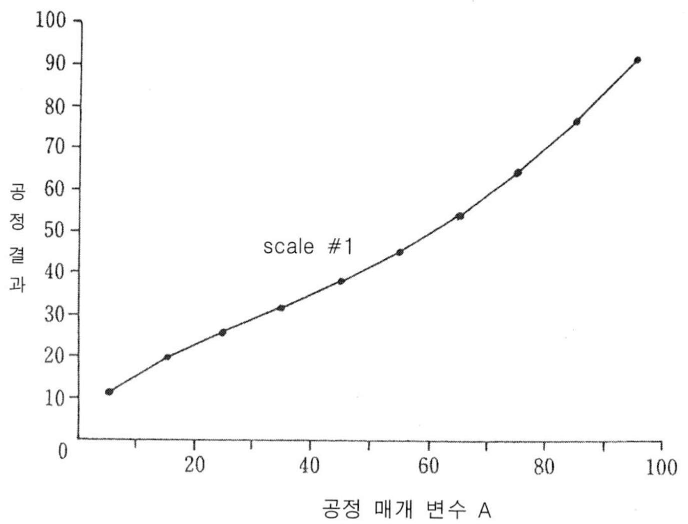

그림 4-2. 한 개의 scale에서 실험결과

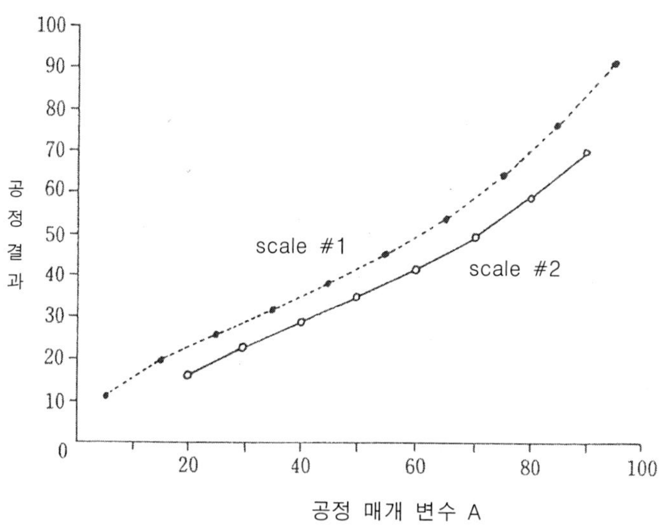

그림 4-3. 두 개의 scale에서 실험결과

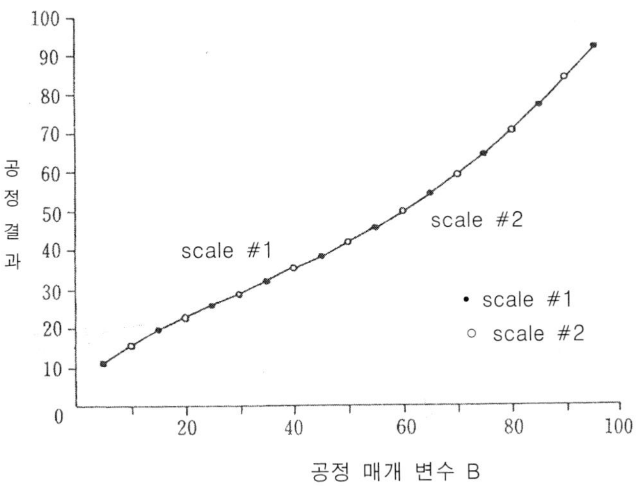

그림 4-4. 1차 scale-up 지표를 적용한 실험결과

따라서 동일한 공정효과를 얻기 위한 제3의 보다 큰 용량의 기계를 설계하거나 결정하려면 1차 scale-up 지표인 공정변수를 기준으로 새로운 scale을 선택하여 분석하면 된다. 이러한 방법이 정밀한 결과는 아니지만 단순하게 크기만 증가시킨 기계를 선택하는 것에 비하면 신뢰도가 훨씬 높다.

그렇다면 어떤 것들이 공정결과로 사용할 수 있는가를 결정해야 한다. 일반적으로 식품제조 분야에서 공정결과로 사용하는 대표적인 특성들을 표 4-2에 정리하였다. 공정결과의 선택은 가급적이면 정량적인 분석이 가능한 지표를 사용하는 것이 바람직하며, 경우에 따라서 주관적인 지표로서 관능적 특성을 사용하기도 한다.

특히 식품의 품질은 화학적 및 물리적 특성으로 표현이 불가능한 대신에 주관적인 요소가 작용하는 경우가 많기 때문이다. 검토할만한 공정매개변수는 공정상태를 나타내면서 체계적이고 정량적인 지표로 사용할 수 있는 것은 어느 것이나 선택할 수 있다. 그러나 중요한 사항은 측정이 가능하거나 어떤 방법으로든지 정량화가 가능해야 한다. 몇 가지 예를 표 4-3에 정리하였다.

표 4-2. 공정결과의 몇 가지 사례

기본적 특성	온도, 압력, 농도, 유량, 점도
주관적 특성	향미, 조직, 끈기, 전체적인 선호도
객관적 특성	반응속도, 열전달속도, 물질전달속도, 무차원수

표 4-3. 공정 매개변수의 몇 가지 사례

기본적 특성	온도, 압력, 농도, 유량, 점도
계산값 또는 측정값	선단속도(tip speed), 동력, 회전력(torque), 단위부피당 동력, 단위 부피당 에너지, 전단속도, 변형, 표면속도, 순환속도, 속도두(velocity head), 무차원수

표 4-4. 2차 scale-up 지표

• 열전달속도에 미치는 scale의 영향 • 동력 또는 회전력에 미치는 scale의 영향 • 표준규격(KS 등)	• 축(shaft)의 설계 • 전체적인 크기 • 물리적인 방향 및 각도

실제 공정에서는 1차 scale-up 지표가 확인된 이후에도 scale-up 되면서 변화되는 공정설계의 2차적인 요소들을 고려해야 한다. 2차적인 요소는 주로 기계적인 인자가 대부분이며 1차 scale-up 지표를 완성시키기 위해서 필요하다. 예를 들어 제빵용 반죽작업을 할 때 반죽은 기계적인 에너지가 열에너지로 변환되면서 반죽에 열이 전달된다. 반죽의 온도가 품질에 결정적인 영향을 미친다면 기계적인 에너지 투입과 이에 따른 열전달이 공정 scale 사이에 나타나는 관계가 분석되어야 한다. 이러한 개념이 2차 scale-up 지표(secondary scale-up criterion)이다.

2차 scale-up 지표는 1차 scale-up 지표를 만족시키기 위해 필요한 scale 변화에 따른 기계적 및 물리적 변화를 의미한다. 표 4-4는 공정의 scale-up을 위해 분석해야 하는 몇 가지 2차 scale-up 지표를 정리한 것이다. 그러나 2차 scale-up 지표를 결정하기가 불가능한 경우가 많으므로 이런 경우에 공정의 scale 결정은 추정 값을 이용하여 결정한다.

제 5 장

공장배치

1. 공장배치

어떤 식품을 어떻게 공정을 구성하여 생산할 것인가를 결정하면 다음은 생산에 필요한 건물과 기계설비들을 합리적으로 배치할 때 고려하는 사항은 다음과 같다.

① 안전하고 위생적으로 생산해야 한다.
② 생산성을 높이고 표준작업이 가능해야 한다.
③ 공장 이용비율을 최대화해야 한다.
④ 운반비용과 제조시간이 작아야 한다.
⑤ 관리감독이 쉬워야 한다.
⑥ 유지관리와 변경이 쉬워야 한다.

당연히 경제성을 전제조건으로 하지만 가장 우선해야 하는 사항은 안전성의 확보이다. 하지만 공장배치의 목적은 식품을 가장 효과적으로 생산할 수 있도록 건물, 기계, 설비, 공간과 유지관리를 가장 합리적으로 구성하는 작업이며, 이러한 목적을 달성하려면 다음과 같은 사항을 주의해야 한다.

① 제조할 식품의 양과 생산방식
② 각 공정의 특성과 공정순서
③ 공정에 필요한 기계의 용량과 수량
④ 표준 작업방식과 표준 작업시간
⑤ 운반설비와 중력이용 가능성
⑥ 부대설비 계획(유틸리티 : 배선, 배관, 급배수, 냉난방, 조명 등)
⑦ 공장 입지조건(지형, 기후, 도로망 등)
⑧ 향후 증설계획

이상의 문제와 현황을 정확하게 분석한 다음에 배치작업을 시행하며, 일반적으로는 개략적인 계획을 수립한 다음에 상세계획을 수립한다. 실제 작업과정은 1단계로 공장 부지 안의 어디에 무엇을 배치하며, 각 건물의 상대적인 위치와 건물 내부 작업장의 상대적인 위치 등 공장 전반적인 배치를 원·부재료의 흐름과 입지조건을 고려하여 결정하고, 2단계는 각 건물의 넓이, 작업장 통로 등을 대략 결정하여 전반적인 배치를 한 다음에 3단계에서 공정에 따른 각 기계의 종류, 수량, 상대적인 위치를 결정하여 세부계획을 완성한다.

그러나 1단계 작업이 분명해지려면 2단계 작업이 어느 정도 진행이 되어야 하므로 작업은 일정 부분 중복되어 진행이 되며 이에 따라 배치계획은 지속적으로 수정 보완을 거치면서 완성도가 높아진다.

2. 공장배치의 형식

공장배치는 식품의 생산방식인 다종 소량, 소종 다량 특성과 취급하는 원료의 종류와 특성, 제품의 형태인 고체, 액체, 반고체나 혼합물의 특성에 따라 달라진다.

2.1 생산요소의 이동

식품생산의 주요 요소는 원료, 기계, 작업 인원이며, 이들 중에서 한 가지 이상이 이동하면서 모양이나 질적인 변화를 거쳐 생산된다. 즉, 식품의 생산과정은 대부분 원료가 이동하면서 가공되는 형태이다. 따라서 공정배치는 생산하는 식품의 종류와 수량, 작업순서, 기계장치의 종류와 수량에 따라 변화되므로 공정배치의 원칙은 단순성, 집약성, 일관성, 연속성, 균형성 및 탄력성 등의 고려하여 결정해야 한다.

2.2 배치형식과 장단점

배치형식은 다음과 같은 3가지로 나누어지지만, 실제 공장은 대부분 혼합식 배치가 대부분이다. 따라서 기능식 배치방식과 계열식 배치방식을 어떻게 조합할 것인가를 결정해야 한다.

(1) 기능식 배치방식

이 방식은 다종 소량 생산방식에 적합하며, 비슷한 공정과 장비를 한 곳에 집중하여 생산물량의 변화가 큰 식품을 생산할 경우에 적합하지만 생산의 안정성이 낮고 표준화가 어려운 단점이 있다.

기능식 배치방식의 장점은 기계 가동비율이 높고, 작업시간의 연장으로 생산량 증가에 따른 설비 투자액이 적으며, 제품 변화와 작업변경에 따른 적응이 쉽고, 기계고장, 원료 및 노동력 부족에 대한 대응이 쉽다. 또한 한 명의 작업자가 여러 가지 작업을 수행할 수 있어 작업량이 적은 경우에 제품당 노무비가 작고, 정상적인 작업인 경우는 일반경비가 절감된다. 그러나 작업장소의 분산으로 상대적으로 넓은 작업공간을 차지하며, 운반비용 및 지연과 손실이 발생하기 쉽고, 공정 사이의 검사 대기시간이 늘어나며, 검사 횟수가 증가되어 작업자의 훈련과 현장 관리비가 증가되는 단점이 있다.

(2) 계열식 배치방식

소종 다량 생산방식에 적합하며 각각의 공정에 필요한 기계를 계열배치 하여 예정된 물량을 지속적으로 생산이 가능하므로 작업의 균형과 표준화가 가능하다. 계열식 배치방식의 장점은 공정길이가 짧아 작업공간이 작고, 공정 사이를 자동 이송장치로 연결하면 생산기간을 단축할 수 있으며, 노무비와 현장 관리비가 작아진다. 그러나 설비비가 증가하고, 기계고장에 따른 대체가 어려워 기계 가동비율이 낮아지고, 소량 생산에서는 제품당 생산 비용이 높아지므로 소종 다량의 안정적인 수요가 확보된 식품생산에 적합하다.

(3) 혼합식 배치방식

기능식 배치방식과 계열식 배치방식을 혼합한 방식이며, 무겁고 큰 기계는 고정배치하고, 이동이 가능한 기계장비는 가변형으로 배치하여 생산물량에 따라 신속하게 대응을 하기 위한 방법이다. 대부분의 식품공장이 채택하고 있으며, 생산기계 장비도 유사한 종류의 제품을 여러 가지 생산할 수 있는 호환형 기계장비를 선택하는 경우가 많다.

3. 공장배치를 위한 조사 및 분석방법

공간의 효율을 고려하여 적절한 배치를 위해 공정배치에 영향을 주는 조건들을 분석하여 종합적인 검토가 필요하다. 일반적으로 공정과 작업에 대해 작업심리학, 생리학, 경제학, 공학 및 기술적인 검토가 필요하며, 전체 공정에 대한 종합적인 분석을 하고 개별 작업에 대한 분석을 거쳐 적절한 공정배치를 수행한다. 일반적인 공정 및 작업연구의 방법은 다음과 같다.

3.1 공정연구

(1) 공정분석

원료에서 제품으로 변화되는 과정을 기호로 표시하고, 필요한 작업내용을 분석하여 공정분석표를 작성한다.

(2) 제품분석

제품, 원·부재료에 대한 성상, 품질, 구성성분, 취급의 난이도 등을 표준값과 비교하여 가공제품을 분석하고, 대체 원료에 대해서도 분석을 수행한다. 각각의 종류와 수량, 생산시기, 수율 등을 원·부재료 표와 순서 표를 작성하여 분석한다.

(3) 경로분석

가공공정의 경로에 대하여 공정을 통과하는 제품의 통과량을 분석하여 각각의 기계에 대한 상호 관련성을 분석하고, 가장 사용빈도가 높은 공정 경로를 찾아내야 한다.

(4) 여력분석

가공공정의 부하(작업량)와 인원 및 기계의 능력에 대한 균형분석으로 능력과 부하의 차이를 분석하여 작업자와 기계설비가 합리적으로 배치되어 있는지를 평가하는 것이다. 부분별, 공정별로 공수(工手 : 1인 1시간의 작업량)를 조사하여 부하분석과 능력분석을 별도로 수행하여 여유 양에 대한 평가를 해야 한다.

(5) 일정분석

공정분석표는 생산 공정의 시간흐름이 가공공정과 정체공정으로 나누어지므로 정체공정이 길어질수록 불리하므로 작업시작 시간을 조정하여 작업이 동시에 완료되도록 조정해야 한다.

(6) 공간분석

원·부재료의 공간 이동상황을 평면과 수직으로 분석하여 운반비용을 줄이고 공정관리가 쉽도록 건물 사이의 위치, 건물 안에서 작업장의 위치, 기계, 작업대, 선반의 위치 등을 입체적으로 분석해야 한다. 평면 공정흐름도, 상하 공정흐름도, 입체적 공정흐름도 등을 작성하면 관리 및 분석이 쉽다.

(7) 운반분석

운반거리를 최소화하고 빠르며, 상하 운반이 작아지도록 중력의 이용도 고려해야 한다. 원·부재료와 제품의 무게, 수량, 크기, 성상, 운반경로와 거리, 운반수단과 방법, 경비 등 관련된 다양한 내용을 분석한다.

3.2 작업연구

(1) 시간분석

각각의 작업에 필요한 시간을 분석하여 작업방법을 평가하고, 작업자의 동작과 시간을 평가하여 작업의 실태를 명확하게 분석한다. 표준시간은 준비시간과 주 작업시간으로 구성되며, 실제 작업시간과 여유시간을 합하여 평가한다.

(2) 가동분석

작업 인원과 기계설비에 대한 가동상황을 시간분석 방법으로 비교적 오랜 시간동안 분석하여 여유시간을 포함한 작업 내용에 대해 작업자와 기계설비의 1일간의 모든 활동을 분석한다. 같은 방법으로 주, 월, 분기, 연간 가동분석을 한다.

(3) 동작분석

작업동작을 아주 세분한 단위로 분석하여 작업 개선이나 표준화를 달성하여 작업장에 적합한 용구와 설비 등의 구조와 배치를 결정한다. 동작경제의 원칙에 맞도록 반영한다.

(4) 장치구 분석

장치구는 정확하고 신속한 작업과 전문화가 가능하도록 배치하며, 장치구의 종류, 수량, 형상이 작업 능률을 향상시키도록 분석한다. 작업대, 의자, 선반과 받침대 등도 표준적인 크기와 성상을 결정해야 한다.

4. 공정배치와 운반

식품을 포함한 제조공장의 대부분은 인력과 생산비용의 대부분이 운반과 관련이 있으므로 운반의 무리, 불균형, 낭비요소를 배제하여 효율적인 운반이 가능하도록 공정을 적절하게 배치하여 운반의 필요성을 최소화해야 한다.

4.1 운반의 종류 및 운반기계 설비

식품가공에 필요한 운반의 종류는 형식적으로는 평면운반과 입체운반, 동력에 따라서는 인력, 전기, 유체, 중력, 기계력 등으로 나누어진다. 운반은 가급적 발생을 억제해야 하며, 반드시 필요한 경우는 기계화하는 것이 합리적이다. 표 5-1과 같은 다양한 운반기계 설비를 참고하여 선택한다.

운반기계 설비는 이동방법에 따라 고정경로를 이동하는 컨베이어와 크레인 및 호이스트처럼 한정된 범위의 이동 및 트럭 등과 같이 거의 무제한 이동시키는 것으로 나누어진다. 운반기계 설비의 선택은 작업내용, 가격, 비용 등을 고려하여 제조업체의 자료 등을 검토하고 선택하는 것이 바람직하다.

4.2 운반의 조사 분석과 개선

합리적인 운반을 위한 설비 배치를 위해서는 운반현상에 대한 분석이 필요하다.

표 5-1. 운반기계 설비 일람표

기 계	형 태		동 력		이 동		용 도		사용용도 (공장규모)		
	정면	입체	인력	기계	고정	이동	소재	제품	소형	중형	대형
트 럭	○		○	○		○	○	○	○	○	○
호이스트		○		○	○		○	○		○	○
크레인		○	○	○	○	○	○	○		○	○
리프터		○	○	○		○	○	○	○	○	○
모우트럭		○		○		○	○	○		○	○
로 더		○		○		○	○	○		○	○
스트러들		○		○		○	○	○			○
컨베이어	○	○	○	○	○	○	○	○	○	○	○
언로더		○		○	○	○	○	○		○	○
슈 트		○	○		○			○	○	○	○
엘리베이터		○		○	○		○	○		○	○

(1) 운반 조사 분석

무엇을 어디로 운반하는 것인지를 명확하게 분석하려면 제품 분석표와 공정 흐름도를 참고하여 운반방법과 수단을 결정하는 것이 효과적이다. 따라서 운반물의 성질, 수량, 운반거리 등을 먼저 조사하고 운반설비의 운반방식, 운반용량, 운반속도, 호환성, 점유면적 등을 분석해야 한다. 운반비용도 설비가격, 노무비 감소액, 설치비, 동력비 등을 분석한다. 운반 현상조사는 예비조사, 본 조사 및 부대조사 등 3단계로 나누어 시행하는 것이 효과적이다.

(2) 분석방법

식품공장의 운반은 크게 원·부재료 운반, 공정 사이 운반, 제품 운반으로 나누어지므로 원·부재료의 하차에서 제품의 상차까지 모든 과정을 대상으로 실시해야 비교적 정확한 분석이 가능하다.

운반에 대한 분석방법은 동작시간 연구, 운반관리, 정체시간, 공정계열, 운반경로의 공간, 운반방식의 분석을 위한 공정분석, 원·부재료와 제품 및 부산물의 흐름을 파악하기 위한 흐름분석, 안전 분석, 운반기계 설비분석, 취급용구 분석, 운반비의 감가상각비, 유지보수비, 운반용 재료비, 동력비 등을 고려하여 분석하고, 분석결과를 운반비 증감표로 작성하여 톤-미터당 운반비로 산출한다.

(3) 운반계획과 배치

운반조사 분석의 결과를 검토하여 운반방법과 운반수단을 결정하면 적합한 운반기계와 설비를 배치한다. 이후에 운반현상에 대해 다시 위와 같은 분석을 수행하여 운반의 경제성, 안전성, 속도성 등의 측면에서 재평가를 거쳐 균형적인 운반, 정량운반, 무괘도 운반, 단위량(unit-load)운반, 정시운반, 팔레트 시스템이 가능하도록 지속적으로 개선한다.

5. 공정배치의 수립과 실시

공정연구, 작업연구, 운반연구가 완료되면 공정배치 계획서를 작성한다.

5.1 신설공장과 기존공장

신설공장과 기존공장은 일반적으로 다음과 같은 순서로 공장배치를 수행한다.

신설공장은 설비선택 → 기계설비 관련 정보수집 → 작업공정도 작성 → 바닥면 계획 포함 공정선도 작성 → 건물규격 결정 → 건물 및 작업장 배치도 작성 → 건물 모형배치 → 건물에 기계설비, 운반설비, 창고, 사무실, 부대시설 배치 → 바닥면 계획 수정 → 모형배치 → 공정흐름도 작성 검토 → 평가 및 수정 → 배치계획서 승인 → 공사 → 시운전 → 조정 등의 순서로 진행된다.

기존공장은 문제점 파악 → 개선목표 수립 → 현상에 대한 흐름분석, 공정분석, 작업연구, 운반분석, 일정분석, 제품분석, 경로분석, 여력분석 실시 → 개선방안(개선된 공정흐름도 및 배치도) 수립 → 모형배치 → 개선안의 절감금액 산정 → 평가수정 → 승인 → 실시 등의 과정으로 진행된다.

5.2 배치 수립방법

공정배치는 앞에서 언급한 순서대로 각각의 단계마다 필요한 자료를 작성하면서 구체적인 배치를 실시한다.

(1) 작업공정도 작성

건물 사이 또는 건물 내부를 이동하는 원·부재료와 제품의 흐름을 표시한다.

(2) 배치계획표 작성

각 공정에 필요한 작업연구를 시행하고, 이에 필요한 기계설비와 작업 인원에 대한 배치계획표를 작성한다.

(3) 공정선도 작성

이용이 가능한 공간에 작업공정도에 따라서 필요한 기계설비의 위치를 표시하고, 운반방법도 표시하여 공정선도를 완성한다. 원·부재료 하차장소 및 제품의 상차장소의 위치도 표시해야 한다.

(4) 입체모형 표시

공정선도에 따라서 모형을 입체적으로 표시하여 누락된 부분을 보완한다.

(5) 공장배치도 작성

보완된 공정선도를 기초로 식품생산에 필요한 부대시설(원·부재료 창고, 제품창고, 배전반, 보일러실, 폐수처리장)과 지원시설(식당, 화장실, 탈의실, 사무실, 휴게실,

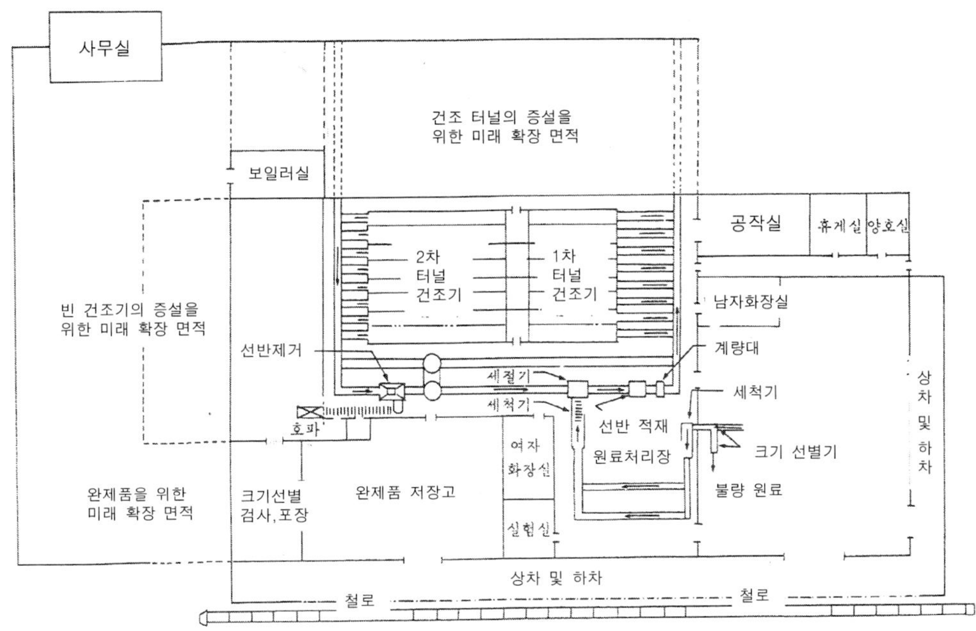

그림 5-1. 채소류 건조 식품공장의 배치도

주차장, 경비실 등)을 포함한 전체적인 공장배치도를 완성한다. 그림 5-1은 채소류 건조공장 배치도의 사례이다.

(6) 공정선도 수정

공장배치도를 작성한 이후에 식품공장의 규모와 형태를 수정할 상황이 발생하면 공정선도를 수정하고 이에 따른 입체모형을 제작하여 결점을 보완한 다음에 공정 흐름도를 작성한다.

(7) 평가수정

공장배치도가 작성되면 실무 전문가와 임직원들이 참석하여 평가와 인정을 받고 마지막 수정보완을 한다. 이 과정에 제출되는 공장배치도는 몇 개의 안을 대상으로 심사 평가를 하는 것이 일반적이다.

(8) 승 인

완성된 배치계획서는 기업 경영진의 승인을 받아야 하며, 비전문가들이 이해할 수 있도록 간단하고 분명하게 표시하고, 효과는 분명하게 제시해야 한다.

(9) 공사 및 시운전

공사는 일반적으로 식품공장 전문 건설업체에 용역을 주어 시행한다. 공정배치 담당자는 수시로 점검하여 당초 계획대로 진행여부를 확인해야 한다. 바닥, 벽체 및 천정공사가 마무리 되면 필요한 설비와 기계를 가설치하여 시운전을 실시한다. 시운전 결과 문제점이 없으면 기계설비를 완전히 고정하고 마무리 공사를 실시한다.

기존 공장의 배치 개선은 문제점을 명확하게 제시하고 문제 해결을 위한 공사를 시행한다. 이때 생산 공정의 중단 여부를 결정해야 하며, 중단할 경우는 필요한 수량의 제품을 미리 생산하여 제품공급과 기업매출에 영향이 없도록 준비해야 한다. 기존 공장의 배치를 개선하는 경우는 배치수립 방법 중에서 (6) 공정선도 수정, (7) 평가 수정, (8) 승인, (9) 공사 및 시운전 단계만 실시해도 충분한 경우가 많다.

6. 공정의 균형과 탄력성

6.1 공정의 균형

기계설비의 배치기준은 제품생산이 가장 효율적으로 이루어지고 있는 시점을 기준으로 작성하며, 이때 사람과 기계설비의 배치가 균형을 이루고 있어야 한다. 기능식 배치방식은 지속적인 보완으로 기계설비의 유효 이용비율을 향상시키는 것이 가능하지만, 계열식 배치방식은 보완작업이 어렵기 때문에 생산량, 작업공정과 순서, 각 공정의 표준시간과 시간당 생산량, 공정 사이에 준비해야 하는 뱅크의 크기와 위치 등을 충분히 검토해야 전체 공정의 균형을 유지할 수 있다.

식품가공 공정의 균형을 확보하려면 애로공정의 작업방법 개선, 기계의 속도변경, 뱅크를 두고 잔업처리를 하는 방법 등을 고려할 수 있다. 특히 어느 한 공정의 생산량이 적어 병목현상을 발생시키는 경우 2대 이상의 기계를 할당하면 된다. 생산량이 증가될 경우는 예비기계를 투입하든가 작업을 교대방식으로 수행한다. 즉, 전체 공정의 균형을 확보하려면 특히 애로공정에 대해서 작업시간, 가동률, 생산량 등을 정확하게 분석하고, 여력 분석을 통해 작업자와 기계의 불균형을 반드시 조정해야 한다.

6.2 공정의 탄력성

식품공장은 시장의 변화에 따라 제품의 종류, 규격, 생산량, 원료, 공정, 작업방법, 작업시간, 운반, 저장, 조직, 건물 등의 변경이 수시로 발생한다. 따라서 공정배치는 이러한 변경사유에 쉽게 대응이 가능하도록 대책을 수립하는 것을 공정의 탄력성 확보라고 한다. 공정의 탄력성은 특히 계열식 배치방식에서 문제가 심각하며, 공정의 탄력성을 확보하려면 바닥면적의 여유확보, 공장 안에서 어느 곳이나 사용 가능한 전원의 배치, 기계의 단독 운전방식으로 배치하고 기계설비 및 운반설비를 이동이 가능하도록 설치하는 방법을 고려해야 한다.

공장의 확장에 따른 탄력성 확보는 건물을 건축할 때 미래에 확장이 예상되는 벽체를 간편하게 제거할 수 있도록 미래의 확장을 대비한 건물의 형태, 구조 및 출입구, 기둥, 계단 등을 공장설계과정에서 충분히 검토해야 한다.

7. 적정공간과 바닥배치

적정 공간이란 안전하고 위생적이며 능률적으로 작업이 가능한 공간을 말하며, 적정한 바닥면적과 적정한 높이로 표시한다.

7.1 기계설비

배치계획표에 표시한 기계설비가 실제작업에 필요한 바닥면적을 산출한다. 적정 바닥면적은 기계설비의 고유한 바닥면적에 작업바닥 면적을 합하여 계산하며(그림 5-2), 일반적인 기계는 폭은 작업 정면 길이, 속 깊이는 의자작업은 66.66 cm(2자), 기립작업은 83.325 cm(2.5자)를 적용하며, 작업대의 폭은 1인당 99.99 cm(3자), 속 깊이는 의자작업은 49.995 cm(1.5자), 기립작업은 33.33 cm(1자)로 하고, 사무용 책상의 정면 길이와 속 깊이는 49.995 cm(1.5자)로 한다.

기계설비, 통로, 작업대 사이는 가급적이면 33.33～49.995 cm(1자～1.5자) 정도의 여유 폭을 주는 것이 바람직하다.

	폭	
	고유 바닥면적	작업 바닥면적
속 깊이	작업 바닥면적	작업 바닥 면적으로 간주

그림 5-2. 기계설비의 적정 바닥면적

통로의 폭은 공장 내부 주요 통로는 299.97 cm(9자), 부수적인 통로는 199.98 cm(6자), 작업장 내부의 통로는 99.99 cm(3자)로 적용하며, 작업 바닥면적은 작업 횟수가 작을 경우에 공용으로 하는 경우도 있다.

일반적으로 식품공장에서 통로, 계단, 기둥 등의 여유 면적은 단층 공장인 경우는 전체의 약 15%, 중층 공장인 경우는 22% 정도로 적용한다. 적정 높이는 기계높이와 작업자의 신장 및 조명구와 환기장치의 설치를 고려해야 한다. 그러나 국민 평균 신체치수가 향상되어 가능하다면 충분한 여유 공간을 확보하는 것이 작업환경을 개선하여 작업 효율향상에도 도움이 되며, 특히 작업장 사고를 예방하는 간접적인 효과도 기대할 수 있다.

7.2 원료와 제품

원료의 입고에서 제품의 출고까지 물품이 어디든지 위치해야 하며, 대부분은 원료 창고, 제조공정, 뱅크, 제품창고에 있는 경우가 일반적이다. 따라서 원료창고와 제품 창고의 위치와 크기가 적절해야 한다.

원료와 제품에 대한 적정 공간의 결정은 원료창고인 경우에 원료의 상태(액체, 고체, 반고체 등), 저장성(저온시설, 상온, 냉동 등), 수량, 크기, 무게, 생산계획, 원료계획(1회 입고량) 등을 고려해야 한다. 제품창고는 제품의 상태, 저장성, 수량, 크기, 무게, 생산계획과 제품의 포장상태(벌크판매, 박스판매 등 와 판매계획, 소비지역의 하치장 계획 등을 종합적으로 고려하여 결정한다.

8. 건물배치(사무실, 식당, 화장실, 탈의실, 강당, 휴게실, 창고)

식품공장에서 건물 및 작업장의 배치는 다음 사항을 고려해야 한다.

① 작업장의 성질을 고려하여 물품의 이동이 원활하도록 최단으로 배치한다.
② 작업공정 및 운반경로와 방식을 고려하여 배치한다.
③ 장래의 확장을 고려하여 배치한다.
④ 운반, 채광, 방화, 적설 등을 고려하여 건물 간격을 배치한다.
⑤ 부지의 형상, 공정 채광, 풍향, 온도 등을 고려하여 건물 방향을 배치한다.
⑥ 생산부문과 관련이 있는 비생산 부문의 배치를 고려한다.

시설과 공간의 배치는 다음과 같은 원칙을 고려해야 한다.

① 사무실 : 생산 작업을 방해하지 않고 작업상태의 관리가 가능해야 한다.

② 원료 창고 : 작업의 시작공정에 근접하여 설치한다.
③ 제품 창고 : 작업의 최종 공정에 근접하여 설치한다.
④ 동력실 : 증기, 전기, 물 등을 공급하며, 일반적으로 지하에 설치한다.
⑤ 변전실 : 동력실과 근접한 구석에 배치하고 내화, 통풍, 방습 및 채광을 고려한다.
⑥ 실험실 : 가급적이면 별도의 건물로 설치한다.
⑦ 화장실 : 작업장과 근접하나 분리하여 설치하고 위생깔판과 소독시설을 한다.
⑧ 주차장 : 정문에 근접하고 경비실에서 관리가 쉬운 곳에 배치한다.
⑨ 식 당 : 1인당 소요 면적은 0.5m^2로 하고, 강당이나 회의실을 겸하게 한다.
⑩ 탈의실 : 작업장의 출입문 및 화장실 근처에 설치한다.
⑪ 기 타 : 샤워실, 오락실 및 휴게실, 의무실, 보육시설, 도서실, 운동시설, 기숙사 등도 가급적이면 반영하여 근무환경 및 복리후생의 향상이 생산성에 기여할 수 있는 기반을 조성하는 것이 바람직하다.

9. 부대시설의 배치(조명, 공조, 급배수, 배관, 배선, 방진, 폐수처리)

주요 건물과 작업장의 배치가 완료되면 부대시설에 대한 세부계획을 수립한다. 일반적인 사항은 다음과 같으며 조명, 환기, 급수 등 유틸리티 관련 설비는 별도로 한다.

(1) 조 명

작업장의 조도(照度)는 작업능률과 직접적인 관련이 있으므로 100∼500 lux로 조절하며, 정밀작업은 별도의 광원을 설치한다. 광원은 태양광, 형광등, led 전구 등을 고려한다. 식품공장에서 혼합, 가열, 건조공정은 100 lux, 포장, 선별공정은 200 lux, 장식 및 검사공정은 500 lux 정도가 적절하다. 검사공정 등은 부분조명이 적합하며, 기타 다른 공정은 전체 조명으로 하되 먼지나 이물질이 쌓여 제품에 혼입되지 않도록 HACCP 기준에 적합한 방식으로 안전설비가 포함되어야 한다.

(2) 채 색

작업자의 피로와 안전에 관련이 있다. 식품공장은 일반적으로 백색계통을 사용하지만, 스테인리스는 그대로 사용하며, 기계의 작동부분은 미황색, 비가동 부분은 담녹색, 바닥은 회색이나 녹색계통, 통로는 백색이나 녹색으로 구분한다. 벽은 하부 1/3은 바닥 색으로 하고, 그 이상은 백색계통이 일반적이며, 위험한 기계나 운반기구 등은 황색, 화재위험이 있는 지역은 적색으로 한다.

(3) 환 기

산소를 적정 수준으로 공급하고, 이산화탄소는 1% 이하로 유지할 수 있도록 기계적 환기가 가능해야 한다.

(4) 냉난방

작업장의 온습도는 전체적인 제어와 공정의 특성에 따라 부분제어가 가능해야 한다. 제품 공장은 15～18℃가 적합하지만, 발효실은 27℃, 75%, 발효상자는 36℃, 85%가 적합하다.

(5) 방 진

공기 중의 분진은 식품, 작업자, 기계 모두에게 위해요소이므로 분진발생이 포함된 경우는 환기, 여과기 또는 사이클론을 설치하여 제거해야 한다.

(6) 배 선

전기는 공장의 동력원으로 대단히 중요하므로 공장 배치과정에서 배선계획은 우선적으로 배선방식과 전압을 결정하고, 작업 실시방법에 따라 세부적인 설계를 해야 한다. 배선방식은 대형 공장은 고압송전을 수전하여 변압하여 사용하지만, 일반적인 중소형 공장은 220V 저압송전을 수전하여 사용한다. 3상 전기를 사용하는 경우는 별도의 배전반을 기계 주변에 설치하여 일반 저압전기와 구분하여 사용한다.

(7) 배 관

가스, 수증기, 물, 용수 및 폐수 등의 유체를 이송하기 위하여 파이프라인을 적용한다. 배관작업의 주의사항은 쉽게 관로 전체를 점검할 수 있게 하고, 중간에 유니온 이음이나 플랜지 이음을 적용하여 분해수리가 쉬워야 하며, 관로에 응축수 등이 고이지 않도록 경사지게 한다.

배관의 재질은 동관, 주철관, 강관, 플라스틱관 등을 사용하며, 관의 연결은 나사이음, 플랜지이음, 용접이음 등을 적용하며, 밸브를 설치하여 개폐할 수 있어야 한다. 배관방식은 지상식, 매설식, 가공식 등이 있으며, 가공장비의 위로 지나가지 않도록 설치한다. 각각의 배관은 서로 다른 색깔을 표시하여 내용물을 구별할 수 있도록 해야 한다.

(8) 급배수

급수는 용수와 음용수로 나누어 공급하며, 우물, 지하수 및 상수도를 이용한다. 상수도를 제외하고 용수로 사용하는 경우는 음용수 수질기준에 따라 규정에 따른 수질검사를 정기적으로 이행해야 한다. 특히 경도 12 이상인 경수는 관석(scale) 발생 가능성이 높으므로 보일러용으로 사용하지 말아야 한다. 일반적으로 하루 사용량의 20%에 해당하는 저수조를 설치하여 단수 등에 대비하는 것이 바람직하다.

배수는 공장폐수와 오수를 분리하여 설치하며 배수구는 개거방식과 암거방식이 있다. 어떤 방식이든지 0.5% 정도의 경사를 주어야 하며, 암거는 지하 1m 정도의 깊이로 설치한다. 암거의 설치경로는 별도의 도면으로 작성하며 암거 표면에 내용을 기록한 표시를 두고 매립하여 수리 및 관리가 가능하도록 한다.

(9) 폐수처리시설

폐수는 원료가 유기물이므로 유기성 폐수로서 쉽게 부패되면서 악취를 발생하고 수질오염의 원인이 된다. 일반적으로는 부유분리, 침강분리, 여과, 흡착 등으로 고체를 먼저 제거하고, 여과성 유기물은 활성오니법, 살수여상법, 산화지법, 혐기소화법 등으로 산화 분해하여 유기물을 탄산가스와 물로 전환시켜 폐수 중의 생물학적 산소요구량(BOD), 화학적 산소요구량(COD), 부유물 질량(SS) 등을 허용한도 이하로 처리하여 배출한다. 그러나 공장 인접지역에 폐수처리시설이 위치한 경우는 관로를 이용하여 처리하는 것이 가장 효과적이다.

제 6 장

에너지 및 유틸리티 수지, 인력

식품공장은 많은 에너지와 용수를 사용하며, 제품의 원료로 사용하지는 않지만 다양한 부대설비, 용수, 동력 및 공기 등의 유틸리티가 필요하다. 따라서 제품생산에 필요한 비용을 분석하려면 에너지와 유틸리티에 대한 분석과 함께 이들을 공급하고 이용하는 장치에 대한 이해와 선택이 필요하다.

에너지 비용이 원가에서 차지하는 비율이 증가하고 있고, 환경 측면에서도 더 적은 에너지와 물의 사용이 바람직하며, 특히 배출량이 적을수록 유리하기 때문에 공정 및 공장설계에서 에너지와 용수의 사용효율이 최대가 되도록 고려해야 한다. 따라서 에너지는 회수, 재사용 및 자가 생산을 적극적으로 반영하고, 각각의 공정과 기계장비의 에너지 효율이 높은 것을 선택해야 한다.

1차적으로 공정이 결정되고 이어서 에너지와 유틸리티까지 결정하면 최종적으로 공장운영에 필요한 인력수요를 분석해야 한다. 공정설계에 자동화의 정도에 따라 노동력 수요가 달라지며, 노무비는 제품 원가에서 차지하는 비중이 크기 때문에 가급적이면 정확한 소요 판단이 필요하다.

1. 에너지수지

공정에서 열과 에너지에 대한 절감방법이 고려되었다면 이어서 각각의 공정에서 얼마의 에너지를 공급하고 제거할 것인지를 분석한다. 따라서 공정 전체에 대한 분석과 함께 단위공정에 대해서도 에너지수지의 확립과 유량, 압력, 온도 등을 모든 열전달 과정에 표시해야 한다.

외부온도와 냉각수의 유입온도는 계절에 따라 다르므로 외부공기나 냉각수의 양과 부하를 결정하려면 여름과 겨울의 계절적 조건 중에서 가장 안전한 조건을 선택하여 에너지수지를 계산한다. 예를 들어 냉각수 펌프를 결정하려면 가장 따뜻한 냉각수 조건을 적용하여 냉각수펌프 용량이 충분하도록 해야 한다. 이런 방식으로 분석하면 가장 나쁜 조건에서도 공정이 특별한 문제없이 가동할 수 있다. 반대로 가열기의 용량 계산은 겨울조건을 적용하여 가급적 큰 열량수요가 반영되도록 결정해야 한다.

에너지수지를 이용한 장치설계 사례를 이해하기 위하여 두유 제조과정의 가열공정을 소개한다. 두유 가공은 콩을 침지, 마쇄, 여과, 가열로 이루어진다. 가열과정은 트립신 저해제(trypsin inhibitor)의 불활성화가 목적이지만 과다하면 영양성분이 변형되므로 적절한 열처리의 설계와 적용이 중요하다. 액상식품의 가열은 일반적으로 판형 열교환기(plate heat exchange)를 이용하여 연속처리를 하며 회분식보다 가열속도가 빠르다. 판형 열교환기와 회분식 가열기는 다음과 같은 특성이다.

그림 6-1과 같은 판형 열교환기로 두유에서 트립신 저해제를 불활성화 시킨다면 열처리는 20℃ 내외의 두유를 80℃까지 가열한 다음 20℃까지 신속하게 냉각시킨다. 가열매체의 온도는 96℃이고, 냉각수는 7℃이고, 열을 회수하여 가열부에서 유출되는 80℃로 가열된 두유를 20℃ 정도인 처리할 두유를 예열하면 약 60%의 온도 상승을 얻을 수 있다.

판형 열교환기는 넓이 0.6m×높이 1.2m의 직사각형 판이므로 유효 열전달면적은 0.685m^{2}이다. 총괄 열전달계수는 열 회수부에서 1,200 W/m^2℃이고 가열 및 냉각부는 2,800 W/m^2℃, 유량은 시간당 4,000리터이다. 두유의 밀도는 1,025kg/m^3, 비열은 4,187 kJ/kg℃로 가정한다.

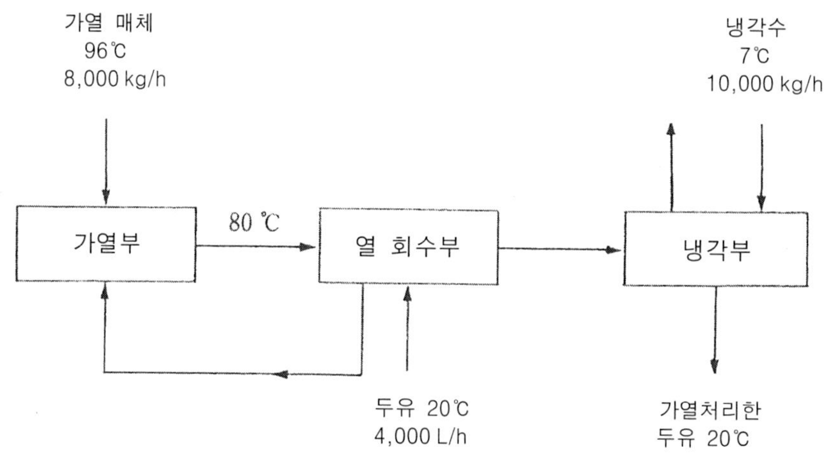

그림 6-1. 판형 열교환기를 이용한 두유의 열처리

이상의 자료를 토대로 열교환기 가열판의 수, 가열 및 냉각부에서 체류시간을 계산하면 다음과 같다.

1) 전체 에너지수지

Q_{total} = 전체 가열부하

$= (4{,}000\ l/h)(1 \times 10^{-3}\ m^3/l) \times (1{,}025\ kg/m^3)(3.810\ kJ/kg℃)(80-20)℃$

$= 9.373 \times 105\ kJ/h$

2) 열 회수부

두유에 전달되는 열량의 60%가 열 회수부에서 열 전달된다. 따라서 두유에 전달되는 실제 열량은

$Q_{soy\ \ milk} = 0.6 \times Q_{total} = 5.624 \times 10^5\ kJ/h$

두유의 온도 상승은 전체 온도 상승의 60%가 되므로

$\varDelta T = 0.6 \times 60 = 36℃$

따라서 열 회수부를 거쳐 나오는 찬 두유의 온도는 20 + 36 = 56℃가 된다. 열 회수부로 유입되는 80℃의 뜨거운 두유도 같은 양의 열이 이동하므로

$5.624 \times 10^5\ kJ/h = (4{,}000 \times 1.025\ kg/h)(3.810\ kJ/kg℃)(80-T)℃$

$\therefore\ T = 44℃$

$Q_{total} = U_{total}\ A_{Total}\ \varDelta T_{Total}$

$\therefore\ A_{Total} = 5.624 \times 10^5/(1{,}200 \times 24) = 19.5m^2$

∴ 가열판의 수 = 19.5/0.685 = 28.5 ≒ 29개

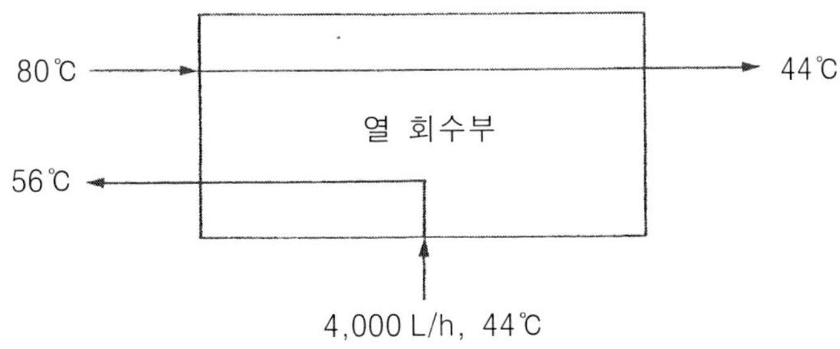

3) 가열부

56℃

$Q_{Heat} = 0.4\ Q_{total} = 3.749 \times 10^5$ kJ/h

가열매체의 온도 차이는

$\Delta T = 3.749 \times 10^5$ kJ/h = (8,000 kg/h) (4,187 kJ/kg℃) = 11.2℃

따라서 가열부를 빠져 나가는 열매체의 온도는 96−11.2 = 84.8℃이다.

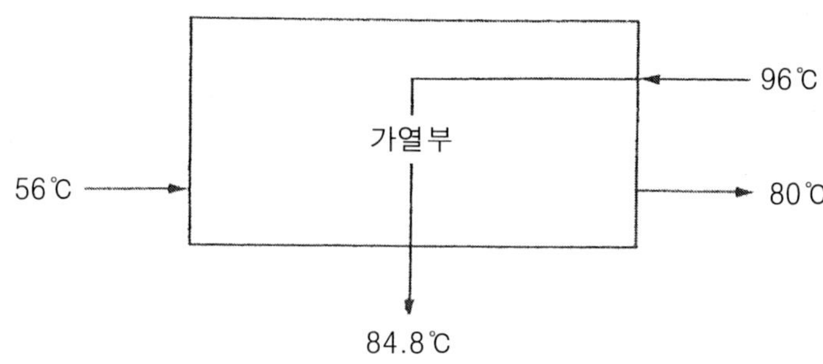

$\Delta T_{out} = \{(84.8-56) - (96-80)\}/\ln(28.8/16) = 21.8$℃

$A_{Heat} = Q_{Heat}/(U_{Heat}\,\Delta T_{out}) = 3.749 \times 10^5/(2,800 \times 21.8) = 6.14\text{m}^2$

판의 수 = 6.14/0.685 = 8.96 ≒ 9판

4) 냉각부

냉각부에서는 열 회수부에서 빠져나오는 44℃의 두유가 20℃로 냉각되므로 냉각부하 Q_{cool}은

$Q_{cool} = 4,000 \times (1 \times 10^{-3}) \times 1,025 \times 3.810 \times (44-20) = 3.749 \times 10^5$ kJ/h

그러므로 냉각수의 온도상승 ΔT는

$\Delta T_{cool} = 3.749 \times 10^5/(10,000 \times 4.187) = 9$℃

그러므로 냉각부를 빠져나오는 냉각수의 온도는 7 + 9 = 16℃이다.

$\Delta T_{out} = \{(44-16) - (20-7)\}/\ln(28/13) = 19.6$℃

$A_{cool} = Q_{cool}/(U_{cool}\ \Delta T_{out}) = 3.749 \times 10^5/(2,800 \times 19.6) = 6.83\text{m}^2$

∴ 냉각판의 수 = 6.83/0.685 = 9.97 ≒ 10판

이상의 계산결과를 정리하여 가열 및 열 회수부에서 체류시간을 계산하려면 그림 6-2를 참고하여 계산하면 다음과 같다.

판의 수 = 9(가열부) + 29(열 회수부) = 38개

따라서 두유는 판 사이의 19개 공간을 통과하며, 판의 이동거리는 1.2m이므로 전체 이동거리는 19 × 1.2 = 22.8m이다. 두유의 흐름에 대한 단면적은 0.6 × 0.0016 = $9.6 \times 10^{-4}m^2$이며, 열교환기를 통과하는 두유의 선속도는 $4{,}000 \times 10^{-3}/(3{,}600 \times 9.6 \times 10^{-4})$ = 1.16 m/s이다. 그러므로 두유의 체류시간은 22.8 m/1.16m = 19.7초이다.

위에서는 연속식 가열공정에서 계산한 결과이지만 그림 6-3과 같이 회분식 교반가열기를 이용한 가열방식과 비교해 보자. 일반적으로는 회분식 가열에서 체류시간이 훨씬 더 길 것으로 추정하지만, 어느 정도 차이가 발생하는지를 계산하여 비교할 필요가 있다.

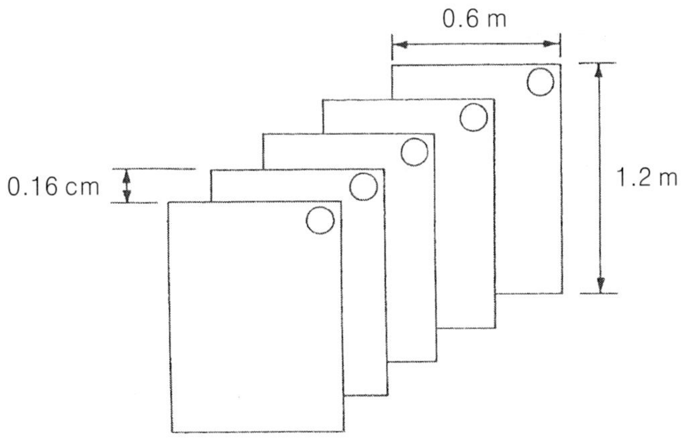

그림 6-2. 가열부와 열 회수부의 구조

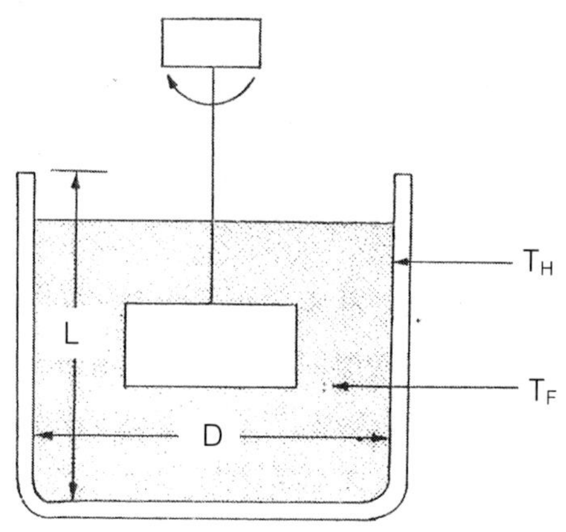

그림 6-3. 재킷형 회분식 가열기

재킷형 교반가열기에서 비정상 상태의 열전달(unsteady state heat transfer)의 분석은 용기 내부의 내용물에 대한 에너지수지 관계식에서 계산할 수 있다.

$$WC_p \ dT/d\theta = UA(T_H - T_F) \qquad \text{(공식 6-1)}$$

W : 용기 내부 두유의 무게
C_p : 두유의 비열
θ : 가열시간
T : 가열시간 θ 에서 두유의 온도
A : 열 전달면적
T_H : 가열매체의 온도
T_F : 가열된 두유의 온도

내용물이 균일하게 혼합되고 가열매체가 증기에 의해서 온도가 일정하게 유지된다면 공식 6-1과 같은 미분방정식은 다음과 같이 변환된다.

$$UA\theta/WC_p = \ln\{(T_H - T_0)/(T_H - T_F)\} \qquad \text{(공식 6-2)}$$

T_0 : 두유의 초기 온도

공식 6-2와 관련하여 계산에 필요한 여러 가지 정보를 분석한다면 시간 θ 에서 두유의 온도 T_F를 계산할 수 있다. 문헌자료에서 총괄 열전달계수를 900W/m²℃로 추정하고 가열용 증기가 116℃에서 응축되면서 가열된다고 가정하면 20℃에서 80℃로 가열하는 데 필요한 시간을 계산해 보자.

가열용 재킷형 가열용기의 직경이 1.7m이고, 높이가 1.9m라면 4,000리터의 두유는

용기 부피의 약 93%를 차지하므로 적정한 부피이며, 열전달면적 A는

$$A = 0.93(\pi DL + \pi D^2/4) = 11.54\ m^2$$

이제 모든 조건을 공식 6-2에 대입하여 계산하면 θ = 1,475초이다. 즉, 연속식 가열방식에 비하여 75배 이상 체류시간(연속식 19.7초)이 긴 것을 알 수 있다. 따라서 회분식 가열방식에서 체류시간이 길어질수록 품질에도 영향을 줄 수 있으므로 용기의 크기를 조정하거나 등의 조치가 필요하며, 이러한 모든 판단은 에너지수지를 바탕으로 결정한다. 기계의 선택과 공정조건의 결정 등은 모두 에너지수지와 밀접한 관계를 갖고 있다.

2. 에너지 기계의 크기 결정

에너지수지가 결정되면 기계장치 결정에서 미루어 두었던 펌프 이상의 기계의 크기를 결정하여 기계장치 목록을 완성한다. 또한 비용계산을 위해서 어느 정도의 기계 사양도 결정해야 한다.

1) 보일러

식품공장은 가공, 난방, 위생처리 및 살균 등을 위해서 많은 양의 증기를 사용하므로 증기발생을 위한 보일러가 필요하며, 보일러의 증기공급 능력을 결정해야 한다. 공장 주변에 열병합 발전시설이나 공장 집적시설의 공통 지원시설이 있다면 예외로 한다. 일반적으로 보일러는 연관식(煙管式, fire tube)과 수관식(水管式, water tube)으로 나누어진다.

연관식 보일러는 보통 소규모이며, 증기사용 부하가 시간에 따라 변동되는 경우에 적합하고 사용압력은 10～15 kgf/cm^2이다. 수관식 보일러는 규모가 크고 대량의 증기를 연속적으로 사용하는 경우에 적합하며, 게이지 압력은 120 kgf/cm^2 정도의 고압이다.

보일러의 능력은 시간당 증발능력으로 표시하며, 에너지수지를 계산하여 얻은 증기 소요량을 기준으로 결정한다. 일반적으로 연관식 보일러의 증발능력은 시간당 6톤 이내이고, 수관식은 시간당 30톤 이상도 가능하다. 보일러의 특성은 전열 면적의 증발량으로 표시하는 방법도 있으며, 연관식 보일러는 20～60 kg/m^2h 범위이고, 수관식 보일러는 50～300 kg/m^2h 범위이다. 한편, 보일러 마력으로 능력을 표시하는 방식도 있으며, 1보일러 마력은 100℃에서 물 15.65 kg을 1시간에 증발시키는 능력이며 35,312,960 J/h와 같다.

2) 열교환기

식품공정은 다양한 가열공정을 포함하므로 가열공정의 가열방법과 이에 필요한 열교환기의 크기(용량)를 결정해야 한다. 이때 가열매체나 투입원료의 조건에 따라서 필요한 열 전달 면적과 열교환기의 크기를 계산할 수 있다.

식품공정에 자주 사용하는 열교환기는 튜브형 열교환기(tubular heat exchanger), 판형 열교환기(plate heat exchanger), 표면 접촉 열교환기(scraped surface heat exchanger) 등이며, 설계에 필요한 총괄 열전달계수는 참고 자료나 제작업체에서 구할 수 있다. 판형 및 튜브형 열교환기에서 유체식품의 이동속도는 1m/s 이상이어야 한다.

3) 펌 프

펌프는 액체에 에너지를 투입하여 한 지점에서 다른 지점으로 이동시키는 기계이고, 일반적으로는 원심형 펌프(reciprocal pump)를 가장 많이 이용한다. 원심형 펌프는 점도 2,000 cp 이하의 액체이고, 유량이 1 m^3/h 이상인 경우에 적용한다. 다른 형태는 왕복펌프이며, 피스톤 펌프와 플랜저 펌프가 있다. 왕복펌프는 액체의 이송 이외에 계량이나 충진용으로 사용하며, 한계유량은 900 m^3/h이다. 원심펌프의 유량은 압력의 증가에 따라 변동된다. 펌프의 형태, 용량, 마력, 재질 등을 결정해야 한다. 펌프의 동력은 펌프의 효율에 따라 변동되며 효율은 유량에 따라 변동된다.

유체에 공급하는 에너지는 이동거리, 이동높이, 지점 사이의 압력차이, 이동속도, 이동경로와 배관상태에 따라 달라지며, 유체에 대한 에너지수지를 바탕으로 계산할 수 있다. 일반적인 경우는 식품공학 관련 참고자료를 이용하는 것이 편리하다. 공정의 중단을 대비하여 펌프를 복수로 설치하는 경우는 한 대의 펌프용량을 필요한 총량의 55~60%로 설정하여 설치하는 것이 바람직하며, 펌프의 구입과 설치에 비용은 증가하지만 고장 등에 따른 공정의 중단 없이 연속 사용이 가능하다.

가스를 수송하는 팬, 송풍기, 압축기(컴프레서) 등은 가스이송용 펌프이다. 송풍기는 원심형과 축형으로 나누어지고, 컴프레서는 왕복 펌프이다. 송풍기는 게이지압력 3 kgf/cm^2 까지 적용하며 이보다 높은 압력은 원심형 송풍기를 사용한다. 컴프레서는 3,000 kgf/cm^2 까지 압력을 발생하며, 유량 17,000 m^3/h 이하의 범위에 적용한다.

4) 냉동 및 냉장시설

냉동 및 냉장설비는 식품공장에서 가장 일반적으로 사용하는 장비의 하나이다. 일반적으로 식품공장에서 사용하는 대형 냉동시설은 암모니아를 이용하는 흡수식과 냉매가스를 이용하는 압축식으로 나누어지며, 최근에는 안전을 고려하여 압축식이 대부분이다. 냉동시스템의 용량은 단위 시간당 순환시키는 냉매의 양이 냉동능력을 결정하기 때문에 일반적으로 압축기(컴프레서)의 마력으로 표시한다.

냉동시스템의 크기를 결정하려면 먼저 외부 조건과 저장조건에 따른 냉동부하를 결정해야 한다. 이 값을 단위 시간당 냉각시킬 열량으로 계산한 다음에 냉매의 열역학적 특성을 고려하여 압축기, 증발기, 냉각기를 설계한다. 냉동능력이나 냉동부하에서 냉동톤(refrigeration ton)을 사용하며, 1 냉동톤은 24시간에 0℃, 물 1톤을 0℃ 얼음으로 얼리는 냉각 능력이며 3,320 kcal/h에 해당된다.

5) 컨베이어

물질이동, 즉 물류(material handling)는 식품공장에서 대부분 연속적으로 이루어지는 작업으로 공장에서 원료나 제품의 수평 및 수직이동을 포함한다. 액체이송은 펌프를 사용하며, 분체이송은 공압수송(pneumatic transfer)을 적용하지만 가장 일반적인 장비는 컨베이어이다. 컨베이어 시스템은 일반적으로 체인이나 벨트로 구성하며, 살균처리나 윤활처리를 하기도 한다. 가급적 간단하고 필요 이상으로 과량을 적용하지 않는 것이 바람직하다. 속도는 가급적 6 m/s 이하로 유지해야 하며, 작업에 필요한 동력은 식 6-3을 이용하여 계산한다.

hp = {체인부하(kg) × 0.046 × 체인속도(m/s)}/33,000 (공식 6-3)

3. 유틸리티 필요량

유틸리티는 열과 물질수지의 계산에서 발생한 부족분을 계(system) 외부에서 공장의 운전에 공급하는 에너지원을 말한다. 일반적으로 유틸리티는 연료, 가스, 전기, 용수, 압축공기, 불활성 가스 등이다.

공정의 물질수지와 에너지수지를 확립하고 나면 필요한 유틸리티 필요량을 계산해야 한다. 즉, 유틸리티 설비계획은 공정정보가 먼저 분석되어 있어야 가능하다. 한편 계절에 따라 유틸리티 요구량이 달라지므로 가장 추운 겨울과 가장 더운 여름의 요구량을 먼저 분석하고, 이 값에서 최대 요구량을 계산한다. 이어서 가장 평균적인 조건을 적용하여 연간 평균 사용부하를 추정하여 제품 단위당 사용하는 유틸리티 양을 계산한다.

1) 열원 및 가열매체

식품공장에 사용하는 열원은 고체연료, 액체연료, 기체연료 및 전기에너지로 나누어진다. 식품공장의 가열매체는 증기가 가장 일반적으로 이용한다. 포화증기인 스팀은 높은 잠열과 열전도도를 갖고 있으며, 무취 및 무독성이면서 화재나 폭발 위험성이 낮은 장점이 있고, 높은 압력과 낮은 임계점을 갖고 있어 200℃ 이하의 온도에 적용한다. 가열공기도 일부 제빵공정에 이용하지만, 비열과 전도도가 낮아 강제 대류용 열전달에만 제한되고 있다.

고온의 열수(hot water)도 200℃ 이하의 온도에서 가열목적으로 사용하며, 열전도도와 비열이 높지만 100℃ 이상의 온도를 위해서는 압력이 필요하다.

2) 용 수

식품공장에서 물은 다양한 역할을 한다. 다양한 제품의 원료이며, 세척, 냉각, 가열, 증기생산, 음용수, 폐기물처리 등에 물(용수)이 사용되며, 충분한 양과 안전하고 적절한 품질을 유지해야 한다. 따라서 각각의 가공공정에 필요한 물의 품질과 양을 먼저 분석한 다음에 음용수, 가공수(제조수), 냉각수, 보일러 용수 등에 대한 요구량을 계산하여 필요한 장치를 결정해야 한다.

냉각수는 냉각 부하량에 따라 에너지수지를 기본으로 계산하며, 보일러 용수는 증기 소비량에 따라 결정된다. 일반 작업인원이 사용하는 상수는 1일당 1명이 300~400리터이며, 1톤의 식품제조에 필요한 용수량은 평균적으로 125m^3으로 계산한다.

냉각수는 보통 가까운 강, 호수, 지하수 등을 이용하며 배관의 부식과 scale 형성을 방지하기 위하여 70℃ 이하로 가열하는 조건을 적용한다. 용수확보가 충분하다면 한 번 사용하고 40℃ 이하로 냉각하여 하천으로 방류하지만 부족한 경우는 냉각시킨 다음에 순환 재사용한다. 증발로 인한 가용성 물질의 농축을 예방하려면 냉각탑에서 5℃ 냉각에 대해 순환되는 물의 0.3%를 보충해야 한다. 개방형 냉각시스템은 냉각과정에서 산소를 흡수하여 부식과 미생물 증식이 발생할 수 있으므로 사용하기 전에 여과, 소독 등 전처리가 필요하다. 밀폐시스템은 개방시스템보다 더 낮은 온도로 냉각하거나 외부 오염이 없는 경우에 적용하고 열교환기를 이용하여 에너지를 제거한다.

3) 전기설비, 조명, 환기, 냉난방

일반적인 가공공장은 공정의 운전과 제어, 조명, 환기, 에너지 발생 및 통신 등 다양한 목적을 위하여 전기를 사용한다. 전기요금은 계약 전력을 기본으로 사용한 양(kWh)에 의해서 결정된다. 일반적으로 공장은 교류전력을 사용하며, 전압은 2상 또는 모터의 효율을 고려하여 3상 220V를 주로 사용한다.

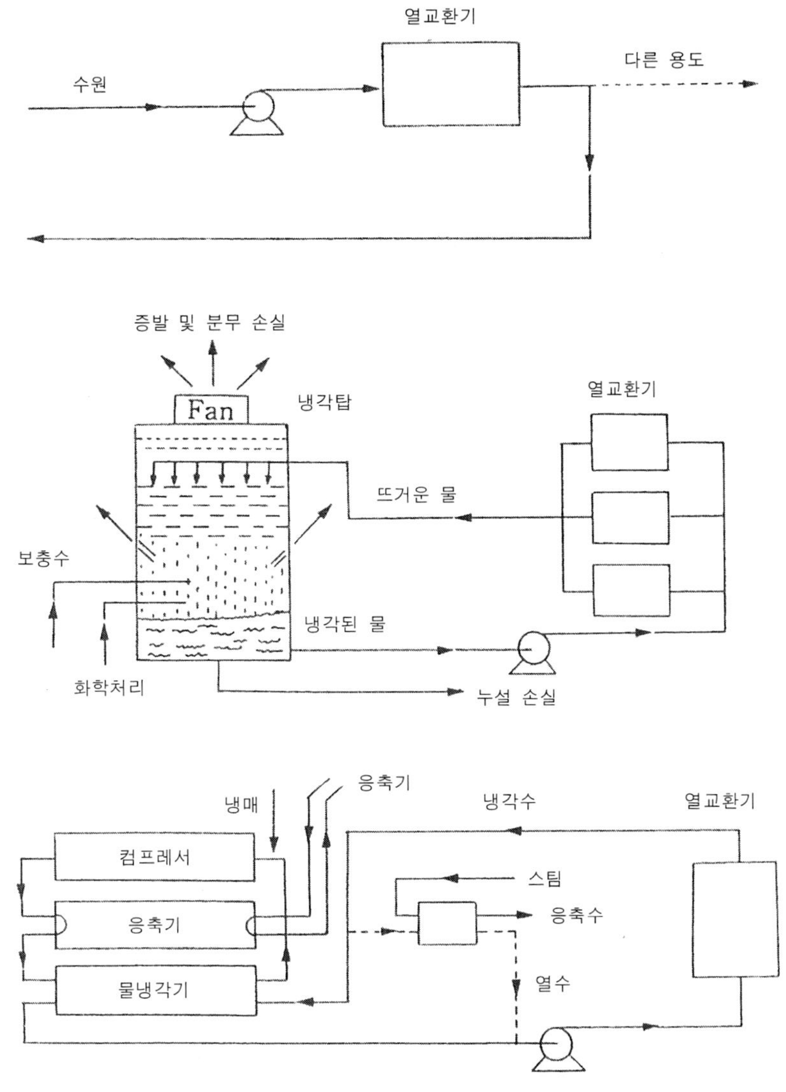

그림 6-4. 냉각수 이용의 세 가지 시스템

전기의 설비용량 결정은 공장에서 사용하는 전동기, 전열기, 조명 등 각종 부하설비 용량의 합계인 총 부하전력을 분석하여 소요전력을 추정하고, 이를 근거로 설비용량을 추정하는 것이 일반적이다. 식품공장에서 전기에너지를 가장 많이 이용하는 장비는 전동기 운전이므로 각각의 전동기 사용목적, 운전상태(연속 또는 간헐), 극수, 정격출력, 부하의 축마력 등을 분석해야 한다.

조명은 공장설계의 예비단계에서 전력 수요를 분석할 필요가 있다. 즉, 얼마나 많은 조명을 장소에 따라 어느 정도 필요한지를 알아야 한다. 식품공장에서 위치조건에 따른 조명수준은 표 6-1과 같으며, 표 6-2는 3가지 종류의 전구수명과 효율을 정리하였다. 필요한 전력량은 공식 6-4를 적용하여 계산한다. 조명률은 광원이 발산하는 빛의 몇 %가 작업면에 도달하는 값이며, 벽면의 반사정도에 따라 다르고, 일반적으로는 0.6을 적용한다. 유지율은 전구의 사용기간과 먼지가 쌓이는 기간에 따라 다르지만, 일반적으로 0.7을 적용하여 계산한다.

Watt = (lux × 조명면적, m^2)/{(lumen/watt) × 조명률 × 유지율}　　(공식 6-4)

공장의 환기 요구도는 작업 내용과 관리 정도에 따라 다르지만, 일반적인 법칙은 표 6-3과 같다. 일반 법칙은 위험지역을 포함하지 않으며, 분진이 많이 발생하는 분쇄작업과 수분증발이 많은 자숙공정 등은 분당 30～60 m^3/m^2 정도의 배기가 필요하다. 공기이송에 필요한 송풍기 크기결정을 위한 압력손실은 75 kgf/m^2을 적용하는 것이 일반적이다.

표 6-1. 작업에 따른 조명요구

작업 종류	권장 조도, lux	작업 종류	권장 조도, lux
정밀기계 작업 및 작업대	5,000～1,000	일반 제약, 화학공장	100～500
일반 용접	300～100	복도, 화장실	20
실험실	100～50	일반 사무실	200～100

표 6-2. 전구의 평균 효율과 수명

전 구	lumen/watt 초기	수명(시간)	lumen/watt 평균
백열등	10～16	2,500	9～14
수은등	35～60	1,600～24,000	30～45
형광등	50～70	7,500～12,000	45～60
LED		50,000 이상	

표 6-3. 환기 요구도

구 분	일반 사무실	개인 사무실	공 장
환기 요구도	26 m^3/h	38 m^3/h	17 m^3/h

환기에 대한 요구량을 결정하면 이어서 난방에 대한 에너지 요구량을 계산할 수 있다. 일반적으로 환기로 제거되는 공기를 외기온도에서 내부온도로 가열하는 에너지를 계산한다. 외부공기의 온도는 변동이 있으므로 적절한 대표값을 적용하여 계산한다. 사무실, 실험실, 제어실 등은 냉방과 함께 공기조화 설비도 필요하다. 일반 사무실의 냉방과 공조는 32～36 volt amphere/m^2의 전력부하가 필요하다.

4. 인 력

경제성 평가를 위해 마지막으로 공장운영에 필요한 인력(작업인원, 직원, 관리직 등)을 계산한다. 따라서 공정의 운영에 어떠한 작업이 필요한지와 각 작업마다 어느 정도의 인원이 필요한가를 분석해야 한다. 제품의 직접생산, 공장의 유지보수, 연구개발, 판매, 경영 및 서비스 등에 필요한 모든 인원을 말하며, 부분적으로 외부의 전문기업에 의뢰하는 방법도 검토해야 한다. 단, 완전히 자동화된 공장이라도 안전을 위하여 2명을 배치하는 것이 안전하다. 교대작업의 여부와 교대당 필요한 인력도 계산해야 한다. 작업은 가급적 주간에 하는 것을 원칙으로 계산한다.

작업 인원의 임금은 시간급과 일급의 형태로 임금을 산정하며 우리나라는 근로기준법에서 1일 근로시간 8시간, 1주 48시간을 원칙으로 하며, 이를 초과한 연장 근무시간은 50%의 가산임금을 지급해야 한다. 또한 연장시간의 합계가 1주일에 12시간을 초과하지 않아야 한다. 공장 및 기업의 유지보수와 경비업무는 자체 고용방법과 외부업체에 용역계약으로 수행하는 것도 고려해야 한다.

제 7 장

비용계산

비용계산(cost estimation)은 사업평가(project evaluation)이나 사업계획에서 대단히 중요한 기능이며, 검토 대상인 설계에 대한 대략적인 평가와 결정을 위해서 신속한 소요비용의 분석에 활용한다. 특히 모든 공장은 이윤 창출의 목적으로 설립되기 때문에 필요한 투자액의 산출과 생산할 제품가격의 결정은 사업의 이윤을 평가하기 이전에 이루어지는 것이 바람직하며, 이 과정에 비용계산이 필요하다.

사업의 경제성 검토과정에서도 비용계산은 비중이 크며, 일반적으로 비용계산의 목적은 사업의 경제적 타당성 조사와 수익성 계산이므로 다음과 같은 사항에 주의하여 계획을 수립해야 한다.

① 신규 공장의 숫자와 공장부지
② 기존 공장의 확장
③ 설비 현대화(자동화 또는 노동집약적 설비의 검토)
④ 원・부자재의 자체 수급이나 외부 구매
⑤ 공장의 생산일정(작업인원, 작업일수, 작업교대 횟수 등)

비용계산 추정의 검토 자료인 공장설립 자본금(capital costs)과 운용비(operating costs)를 이해하고, 이들을 계산하는 방법은 다음과 같다.

1. 자본금 추정

일반적으로 자본금 추정의 정확도는 사업설계가 얼마나 자세한가, 비용 산출을 위한 정보가 얼마나 정확한가, 자본추정 준비에 얼마나 시간을 투자했는지에 정비례한다. 그러나 사업초기 단계에서는 어림계산(approximate estimate)을 적용해도 가능하다. 자본금 추정은 정확도와 목적에 따라 다음과 같은 세 가지로 나누어진다.

(1) 예비추정(preliminary estimates)

일반적인 정확도는 ±30%이며, 초기 타당성 조사에 이용하고, 여러 가지 가능한 설계 중에서 대략적으로 한 가지를 선택할 경우에 주로 이용한다. 주로 가격에 대한 제한된 자료와 설계를 기본으로 한다.

(2) 예산추정(budgeting estimates)

일반적인 정확도는 ±10~15%이며, 1차 선택한 설계를 바탕으로 보다 정확하고 상세하게 추정이 가능한 시점까지 진행하기 위하여 예산결정을 위하여 이용한다. 그러나 충분한 시간이 있고, 보다 상세한 자료를 검토한다면 정확도는 ±5% 수준까지 추정이 가능하다. 특히 기업의 축적된 경험, 설계중인 공정과 유사한 사업의 정보와 자료를 이용할 수 있다면 사업흐름도 작성단계에서도 이용될 정도로 비교적 상세한 추정이 가능하다.

(3) 최종추정(final estimates)

일반적인 정확도는 ±5-10%이며, 사업 자금관리와 고정 자금산출에 이용한다. 거의 완전한 공정설계, 기계구입 가격의 최종 견적서와 건설비까지 포함한 추정에 해당한다.

2. 고정자본과 운영자본

고정자본(fixed capital)은 공장을 건축하여 최초로 가동할 시점까지 소요되는 총비용이며, 계약자에게 지불된 비용과 다음과 같은 비용까지 포함된다.

① 설계, 기타 엔지니어링, 건설감독관리비
② 모든 기계구입비와 설치비용
③ 배관공사, 측정, 제어시스템 설치비
④ 건물, 구조물
⑤ 유틸리티, 조경 및 토목공사 등 부속시설비

즉, 고정자본에 투입된 자금은 사업의 수명이 완료되어도 회수할 수 없는 일방적으로 소모성 자금이다. 운영자본 또는 운전자본(operating capital)은 고정자본 이외에 투자되는 비용으로 공장을 건립하여 수입이 발생할 때까지 가동하는 데 필요한 비용이며 다음과 같은 비용을 포함한다.

① 공장라인의 초기 가동비
② 원재료와 공정 도중에 발생하는 부산물
③ 완제품의 재고
④ 소비자에게 외상판매 가능한 재정

대부분의 운영자본은 사업이 회수되는 시점에 회수된다. 따라서 사업에 필요한 총 투자비용은 고정자본과 운영자본을 합친 액수이다. 운영자본은 제품의 품질, 공정, 저장 유무 및 저장량, 시장동향에 따라 변동이 발생하지만, 일반적으로 고정자본의 5~30%이다. 석유화학 공장의 운영자본은 일반적으로 고정자본의 15% 수준이다.

3. 가격지수(Cost indices)

예비추정에 바로 사용이 가능한 대부분의 비용 산출자료는 모두 과거 시점에 발생한 것이다. 그러나 가격은 경제적 상황 변화에 따라 시간에 따라 변동되기 때문에 어떤 방법을 적용해도 최근 자료로 변환시키기 위해서 과거 일정한 시점의 조건을 대표하는 값을 적용한다. 이때 일반적으로 가격 지수표를 이용한다.

가격지수는 어느 기준 시점에 대해 주어진 시점에서 환산한 가치를 말한다. 따라서 과거 어느 시점의 가격을 확인한다면 현재 시점의 가격은 원래 가격에 기준 시점의 가격지수값 비율을 곱한 값으로 환산할 수 있다.

A년도의 가격 =
(B년도의 가격) × (A년도의 가격지수)/(B년도의 가격지수) (공식 7-1)

가격지수는 모든 조건을 반영하지는 않지만, 일반적인 비용추정에 사용이 가능하고, 기준시간의 범위가 10년 이하인 경우는 상당히 정확한 추정이 가능하다. 다양한 가격지수표가 국가나 지역에서 정기적으로 간행되고 있으나 어떤 것은 기계구입비 산출에, 어떤 것들은 노무비, 건설비, 재료비 등에 보다 정확한 자료를 제공하는 등등 각각의 특성이 있다. 일반적으로 비교적 사용빈도가 높은 것은 Marshall & Swift Equipment Cost Indices(M & S) 등이며, 우리나라는 한국은행에서 발간하는 물가정보나 경제통계연보의 가격지수를 활용하면 된다.

4. 자본금 추정의 간이계산 방법

사업의 자본금은 동일한 사업이거나 유사한 제조공정을 이용하는 기존의 사업비용

분석을 이용하면 대략적인 추정이 가능하며 공정흐름도를 준비하기 이전에 필요한 투자액을 신속하게 산출하기 위하여 활용한다. 사업의 자본금은 기계용량이나 크기와 무관하게 다음과 같다.

$$C_2 = C_1(S_2/S_1)^n \qquad \text{(공식 7-2)}$$

C_1 : S_1 용량(또는 크기)의 기계값

C_2 : S_2 용량(또는 크기)의 기계값

지수 n의 값은 일반적으로 0.6을 적용하며, 0.6승법(six-tenth-factor method)라고 한다. 공식 7-2에 n=0.6을 대입한 다음에 필요한 기계 종류의 용량과 기계의 가격을 로그-로그그림(lob-log plot)으로 그리면 계산하려는 기계의 가격에 대해서 기울기가 0.6인 직선이 얻어진다. 그림 7-1은 shell-and tube 열교환기의 기계가격과 용량을 0.6승법으로 로그-로그 그림으로 계산한 결과이다.

식품공장에 설치하는 일반적인 기계가격은 공식 7-2에서 n = 0.7을 적용한다. 지수 n값은 기계의 종류에 따라서 0.2에서 1.0 이상의 값으로 나타나므로 0.6승법은 용량에 따른 가격을 너무 단순화시킨 것으로 모든 기계에 적용하는 것은 무리가 있다. 그러나 이 방법은 특정한 공정에서 지수값의 계산에 필요한 충분한 자료가 부족한 경우에 자본금의 어림계산에 사용한다.

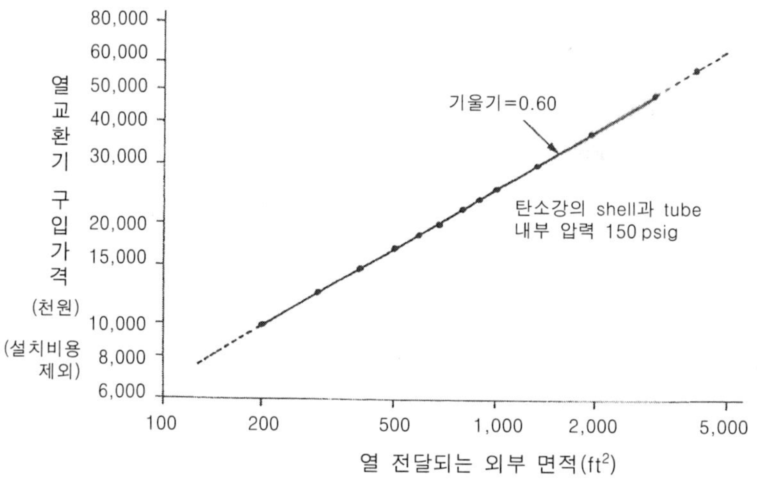

그림 7-1. shell-and tube 열교환기의 0.6승법을 적용한 기계가격 산출

5. 자본투자비 계산방법

자본투자비의 산출은 여러 가지 방법으로 계산이 가능하며, 어떤 방법으로 계산할 것인지는 정보의 입수와 정확도에 따라 결정된다. 보다 정확한 정보와 자료가 확보될수록 시간이 필요하지만 추정의 정확성은 비례적으로 증가된다.

(1) Lang 계수를 이용한 추산방법(Lang factors for approximation)

Lang이 1948년에 제안한 방법으로 투자할 자본의 어림계산에 적용하며, 주요 기계구입비에 일정한 계수를 곱하여 산출한다. 사업의 고정 자본금과 총 기계구입비는 일정한 함수관계가 있으며 다음과 같다.

$C_f = f_L \times C_e$ (공식 7-3)

C_f : 고정 자본금

C_e : 운반비용 포함 주요 기계구입비 총계
(저장탱크, 열교환기, 호퍼, 세척기, 포장기 등)

f_L : 공정의 종류에 따른 Lang factor
(3.10 : 주로 고상 공정, 4.74 : 주로 액상공정, 3.63 : 고-액 혼합공정)

위의 값에 기업이 보유하고 있는 비용산출 경험으로 축적된 값을 활용하면 보다 정확한 계산이 가능하다. 예비공정 흐름도가 작성되고, 주요 기계의 크기가 대략적으로 결정된 상태에서 공식 7-3을 이용하면 사업의 초기단계에서 자본금 추정을 신속하게 수행할 수 있다.

(2) 구입 설비원가의 백분율 방법(Percentage delivered-equipment cost)

고정자본이나 총자본 투자비의 추정에 필요한 방법이며 운송비를 포함한 기계의 구입과 설비원가의 결정이 반드시 필요하다. 총 직접비(total direct cost)에 포함되는 다른 항목들은 구입설비원가의 백분율로 환산하여 계산하고, 자본투자의 추가요소들은 총 직·간접비 또는 총자본 투자비의 평균백분율로 환산하여 다음과 같이 계산한다.

$C_n = [\Sigma E + \Sigma(f_1E + f_2E + f_3E \cdots\cdots)](f_C)$ (공식 7-4)

E : 구입설비 원가

C_n : 새로운 자본투자

f_1, f_2, f_3 …… : 전기, 배관 등에 대한 계수

f_C : 항상 1보다 큰 간접비 계수

계산에 적용하는 백분율은 공정의 종류, 설계의 복잡성, 건설재료, 공장위치, 경험 및 검토 중인 특정한 조작에 필요한 다른 항목들을 기초로 결정한다. 일반적인 값은 참고자료를 이용하며, 이들의 값과 기계구입비를 이용하여 자본금을 산출한다. 일반적으로 적용하는 백분율의 평균값은 표 7-1과 같다.

일반적으로 예산추정(budgeting estimates)에 사용하며, 최근에 유사한 형태로 건설된 공장의 경우를 사업에 반영하면 가장 정확한 결과를 얻을 수 있다. 과거의 자료가 없는 경우는 추정자료의 정확도가 문제가 될 수 있으므로 가급적 상세한 자료를 얻기 위하여 기계 제작업체에서 최신 자료를 얻어야 한다.

(3) 상세항목 계산방법(Detailed-item estimate)

보다 정확한 추정을 위하여 비용인자들을 개별적으로 검토해야 하며, 공장시설과 설비마다 완성된 도면과 규격에 따라 투자비를 계산해야 한다.

표 7-1. 자본금 항목에 대한 백분율

비 용 항 목	공정에 따른 기계구입비의 백분율		
	고체	고체-액체	액체
구입설비 원가	100	100	100
계측기와 단열처리 포함 설치	43	43	43
배 관	14	36	86
전 기	15	15	15
건 물	35	35	35
대지조성	13	10	10
서비스 시설	20	35	50
토 지	6	6	6
공장 시설비(physical plant cost, PPC)	246	280	345
엔지니어링 및 건설	30	40	65
직접비(direct plant cost, DPC)	276	320	410
계약자 보수(contractor's fee, 7% DPC)	19	22	29
예비비(contingency, 15% DPC)	41	48	62
고정 자본금(fixed capital cost, FCC)	336	390	501
운영자본(18% FCC)	60	70	90
총 자본금(total capital cost)	396	460	591

설치비는 필요한 작업인원과 작업소요 시간에 근거하여 정확한 인건비 계산으로 결정하고, 엔지니어링, 현장감독 인원 및 시간도 같은 방법으로 산출한다. 기계구입비 이외에 공장건설에 발생하는 직접비 항목은 다음과 같다.

① 기계설치
② 배관공사
③ 전기공사
④ 계측기, 제어실
⑤ 건물과 구조물
⑥ 부속건물, 사무실, 실험실, 공무실
⑦ 원재료 및 완제품 저장창고
⑧ 유틸리티
⑨ 대지 및 대지조성

그러나 상세한 비용 산출은 사용하는 비용에 대한 자료의 신뢰성과 비용지출이 예상되는 모든 항목이 확인되고 설계에 반영되어야 가능하다. 따라서 이 방법을 이용한 자본금의 추정은 완성된 상세설계, 설비도면 및 규격을 제시하고 납품 및 시공업체의 정확한 견적을 받아야 확실하다.

6. 기계구입비 추정

기계구입비(purchased equipment cost)는 자본투자비 산출에서 기본이 되는 자료이므로 가급적 정확하게 결정하고, 유사한 기계에 대하여 가장 최근의 가격에 근거해야 한다. 한편, 가격과 장비의 크기는 상관관계가 있으므로 공식 7-2를 적용하여 기계구입비의 추정이 가능하지만 크기의 변동이 광범위한 경우는 로그-로그 그림을 이용하는 것이 효과적이다. 자료가 없는 특수한 기계구입비의 추정은 기계를 구성하는 부속품의 값을 계산하여 산출하거나 기계 제조업체나 판매업체의 견적을 받아 전반적인 기계구입비의 추정도 가능하다.

7. 자본금 추정의 요약

자본금을 추정하는 여러 가지 방법들은 모두 상세한 정보가 있어야 가능하다. 앞에서 소개한 방법들을 근거로 사업관련 투자비의 신속한 어림산출에 이용하는 계산방법을 요약하면 다음과 같다.

(1) 산출방법

① 물질 및 에너지 수지를 구하여 예비 공정흐름도를 작성한다. 공정의 크기, 주요 기계항목과 건설재료를 결정한다.
② 주요 기계들의 구입비를 산출한다.
③ 표 7-2와 같이 공장시설비(PPC)를 계산한다.
④ 표 7-2의 비율을 이용하여 직접비에서 간접비를 계산한다.
⑤ 직접비와 간접비를 더하여 총 고정자본금을 계산한다.
⑥ 고정자금에 대한 일정비율(10∼20%)로 운영자금을 구한다.
⑦ 고정자금과 운영자금을 더하여 총 투자비를 구한다.

8. 운용비

운용비(operating cost)의 추정과 제조비용의 계산은 사업의 실행 가능성을 판단하고 적용 가능한 복수의 공정설계에서 하나를 선택할 경우에 필요하며, 원・부재료 및 자본금 추정 등을 분석할 수 있는 공정흐름도에서 산출할 수 있다.

식품공장에서 가공 및 제조에 필요한 비용은 다음과 같이 크게 둘로 나누어지며, 구성요소는 표 7-3과 같다.

① 유동비용 : 제조하는 수량에 따라 변동되는 비용
② 고정비용 : 제조공정 및 생산량과 무관하게 지불하는 비용

그러나 유동비용과 고정비용의 분류는 유동적이므로 일부 항목의 분류는 기업의 회계방식에 따라 변동이 가능하다. 표 7-2의 비용들은 공장에서 직접 제품생산에 소요되는 비용이다.

표 7-2. 운용비의 구성요소

유동비용	고정비용
• 원재료비 • 포장 재료비 • 노무비 • 유틸리티비 • 작업 용품비	• 감가상각비 • 세금 및 보험료 • 관리유지비(인건비와 물품비) • 경영관리 사원 및 경비 • 기술사용료, 허가비용 등 • 융자에 대한 이자 지급비

따라서 현장에서 소요되는 비용 이외에 기업운영에 필요한 다음과 같은 경비도 공동으로 부담해야 한다.

① 일반경비
② 연구개발비
③ 영업비
④ 재고(관리비)

유동비용과 고정비용의 계산방법은 다음과 같으며, 일반적으로 1년 단위로 산출한다.

8.1 운용비 추정

(1) 원·부재료비

식품공장에서 제품 생산에 필요한 주요 비용의 하나가 생산관련 원·부재료비이며, 단위 시간당 또는 단위 제품당 공급하는 원재료의 양은 공정흐름도의 물질수지에서 산출한다. 많은 공정에서 어떤 재료는 공정에서 촉매로 사용되며, 진행과정에서 어느 단계에서 회수되기도 하므로 비용 산출은 전체 물질수지에서 계산하기 때문에 실질적으로 소비된 재료의 양을 기준으로 해야 한다. 또한 구매가격과 구입량을 결정하려면 수분변화와 공정손실 등을 고려한 수율을 반영해야 한다. 재료의 가격은 거래하는 공급업체에서 견적을 받아 결정하는 것이 가장 바람직하지만 사업의 예비비용 분석 단계에서는 물가정보를 이용한 재료비 산출도 이용할 수 있다.

운송비도 재료비에 포함하며 비용은 원·부재료의 형태에 기준을 두어야 한다. 대량 선적은 컨테이너에 비하여 운송비가 저렴하고, 대량 구입은 추가적인 저장시설과 재고를 감당해야 한다. 즉, 원·부재료비의 계산은 국제적으로 원·부재료 가격이 급등락하는 등의 특별한 경우를 제외하면 현재 공장에서 필요한 조건을 기준으로 한다. 공장가동 총 경비에 대한 원·부재료비의 비율은 산업분야에 따라 다르지만, 일반적으로 식품공장은 총 재료비의 30～50%이고, 특별한 경우는 60%에 달하는 경우도 있다.

(2) 노무비(labor costs)

일반적으로 근로 인원은 숙련공과 비숙련공으로 나누며, 급료는 시간단위가 기준이지만 업종과 지역에 따라 차이가 있다. 또한 임금은 대부분의 국가가 최저임금 또는 생활임금의 개념에서 적용하는 최저 또는 평균 임금의 적용을 권장하고 있다.

노무비는 제조공정에 투입된 인원의 급료와 유급휴가, 유급병가, 의료혜택 등 복리후생비도 포함한다. 복리후생비는 기업의 크기나 정책에 따라 차이가 있으나 직접 노무비 지출액의 10~60% 범위이다. 식품공장의 일반적인 노무비는 총 생산원가의 10~15% 정도이다. 예비 비용분석에서 작업인원의 수는 유사한 공정에 대한 경험과 외부정보를 바탕으로 추정할 수 있다. 필요한 작업량과 생산율의 관계는 생산량을 증가 또는 감소시킬 때 0.2~0.25 값을 가동률에 대한 지수값으로 적용한다.

공정흐름도나 공정도가 있다면 작업인원은 작업분석을 통해 산출할 수 있으며, 계측기기의 수량, 공정제어 및 작업인원 배치에 대한 기업정책 등을 고려해야 한다. 표 7-3은 공정 특성에 따른 일반적인 작업 인원수를 정리한 것이다. 생산량 관련 작업 인원수를 계산하는 다른 방법은 공정흐름도에 정리된 여러 가지 기본적인 공정단계들을 합한 것을 기초로 계산하는 방법이다.

표 7-3. 기계가동을 위한 전형적인 작업 인원수

기계류	사람/단위/1 교대	기계류	사람/ 단위/ 1 교대
건조기(로터리형)	1/2	결정화 기계	
건조기(분무형)	1	증발기	
간조기(트레이형)	1/2	증기 발생기	
원심식 분리기	1/4~1/2	(100,000 lb/hr)	

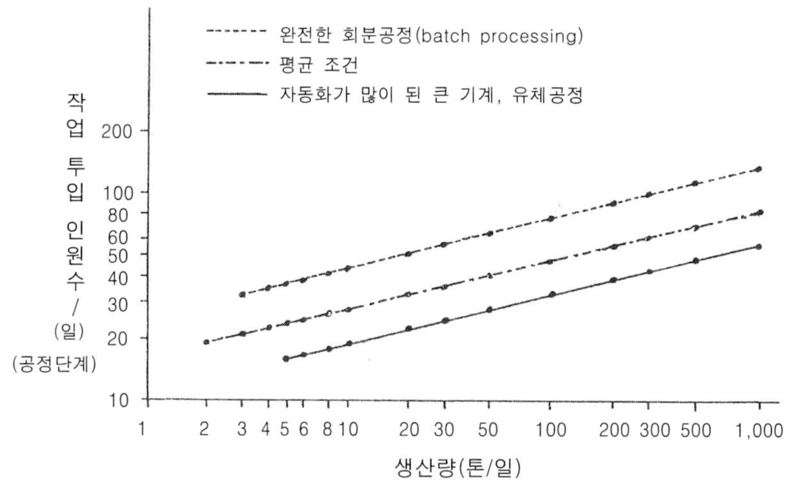

그림 7-2. 필요한 작업 인원수

공정단계는 단위조작, 단위공정 또는 이들을 조합한 공정을 말하며, 증류, 증발 및 건조처럼 반복적이거나 연속적인 공정으로 한 개 또는 그 이상으로 복합된 기계장치로 이루어진 것을 의미한다. 일단 생산량이 결정되면 그림 7-2를 토대로 공정 단계당 단위 생산당 시간단위의 작업 인원수를 산출한 다음 공정단계를 곱하면 총 필요인원을 계산할 수 있다. 그러나 최근에는 인터넷을 이용한 원격제어와 컴퓨터를 이용한 자동제어 방식이 생산 공정에도 광범위하게 도입되면서 생산량과 직접 관련된 필요 노동력의 계산은 과거에 비하여 더욱 정확하게 산출이 가능하다.

(3) 유틸리티(utilities)

유틸리티에 필요한 비용은 소모량, 공장위치 및 공급원에 따라 상당한 차이가 나타나며, 유사한 작업에 대한 자료를 이용하여 예비 비용분석을 통해 산출할 수 있다. 유사한 자료를 구할 수 없는 경우는 예비설계를 바탕으로 추정을 해야 한다. 유틸리티는 외부에서 공급받거나 자체적으로 자급할 수 있으며, 자체 공급하고 오직 한 공정에만 사용한다면 전체 비용은 생산원가에 포함한다.

그러나 여러 제품의 생산에 사용하는 경우는 비용을 제품별로 소비한 양에 비례하여 나누어 산출한다. 전력은 전등과 모터 등 다양한 공정 기계를 가동하기 위하여 공급하며, 전력 요구량은 송전 손실과 우발적인 사고를 감안하여 필요량의 1.2～1.25배를 반영한다. 일반적으로 식품공장에서 유틸리티 비용은 총 생산비의 10～20% 수준이다. 증기 소비량은 제품 생산과 보조시설에 소비된 양을 더한 값이며, 배관 손실을 고려해야 한다. 사업의 예비 추정단계에서 유틸리티 비용은 표 7-4를 참고하여 계산할 수 있다.

표 7-4. 유틸리티 비용

유틸리티	단 위	요금(원)
증기 7 kgf/cm^2	ton	15,000～20,000
전 기	kWh	500～1,000
용 수	ton	500～700
폐수처리	ton	500～1,000
압축공기 7 kgf/cm^2	m^3	100
천연가스	m^3	800～1,200
연료용 유류	l	1,500～1,700
냉동 및 냉장	RT	100～500

(4) 감가상각(depreciation)

토지, 건물, 기계장치, 차량 등 기업이 사용하는 자산에서 장기간 동안 이용 가능한 것을 고정자산이라고 하며, 토지를 제외한 고정자산은 사용에 따른 손실에 의하여 경제적 가치가 감소된다. 이러한 감소분을 비용으로 계산하여 투자한 자본을 회수하는 것이 감가상각이다.

고정자산의 감가상각을 산출하는 방법은 정액법과 투자 초기에 상대적으로 감가상각을 많이 하는 가속상각법(accelerated depreciation method)이 있다. 가속상각법은 매년 자산의 장부가치 금액에서 정액상각법의 2배를 상각하는 이중체감 잔액법(double declining balance method)과 매년 남은 연한을 더한 값을 분모로 하고 자산의 남은 연한을 분자로 하여 상각하는 연수합계법(sum-of-years digits method) 등이 있다. 일반적으로 기존 공장의 증설이나 신규 사업의 검토는 정액법을 적용하는 것이 비용추정 계산이 쉬워 많이 이용한다.

① 정액법(定額法, straight-line method)

사용연수의 모든 기간 동안 매년 일정액을 상각하는 방법이며, 다음과 같이 계산한다.

$d = (V - V_s)/n$ (공식 7-5)

d : 연간 감가상각비(원/년)

V : 완전히 설치하여 사용가능한 시점에서 가치(초기 가치)

V_s : 수명이 완료된 시점에서 자산의 잔존가치(salvage value)

n : 사용수명 연수

또한 자산의 사용수명 동안 어느 년도의 자산의 장부 가치는 다음과 같이 계산한다.

$V_a = V - t \cdot d$ (공식 7-6)

V_a : 자산의 장부가치(asset value or book value)

t : 실질사용 연수

정액법은 개념이 쉽고 계산이 간단하여 감가상각비를 결정하는 목적으로 많이 사용한다. 따라서 일반적으로 다른 방법을 적용해야 하는 특별한 사유가 없다면 정액상각에 근거하여 경제성평가를 실시한다.

자산의 사용초기에 사용수명(n)과 수명이 끝난 이후에 남은 잔존가치(V_s)를 정확하게 추정하는 것은 불가능하기 때문에 자산의 수명기간 동안 시간경과에 따라 가치

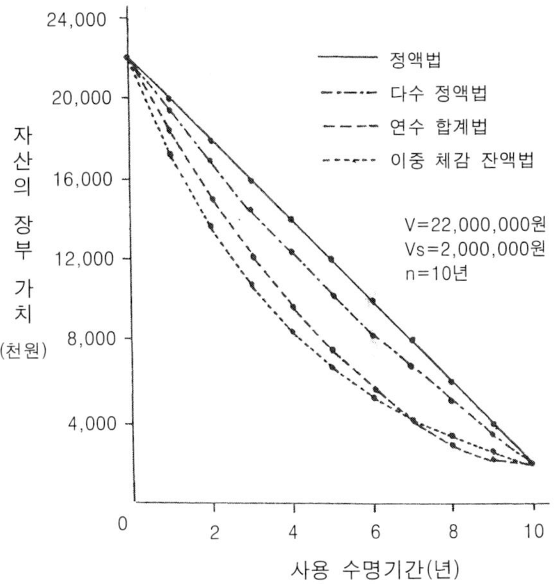

그림 7-3. 다양한 감가상각 계산방법의 비교

를 추정하는 것이 오히려 바람직하다. 이러한 방법을 다수정액법(multiple straight-line method)이라고 하며, 총 사용기간을 몇 개의 구간으로 나누어 각각의 기간에 정액상각법을 적용하여 가치를 추정하는 방법이다.

그림 7-3은 정액법과 다수정액법을 사용하여 각각 감가상각을 산출한 경우에 자산의 장부가치가 시간경과에 따라 변화되는 내용을 정리한 것이다.

② 정율법(定率法, declining balance method)

정율법을 적용하면 연간 감가상각비는 특정한 연도 초기의 자산 가치에 대한 고정 비율로 감소한다. 즉, 체감율은 자산의 전체 수명기간 동안 일정하지만 감가상각을 위한 연간 비용은 매년 달라지며, 산출 식으로 나타내면 다음과 같다.

1차 년도의 끝에서

$$V_a = V \times (1 - f) \quad \text{(공식 7-7)}$$

2차 년도의 끝에서

$$V_a = V \times (1 - f)^2 \quad \text{(공식 7-8)}$$

t차 년도의 끝에서

$$V_a = V \times (1-f)^t \quad \text{(공식 7-9)}$$

그러므로 수명이 완료된 n차 년도에 자산의 장부 가치는 다음과 같이 산출할 수 있다.

$$V_a = V \times (1-f)^n = V_s \quad \text{(공식 7-10)}$$
$$f = 1-(V_s/V)^{1/n} \quad \text{(공식 7-11)}$$

f값은 고정비율 지수(fixed-percentage factor)를 의미하며, 이 값이 정액 상각비의 2배인 시점을 이중체감 잔액법(double declining balance method)이라고 한다. 이 방법은 수명이 완료되고 남은 가치를 '0'으로 취급하는 경우에 주로 적용한다. 그림 7-3에서 나타나는 것과 같이 이중체감 잔액법은 정액법에 비하여 자산의 수명 초기에 더 빠르게 투자된 자본의 회수가 이루어지는 것을 알 수 있다.

③ 연수합계법(年數合計法, sum-of-years digits method)

감가상각을 계산하는 임의의 방법으로 체감잔액법과 비슷한 결과가 나타난다. 특히 자산의 총 수명기간 중에서 후반기보다 전반기에 더 많은 감가상각비를 할당하며, 사용연도의 끝에서 자산가치가 '0'이나 주어진 가치까지 감소하는 장점이 있다. 산출하는 방식은 다음과 같다.

$$d_t = \{(n-t-1)/\Sigma(1+2+\cdots\cdots+n)\} \times (V-V_s) \quad \text{(공식 7-12)}$$

d_t : t년도의 감가상각비

㉠ 유지관리비

공장건설이 완료되고 운전을 시작한 이후에 소요되는 비용으로 공장을 운영하고 유지하기 위한 인적 및 물류 관리비용까지 포함된다. 관리비용은 유사한 공장의 사례에 준하여 산출하며, 일반적으로 식품공장은 고정자본의 2～10% 수준이다.

㉡ 조세와 보험

건물, 기계장치, 원료, 제품 등에 대한 세금과 화재보험 등이며, 고정자본의 1.5～2% 수준이다. 국가 및 지자체에 따라 지원제도가 있어 변동이 있으나 일반적으로 조세 및 보험료율은 다음과 같다.

- 취득세 : 취득 당시의 2%
- 재산세 : 토지 및 건물(구입액의 0.3～0.6%)

- 등록세 : 취득액의 0.8%
- 화재 보험료율 : 0.3～0.6%

(5) 기술사용료(로얄티, royalty)

기술개발자와 기술의 사용자가 다른 경우에 원천기술을 개발한 지적재산권의 사용에 따른 사용료의 개념이다. 일반적으로 고정자본의 0.5～2% 정도지만 매출규모가 크거나, 안보 등 특수한 분야와 관련이 있는 경우는 별도로 정하여 시행한다.

표 7-5. 제조비용 계산 요약표

유동비용	추정을 위한 전형적인 기준값
- 원·부재료비	공정흐름도 참고
- 기타 재료비	유지관리비의 10%
- 유틸리티	공정흐름도 참고
- 운송 및 포장	일반적으로 무시할 정도로 아주 작음
합계 A	
고정비용	
- 유지 관리비	고정자산의 5～10%
- 노무비	작업 인원수 계산(표 7-4, 그림 7-2)
- 관리 감독비	노무비의 20%
- 공장 오버페드	노무비의 50%
- 자산비	고정자산의 15%
- 보험료	고정자산의 1%
- 재산세 등 각종 제세공과금	고정자산의 2%
- 기술 사용료	고정자산의 1%
합계 B	
직접 제조비용 = A + B	
- 영업비 - 일반 오버헤드 - 연구 개발비	직접 제조비용의 20～30%
합계 C	
연간 제조비용 = A + B + C	
제조원가(원/kg) = (연간 제조비용)/(연간 생산량)	

8.2 제품의 제조원가

운용비의 여러 가지 구성인자들과 이들의 추정에 필요한 전형적인 항목을 정리하면 표 7-5와 같으며, 제조원가의 추정에도 적용할 수 있다.

제 8 장

경제성 분석 (Economic analysis)

식품공장에 자본을 투자하는 목적은 기본적으로 이윤 창출이므로 사업의 경제적인 실행(economic performance)을 비교하여 투자의사의 결정을 위한 방법이 필요하다. 소규모 사업계획, 대체공정 설계와 이에 필요한 기계선택 및 구입 등은 비교적 간단한 투자의사 결정에 해당되며, 이러한 경우는 일반적으로 자본금과 운용비를 비교하여 쉽게 결정이 가능하다.

그러나 규모가 크고, 복합적인 사업은 다양한 사업의 비교와 평가를 위한 시간평가, 제품에 대한 기술분석 및 경제적 평가기준(economic criteria)이 필요하다. 특히 공장 가동, 운영비용, 판매시장, 정부 정책 및 세계경제 동향과 원부자재의 수급 등 사업의 변수로 작용하는 항목에 따른 불확실성(uncertainties)을 감안하여 투자를 결정하는 것은 대단히 어렵고 복잡하며 위험한 작업이다. 중대형 기업은 물론 대기업과 국제적인 기업들도 이러한 규모의 사업계획에 대한 결정은 다양한 전문가 그룹의 자문을 받아 수행한다. 즉, 위험을 수반하는 자본투자의 경제적 판단에 일반적으로 사용하는 경제적인 평가기술과 경제적인 분석기준은 대단히 복잡하고 다양한 방법이 있지만 가장 일반적인 내용은 다음과 같다.

1. 현금흐름(Cash flow)

현금흐름은 동물의 혈액과 같은 역할을 하며, 현금이 기업의 내・외부로 이동하는 상태로서 투자 평가방법의 대부분은 현금흐름을 기준으로 진행하므로 경제성 분석에서 중요한 위치를 차지한다. 즉, 현금흐름은 기업을 중심으로 투자로 유입된 현금과 유출된 현금의 차이이다.

현금흐름 = 현금 유입 - 현금 유출 (공식 8-1)

현금 유입(cash inflow)은 현금매출, 외상매출금 수금, 유가증권 등 임시 투자의 처분, 소유지분 매각, 차입금, 투자액 및 투자이윤 등 재순환이 가능한 현금이다. 현금 유출(cash outflow)은 고정자산 구입비, 공장설계 및 건설비, 연구개발비, 원자재 구입비, 노무비, 일반 관리비, 제조경비 및 간접비 등 공장운영을 위하여 투자된 현금이고, 판매비, 지급이자, 부채상환액, 제세공과금 등을 포함한다. 이러한 현금흐름을 순현금흐름(net cash flow)이라고 하며, 어떤 시점에서 기업을 중심으로 수입과 지출된 현금의 차이를 말한다.

한편, 현금흐름을 그림 8-1과 같이 그림으로 표현한 것을 현금흐름도(cash flow diagram)이라고 한다. 현금흐름도는 사업기간 동안 축적되는 순 현금흐름을 예측할 수 있으므로 사업수행과 관련된 투자, 운영자금, 판매량 및 판매가격 등을 정확하게 반영해야 한다. 따라서 현금흐름도는 다음과 같은 목적으로 활용한다.

① 사업에 대한 각종 평가지표
② 소요자금의 크기
③ 자금의 필요시기
④ 특정 시점에서 기업의 지불능력
⑤ 사업의 이윤분석

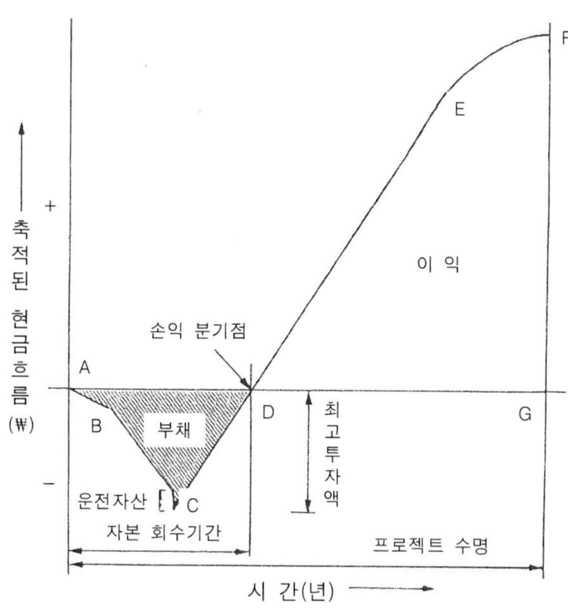

그림 8-1. 사업의 현금흐름도

그림 8-1의 구간들은 다음과 같은 특성을 의미한다.

① A～B : 공장설계에 필요한 투자

② B～C : 공장건설 및 시험가동에 투자된 자본지출

③ C～D : 공정이 본격화되면 판매수익이 발생하는 C에서 꺾이면서 흑자가 발생하지만 투자비용이 모두 회수되는 D까지 적자상태이다. D점을 손익분기점(break-even point)이라고 하고, 손익분기점까지 도달하는데 필요한 시간을 '자본 회수시간(pay-back time)' 또는 자본 회수기간이라고 한다.

④ D～E : 축적된 현금흐름이 흑자이며, 사업투자 비용이 회수되면서 순소득 발생

⑤ E～F : 사업수명이 완료되는 시점 근처부터 현금흐름이 낮아지는 경향이 나타나면서 곡선의 기울기가 변한다. 운영자금의 증가, 판매량 감소 및 판매가격 인하 등이 원인이다.

⑥ F : 사업수명이 완료된 시점에서 최종적으로 축적된 순 현금흐름이다.

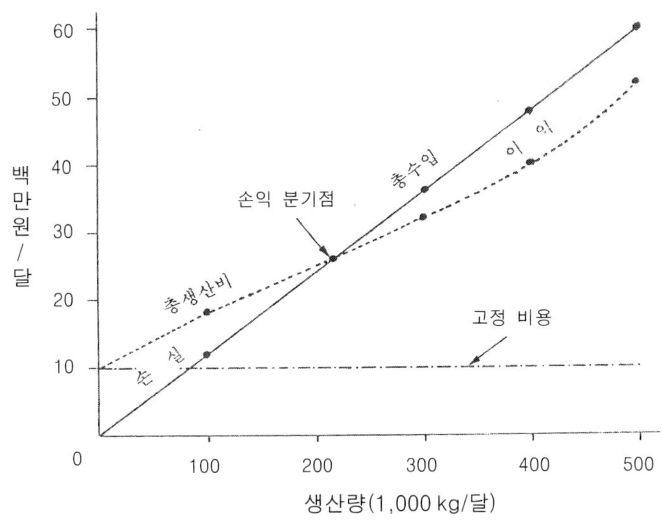

그림 8-2. 식품공장의 손익분기점 분석

2. 세금과 감가상각

현금흐름을 분석할 때 일반적으로 사업에 대한 세금이나 감가상각의 효과는 과소평가한다. 세율이 일정하지 않고 감가상각율(deprecistion rate)도 정부의 정책이나 기업의 회계규칙에 따라 결정되기 때문이다. 특히 정부와 지자체의 정책에 따라 보조

금을 지급하기 때문이다. 따라서 사업을 평가하려면 어떤 단계에서는 반드시 정부와 지자체의 정책에 대한 세금과 감가상각의 효과를 분명히 하고 이를 반영해야 한다.

감가상각은 현금이 유출되는 것이 아니므로 비현금성 비용(non-cash expense)이며 현금유출에 포함하지 않는다. 즉, 기업의 이윤을 분석하는 경우는 감가상각이 비용으로 처리하지만 현금을 기준으로 보면 감가상각은 기업의 소유로 잔류한다. 그러나 감가상각이 현금흐름에서 지출비용은 아니지만 과세대상의 소득을 줄이는 역할을 하므로 결국은 현금흐름에 영향을 준다.

3. 인플레이션

사업투자의 예상 현금흐름은 장기간에 걸쳐 발생하므로 미래의 인플레이션에 대한 평가는 대단히 중요하다. 인플레이션은 다음과 같이 두 가지 방법으로 분석한다.

하나는 인플레이션에 따른 물가상승을 고려한 미래 현금흐름 예측방법이고, 두 번째는 인플레이션을 고려하지 않고 현재 시점의 불변가격(constant price)으로 현금흐름을 측정하는 방법이다.

모든 현금유입과 유출에 대하여 일정한 인플레이션을 적용한다는 점에서 두 방법 모두 바람직하지만 현금흐름에 대한 할인율(discount rate)에서 차이가 있다. 일반적으로 사업의 경제성 분석은 인플레이션을 고려하지 않는 불변가 현금흐름 방법을 주로 이용한다.

4. 현금흐름 할인(Discounted cash flow)

순 현금흐름(그림 8-1)은 발생한 연도의 가치로 표현하며, 그림의 y축은 사업의 미래가치(future worth)이므로 축적된 순 미래가치(cumulative net future value)라고 한다. 분석할 사업이 결정되고 사업에서 기대하는 미래 현금흐름을 분석하여 사업의 경제성을 평가하기 위하여 다음과 같은 방법을 적용한다.

① 순 현가법(net present value method, NPV법)
② 내부 수익률법(internal rate of return method, IRR법)
③ 투자 수익률법(annual average return on investment, ROI법)
④ 자본 회수기간법(pay-back period method)

순 현가법과 내부 수익률법은 화폐의 시간적 가치(time value of money)를 고려하여 분석하는 방법이며 현금흐름 할인법(discounted cash flow method, DCF법)에 속한다. 투자 수익율법과 전통적인 분석방법인 자본회수 기간법은 화폐의 시간적 가치를 고려하지 않는 분석방법이다.

5. 투자 수익률법

현금흐름도만으로는 투자된 자본이 얼마나 효과적으로 사용되는가를 정확하게 평가하기가 어렵고, 특히 투자된 자본금의 규모가 차이가 나는 여러 개의 사업은 유사한 형태의 현금흐름도로 나타나기도 한다. 따라서 사업에 투자한 자본의 효과를 측정하는 방법이 필요하다.

투자에 대한 연간 이익률로 표현되는 투자 수익률(return on investment, ROI)은 투자한 현금의 효과를 평가하는 간단한 기준이다. 그러나 개념은 비교적 간단하지만 연간 이익이나 순 현금흐름은 사업기간 동안 일정하지 않기 때문에 투자 수익률의 계산은 상당히 복잡하다. 투자 수익률법의 가장 간단한 방법으로 사업기간의 초기 투자액에 대한 평균 수입을 기본으로 측정하는 연평균 투자 수익률법(annual average return on investment)을 이용한다.

ROI = {(사업완료 시점에 축적된 순 현금흐름) /
(사업수명 × 초기투자액)} × 100 (공식 8-8)

한편, 그림 8-1에서

ROI = {(F − C) / (C × G)} × 100 (공식 8-9)

F − C : 축적된 수입

C : 투자

G : 사업수명

한편, 투자 수익률법은 사업기간 중에서 순 현금흐름이 최대값을 나타내는 년도가 언제인지를 예측하기 위하여 자주 사용하며, 화폐의 시간적 가치를 반영하지 않는다.

6. 자본 회수기간

자본 회수기간(pay-back period)은 사업이 시작되고 투자한 모든 비용을 기업활동의 수입으로 회수하는 데 걸리는 기간(일반적으로 년 단위)을 말하며, 그림 8-1의 D 지점에 해당한다. 따라서 사업수명이 어느 정도인지와 자본의 유용기간을 평가하는 기준으로 활용한다. 따라서 사업의 투자자는 자본 회수기간을 평가하고, 평가 결과를 바탕으로 투자나 사업의 참여 여부를 결정한다. 또한 공장을 가동하는 동안에도 이 방법으로 평가하여 공정 개선의 평가 자료로도 활용하며, 이러한 경우의 자본 회수기간은 일반적으로 3～5년이다.

자본 회수기간 = (총 투자액) / (연 순 현금유입액) (공식 8-10)

그러나 자본 회수기간을 이용한 평가방식의 단점은 투자대상인 사업의 수익성이 아니라 자금회수와 관련된 시간적인 특성만 분석이 가능하기 때문에 자본 회수기간 이후의 사업에 대한 고려가 전혀 반영되지 않는다는 점이다. 반면에 장점은 평가방법이 매우 단순하며, 이해하기가 쉽고, 자금회수와 관련된 위험정보를 포함하여 투자에 따른 기업의 유동성을 간접적으로 분석할 수 있는 점 등이다.

7. 감도분석

사업의 수익성 예측(분석)은 불확실한 미래 상황에 따라 변동되므로 판매가격의 하락이나 사업수명의 단축과 같이 다양한 의문이 제기될 수 있다. 따라서 사업의 경제성 분석은 필요한 투자 및 현금흐름으로 평가하는 추정에 의존하게 된다. 그러나 실제 사업의 추진과정에서 달성하는 연간 현금흐름은 원재료비와 기타 운영비의 변화에 따라 영향을 받고, 판매량과 판매가격에 의해서도 크게 다르다.

감도분석(sensitivity analysis)은 사업수행에 대한 예측(분석에서 불확실성의 영향을 평가하는 방법이다. 한편, 불확실성이란 기술혁신, 원료 파동에 따른 급격한 가격 변동과 같이 발생할 확률은 예상이 어렵지만 발생할 가능성이 높은 특성을 말한다. 따라서 감도분석을 하려면 다양한 변수의 가급적 정확한 근사값을 고려하여 투자 및 현금흐름을 분석하여 기준으로 적용해야 한다. 즉, 사업에 대한 평가 기준이 어떤 방법으로 수행하든지 각각의 변수에 대한 오차범위를 가정하여 계산을 해야 한다.

감도분석을 적용하여 사업의 수익성에 영향을 미치는 변수들의 변동효과를 분석하고, 변수들의 변동범위를 결정하면 수익성에 대한 변수들 간의 상대적인 중요도를 평가할 수 있으므로 사업수행의 위험정도를 예측할 수 있다. 결국 감도분석의 목적은 사업결과에 영향을 주는 변수들을 찾아내는 것이다.

8. 요 약

투자의사를 결정하고 판단하는 것은 정해진 최상의 방법이 없으므로 투자자와 기업은 경제성을 평가하는 자체적인 방법을 개발해야 하고, 기존의 경험과 자료에서 일정한 선택기준을 적용하여 예상결과를 도출해야 한다.

한편, 경제성 평가에 적용해야 하는 요소들은 다음과 같다.

① 폐수 및 폐기물처리와 같은 환경문제
② 안전성
③ 정부 및 지자체의 정책
④ 주요 소비지역
⑤ 노동력 확보
⑥ 지원제도의 유무
⑦ 특정 기술에 대한 기업의 경험

20～30%의 투자 수익률을 적용하여 투자 수익률 방법으로 소규모 사업의 방향을 결정하고, 운영비 절감을 위한 투자여부를 결정할 수 있다. 그러나 사업의 활성화를 위한 투자액은 연간 저축액의 4～5배를 초과하지 않아야 한다. 일반적으로 투자결정을 위한 기준들을 요약하면 표 8-1과 같다.

표 8-1. 대표적인 투자결정 기준

투자결정 기준	약어	단위	장 점	단 점
투 자	-	원	재정과 자산	사업실행 여부 불명
순 미래가치	NFV	원	단순, 현금 흐름도에서 투자와 수익시점 확인 쉬움	화폐 시간적 가치 반영 없음
자본 회수기간	PBP	년	투자액의 회수기간 확인	회수 이후 기간의 정보 없음
순 현금가	NPV	원	NFV와 같지만 현금흐름의 시간적 가치 반영	할인율에 의존
투자 수익률	ROI	%	자본 및 자산의 실행 측정	현금 흐름시기의 반영 없음
내부 수익률	IRR	%	현금흐름 시간적 가치 반영 자본의 실행 측정	필요한 재원의 제시 없음

부 록

부표 1. 그리스어 알파벳

대문자	소문자	영어명	읽는법
A	α	alpha	알파
B	β	beta	베타
Γ	γ	gamma	감마
Δ	δ	delta	델타
E	ε	epsilon	입실론, 엡실론, 엡사이론
Z	ζ	zeta	제타, 지타
H	η	eta	이타, 에타
Θ	θ	theta	시타, 테타
I	ι	iota	이오타, 요타, 아이오타
K	κ	kappa	카파
Λ	λ	lamda	람다
M	μ	mu	뮤, 무
N	ν	nu	뉴, 누
Ξ	ξ	xi	구사이, 구자이, 구시, 자이
O	o	omicron	오미크론, 오마이크론
Π	π	pi	파이, 피
P	ρ	rho	로
Σ	σ	sigma	시그마
T	τ	tau	타우, 토
Υ	υ	upsilon	입실론, 윱실론
Φ	φ	phi	파이, 피
X	χ	chi	카이, 차이, 키
Ψ	ψ	psi	프사이, 프시, 사이
Ω	ω	omega	오메가

부록 2. 수를 나타내는 접두어

	그리스어계		라틴어계		
1/2	hemi		semi		
1	mono		uni		
8/2	-		sesqui		
2	di		bi(bis)		
3	tri		ter		
4	tetra(tetr)		quadri(quadr)		
5	penta(pent)		quinque(quingu)		
6	hexa(hex)		sexa(sexi, sex)		
7	hepta(hept)		septa(septi, sept)		
8	octa(octo, oct)		-		
9	ennea(enne)		nona(non, novem)		
10	deca(dec)		decem		
11	hendeca		undeca(undec), undecem		
12	dodeca		duodecem		
13	tideca		-		
14	tetradeca		-		
15	pentadeca		-		
-	-		-		
-	-		-		
-	-		-		
20	eicosa		-		
21	heneicosa		-		
22	docosa		-		
23	tricosa		-		
-	-		-		
-	-		-		
30	triaconta				
40	tetraconta				
equal	homo		equi		
many	poly		multi		
10^{12}	1조 배	tera	1/10	10^{-1}	deci
10^{9}	10억 배	giga	1/100	10^{-2}	centi
10^{6}	백만 배	mega	1/1,000	10^{-3}	milli
10^{4}	1만 배	myria	$1/10^{6}$	10^{-6}	micro
10^{3}	천 배	kilo	$1/10^{9}$	10^{-9}	nano
10^{2}	백 배	hecto	$1/10^{12}$	10^{-12}	pico
10	십 배	deca	$1/10^{15}$	10^{-15}	femto

부록 3. 단위환산표

1) 길이(length)

unit	cm	m	inch	ft	yd	자(尺)	간(間)	정(町)	리(里)
1cm	1	0.01	0.3937	0.0328	0.0109	0.033	0.0055	0.00009	-
1m	100	1	39.37	3.2808	1.0936	3.3	0.55	0.00917	0.00025
1inch	2.54	0.0254	1	0.0833	0.0278	0.0838	0.0140	0.002	-
1ft	30.48	0.3048	12	1	0.3333	1.0058	0.1676	0.0028	-
1yd	91.438	0.9144	36	3	1	3.0175	0.5029	0.0083	0.0002
1mile	160930	1609.3	63360	5280	1.760	5310.8	885.12	14.752	0.4098
1자	30.303	0.303	11.93	0.9942	0.3314	1	0.1667	0.0028	0.00008
1간	181.818	1.818	71.582	5.965	1.9884	6	1	0.0167	0.0005
1정	10909	109.091	4294.9	357.91	119.304	360	60	1	0.0278
1리	329727	3927.27	154619	12885	4295	12960	2160	36	1

2) 무게(weight)

unit	g	kg	t	oz	lb	돈	근	관
1g	1	0.001	0.000001	0.03527	0.0022	0.26666	0.00166	0.000266
1kg	1000	1	0.001	35.273	2.20459	266.666	1.6666	0.26666
1t	1000000	1000	1	35273	2204.59	266666	1666.6	266.666
1grain	0.06479	0.00006	-	0.00228	0.00014	0.01728	0.00108	0.000017
1 oz	28.3495	0.02835	0.000028	1	0.0625	7.56	0.0473	0.00756
1 lb	453.592	0.45359	0.00045	16	1	120.96	0.0756	0.12096
1돈	3.75	0.00375	0.000004	0.1323	0.00827	1	0.00625	0.001
1근	600	0.6	0.0006	21.1647	1.32279	160	1	0.16
1관	3750	3.75	0.00375	132.28	8.2672	1000	6.25	1

3) 넓이(surface)

unit	평방자	평	단보	정보	m^2	a	ft^2	yd^2	acre
1 평방자	1	0.02778	0.00009	0.000009	0.09182	0.00091	0.98841	0.10982	-
1 평	36	1	0.0033	0.00033	3.3058	0.03305	35.583	3.9537	0.00081
1 단보	10800	300	1	0.1	991.74	9.9174	10674.9	1186.1	0.24506
1 정보	108000	3000	10	1	9917.4	99.174	106794	11861	2.4506
1 m^2	10.89	0.3025	0.001008	0.0001	1	0.01	10.764	1.1958	0.00024
1 a	1089	30.25	0.10083	0.01008	100	1	1076.4	119.58	0.02471
1 ft^2	1.0117	0.0281	0.00009	0.000009	0.092903	0.000929	1	0.1111	0.000022
1 yd^2	9.1055	0.25293	0.00084	0.00008	0.83613	0.0083	9	1	0.000207
1 acre	44071.2	1224.2	4.0806	0.40806	4046.8	40.468	43560	4840	1

4) 부피(volume)

unit	홉	되	말	cm^3	m^3	l	in^3	ft^3	yd^3	gal
1 홉	1	0.1	0.01	180.39	0.00018	0.18039	11.0041	0.0066	0.00023	0.04765
1 되	10	1	0.1	1.8039	0.00180	1803.9	110.041	0.0637	0.00234	0.47656
1 말	100	10	1	18039	0.01803	18.039	1100.41	0.63707	0.02359	4.76567
1 cm^3	0.00554	0.0005	0.00005	1	0.00001	0.001	0.06102	0.00003	0.00001	0.00026
1 m^3	5543.52	554.325	55.4325	1000000	1	1000	61027	35.3065	1.30820	264.186
1 l	5.54352	0.55435	0.05543	1000	0.01	1	61.027	0.03531	0.00130	0.26418
1 in^3	0.09083	0.00908	0.00091	16.386	0.00001	0.01638	1	0.00057	0.00002	0.00432
1 ft^3	156.966	15.6966	1.56966	28306.8	0.02931	28.3069	1728	1	0.03703	7.48051
1 yd^3	4238.09	423.809	42.3809	764511	0.76451	764.511	46656	27	1	201.974
1 gal	20.9833	2,0983	0.20983	3785.43	0.00378	3.78543	231	0.16368	0.00495	1

5) 압력(pressure)

bar	㎏/cm^2	lb/in^2	기압 (atm)	수은주(Hg)		수은주(H_2O)	
				m	in	m	in
1	1.0197	14.50	0.9869	0.7501	29.53	10.197	33.48
0.9807	1	14.22	0.9678	0.7356	28.96	10.000	32.81
0.06895	0.07031	1	0.06805	0.05171	2.036	0.7031	2.307
1.0133	1.0332	14.70	1	0.760	29.92	10.33	33.90
1.3332	1.3595	19.34	1.3158	1	39.37	13.60	44.60
0.03386	0.03453	0.4912	0.03342	0.02540	1	0.3453	1.133
0.09806	0.10000	1.422	0.09678	0.07355	2.896	1	3.281
0.02989	0.03048	0.4335	0.02950	0.02242	0.8827	0.3048	1

부록 4. 포화 수증기표(온도 기준)

온도 (℃)	압 력		비체적 (m^2/㎏)	엔탈피(Kcal/㎏)		
	절대 ㎏/cm^2	수은주 (mmHg)		액 체	증 기	잠 열
65	0.25506	187.6	6.198	64.93	625.0	560.0
85	0.58947	433.6	2.828	84.96	633.0	548.1
90	0.71493	525.9	2.361	89.98	635.0	545.0
95	0.86193	634.0	1.982	95.00	636.9	541.9
100	1.03323	760.0	1.673	100.04	638.8	538.8
110	1.4609		1.210	110.12	644.4	532.4
115	1.7239		1.036	115.18	642.5	529.2
120	2.0245		0.8916	120.25	646.1	525.9
125	2.3666		0.7704	125.33	647.9	522.5
130	2.7544		0.6681	130.42	649.5	519.1

부록 5. 공학 21종 단위환산표

공학 21종	단위환산표
길이(length)	1 mile = 1.609 km = 5280 ft = 6.336×10^{4} in 1 m = 3.281 ft = 39.37 in = 6.21×10^{-4} mile 1 ft = 0.3048 m = 12 in = 1.894×10^{-4} mile 1 in = 2.540×10^{-2} m = 8.333×10^{-2} ft = 1.578×10^{-5} mile 1 yard = 0.9144 m 1 m = 10^{2} cm = 10^{3} mm = 10^{6} ㎛ = 10^{9} nm = 10^{10} Å
속도(velocity)	1 ft/sec = 0.3048 m/s 1 ㎞/h = 0.62137 mile/h 1 ft/min = 0.048 m/min
면적(area)	1 ft^2 = 0.0929030 m^2 1 in^2 = 6.4516×10^{-4} m^2 1 m^2 = 10.7639 ft^2
중량(mass)	1 lbm = 0.453592 kg 1 kg = 2.20462 lbm 1 ounce(oz) = 28.35 g 1 ton = 1,016 kg 1 slug = 32.174 lbm
체적(volume)	1 liter = 0.2642 gal = 0.0353 ft^3 = 61.03 in^3 1 ft^3 = 0.028317 m^3 = 7.4805 gal 1 in^3 = 16.3871 cm^3 1 cm^3 = 35.315 ft^3 1 gallon = 3.7851 l = 231 in^3(Europe : 1 gallon = 4.5461 l)
비중(density)	1 lbm/ft^3 = 16.0185 kg/m^3 1kg/m^3 = 0.062428 lbm/ft^3
압력(pressure)	1 Pa = 1 N/m^2 = 10^{-5} bar 1 kPa = 0.01 bar 1 MPa = 10 bar 1 lbf/in^2(psi) = 6.895 kN/m^2 = 2.036 inHg = 6.8046×10^{-2} atm = 7.0307×10^{-2} kgf/cm^2 1 inHg = 3.39 kN/m^2 = 33,864 dyn/cm^2 = 0.0334 atm = 0.491 lbf/in^2 1 inH_2O = 0.249 kN/m^2 1 atm = 14.696 lbf/in^2 = 760 ㎜Hg = 29.92 inHg = 2,116.21 lbf/in^2 = 1.01325×10^{5} N/m^2 = 1.033 kgf/cm^2

	1 kgf/cm^2 = 9.80665×10^4 N/m^2 = 0.98 bar = 735.55 mmHg = 0.9678 atm = 14.22 psi 1 bar = 105 N/m^2 = 0.98692 atm = 100 kPa = 0.1 MPa = 14.51 psi = 1.0204 kgf/cm^2
에너지 (energy, work, heat)	1 kJ = 1kW · s = 0.94782 Btu = 0.23885 kcal 1 J = 1 N · m = 107 erg = 9.478×10^{-4} Btu 1 Btu = 1.0551 kJ = 0.25200 kcal = 778.16 ft · lbf 1 kcal = 4.1868 kJ = 3.9683 Btu 1 kW · s = 3.60×10^6 J 1 kW · h = 3,413 Btu = 3.6×10^6 J = 859.85 kcal = 3,412.13 Btu 1 erg = 1dyn · cm 1ft · lbf = 1.3558 J 1 therm(= 10^5 Btu) = 1.5.5 MJ
동 력 (power, hest rate)	1 W = 1 J/s = 860.13 cal/h = 3.413 Btu/h = 1.3596×10^{-3} PS = 1.34×10^{-3} hp 1 hp = 745.7 W = 550 ft · lbg/s = 2,545 Btu/h = 1.0139 PS 1 Btu/h = 0.29307 W = 0.25200 kcal/h 1 kcal/h = 1.1630 W = 3.9683 Btu/h
힘(force)	1 N = 105 dyn 1 lbf = 4.44822 N 1 kgf = 9.80665 N = 1.0 kilopond
Heat rate per unit area, heat flux	1 W/m^2 = 0.31700 Btu/(h · ft2) = 0.85985 kcal/(h · m^2) 1 Btu/(h · ft^2) =3.1546 W/m^2 = 2.7125 kcal/(h · m^2) 1 kcal/(h · m^2) = 1.1630 W/m^2 = 0.36867 Btu/(h · ft2)
Heat transfer coefficient	1 W/(m^2 · K) = 0.17611 Btu/(h · ft2 · °R) = 0.85985 kcal/(h · m^2 · K) 1 Btu/(h · ft2 · °R) = 4.8824 kcal/(h · m^2 · K) = 5.6783 W/(m^2 · K) 1 kcal/(h · m^2 · K) = 0.20482 Btu/(h · ft2 · °R) = 1.1630 W/(m^2 · K)
Thermal conductivity	1 W/(m^2 · K) = 0.57779 Btu/(h · ft · °R) = 0.85985 kcal/(h · m^2 · K) 1 Btu/(h · ft · °R) = 1.4882 kcal/(h · m · K)

	= 1.7307 W/(m · K) 1 kcal/(h · m · K) = 0.67197 Btu/(h · ft · °R) = 1.1630 W/(m · K)
비열 (specific heat)	1 kJ/(kg · K) = 0.23885 Btu/(lb · °R) = 0.85985 kcal/(h · m · K) 1 Btu/(lb · °R) = 1 kcal/(kg · K) = 4.1868 kJ/(kg · K) 1 kcal/(kg · K) = 4.1868 kJ/(kg · K) =1.0 Btu/(lb · °R)
Energy per unit mass	1 kJ/kg = 0.42992 Btu/lb = 0.23885 kcal/kg 1 Btu/lb = 0.55556 kcal/kg = 2.3260 kJ/kg 1 kcal/kg = 4.1868 kJ/kg = 1.800 Btu/lb
동점성계수 (kinematic viscosity)	1 ft^2/s = 0.0929 m^2/s 1 m^2/s = 1 Pa · s/(kg/m^3) = 104 cm^2/s
점성계수(viscosity)	1 lbm/ft · s = 1.488 kg/m · s = 0.672 Ns/m^2 1 cp(centipoise) = 0.000672 lbm/ft · s = 2.42 lbm/ft · h
연료 소비율 (specific fuel consumption)	1 lb/hp · h = 0.608 kg/kW · h = 0.169 /MJ 1 g/PS · h = 1.3596 g/kW · h 1 g/bhp · h = 1.341 g/kW · h
토크(torque)	1 ft · lbf = 1.356 N · m
온도(temperature)	K = (5/9)°R = (5/9) · (°F + 459.67) = °C + 273.15 °R = (9/5)K = (9/5) · (°C + 273.15) = °F + 459.67 °F = (9/5)°C + 32 °C = (5/9) · (°F − 32)
농도(concentration)	1% = 10,000 PPM

찾아보기

ㅇ

ㅈ

ㅊ

Index

D

E

R

S

T

U

V

W

저자 약력

- 건국대학교 공과대학 미생물공학과 동 대학원 졸업, 공학사, 공학석사
- 영국 만체스타 공과대학 MSc. in Bioreactor Systems 졸업, 공학석사
- 영국 Strathclyde대학교 Dept. of Bioscience & Biotechnology 공학박사
- 한국과학기술원 선임연구원
- 주) 서도화학 선임연구원
- 우석대학교 식품생명공학과 교수

- 고정화를 이용한 BTX 처리공정개발
- 코치닐색소 국산화 및 생산공정개발
- 김치제조공정 표준화
- 효모를 이용한 유기게르마늄 생산공정개발 및 국산화
- 실크아미노산 생산공정개발 및 국산화
- 난각 칼슘 및 수용성 칼슘 생산공정개발
- 불가사리 및 패각칼슘 생산공정개발
- 비빔밥 기능성 개발사업(한식세계화사업, 한식재단)
- 임실 고부가가치 발효산업 개발사업
- 자원순환형 녹색기술실증사업(농진청)
- 친환경 에너지타운 사업(농식품부, 녹색위)

〈저 서〉

- 생물제약공정
- 배양공학
- 쉬운 유기화학
- 벤처창업과 투자
- 식품포장학
- 분리정제
- 식품기계학

식품기계학

2019년 9월 25일 초판 인쇄
2019년 9월 30일 초판 발행

저 자 : 조문구
펴낸이 : 천승배
펴낸곳 : 도서출판 유한문화사

주소 : 경기도 고양시 덕양구 지도로124번길 8-35
전화 : (02) 2668-2055
팩스 : (02) 2668-2565
http://www.yuhansa.com
E-mail : yuhansa@hanmail.net
등록 : 제 5-31호. 1979. 3. 6.

값 28,000 원

ISBN : 978-89-7722-943-3 93590

저자와의 협의에 의해 인지는 생략합니다.